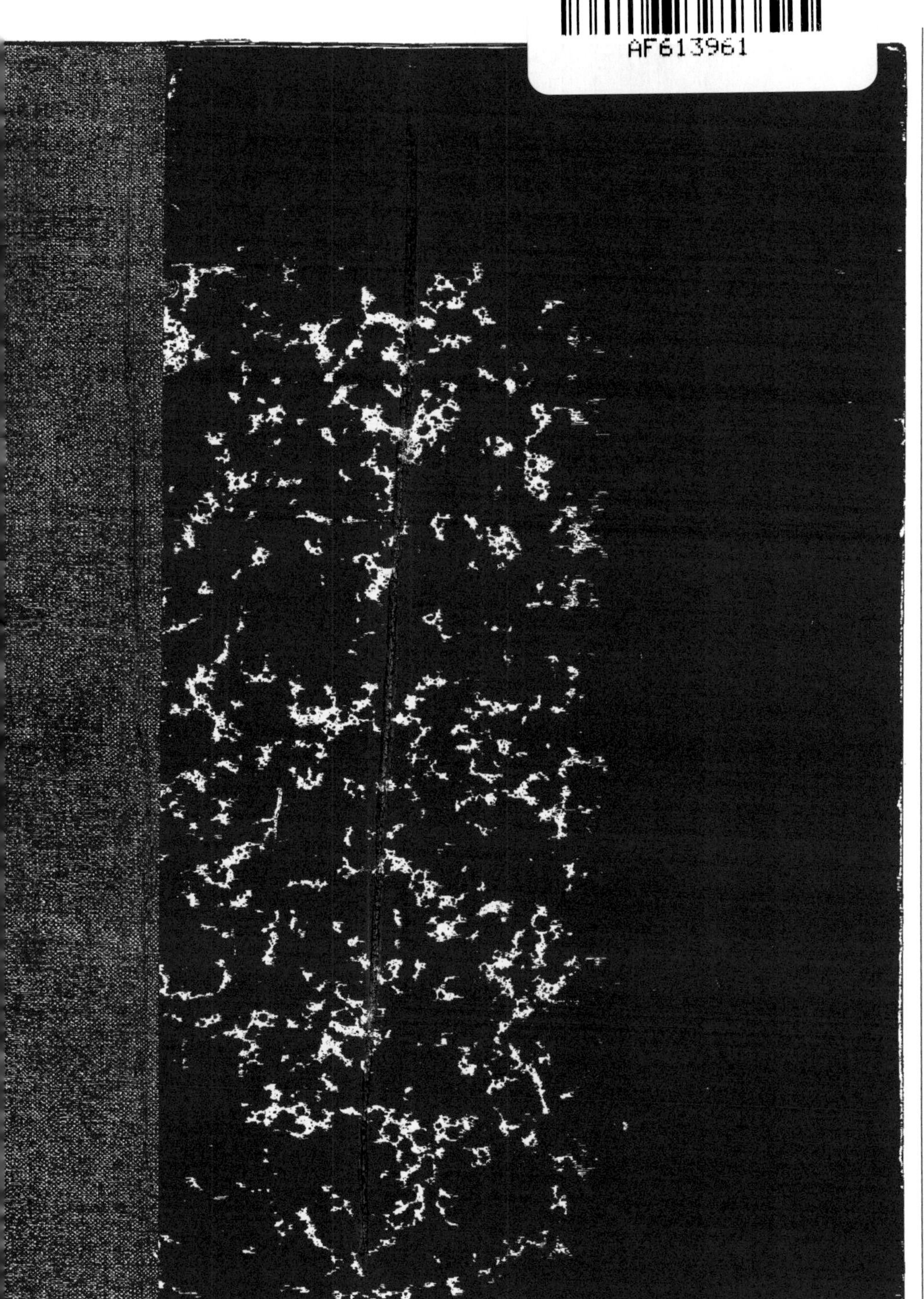

RÉGENCE DE TUNIS — PROTECTORAT FRANÇAIS

DIRECTION GÉNÉRALE DES TRAVAUX PUBLICS

CARTE GÉOLOGIQUE DE LA TUNISIE

ÉTUDE GÉOLOGIQUE
DE LA
TUNISIE CENTRALE

PAR

L. PERVINQUIÈRE
Docteur ès-sciences
Chef des Travaux pratiques de Géologie à la Faculté des Sciences de Paris
Chargé de Mission scientifique en Tunisie

PARIS
F. R. DE RUDEVAL, Éditeur
4, RUE ANTOINE DUBOIS, 4

1903

CARTE GÉOLOGIQUE DE LA TUNISIE

ÉTUDE GÉOLOGIQUE DE LA TUNISIE CENTRALE

PAR

L. PERVINQUIÈRE

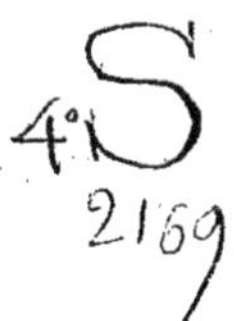

RÉGENCE DE TUNIS — PROTECTORAT FRANÇAIS

DIRECTION GÉNÉRALE DES TRAVAUX PUBLICS

CARTE GÉOLOGIQUE DE LA TUNISIE

ÉTUDE GÉOLOGIQUE

DE LA

TUNISIE CENTRALE

PAR

L. PERVINQUIÈRE

Docteur es-Sciences
Chef des Travaux pratiques de Géologie à la Faculté des Sciences de Paris
Chargé de Mission scientifique en Tunisie

PARIS

F. R. DE RUDEVAL, Éditeur

4, RUE ANTOINE DUBOIS, 4

1903

CARTE GÉOLOGIQUE DE LA TUNISIE CENTRALE

par L. PERVINQUIÈRE

I. — La Kalaat es Snam (vue de l'Est)

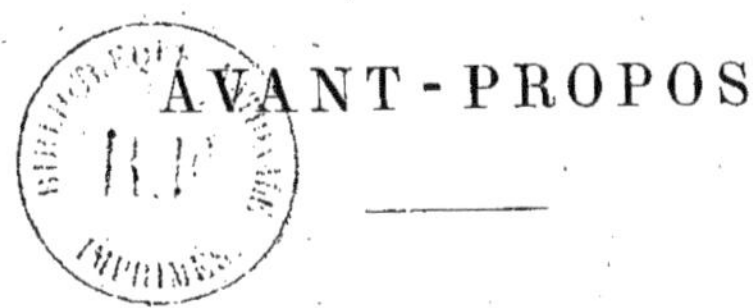

AVANT-PROPOS

Avant d'adresser mes remerciements les plus sincères à tous ceux qui, au cours de mes travaux, m'ont soutenu de leurs conseils ou de leurs encouragements, je tiens à déclarer que, si je puis publier aujourd'hui ce Mémoire sur la Géologie de la Tunisie Centrale et la carte qui l'accompagne, je le dois à la Direction Générale des Travaux Publics de Tunisie, qui a bien voulu prendre à sa charge tous les frais d'édition ; je suis heureux de lui en témoigner publiquement ma reconnaissance.

De tous les appuis dont j'ai bénéficié, aucun ne m'a été aussi précieux que celui de mon excellent maître M. Munier-Chalmas, qui n'a cessé de me prodiguer les marques du plus bienveillant intérêt. C'est sur sa demande que M. le Ministre de l'Instruction Publique m'accorda la mission gratuite en Tunisie dont j'expose ici les résultats ; c'est grâce à ses instances que j'obtins deux ans de suite une bourse de voyage de l'École des Hautes Études, ce qui m'aida à supporter les frais de ces longues et coûteuses explorations. De plus, il a pris la peine de revoir la plupart de mes déterminations et a mis à mon service les inépuisables ressources de son expérience. Aussi est-ce pour moi une véritable satisfaction que de pouvoir lui présenter ici, en même temps que mes profonds remerciements, l'expression de ma respectueuse gratitude.

Je suis aussi grandement l'obligé de M. Haug, Professeur-adjoint de Géologie, dont j'ai pu bien souvent apprécier la vaste érudition et la haute compétence paléontologique, spécialement pour ce qui a trait aux Céphalopodes ; il m'a ainsi apporté un puissant concours qu'il me sera impossible d'oublier.

M. Bergeron, Sous-Directeur du Laboratoire, M. et Mme Œhlert ont toujours suivi mes travaux avec le plus cordial intérêt ; M. Gentil, Maître de Conférences de Pétrographie, m'a fait profiter de ses connaissances spéciales, en examinant les quelques roches éruptives que j'ai rapportées ; mon dévoué collègue Blayac m'a communiqué divers renseignements sur la Province de Constantine et a en outre accepté de partager avec moi la besogne ingrate de la correction des épreuves ; je leur en suis sincèrement reconnaissant.

Ce n'est pas seulement dans le cercle de mon laboratoire que j'ai trouvé de précieux encouragements. Mes remerciements doivent également aller à M. de Lapparent, toujours infiniment bienveillant à mon égard, — à M. Gaudry, qui m'a ouvert les collections du Muséum, — à M. Boule et à mon excellent camarade Thévenin, qui m'ont facilité maintes recherches, — à M. Depéret, qui a consenti avec la meilleure bonne grâce à déterminer divers fossiles miocènes, — à M. Douvillé, qui a bien voulu étudier mes Rudistes, — à M. Zittel, qui, avec un courtois empressement que j'ai hautement apprécié, me mit à même de profiter de sa collection du désert libyque, — à M. Peron et à M. Ficheur, dont les beaux travaux sur l'Afrique du Nord m'ont été de la plus grande utilité, — à M. Cayeux, qui, fort obligeamment, a examiné mes plaques minces de roches phosphatées, — et à M. Pallary, qui s'est chargé de la détermination des Mollusques terrestres.

M. Ph. Thomas s'est montré — une fois de plus — d'une rare abnégation, en me communiquant quelques profils des points communs à nos deux explorations ; mais en outre sa sollicitude à mon égard, dont j'ai été infiniment touché, me valut une foule de conseils pratiques, fruit d'une longue expérience des choses d'Afrique. Le Commandant Flick m'a fourni quantité de renseignements et surtout a mis à ma disposition sa superbe collection paléontologique ; en outre, quelques-uns des clichés reproduits dans cet ouvrage lui sont dus. Je conserverai le souvenir le plus profond de leur parfaite obligeance et de leur entier désintéressement.

Je tiens également à adresser tous mes remerciements à M. le Général Bassot, Chef du Service Géographique de l'Armée, qui m'a autorisé à extraire de la carte de Tunisie, en cours de publication, les feuilles qui m'étaient nécessaires pour ma carte, — au Commandant Jardinet, Chef du Service de Photographie, qui a dirigé le travail, ainsi qu'à M. Tourenne, Chef des Ateliers, qui l'a accompli. Je suis aussi, à un haut degré, l'obligé du Colonel Romieux, qui, à diverses reprises, s'est fait mon interprète auprès du Général Bassot, — du Colonel Guénéau de Mussy, du Commandant Toussaint, des Capitaines Renault, de Vaulogé de Beaupré et Vibert, Chefs des brigades topographiques, et des nombreux officiers topographes, dont j'ai si souvent mis à l'épreuve la complaisance et l'amabilité.

En Tunisie, M. René Millet, Résident général de France, et M. Revoil, alors Adjoint au Résident général, ont bien voulu me faciliter l'accomplissement de ma mission, en m'accréditant auprès des fonctionnaires de leur ressort, et approuver les propositions de MM. Pavillier, Directeur général des Travaux publics, et de Fages, Directeur-adjoint, concernant la publication de mon ouvrage ; je leur en suis infiniment reconnaissant. Je ne saurais oublier le bon accueil que j'ai reçu auprès des Ingénieurs des Mines qui se sont succédés à Tunis, pendant la durée de mes recherches, MM. Prost, Jordan, Gourguechon, au constant intérêt desquels je dois en partie la réussite de mon projet.

Le Général Leclerc et le Général de la Bégassière me prêtèrent une assistance très réelle, en m'autorisant à me ravitailler dans les postes que je pourrais rencontrer; les officiers de l'État-major et en particulier le Commandant Pinchon et le Capitaine Magnan n'ont cessé de m'aider en toutes circonstances; je n'aurai garde d'oublier leurs bons offices.

J'ai trouvé près des Contrôleurs civils, MM. Galeppe et Giltaire à Kairouan, M. Radenac au Kef, MM. Luret, Grosset-Grange, Briquez et Monchicourt à Maktar, MM. Fleury et Barué à Thala, l'accueil le plus aimable et l'empressement le plus complet pour aplanir les difficultés matérielles de mes campagnes; c'est à leur inaltérable dévouement que je dois la réussite de ma mission; aussi leur en ai-je la plus sincère reconnaissance.

Enfin, je tiens à remercier également tous ceux qui ont été mes collaborateurs à un titre quelconque et qui m'ont ainsi aidé à mener à bien mon œuvre.

INTRODUCTION

Par un décret en date du 13 juillet 1897, M. le Ministre de l'Instruction publique me fit l'honneur de me confier une mission géologique en Tunisie, sans me tracer un programme défini. Aussi ai-je naturellement choisi la contrée la moins connue. Lors de la mission de 1885-1887, M. Ph. THOMAS avait spécialement étudié le Sud, M. ROLLAND l'Est et le Nord-Est, tandis qu'en 1889 et 1890 M. LE MESLE avait suivi dans le Centre un certain nombre d'itinéraires encore inconnus lors de mon départ. Enfin, M. AUBERT, secondé par les Contrôleurs des Mines, avait amassé des documents sur tous les principaux massifs pour l'établissement de la carte géologique provisoire. Néanmoins, une partie de la Tunisie centrale n'avait pas été étudiée d'une façon suffisante ; il fallait donc prolonger au Nord le travail de M. THOMAS en conservant avec lui quelques points de jonction, par exemple Foum el Guelta dans le Djebel Mrhila et le Sud du Djebel Semmama, et m'avancer au Nord jusqu'au Kef, qui avait déjà été visité par plusieurs géologues ; — m'étendre jusqu'à la frontière algérienne, le pays à l'Est du Kef étant peu connu ; — enfin à l'Est, atteindre le Djebel Cherichira et le Djebel Batene, afin de me relier à mes prédécesseurs de ce côté. Dans ces conditions, il n'est pas surprenant que la région embrassée ne corresponde pas à une région naturelle, ce qui eût, du reste, été difficile à réaliser.

Ma première campagne (septembre 1897-mars 1898) fut consacrée à la reconnaissance des points principaux et à l'établissement des grandes divisions stratigraphiques ; les deux autres (septembre 1898-mai 1899 et septembre 1899-avril 1900) me permirent de poursuivre cette étude et de dresser une carte géologique du pays parcouru. Etant donnée l'étendue de cette carte, et quel qu'ait pu être le soin apporté par moi à son exécution, elle ne saurait être que provisoire. Naturellement, les contours n'ont pu être suivis pas à pas ; ils ont été définis en un nombre de points aussi grand que possible et ces points ont été reliés entre eux par un tracé continu, ce qui a été d'autant plus facile que le pays est en général très découvert. Certaines limites de terrains ont été filées parfois à une grande distance à l'aide d'une bonne jumelle, et j'ai pu vérifier à diverses reprises l'exactitude de contours ainsi dessinés.

Pour la plus grande partie, les tracés ont été faits sur l'édition provisoire de la carte au 1/100.000 que M. le général BASSOT, Chef du Service géographique de l'Armée, avait eu la grande obligeance de mettre à ma disposition. Mais, pour quelques localités du Sud, cette carte m'est parvenue trop tard pour que je pusse l'utiliser directement. Dans ce cas, les tracés ont été faits sur l'ancien 1/200.000, puis reportés sur la nouvelle carte, ce qui peut être une cause d'inexactitude. Néanmoins, j'avais pris des notes et croquis en vue de ce report et je ne pense pas que beaucoup d'erreurs se soient introduites de ce fait. Mais, je le répète, cette carte ne saurait comporter la précision de la carte de France, résultat d'un long travail et de multiples améliorations dues à de nombreux collaborateurs.

Il serait du reste illusoire de vouloir établir dès maintenant une telle carte pour la Tunisie. Aucun travail d'ensemble n'a encore été publié : Le Mesle est mort et ses deux brochures posthumes n'apportent presque rien de nouveau ; Rolland ne semble pas devoir donner de compte-rendu détaillé de sa mission et nous attendons encore l'ouvrage de Thomas ; enfin les notes de ces auteurs et de quelques autres, tout importantes qu'elles puissent être, traitent de points particuliers et n'envisagent aucun terrain dans sa généralité. On verra par la suite combien j'ai eu de difficultés pour fixer les limites des étages, et encore me suis-je borné aux grandes divisions établies par d'Orbigny. Vouloir faire une carte de détail dans de telles conditions eut été vain, d'autant que, par suite des variations de facies, les zones et même les sous-étages établis en une localité n'auraient pu bien souvent être retrouvés ailleurs. J'ai cru préférable de me borner à préciser la constitution et la limite des étages et à tracer leur extension, ce qui, sans doute, semblera déjà un progrès sur la carte géologique au 1/800.000 de M. Aubert, qui n'avait distingué que des groupes d'étages. Cette carte, qui a rendu de grands services, constituait une première approximation ; la mienne marquera, je l'espère, un 2e degré. Quand on aura fait un travail analogue pour les régions voisines, on pourra entreprendre avec profit des levés réguliers pour l'établissement d'une carte détaillée de toute la Tunisie.

Dans de telles conditions, l'échelle au 1/200.000 m'a paru préférable ; toutefois, j'ai consacré aux deux massifs très compliqués du Cherichira et du Batene, un carton spécial au 1/100.000. La carte d'ensemble embrasse en totalité ou en partie 18 feuilles au 1/100.000 (Sidi Youssef, le Kef, Jama, Djebibina, Dj. Harraba, Ksour, Maktar, bou Dabouss, Kalaat es Snam, Thala, El Ala, Kairouan, Tébessa, bou Rhanem, Hadjeb el Aioun, bou Chebka, Kasserine, Sbeitla). Ces 18 feuilles ont été assemblées et photographiées à demi-grandeur pour obtenir les deux planches (courbes et planimétrie) devant se repérer exactement malgré ces nombreux raccords. Le lecteur jugera de la difficulté de l'entreprise et de l'adresse qu'ont dû déployer le Chef du service photographique et tous ses subordonnés, qui avaient assumé la mission de mener à bien cette œuvre délicate ; aussi, excusera-t-il les quelques imperfections qui subsistent encore, en songeant combien la tâche était ardue.

D'un autre côté, par suite de la réduction et du report, certains noms sont un peu petits et empâtés; mais tous les mots principaux sont aisément lisibles. Enfin, le carton du Cherichira, provenant d'un report direct, offre un aspect un peu différent. J'estime que ces divers inconvénients s'effacent devant l'avantage incontestable d'avoir comme fond une topographie remarquable (telle que nous n'en avons sans doute pas en France), basée sur des levés réguliers, au lieu de l'ancienne carte au 1/200.000, qui découlait de levés à vue et où les formes du terrain n'étaient que très imparfaitement représentées.

BIBLIOGRAPHIE GÉOLOGIQUE DE LA TUNISIE

La liste bibliographique que je donne ici n'a pas assurément la prétention d'être complète ; je pense néanmoins qu'elle renferme la plupart des ouvrages, mémoires ou notes de quelque importance concernant la géologie de la Tunisie. J'ai cru devoir ne pas me limiter à la région centrale, mais indiquer tout ce qui a trait à la géologie de la Tunisie en général, car un tel travail n'a jamais été entrepris, du moins à ma connaissance ; j'ai donc jugé utile de signaler tous les renseignements que j'ai pu recueillir au cours de mes recherches personnelles. J'ai lu en effet ou parcouru tous les ouvrages cités ici, à part les 4 ou 5 marqués d'une (*), et n'ai retenu que ceux contenant quelques indications intéressant la géologie ou la géographie physique, indications rencontrées parfois dans des ouvrages dont le titre ne permettait pas d'espérer les y trouver, et par suite d'autant plus utiles à signaler ; c'est ainsi que la notice-catalogue de la maison Paulin Arrault renferme les coupes des puits artésiens de Gabès, coupes qui n'ont pas été publiées ailleurs. Par contre, j'ai supprimé résolument tous les auteurs anciens, dont les données étaient trop vagues ; je n'ai commencé qu'avec PEYSSONNEL qui, le premier, nous a fourni des renseignements précis (Mines, Hammam, changements des rivages depuis l'époque historique, etc.). Presque à la même époque (1732), deux naturalistes allemands, LUDWIG et HEBENSTREIT, parcoururent la Régence : nous savons que la géologie et la minéralogie tenaient une grande place dans leurs préoccupations ; mais malheureusement leurs collections ont été détruites et leurs rapports n'ont jamais été publiés intégralement (1).

De même j'ai écarté beaucoup d'articles n'ayant pas un rapport immédiat avec la géologie, par exemple la plupart de ceux ayant trait à la mer intérieure, et ne renfermant pas de données géologiques, ou aux phosphates, quand ceux-ci n'étaient envisagés qu'au point de vue industriel ou commercial (2). J'ajouterai que j'ai adopté l'ordre alphabétique comme le plus commode pour les recherches, puisque, dans le cas, je n'avais pas à montrer le développement progressif d'une idée, les ouvrages cités étant le plus souvent isolés.

(1) *Cf.* Martin GROSSE : Die beiden Afrikaforscher Johann Ernst Hebenstreit und Christian Gottlieb Ludwig, ihr Leben und ihre Reise. — *Mitt. Ver. f. Erdkunde*, Leipzig, 1902.

(2) *Cf.* X. STAINIER : Bibliographie générale des gisements de phosphates. — *Ann. Mines de Belgique*, VII, 1902, p. 1-59.

Enfin, pour les sujets qui ne sont pas exclusivement géologiques, je renvoie le lecteur aux bibliographies générales :

PLAYFAIR (Sir R. Lambert) : Bibliography of Algeria. — London, 8°, 1888.

— Supplement to the Bibliography of Algeria. — London, 8°, 1898.

ASHBEE (H. S.) : A Bibliography of Tunisia from the earliest times to the end of 1888. — London, 8°, 1889. (Ces 3 ouvrages ont été publiés par la « Royal Geographical Society »).

ALLEMAND-MARTIN : Essais sur les conditions agricoles du Cap Bon, d'après sa géologie et sa climatologie. — *Revue Tunisienne*, 1902, p. 135-158. 1 Carte topog. et coupes.

ANONYME : La Tunisie — Tunis, 8°, 1896. I, p. 37-89. — III, p. 421-459.

ARRAULT (P.) : Outils et procédés de sondage (coupes des puits artésiens de Gabès). — Paris, 8°, 1889 (?).

AUBERT (F.) : Sur quelques points de la géologie de la Tunisie. — *B. S. G. F.* (*) (3), XVIII, 1890, p. 334-337.

— Note sur la géologie de l'Extrême Sud de la Tunisie. — *B. S. G. F.* (3), XIX, 1891, p. 408-413.

— Note sur l'Éocène tunisien. — *B. S. G. F.* (3), XIX, 1891, p. 483-498.

— Explication de la carte géologique provisoire de la Tunisie. — Paris, 8°, 1892, p. 1-91, 1 f. carte au 1/800.000.

BALTZER (A.) : Beiträge zur Kenntniss des tunisischen Atlas. — *N. Jahrb.*, 1893, II, p. 26-41, 1 pl.

— Versteinerungen aus dem tunisischen Atlas. — *N. Jahrb*, 1895, I, p. 105-107.

BARABAN (L.) : A travers la Tunisie. (Etudes sur les oasis, les dunes, les forêts, la flore et la géologie). — Paris, 8°, 1887.

BLANCHET (P.) : Le Djebel Demmer. — *Ann. Géog.*, VI, 1897, p. 239-254.

BLANCKENHORN (M.) : Die geognostischen Verhältnisse von Afrika. I Theil : Der Atlas, das nordafrikanische Faltengebirge. — *Petermanns Mitt. Ergänzungsheft* n° 90, 1888, p. 1-63, Geognostische Uebersischtskarte des Atlas, 1/4.000.000.

BLEICHER : Recherches lithologiques sur la formation à bois silicifiés de Tunisie et d'Algérie. — *C. R. Ac. Sc.*, CVII, 1888, p. 572-574.

— Sur la nature des phosphates du massif du Dekma (département de Constantine). *C. R. Ac. Sc.*, CX, 1890, p. 1226-1228.

— Sur l'origine et la nature de quelques gisements phosphatés de Tunisie, d'Algérie et d'Alsace. — *Bull. Soc. Sc. de Nancy*, III, 1891, p. 12.

— Sur la structure microscopique du phosphate de chaux du Dyr, près Tébessa, province de Constantine. — *Le Naturaliste*, 1895, p. 200.

BOULLE : Rapport sur l'aménagement des eaux dans la Régence de Tunis. — Tunis, 8°, 1896, p. 1-65.

CANAVARI (M.) : Idrozoi titoniani della regione mediterranea appartenenti alla famiglia delle Ellipsactinide. — *Mem. Com. geol. Ital.*, 1893, IV, 2, p. 1-57, 5 pl.

CARNOT (A.) : Minerais de fer de la France, de l'Algérie et de la Tunisie, analysés au bureau d'essai de l'École des Mines de 1845 à 1889. — *Ann. Mines* (8), XVIII, 1890, p. 5-163, spéc. p. 160-163.

— Les phosphates de chaux, leur composition, leur origine. — *Bull. Soc. Géog. et Arch. Oran*, 1898, p. 49-72.

— Sur les variations observées dans la composition des apatites, des phosphorites et des

(*) Principales abréviations : *C. R. Ac. Sc.*, Compte Rendus de l'Académie des Sciences. — *B. S. G. F.*, Bulletin de la Société Géologique de France. — *A. F. A. S.*, Association Française pour l'Avancement des Sciences.

phosphates sédimentaires. — Remarques sur le gisement et le mode de formation de ces phosphates. — *Ann. Mines*, (9), X, 1896, p. 137 236.

CARTON : Lettre de Métameur. — *Ann. Soc. Géol. Nord*, XV, 1888. p. 41 50.

— Lettre de Souk-el-Arba. — *Ann. Soc. Géol. Nord.* XV, 1888, p. 247-279.

— Notes sur des mégalithes et une caverne à ossements. — *Bull. Soc. Anthrop. Lyon*, VII, 1888, p. 189-192.

— Variation du régime des eaux. — *Ann. Soc. Géol. Nord*, XXIII, 1896, p. 29.

CAYEUX (L.) : Note préliminaire sur la constitution des phosphates de chaux suessoniens du Sud de la Tunisie. — *C. R. Ac. Sc.*, CXXIII, 1896, p. 273 276.

COQUAND (H.) : Géologie et Paléontologie de la région Sud de la province de Constantine. — Marseille, 8°, 1862, p. 1-341, avec atlas 4°, 35 pl.

CORTESE e CANAVARI (M.) : Nuovi appunti geologici nel Gargano. — *Bull. Com. geol. Ital.* XV, 1884. p. 237.

CORNETZ (V.) : Le Sahara tunisien. Étude géographique. — *Bull. Soc. Géogr.* (7), XVII, 1896, p. 518-554, 1 carte 1/800.000.

COSSON (E.) : Sur le projet de création en Algérie et en Tunisie d'une mer dite intérieure. — *A. F. A. S.*, Blois, 1884, p. 97-112.

DIRECTION DES TRAVAUX PUBLICS DE TUNISIE : Compte rendu de la marche des services depuis la création jusqu'au 1er janvier 1896. — Tunis, 1896. 8°, p. 1-327, 45 tableaux (esquisse géologique).

— Les travaux publics du protectorat français en Tunisie : III (Notice sur le service des Mines). p. 1-89. — Tunis, 8°, 1900.

DOUMET ADANSON : Rapport sur une mission scientifique en Tunisie (1874). — *Ann. Miss. Sc.* (3), XV. 1877, spéc. p. 347-383.

— Sur le régime des eaux qui alimentent les oasis du Sud de la Tunisie. — *A. F. A. S.* Blois, 1884, p. 72 75.

— Rapport sur une mission botanique exécutée en 1884 dans la région saharienne, au Nord des grands Chotts et dans les îles de la côte orientale. *Exploration scientifique de la Tunisie.* — Paris, 8°, 1888, p. 1-124.

DOUVILLÉ (H.) : Fossiles du Jurassique supérieur de Tunisie. — *B. S. G. F.* (3), XVII, 1889, p. 655.

— Observation sur la faune crétacée de la Tunisie. — *B. S. G. F.* (3), XIX, 1890, p. XVIII.

— Sur le Tissotia Tissoti. — *Ibid.*, 1891, p. 499-503.

DRU (L.) et MUNIER CHALMAS : Mission des Chotts tunisiens : I. Hydrologie, géologie et paléontologie, par Léon Dru. — II. Paléontologie, Description des espèces nouvelles, par Munier-Chalmas. — Paris. 8°, 1881, p. 1 79. 1 carte et 5 pl.

DUVEYRIER : Les Touareg du Nord. — Paris, 8°, 1864, p. 1-488, spéc. 1-89, et suppl., 24-27, 2 pl.

— Rapport sur la mission des Chotts du Sahara de Constantine. — *Bull. Soc. Géog.*, I, 1875, p. 94-100, 203-207, 303-317, 482-503.

ERRINGTON DE LA CROIX (E.) : La géologie de Cherichira (Tunisie centrale). — *C. R. Ac. Sc.* CV, 1887, p. 321 323.

FAGES (E. DE) : État actuel de l'exploitation des mines et des carrières en Tunisie. — *Rec. gén. des Sc.*, VII, 1896, p. 1056 1063.

FICHEUR (E.) : Notes sur les Nummulites de l'Algérie. — *B. S. G. F.* (3), XVII, 1889, p. 345 361, 447 462.

— Les terrains éocènes de la Kabylie et du Djurjura. — Alger, 8°, 1890, p. 1 465, 2 pl.

FICHEUR (E.) et HAUG (E.) : Sur les dômes liasiques du Zaghouan et du Bou Kournin (Tunisie). — *C. R. Ac. Sc.*, CXXII, 1896, p. 1354-1357.

FISCHER (Th.) : Beiträge zur physikalischen Geographie der Mittelmeerländer. — Leipzig, 8°, 1877, p. 1-167, 5 pl.

FISCHER (Th.) : Küstenveränderungen im Mittelmeergebiet. — *Zeitschr. der Ges. für Erdkunde*, XIII, 1878, p. 155.

— Zur Frage der Klima-Ænderung im nördlichen Mittelmeergebiet und in der nördlichen Sahara. — *Petermanns Mitt.*, XXIX, 1883, p. 1-4.

— Küstenstudien aus Nordafrika. — *Petermanns Mitt.*, XXXIII, 1887 p. 1-13, 33-44, 1 carte.

FITZNER (R.) : Das tunesische Blad el Djerid. — *Ausland*, LXIV, 1891, p. 801-807.

— Die Regentschaft Tunis. — Berlin, 8°, 1895, chap. XVII.

FLAMAND (G. B. M.) : Notions élémentaires de lithologie et de géologie appliquées aux grandes zones culturales de l'Algérie et de la Tunisie. — Paris, 8°, 1898, p. 1-43.

FLICHE (P.) : Sur les bois silicifiés de la Tunisie et de l'Algérie. — *C. R. Ac. Sc.*, CVII, 1888, p. 569-572.

FLICK : Sur la présence du Priabonien (Éocène supérieur) en Tunisie. — *C. R. Ac. Sc.*, 1900, CXXX, p. 148-150.

FOURNEL (H.) : Richesse minérale de l'Algérie. — Paris, 4°, 1849, I partie, p. 1-460, spéc. 332-339.

FUCHS (E.) : Note sur l'isthme de Ghabès et l'extrémité orientale de la dépression saharienne. — *Bull. Soc. Géog.* (6), XIV, 1887, p. 248-276.

GAUDRY (A.) : Quelques remarques sur les Mastodontes à propos de l'animal du Cherichira. — *Mém. S. G. F.*, n° 8, 1891, p. 1-6, 2 pl.

GAUTHIER (V.) : Types nouveaux d'Échinides crétacés. — *A. F. A. S.*, Toulouse, 1887, p. 527-524, 1 pl.

— Description des Échinides fossiles recueillis en 1885 et 1886 dans la région Sud des Hauts Plateaux, par M. Ph. Thomas. — Paris, 8°, 1889. p. 1-112, avec atlas 4°, 6 pl. (*Exploration scientifique de la Tunisie*).

— Note sur les Échinides crétacés recueillis en Tunisie par M. Aubert, Ingénieur des Mines, au cours de ses explorations pour la carte géologique de ce pays. — Paris, 8°, 1892, p. 1-50, 4 pl.

— Description des Échinides fossiles des terrains jurassiques de la Tunisie, recueillis par M. Le Mesle. — Paris, 8°, 1896. p. 1-24, 1 pl. 4°. (*Exploration scientifique de la Tunisie*).

GEREST : De Gabès au Souf. — *Bull. Ass. amicale des Elèves de l'Ecole sup. des Mines*, 1888.

— *Id. B. S. G. F.* (3) XVII, 1889, p. 226.

GÜRICH : Überblick über den geologischen Bau des afrikanischen Kontinents. — *Petermanns Mitt.*, XXXIII, 1887, p. 257-265. (Carte géol. de l'Afrique au 1/45.000.000 et un carton spécial pour l'Afrique du Nord).

* GUYON (J.-L.) : Étude sur les Eaux thermales de la Tunisie (avec renseignements sur les ouvrages antérieurs), 8°, 1864, p. 1-69.

HAMY : Le pays des Troglodytes. — *Anthropologie*, II, 1891, p. 529-530.

HAUG (E.) : Géologie de la Tunisie. — *Rev. gén. Sc.*, VII, 1896, p. 1047-1054.

— Sur quelques points théoriques relatifs à la géologie de la Tunisie. — *A. F. A. S.*, St-Etienne, 1897, p. 366-376.

* HAUPT : Note sur le Dj. Reçass (titre incertain). — *Berg. und Huttenmännische Zeitung*, 22-29 juin 1883, p. 290-305.

HEBENSTREIT (J.-E.) : Voyage à Alger, Tunis et Tripoli entrepris aux frais et par ordre de Frédéric Auguste, roi de Pologne. — *Nouvelles Annales des voyages et des Sciences géographiques*, XLVI, 1830.

ISSEL (A.) : La Galita (Cenni di una escursione estiva). — *Boll. della Soc. geog. ital.*, Roma, 1877, fasc. 12.

— Cenni sulla Geologia della Galita. — *Giornale Soc. di Let. e Convers. scient.*, Genova I, 1878.

ISSEL (A.) : Crociera del Violante. Cenni sulla Geologia della Galita. — *Ann. Mus. civ. di Storia nat. di Genova.* XV, 1880, p. 237-258, 1 carte géol. 1/50.000.

— Molluschi terrestri e d'acqua dolce viventi e fossili. — *Ibid.*, p. 259-282.

JANKO (J.) : Zur Geologie des Djebel-Bu Kornein, in Tunis. — *Földtani Közlöny*, XX, 1890, p. 76-84.

JOHNSTON (H.) : A journey through the Tunisian Sahara. — *Geog. Journ.*, 1898, p. 581-608.

JOLEAUD (A.) : Contribution à l'étude de l'Infracrétacé à facies vaseux pélagique en Algérie et en Tunisie. — *B. S. G. F.* (4), I, 1901, p. 113-146.

KOBELT (W.) : Reiseerinnerungen aus Algerien und Tunis. — *Extra-Beilage zum Bericht d. Senkenbergischen naturforschenden Gesellsch* in Frankfurt a. M., 8°, 1885, p. 1-480.

LANESSAN (J.-L. DE) : La Tunisie. — Paris, 8°, 1887, p. 1-265, spéc. p. 26-40 et 123-130.

LARMINAT (E. DE) : Études des formes du terrain dans le Sud de la Tunisie (frontière tripolitaine). — *Ann. Géog.*, V, 1896, p. 386-406. (Extrait des « Cahiers du Service géographique de l'Armée », n° 1.)

LE CHATELIER (H.) : De l'existence aux temps historiques d'une mer intérieure en Algérie. — *Rev. Sc.* (2), XII, 1877, p. 656-660.

LE MESLE (G.) : Sur le Jurassique du Zaghouan. — *B. S. G. F.* (3), XVII, 1888, p. 63.

— Mission géologique en avril, mai, juin 1887. — Journal de Voyage. Paris, 8°, 1888, p. 1-43. (*Exploration scientifique de la Tunisie.*)

— Sur les calcaires crétacés à Foraminifères de la Tunisie. — *C. R. Ac. Sc.* CVI, 1888, p. 684.

— Note sur la géologie de la Tunisie. — *B. S. G. F.* (3), XVIII, 1890, p. 209-219.

— Kimméridgien de Tataouine. — *B. S. G. F.* (3), XIX, 1891, p. XXXIII.

— Sur le Jurassique de la Tunisie. — *B. S. G. F.* (3), XIX, 1891, p. 140-141.

— Mission géologique en avril, mai, juin 1888. — Journal de Voyage, Paris, 8°, 1899, p. 1-48. (*Exploration scientifique de la Tunisie*).

— Mission géologique en novembre, décembre, janvier, février 1890-1891. — Journal de Voyage, Paris, 8°, 1899, p. 1-35 (*Id*).

LETOURNEUX (A.) : Rapport sur une mission botanique exécutée en 1884 dans le Nord, le Sud et l'Ouest de la Tunisie. — Paris, 8°, 1888, p. 1-93. (*Exploration scientifique de la Tunisie.*)

LEVAT (D.) : Gisements de phosphates de chaux et de calamine de la Tunisie. — *A. F. A. S.* Caen, 1894, p. 420-431.

— Études sur l'industrie des phosphates et des superphosphates (Tunisie, Floride). — *Ann. Mines* (9), VII, 1895, p. 5-128, 135-260.

LOCARD (A.) : Description des Mollusques fossiles des terrains tertiaires inférieurs de la Tunisie, recueillis en 1885 et 1886, par M. Philippe Thomas, Paris, 8°, 1889, p. 1-65, 5 pl. 4° (*Exploration scientifique de la Tunisie*).

MARÈS (R.) : Sur la géologie des environs du Keff (Tunisie). — *C. R. Ac. Sc.*, XCIX, 1884, p. 207-210, suivie de quelques observations, par Hébert.

* — Notice agronomique sur la Tunisie. — Paris, 1895, p. 1-96.

MAYET (Valéry) : Voyage dans le Sud de la Tunisie. — Paris, 8°, 1887, p. 1-350.

MÉDINA (G.) : Flore et faune du Nord de l'Afrique à la période quaternaire. — *Rev. Tun.*, 1894, p. 35-50.

— Formation géologique des terrains quaternaires du Nord de l'Afrique. Régime des eaux. Formation du Sahara. — *Rev. Tun.*, 1894, p. 151-156.

MENEGHINI (G.) : Ellipsactinia del Gargano e di Gebel Ersass in Tunisia. — *Atti d. Soc. tosc. di Sc. Nat.*, Proc. Verb. IV, 1884, p. 106.

MONCHICOURT (Ch.) : Le massif de Mactar (Tunisie centrale). — *Ann. de Géog.*, X, 1901, p. 346-369.

NEUMAYR (M.) : Die geographische Verbreitung der Juraformation. *Denkschr. der k. Akad. der Wiss.* Vienne. — *Math.-Naturw. Cl.*, L, 1885, p. 52-142, 1 pl., 2 cartes.

OVERWEG : Geognostische Beobachtungen auf der Reise von Philippeville über Tunis nach Tripoli und von hier nach Murzuk in Fezzan. — *Zeitschrift geol. Ges.*, III, 1851, p. 93-106 (mit Anmerkungen der Herren G. Rose und Beyrich).

PARRAN : Observations sur les dunes littorales de l'époque actuelle et de l'époque pliocène en Algérie et en Tunisie. — *B. S. G. F.* (3), XVIII, 1890, p. 245-251.

PARTSCH (A.-J.) : Die Veränderungen des Küstensaumes der Regentschaft Tunis in historischer Zeit. — *Petermanns Mitt.* XXIX, 1883, p. 201-211.

PELLISSIER (E.) : Description de la Régence de Tunis. — Paris, 4°, 1893.

PERON (A.) : Essai d'une description géologique de l'Algérie. — *Ann. Sc. geol.*, XIV, art. n° 4, 1883, p. 1-199.

— Description des invertébrés fossiles des terrains crétacés de la région Sud des Hauts Plateaux de la Tunisie, recueillis en 1885 et 1887, par M. Philippe Thomas. — Paris, 8°, 1890-1893, p. 1-305, 15 pl. 4° (*Exploration scientifique de la Tunisie*).

— Les Ammonites du Crétacé supérieur de l'Algérie. — *Mem. S. G. F.*, n° 17, 1896, p. 1-88, 18 pl.

— La zone à Placenticeras Uhligi et la zone à Marsupites ornatus dans le Crétacé de l'Algérie. — *B. S. G. F.* (3), XXVI, 1898, p. 500-511.

P..... (PERON) : Les phosphates d'Algérie et de Tunisie. — *Rev. Sc.*, t. IV, 1895, p. 652-656.

PERVINQUIÈRE (L.) : Sur un facies particulier du Sénonien de Tunisie. — *C. R. Ac. Sc.*, CXXVII, 1898, p. 789-791.

— Sur l'Éocène de Tunisie et d'Algérie. — *C. R. Ac. Sc.*, CXXXI, 1900, p. 563-565.

— La Tunisie centrale, esquisse de géographie physique. — *Ann. Géog.*, IX, 1900, p. 434-455, avec 1 carte tectonique.

— Sur l'Éocène d'Algérie et de Tunisie, et l'âge des dépôts de phosphate de chaux. — *B. S. G. F.* (4), II, 1902, p. 40-42.

PEYSSONEL et DESFONTAINES : Voyages dans les régences de Tunis et d'Alger, publiés par Dureau de la Malle. — Paris, 2 vol. 8°, 1838, I, p. 1-267, II, p. 1-136.

PLAYFAIR (R.-L.) : On the rediscovery of lost Numidian Marbles in Algeria and Tunis. — *British Assoc.* (Geol. section) Aberdeen Meeting, septembre 1885, 1 carte, p. 1018.

POMEL (A.) : Le Sahara. — Observations de géologie et de géographie physique et biologique *Bull. Soc. Climatologique d'Alger*, VIII, 1871, p. 133-165.

— Géologie de la province de Gabès et du littoral oriental de la Tunisie. — *A. F. A. S.*, Le Hâvre, 1877, p. 501-508.

— La mer intérieure d'Algérie et le seuil de Gabès. — *Rev. Sc.* (2), XIII, 1877, p. 433-440.

— Géologie de la petite Syrte et de la région des chotts tunisiens. — *B. S. G. F.* (3), VI, 1878, p. 217.

— Le projet de mer intérieure et le seuil de Gabès. — *Rev. géog. intern.*, n° 29, 30, 31, 1878.

— L'Algérie et le Nord de l'Afrique aux temps géologiques. — *A. F. A. S.*, Alger, 1881, p. 42-48.

— Une mission scientifique en Tunisie en 1877. — *Bull. École sup. Sc.*, Alger, n° 1, 1884, p. 1-105.

— Le Suessonien à Nummulites et à phosphorites des environs de Souk-Arras. — *A. F. A. S.*, Oran, 1888, p. 243-248.

— Explication de la deuxième édition de la carte géologique provisoire de l'Algérie au 1/800.000. — Alger, 1890, p. 1-212.

— Aperçus rétrospectifs sur la géologie de la Tunisie. — *B. S. G. F.* (3), XX, 1892, p. 101-110.

— Sur certaines des dernières phases géologiques et climatériques du sol barbaresque. — *C. R. Ac. Sc.*, CXIX, 1894, p. 314-318.

— Les Antilopes. — Paléontologie, Monographies. Carte géol. de l'Algérie. — Alger, 1895, p. 1-56, 15 pl., spéc. III.

— Les Carnassiers, *Ibid.*, 1897, p. 1-42, 15 pl.

POMEL (A.) : Les Ovidés. *Ibid.*, 1898, p. 1 32. 14 pl.

PROST (A.) : Note sur les minerais de fer des territoires des Meknas et des Nefzas. — *Ann. des Mines* (9e), XV. 1899, p. 333 354 ; carte 1/200.000, coupes.

RECLUS (E.) : Géographie universelle. Paris, 4°. XI, 1886, p. 135-292.

RENOU (E.) : Description géologique de l'Algérie. — Paris, 4°, 1848. p. 1 182. spéc. 61-62 (*Exploration scientifique de l'Algérie.*) (1 carte géologique de la Galite.)

ROLLAND (G.) : Sur le terrain crétacé du Sahara septentrional. — *B. S. G. F.* (3). IX. 1881, p. 508 551. 2 pl. et 1 carte géol. au 1/5.000.000.

— La mer saharienne. — *Bull. Ass. Sc. de France*, 1884, p. 178-205.

— Terrains de transport et terrains lacustres du bassin du Chott Melrir. — *A. F. A. S.*, Blois, 1884, p. 267-277.

— Sur la montagne et la grande faille du Zaghouan. — *C. R. Ac. Sc.*, CI, 1885, p. 1187-1190.

— Sur la géologie de la Tunisie centrale du Kef à Kairouan. — *C. R. Ac. Sc.*, CII, 1886, p. 1344-1347.

— *Id.* — *A. F. A. S.*, Nancy, 1886, p. 137.

— Sur la géologie de la région du lac Kelbia et du littoral de la Tunisie centrale. — *C. R. Ac. Sc.*, CIV. 1887. p. 597 600.

— Sur la géologie de la Tunisie. — *B. S. G. F.* (3), XV, 1887, p. 719.

— Géologie de la région du lac Kelbia et du littoral de la Tunisie centrale. — *B. S. G. F.* (3) XVI, 1887, p. 187 210.

— Géologie de la Tunisie centrale du Kef à Kairouan. — *A. F. A. S.*, Toulouse, 1887, p. 417-477.

— Les atterrissements anciens du Sahara, leur âge pliocène et leur synchronisme avec les formations pliocènes d'eau douce de l'Atlas. — *C. R. Ac. Sc.*, CVI, 1888, p. 960-963. — *A. F. A. S.*, Oran, p. 272-275, avec 1 carte géologique du Sahara au 15.000.000e

— Note sur la géologie du Djebel Zaghouan. — *B. S. G. F.* (3), XVI, 1888, p. 847.

— Carte géologique du littoral Nord de la Tunisie. — *B. S. G. F.* (3), XVII, 1888, p. 192-197.

— Grande faille du Zaghouan et ligne principale de dislocation de la Tunisie orientale. *B. S. G. F.* (3), XVIII, 1889. p. 29-49.

— Géologie du Sahara algérien et aperçu géologique sur le Sahara de l'océan Atlantique à la mer Rouge. — Paris, 4°, 1890, p. 1-269, atlas, 21 pl. ou cartes.

— Aperçu sur l'histoire géologique du Sahara depuis les temps primaires jusqu'à l'époque actuelle. — *B. S. G. F.* (3), XIX, 1891, p. 237-246, 1 carte géologique du Sahara.

— * La chaîne du Djebel Zaghouan. — *Rev. géog.*, XVI, 1891. p. 103.

— Hydrologie du Sahara algérien. — Paris, 4°, 1894, p. 1-417.

ROTHPLETZ (A.) : Das Atlasgebirge Algeriens. — *Petermanns Mitt.*, XXXVI., 1890, p. 180-194, carte tectonique au 1/5.000.000.

SAUVAGE (E.-D.) : Notes sur quelques poissons fossiles de Tunisie. — *B. S. G. F.* (3), XVII, 1889, p. 560 562.

SCHIRMER (H.) : Le Sahara, Paris, 8°, 1893, p. 1-431.

SERVICE GÉOGRAPHIQUE DE L'ARMÉE : Notice descriptive et itinéraires de la Tunisie. Région Sud (1884-85), Paris, 8°, 1886.

— Matériaux d'étude topologique pour l'Algérie et la Tunisie. — Cahier n° 10, 1900, p. 1-25, 9 pl., 12 vues, spéc. p. 20-25., pl. 5-7.

— *Id.*, cahier n° 14, 1901, p. 1-31, 9 pl., 7 vues ; spéc. p. 20-31, pl. 4-9, vues 2-7.

— *Id.*, cahier n° 16, 1902, p. 1-18, 8 pl., 9 vues : spéc. p. 11 18, pl. 4 8, vue 9.

SHAW (M.-D.) : Voyages de M. Shaw dans plusieurs provinces de la Barbarie et du Levant. — La Haye, 4°, 1743. I, p. 1-414, spéc. 173-307 et suppl., p. 127-128, 1 pl. fossiles.

SCHLUMBERGER : Sur le genre Thomasinella. — *B. S. G. F.* (3). XVII, 1899. p. 425.

STACHE (G.) : Die projektirte Verbindung des Algerisch-Tunesischen Chottgebietes mit dem Mittelmeere. — *Mitt. geog. Ges. Wien*, 1875, p. 337-351.

— Geologische Touren in der Regentschaft Tunis. — *Verh. der. K. K. Geol. Reichsanst.* 1876, p. 34-18.

— Die Erzlagerstätte des Djebel Reças bei Tunis. — *Verh. K. K. Geol. Reichsanst.* 1876, p. 56-60.

— Die quartären Binnenlagerungen des Küstenstriches der kleinen Syrte zwischen Gabes und dem Uëd Akerit. — *Verh. K. K. Geol. Reichsanst.* 1876, p. 121-123.

TARAMELLE BELLIO : Geografia e geologia dell'Africa, 1890, p. 1-311.

TCHIHATCHEF : Espagne, Algérie, Tunisie. — Paris, 8°, 1880, p. 1-595, spéc. 478-558.

TEMPÈRE : Sur les diatomées contenues dans les phosphates de chaux suessonniens du Sud de la Tunisie. — *C. R. Ac. Sc.*, CXXIV, 1897, p. 381.

THOMAS (Ph.) : La mer saharienne. — *Bull. Soc. climatologique d'Alger*, 8°, 1882, p. 1-28.

— Sur la découverte de gisements de phosphate de chaux dans le Sud de la Tunisie — *C. R. Ac. Sc.*, CI, 1885, p. 1184-1187.

— Sur les phosphorites du Kef el Hammam, près de Feriana. — *C. R. Soc. sc. Nancy* (2), VIII, 1886, p. 139.

— Sur les gisements de phosphate de chaux de la Tunisie — *A. F. A. S.* Nancy, 1887, p. 413-417.

— Sur la découverte de nouveaux gisements de phosphate de chaux en Tunisie. — *C. R. Ac. Sc.*, CIV, 1887, p. 1321-1324.

— Sur les gisements de phosphate de chaux de l'Algérie. — *C. R. Ac. Sc.*, CVI, 1888, p. 379-382.

— Sur la géologie de la formation pliocène à troncs d'arbres silicifiés de la Tunisie. — *C. R. Ac. Sc.*, CVII, 1888, p. 567-569.

— Gisements de phosphate de chaux des hauts plateaux de Tunisie. — *B. S. G. F.* (3), XIX, 1891, p. 370-407, 1 pl.

— Recherches sur quelques roches ophitiques du Sud de la Tunisie. — *B. S. G. F.* (3), XIX, 1891, p. 430-472.

— Étage Miocène et valeur stratigraphique de l'Ostrea crassissima au Sud de l'Algérie et de la Tunisie. — *B. S. G. F.* (3), XX, 1892, p. 3-20.

— Description de quelques fossiles nouveaux ou critiques des terrains tertiaires et secondaires de la Tunisie, recueillis en 1885 et 1886. — Paris, 8°, 1893, p. 1-44, 3 pl. 4° (*Exploration scientifique de la Tunisie*).

TODROS (E.) : Rapport sur les gisements de phosphate de chaux de Kalaa Djerda (Tunisie) Bruxelles, petit 4°, 1898, p. 1-20, 1 pl.

TOURNOUËR : Observations à la note de Pomel sur la géologie de la petite Syrte et de la région des Chotts Tunisiens. — *B. S. G. F.* (3), VI, 1878, p. 224.

— Sur quelques coquilles marines recueillies par divers explorateurs dans la région des Chotts sahariens. — *A. F. A. S.*, Paris, 1878, p. 608-622, 1 pl.

VÉLAIN (Ch.) : Constitution géologique des îles voisines du littoral de l'Afrique, du Maroc à la Tunisie. — *C. R. Ac. Sc.*, LXXVIII, 1874, p. 73-77.

VATONNE (F.) : Mission de Ghadamès (Etude sur les terrains et sur les eaux des pays traversés par la mission), p. 203-316. — in : Mission de Ghadamès. (Rapports officiels et documents à l'appui publiés avec l'autorisation de S. E. M. le duc de Malakoff.) Alger, in 8°, 1863, p. 1-355, 5 pl. et cartes.

WELSCH (J.) : Gisements de phosphate de chaux de Tunisie. — *Rev. Sc.*, XLVIII, 1891, p. 605.

ZITTEL (K.) : Die Sahara, ihre physische und geologische Beschaffenheit. — (Extrait de Beiträge zur Geol. und Pal. der libyschen Wüste. *Palæontographica*, XXX, I, p. 1-42.)

APERÇU GÉOGRAPHIQUE

Je n'ai pas l'intention de donner ici une description détaillée de la Tunisie centrale, description qui trouvera mieux sa place après la partie stratigraphique et se fondra avec l'explication tectonique; aussi, me bornerai-je à indiquer les principales montagnes, ainsi que les rivières qui seront le plus souvent citées par la suite.

Mais, avant tout, il est bon d'expliquer le sens de termes géographiques arabes, qui reviendront à chaque instant. Plusieurs d'entre eux sont connus de la plupart des lecteurs et se trouvent dans divers ouvrages géographiques, entre autres le vocabulaire du général Parmentier; je crois cependant devoir les rappeler. quelques autres n'y figurent pas et paraissent spéciaux à la Tunisie. Au surplus, je donnerai dans chaque cas l'acception tunisienne, celle que j'entendais employer autour de moi. Je me limiterai ici aux noms communs, les seuls qu'il y ait intérêt à grouper et je traduirai les autres au fur et à mesure qu'ils se présenteront, quand leur signification vaudra d'être signalée.

Pour la transcription des noms géographiques, j'ai suivi rigoureusement l'orthographe usitée au Service géographique de l'Armée, bien qu'elle ne soit pas à l'abri de toute critique. Certaines lettres, n'existant pas en français, sont figurées d'une manière qui n'est pas acceptée par tous les arabisants, et surtout, ce qui est plus grave, le même mot comporte souvent des orthographes différentes sur des feuilles voisines, parfois sur la même feuille. C'est ainsi que le mot *jebs* (plâtre), d'où dérive notre mot « gypse », est écrit au moins de sept manières : Kt. ez Zebs, Kt. ez Zibs, Oued ez Zabbes (ces deux dernières dans le même Dj. Kebouch), Argoub ez Zebbas, Dj. Zbissa, O. el Djebs, Djebès et Houfia. Toutefois, il ne faut pas perdre de vue que la prononciation peut varier suivant les provinces, d'autant plus que, dans la langue courante, on n'écrit pas les voyelles, ce qui est la cause de certaines divergences. Une autre différence tient à ce que le *djim* se prononce assez souvent comme un ز; par exemple, on dit *zibs* ou *zebs* (plâtre) et non *jibs*; suivant que la transcription sera faite d'après le mot écrit ou entendu, on aura l'une ou l'autre orthographe. Mais, au total, je ne fais pas un travail de linguistique; aussi, ai-je cru préférable de sacrifier la correction rigoureuse et même l'uniformité à la commodité du lecteur, qui aura sans cesse à se reporter à la carte, et que les différences de transcription pourraient dérouter, si la langue arabe ne lui est pas familière. C'est pourquoi, je me suis conformé, dans chaque cas particulier, à l'orthographe de la carte. Ceci dit une fois pour toutes, afin que le lecteur versé dans la connaissance de l'arabe ne soit pas surpris des divergences qu'il pourra rencontrer dans mon texte.

Bled (ou *Blad* suivant les régions) signifie pays (Bled el Ala) et aussi ville. La montagne, en général et par opposition à la plaine (*Sahel*), est appelée *Djebel* ; son sommet se nomme *Ras* (tête, pic) (Ras Si Ali ben Oum ez Zine), les parties saillantes et rocheuses *Kef* (plur. *Kifan*), mot qui s'applique aussi quelquefois à une crête rocheuse ; la crête ou ligne de cimes se dit *Sra* (c'est sans doute de ce terme qu'est venu le mot Sierra). Un *Koudiat* est toute saillie peu importante et, de préférence, une éminence conique et isolée (Kt. el Halfa) ; un *Regoubat* (*Argoub*, *Ergoub*) (Argoub el Harch) est une colline basse, toujours arrondie, aux formes molles (croupe) ; *Kroumat* (mamelon) a presque le même sens (Kroumat es Souda). Si la colline s'allonge et même devient un peu sinueuse, on a un *Draa* (bras) (Draa el Miàad) ; *Dahar* (dos) s'applique de même à une colline basse et arrondie. *Guern* (corne), désigne un éperon d'une montagne, parfois un pic, et *Merfeg* un éperon coudé, parfois l'extrémité d'une montagne, le point où les strates, plus ou moins dénudées et montrant leurs tranches, se rejoignent pour passer d'un flanc de l'anticlinal sur l'autre. Une *Garat* (plur. *Gour*) est une colline à flancs très raides et à sommet tabulaire (témoin d'érosion). Une *Kalaat* est un plateau élevé (litt. forteresse), limité par des abrupts à son pourtour (Klt. es Snam) ; *Hamadat* s'applique parfois dans le même sens, mais désigne aussi tout plateau pierreux. Un *Dyr* est une Kalaat longue et étroite, généralement en forme de cuvette (Dyr el Kef) ; du reste, les Kalaats et les Hamadats affectent aussi cette forme, mais à un degré moins marqué. *Haoud* (bassin) s'applique aussi à un plateau dont les bords sont relevés (Haoud el Kbir). *Sfaya* (*Sféia*, *Sfaiet*) désigne une plate-forme rocheuse, *Tell* une plate-forme cultivable, et *Batene* un plateau présentant une concavité ou une vallée entre deux collines allongées.

Si des couches à peu près verticales, dures et tendres, alternent régulièrement, les premières sont déchaussées par l'érosion et restent en saillie, chacune formant un *sif* (sabre) (plur. *siouf*), et l'ensemble prend le nom de *Srasif* (Srasif bel Hajem). Le pourtour d'une cuvette synclinale, mis en évidence par une strate dure, imite parfois le bord des grands plateaux en bois d'un usage constant parmi les Arabes et a reçu d'eux le nom de *Guessaâ* (Gossa, el Guessà el Kbira et es Srhira) ; mais ce mot est d'un emploi peu fréquent. Les grottes ou cavernes dont la montagne peut être creusée se nomment *Rhar* ou *Damous*, ce dernier terme souvent employé pour les excavations artificielles : anciennes carrières ou mines. La forêt qui peut recouvrir la montagne s'appelle *Rhaba* (*Rebaa*) ; mais il faut observer que ce mot comme le « Saltus » de Salluste, ne désigne le plus souvent qu'une brousse plus ou moins élevée.

Un *Kranguat* est un défilé dans la montagne, une gorge (Kr. es Sour) ; le débouché de ce défilé se nomme souvent *Foum* (bouche) ; *Fedj* (et *Faïdja*) correspond à notre mot col (Fedj el Tiner).

L'*Oued* (plur. *Ouidan*), c'est le cours d'eau en général, le mot *Nhar* étant réservé aux vrais fleuves. Dans sa partie torrentielle, il se nomme *Chaabat*, terme qui, à vrai dire, désigne plutôt le ravin qui le contient. *Djeraouil* s'applique aux petits ruisseaux formés par l'érosion dans les marnes. Si, dans sa partie inférieure, les rives de l'oued disparaissent, l'emplacement qu'il recouvre en temps de crue se nomme *Enfidat* ou *Faïdh*. *Gantra* signifie pont et point où on peut franchir un oued, mais, souvent aussi, bande de terrain reliant deux régions ; c'est, par exemple, une plaine entre deux chaînes de montagnes offrant une voie naturelle de communication. Un gué se nomme *Medjez*.

Aïn (plur. *Aioun*) indique une source en général, *Hammam* (bain) étant réservé pour les sources thermales ou simplement les jets de vapeur (Hammam Trozza). *Bir* désigne un puits ; *Rhedir*, une petite excavation où s'accumule l'eau de pluie ; *Sebkra*, une dépression lacustre à eau généralement salée et bien souvent à sec. *Oglat* est une large cuvette moins étendue et moins profonde qu'une Sebkra, dont la partie la plus basse est généralement dépourvue de végétation. On nomme *Garaat* une dépression susceptible d'être inondée et formant un marécage ; *Bahirat*, une terre basse et humide, couverte d'alluvions et, par suite, très fertile ; et *Merdjat* une prairie marécageuse permanente.

Dans une grande partie du pays considéré, les habitants sont nomades et vivent sous des tentes quelquefois isolées, mais le plus souvent groupées en *douars* ; parfois, ils se construisent des huttes de branchages (*Gourbis*) ou de terre sèche dont la réunion forme une *Mechtat*. Le mot *Dar* (plur. *Diar*) s'applique aux maisons en pierre dont le groupement constitue une *Decherat*. *Bordj*, qui signifie, à proprement parler, une maison fortifiée, est employé pour désigner toute maison importante. Une *Zribat* est un enclos en branchages, un parc à bestiaux et, par extension, une agglomération de gourbis habités par les pasteurs. Enfin, une *Zaouïa* est à la fois une école et un hospice ou hôtellerie, c'est donc un établissement fixe qui se traduit géographiquement par une réunion de maisons, généralement groupées autour du tombeau d'un marabout orné d'une blanche coupole (*Koubba*). Une *Haouta* (*Haouita*) est un lieu consacré, consistant en un cercle de pierre, où l'on dépose des objets votifs les plus disparates : lambeaux de vêtements, débris de poteries, bougies, etc.

Plusieurs de ces mots reviendront si souvent qu'il m'arrivera de les écrire en abrégé ; je vais donc donner les abréviations employées : Dj = Djebel ; Kt. = Koudiat ; K. = Kef ; Klt. = Kalaat ; Kr = Kranguat ; O. = Oued ; A. = Aïn ; D^{ra} = Dechera.

La partie de la Tunisie que j'ai étudiée, est comprise entre le parallèle de Kasserine (soit 39^G,10 environ) et celui de Nébeur (soit 40^G,30), la ligne N.-S. passant par le Djebel Trozza (8^G,10 à peu près) et la frontière algérienne. En outre, j'ai poussé quelques pointes vers des localités intéressantes situées en dehors de ces limites, par exemple les massifs du Ben Saïdan et du Zaghouan au N, les Djebel Batene el Guern et Cherichira à l'E (ces deux derniers font du reste l'objet d'un carton spécial). La superficie ainsi embrassée est de 18.000 kilomètres carrés environ ; elle correspond approximativement à celle de trois départements français, par exemple Vaucluse, Drôme et la moitié des Basses-Alpes et des Hautes-Alpes, ou bien encore Loire-Inférieure, Maine-et-Loire et Vendée.

Ce pays, comme tout le centre de la Tunisie, ne saurait être qualifié de région montagneuse à proprement parler : c'est plutôt une région montueuse. Ce qui le caractérise, c'est précisément l'abondance de collines ou de petites montagnes dont la la hauteur relative excède rarement 500 à 700 m., séparées par des vallées ou de légères cuvettes. Au premier abord semble régner la confusion : pas de chaînes bien alignées sur de grandes longueurs, mais seulement une succession de petits massifs n'ayant qu'approximativement la même direction.

On peut cependant distinguer une chaîne principale qui aboutit, près de Tunis, au Djebel bou Kournin (576 m.). Elle se continue vers le S, puis le S-W, par le Dj. er Reçass, le Dj. Zaghouan (1295 m.), la montagne la plus élevée au-dessus de la plaine, le Dj. Ben Saïdan (818 m.) (généralement appelé Dj. Djoukkar, du nom de la source qui sort à son pied), le Dj. Fekirine (985 m.), tous en dehors de la carte. Celle-ci offre sur le même alignement le Dj. es Serdj (1357 m.), le Dj. Bargou (1215 m.), le Dj. Belouta (1200 m.), l'Hamadet el Kessera (1174 m.), le Dj. Mrhila (1378 m.), le Dj. Selloum (1373 m.), et le massif de Feriana, qui s'étend jusqu'à la frontière algérienne. Au S et à l'E de cette chaîne, nous ne voyons que quelques massifs importants : le Dj. bou Dabouss (816 m.), le Dj. Ousselat (912 m.), le Dj. Trozza (997 m.) et entre ce dernier et Kairouan, le Dj. ech Cherichira (462 m.) et le Dj. Batene el Guern (170 m.), montagnes bien peu élevées, mais fort intéressantes au point de vue géologique.

Au contraire, au N-W de la chaîne principale se dressent de nombreuses montagnes parmi lesquelles je signalerai d'abord (en partant du S) le Dj. Chaâmbi (1544 m.), point culminant de toute la Tunisie, qu'une étroite vallée sépare du Dj. Semmama (1316 m.), puis le Dj. Tiouacha (1363 m.), le Dj. Djildjil (1023 m.), le Dj. Barbrou (1226 m.) et le Dj. Sekarna, avec son grand sommet du Dj. el Guelah (ou Kef Gzai) (1322 m.). Au S de Thala s'étend le massif important du Dj. bou Rhanem, auquel appartiennent le Dj. Bireno (1419 m.) et le Dj. el Ajered (1385 m.), à peine séparé du Dj. el Hamra (1152 m.). Le Dj. Char (1214 m.), au bord duquel est bâtie la bourgade de Thala, dépend d'un autre plissement qui se poursuit par le Dj. Oum Delel (1173 m.) jusqu'au Kef Reu Kaba et au Ras Sidi Ali ben Oum ez Zine (1305 m.).

Au N de Thala et presque jusqu'au Kef règnent des plaines assez vastes, desquelles surgissent un certain nombre de massifs arrondis dont les plus importants portent les noms de Dj. bou el Hanèche (1229 m.), Dj. Zrissa (899 m.), Dj. Slata (1103 m.), Dj. Hamaïma (683 m.), Dj. bou Jabère (1086 m.), Dj. Harraba (1098 m.). Entre ces dômes existent plusieurs plateaux dont les bords élevés produisent de véritables montagnes ; tel est le cas pour la Kalaat es Snam (1271 m.), le Dj. el Houd et le Kef es Slougui (968 m.), le Dj. Garn Halfaya (951 m.) et même le Dyr el Kef (1084 m.) qui domine la ville de ce nom.

A l'E de cet ensemble, près de Ksour et de Maktar, un vaste plateau, découpé en un grand nombre de compartiments par de profonds ravins, constitue la Hamadat des Ouled Ayar et des Ouled Aoun ; quelques parties moins atteintes par l'érosion et restées en saillies la parsèment irrégulièrement : telles sont la Kalaat el Harrat (1293 m.) et la Kalaat es Senoubrine (1032 m.). Enfin, au N de ce plateau se trouvent le Dj. Massouge (960 m.) et la Rebaa Siliana (814 m.).

Le pays est coupé de nombreux oueds ou rivières, le plus souvent sans eau, qui sont dans une étroite dépendance des plissements montagneux. Le fleuve principal de la Tunisie, la Medjerda, passe à 20 ou 25 km. au N de la limite supérieure de la carte, mais son affluent le plus important, l'Oued Mellègue, coupe le coin N-W de la feuille. Ce dernier reçoit une forte partie de son eau de l'Oued Sarrath, qui, né près de Thala, a lui-même pour tributaire l'Oued Haïdra. C'est à l'Oued Mellègue également que se rend l'Oued er Remel. Par contre, l'Oued Tessa se jette directement dans la Medjerda après avoir serpenté entre plusieurs massifs. Un autre affluent de ce fleuve est l'Oued Siliana, qui a son origine au S de Maktar, et porte d'abord le nom d'O. el Djahfa, puis celui d'O. Ousafa, peu avant sa rencontre avec l'O. es Saboun, et enfin celui d'O. Siliana, depuis le point où il débouche dans la plaine, un peu en amont de Sidi Abd el Melek. C'est, en effet, un fait remarquable et constant que les oueds ne portent presque jamais un nom unique sur tout leur parcours; une rivière change de nom chaque fois qu'elle en rencontre une autre ou même simplement qu'elle passe en un point remarquable à un titre quelconque. Nous en verrons plusieurs autres exemples. Ainsi, l'Oued el Kebir, qui naît entre le Djebel Bargou et la Rebaa Siliana, n'est que l'origine de l'O. Miliane, lequel se jette directement dans le golfe de Tunis, près de Radès.

Sur l'autre versant du Bargou, l'Aïn Bargou alimente l'oued de même nom, qui, après avoir traversé un pittoresque défilé, où il est connu sous la désignation d'O. Dridja, reçoit l'O. Marouf, et, dès lors appelé O. Nebhane, va se perdre dans la plaine de la sebkra Kelbia.

Presque au même point aboutit l'O. Marguellil, l'un des plus larges de la Tunisie, qui débute au S de la Kessera, sous le nom d'O. el Balloul, pour devenir ensuite l'O. el Kord. L'O. Zroude, lui aussi, se jette au moins virtuellement dans la sebkra Kelbia; mais, en réalité, son cours inférieur est des plus vagues, propriété qu'il partage avec le Marguellil et plusieurs autres. C'est assurément le plus long cours d'eau de la région étudiée. Il commence sur la frontière algérienne à Aïn el Oubira, dont il prend le nom; il porte ensuite successivement ceux d'O. Foussana, d'O. el Hatob, d'O. el Fekka, d'O. Gamouda; il reçoit alors l'O. Sbeïtla et l'O. Djilma dont il adopte le nom jusqu'à son confluent avec l'O. Zroude, qui à son tour, impose son nom au cours d'eau résultant. Cet O. Zroude provenait lui-même du bled Jofre, au S de Ksour, où il était appelé O. Sguiffa jusqu'au confluent avec l'O. Sbiba; il devenait alors l'O. el Hatob [1] jusqu'au voisinage du Dj. el Abeïd. Tous ces oueds réunis constituent la partie inférieure de l'O. Zroude, dont le lit, large parfois d'un kilomètre, est à sec la plus grande partie de l'année. Il passe légèrement au S de Kairouan, qu'il menace quelquefois d'inonder, et vient enfin se fusionner avec le Marguellil presque au moment d'atteindre la sebkra Kelbia.

(1) Qu'il ne faut pas confondre avec le précédent. Ce sont presque toujours les mêmes termes qui reviennent; chaque tribu un peu importante a son O. el Kebir, etc.

PREMIÈRE PARTIE

STRATIGRAPHIE

SYSTÈME TRIASIQUE

HISTORIQUE

Les argiles bariolées gypsifères, que je rapporte au Trias, sont connues depuis longtemps en Tunisie. En effet, POMEL (1) les observa près de Gabès et leur attribua une origine éruptive. Peu après, Ph. THOMAS (2), qui avait déjà observé ces formations en Algérie, les reconnut en divers points de Tunisie, particulièrement au Dj. Cherichira, au Dj. Chaâmbi et au Dj. Nouba, mais, adoptant une opinion généralement reçue alors, il les considéra comme épigéniques et dues à la transformation des terrains les plus divers sous l'influence d'actions geysériennes. LE MESLE (3) suivit cette manière de voir : cependant il indiqua dans le Sud de la Tunisie, au Ksar Beni-Kreser, de puissants dépôts de grès, de calcaires, de dolomies et de sables, situés au-dessous du Kimméridgien, et surmontant des gypses stratifiés avec quelques intercalations de plaquettes calcaires à « petits Pélécypodes rappelant les *Pellatia* et les *Gervillia*, que l'on serait tenté d'assimiler à quelques types du Trias ». Ces gypses reposent sur des grès rouges à ripple-marks avec traces d'Annélides et de Crustacés.

Par contre, ERRINGTON DE LA CROIX (4) considère la formation marno-gypseuse comme sédimentaire et représentant l'Éocène moyen ou peut-être l'Éocène supérieur ; mais il ne cite aucun fossile à l'appui de sa manière de voir.

Enfin, AUBERT (5) s'est rangé à l'avis de THOMAS, sauf en ce qui concerne l'affleurement de l'Oued Zerga, qu'il place dans le Gault.

(1) POMEL : Miss. géol. Tunisie, p. 64.
(2) Ph. THOMAS : Roches ophitiques de Tunisie, p. 445.
(3) LE MESLE : Journal de voyage en 90-91, p. 20.
(4) ERRINGTON DE LA CROIX : Géol. du Cherichira, p. 321.
(5) F. AUBERT : Explic. carte géol. Tunisie, p. 89.

La question est entrée dans une phase nouvelle en 1896. Lors de la réunion extraordinaire de la Société Géologique de France en Algérie, M. Marcel Bertrand [1], frappé par l'aspect de ces marnes bariolées, y reconnut le Trias, tel qu'il l'avait souvent observé en Provence. Cette opinion fut confirmée par la découverte faite par Goux, au Dj. Chettabah, près de Constantine, de *Myophoria vulgaris* et de *Gervillia* qui furent déterminées par le Prof. Zittel. Tissot avait du reste, il y a de longues années, récolté des spécimens de cette *Myophoria*, que j'ai pu voir dans la collection du Lycée de Constantine; mais il s'était trompé sur leur détermination et les attribuait au Suessonien.

Donc, aucun auteur n'avait reconnu le Trias en Tunisie; mais après l'interprétation de M. Marcel Bertrand, il était permis de supposer que les marnes bariolées de Tunisie étaient de même âge que celles d'Algérie; c'est ce que j'ai pu vérifier.

DESCRIPTION

Un fait remarquable est la constance d'aspect et de composition de ces couches bariolées, qu'il s'agisse de lambeaux de quelques mètres ou d'affleurements de plusieurs kilomètres, fait qu'il serait difficile d'expliquer, si elles étaient le résultat de la transformation de terrains divers. Mais, ce qui frappe le plus en présence d'un affleurement triasique, c'est l'apparence chaotique qu'il présente: presque nulle part on ne voit de couches continues; de gros blocs ou des fragments de bancs déchiquetés émergent d'argiles ou de marnes tantôt blanchâtres, tantôt bariolées de teintes vives: vert, rose, lie-de-vin, lilas, disposées par larges taches; sur le sol, des débris de toutes dimensions de roches les plus diverses: grès micacés (psammites) verts ou rouges, calcaires jaunes, calcaires gris-bleuâtres en plaquettes comme tachés d'huile, cargneules, calcaires dolomitiques, dolomies cristallines ou pulvérulentes d'un gris cendré, parfois, mais rarement, des morceaux d'une roche éruptive verte. Fréquemment, on voit des lambeaux d'un gros banc de calcaire dolomitique bleu foncé, ressemblant d'une manière frappante à certaines roches de l'Aptien, ce qui a peut-être fourni un argument à l'ancienne théorie. Contrairement à ce qui s'observe en Algérie, les cristaux de quartz sont rares: cependant au Dj. Saadine, un calcaire blanc est lardé de très beaux cristaux de quartz vert, mais il n'est pas certain qu'il soit d'âge triasique, quoique emballé dans les argiles bariolées.

En de nombreux points, on trouve de petits blocs de gypse, tantôt saccharoïde, tantôt en lamelles, affectant toutes sortes de couleurs et recherché par les Arabes pour la fabrication du plâtre. Sa répartition est très inégale, mais il est rarement en couches de quelque puissance. Il en est de même du sel qui se trouve un peu partout, mais rarement en abondance. Cependant, au coin N-E du Dj. Lorbeus (au lieu dit les Salines, sur la route du Kef à Maktar), au pied du Kt. el Melah (colline du sel) sourdent quatre sources, dont l'eau extrêmement chargée en chlorure de sodium est reçue dans des bassins et évaporée au soleil.

(1) M. Bertrand: Sur le Trias du Dj. Chettabah. — *B. S. G. F.* (3), XXIV, p. 1184.

A la surface des marnes triasiques se forme le plus souvent une sorte de croûte ou de carapace gypso-calcaire qui résonne sous le pied des chevaux, masquant le terrain sous-jacent, mais qu'il est toujours facile de distinguer du revêtement calcaire habituel.

L'ensemble de ce terrain est très meuble et presque sans cohésion ; aussi l'érosion agit-elle sur lui avec une intensité toute particulière. Presque tous les affleurements sont nivelés, à moins qu'ils ne renferment des roches résistantes (dolomie du Kt. el Halfa). En divers points, les eaux courantes y ont creusé des ravins immenses.

Enfin, je dois relater un fait d'une certaine importance économique ; c'est la relation fréquente entre le Trias et les gîtes calaminaires. Ceux-ci sont toujours situés dans les calcaires ou des marnes appartenant à divers terrains, notamment au Sénonien, et le plus souvent au contact même du Trias (Dj. Bou-Jabère, Dj. Garn Halfaya, Dj. Kebouch, Dj. Chaâmbi). On conçoit en effet que les failles qui limitent habituellement le Trias dans cette région aient livré passage aux eaux chargées de principes minéralisateurs. Cette relation entre les gîtes calaminaires et le Trias a, du reste, déjà été indiquée en Carinthie, en Styrie et en Croatie.

EXTENSION

Aubert, dans sa Notice explicative, cite les affleurements de marnes bariolées reconnus par lui et ses devanciers ; ce sont ceux du Reçass, du Cherichira, du Nouba et du Kt. el Halfa. Ma carte en montre un certain nombre d'autres, irrégulièrement distribués ; ils font défaut, en particulier, dans la région de Maktar.

On reconnaît néanmoins que le Trias joue un rôle important dans la Tunisie centrale, rôle qui devient bien plus considérable encore dans l'extrême Sud, car il faut sans aucun doute lui rapporter les couches de gypse signalées par Le Mesle, qui s'étendent depuis Tatahouine jusqu'à la frontière tripolitaine. C'est là, je pense, l'origine du gypse que l'on trouve à la surface du sol dans presque tout le Sud et que j'ai eu l'occasion de voir dans les environs de Kebili. Dans toute cette région, les oueds ont un cours incertain ; la plupart d'entre eux n'atteignent pas la mer ; dès lors, le gypse et le sel provenant du lavage des divers terrains qui en renferment ne tardent pas à se déposer par évaporation et finissent par former une couche épaisse et presque continue.

STRATIGRAPHIE

J'ai déjà dit que la stratification était rarement apparente ; le Dj. Lorbeus constitue une des exceptions.

Lorbeus

La coupe (fig. 1) montre un anticlinal triasique flanqué par deux bandes étroites de Sénonien (celle du N-W est en partie renversée sur le Miocène). La constitution pétrographique est la même que d'habitude ; aussi indiquerai-je seulement la présence dans les grès micacés roses de nombreuses paillettes de fer oligiste. De plus, certaines plaquettes gréseuses portent des traces de végétaux, malheureusement indéterminables. La succession des assises n'apparaît sur quelque épaisseur qu'au coin N-E, où les grès à végétaux sont particulièrement abondants, et surtout dans un petit ravin qui contourne au N le Kt. el Hanisch. Au point le plus bas (fig. 2), on aperçoit une masse de gypse blanc (a) avec taches rouges et noires, entamée par l'Oued sur 20 m. au moins. Au-dessus, s'élèvent des marnes vertes et violettes (b) alternant avec de petits lits gréseux micacés (contenant de la pyrite en dodécaèdres et de l'oligiste), et de rares lits d'un grès calcaire jaunâtre. Dans la partie supérieure de la masse, les grès verts offrent à leur surface de très nombreuses traces d'êtres organisés (pistes).

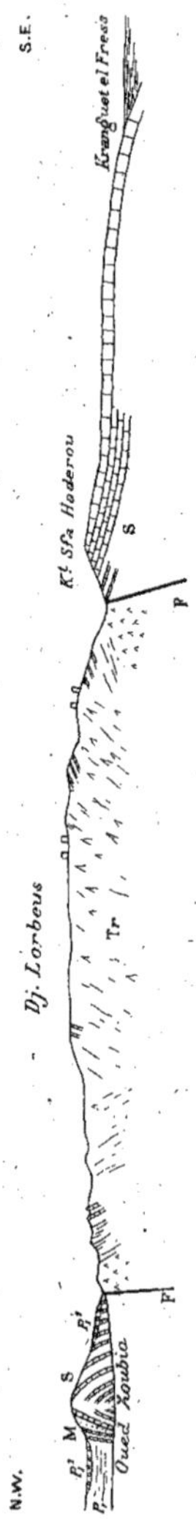

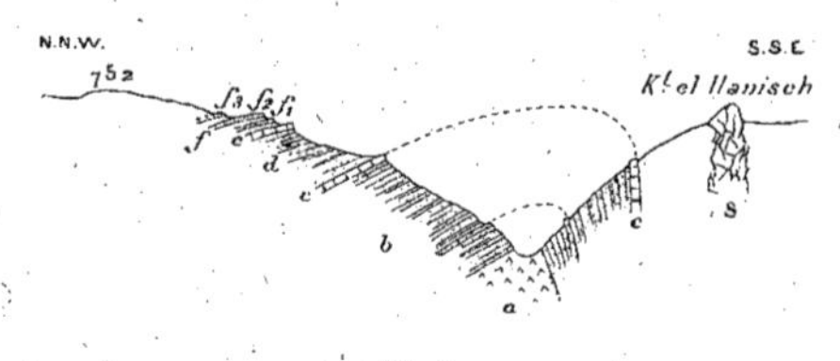

Fig. 2.

L'ensemble mesure 45 m. Après un banc de dolomie franche subcristalline gris bleu, épais d'un mètre (c), reprennent les argiles et les grès gris ou jaunâtres, mouchetés d'oxyde de fer (d) (20 m.), auxquels fait suite un banc dolomitique très ferrugineux (1m50) (e). Enfin, la coupe se termine par quelques mètres d'argiles sableuses et de grès jaunes verdâtres. Deux lits sont particulièrement intéressants, car ce sont presque les seuls ayant fourni des fossiles déterminables. L'un d'eux (f_1) est un grès légèrement micacé, mêlé de beaucoup d'argile (25 cm. d'épaisseur). J'y ai trouvé des *Myophoria* très voisines de

Myophoria Goldfussi v. Alberti,

avec *Posidonomya*, *Arca* et quelques autres Lamellibranches en mauvais état. Le 2e lit (f_2), épais de 20 cm. et séparé du précédent par 75 cm. d'argile, est de composition analogue ; il est un peu plus clair et un peu plus friable. Outre des *Myophoria* indéterminables spécifiquement, j'y ai trouvé une *Ostrea* très voisine de

Ostrea (Alectryonia) Montis-Caprilis Klipstein,

espèce qui y est relativement commune.

Fig. 1. — Dj. Lorbeus. 1/20.000, hauteurs et longueurs (Tr. Trias, S. Sénonien, M. Miocène, P. Pliocène.

Au-dessus est un banc de grès très ferrugineux (f_3) de 10 cm., se divisant en parallélipipèdes, qui pourra servir de repère. Au delà, on ne voit plus rien de net.

Les fossiles qui viennent d'être cités semblent indiquer qu'il faut rapporter cet ensemble de couches au **Muschelkalk ;** en outre, la présence d'*Ostrea Montis-Caprilis* prouve que la partie supérieure au moins doit être considérée comme l'équivalent de la **Lettenkohle.**

Kebouch

Non loin de là, au Dj. Kebouch, le Trias apparaît en dessous du Sénonien, particulièrement dans l'Oued Zabbès, et le petit Kt. ez Zibs doit sa forme allongée à 8 ou 10 bancs de grès verts, roses ou violets, tantôt fissiles, tantôt compacts, séparés par des marnes, et très fortement redressés. L'Oued Melah et ses affluents ont profondément entamé la formation triasique, ce qui permet de constater la présence de gypse en assez grande quantité ; celui-ci est grenu ou niviforme et affecte les teintes les plus variées : blanc, rose, rouge, ou même noir. Au microscope, M. Gentil y a reconnu, outre les grains de quartz, du microcline, un autre feldspath plagioclase, un peu de mica blanc presque uniaxe, de la tourmaline polychroïque en brun, un peu de rutile et de zircon. Enfin, les grains de quartz sont réunis par du gypse, du reste bien distinct à l'œil nu, qui donne à la roche un aspect chatoyant.

Un fait assez important se dégage de l'examen de ce grès ; c'est qu'il renferme tous les éléments d'une granulite, et que, par suite, il provient d'un massif granulitique ayant entièrement disparu, dont nous n'aurions même aucune notion sans cette circonstance. La chose valait la peine d'être relevée.

Debadid

Un autre affleurement remarquable est celui du Dj. Debadib, le plus étendu de la Tunisie centrale. L'ensemble est aussi confus que d'habitude ; cependant, dans le lit même de l'Oued er Remel, on observe un dôme triasique d'une grande netteté (fig. 3). Près du confluent de l'Oued er Remel et de l'Oued el Fkarine, on aperçoit au milieu

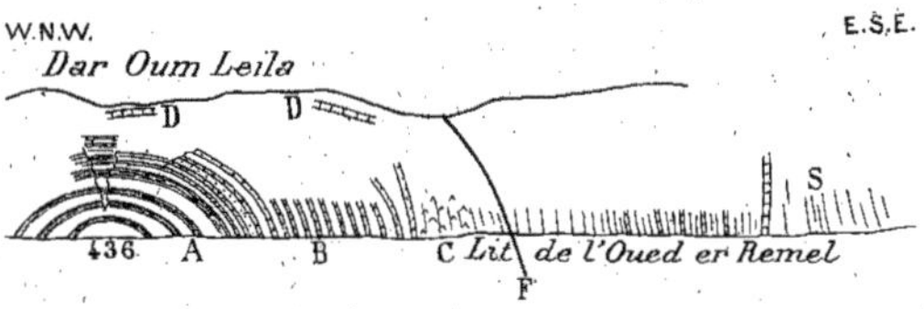

Fig. 3. — Dj. Debadib.

des marnes sénoniennes un banc de calcaire blanc vertical, complètement déchaussé. L'Oued er Remel coupe ensuite 150 à 200 m. de marnes et calcaires verticaux (S), qu'il faut attribuer soit au Sénonien, soit en partie au Turonien, puis, sans qu'on observe de limite nette, des argiles très légèrement teintées de rouge et de vert (C), renfermant de gros blocs de gypse saccharoïde blanc, auxquelles font suite des grès micacés verts et rouge-violet (B), alternant avec des argiles de même couleur ; les grès rouges contiennent de nombreuses paillettes d'oligiste. Cet ensemble gréseux doit avoir une centaine de mètres d'épaisseur ; les couches sont très redressées dans le lit même de l'oued, mais se recourbent en demi-cercle. Ces grès recouvrent des argiles dures (A) en bancs, les uns blancs, les autres d'un violet vif, alternant régulièrement. Le centre du dôme est entamé par un petit ravin, de l'autre côté duquel on voit la retombée des couches inférieures. Enfin, à un niveau plus élevé et très en arrière, sans relation nette avec les couches précédentes, on aperçoit les débris d'un gros banc de calcaire dolomitique bleu foncé (D), qu'on ne retrouve pas dans l'oued et qui, par suite, doit se placer au-dessus des argiles (C) et a été coupé par la faille. Entre les grès et ce banc dolomitique, on voit des lambeaux de calcaire bréchoïde, de calcaire cargneuliforme, et des plaquettes de calcaire dolomitique gris bleu. Dans toute cette masse, je n'ai pu trouver aucun fossile.

Un peu plus au N, le Kt. el Mrira (fig. 4) est formé par un bloc du même calcaire dolomitique (D) émergeant d'une masse confuse. Le petit Koudiat voisin montre un calcaire gris bleu (E) en lits minces avec des filets jaunes imitant un bois veiné, et s'élevant au-dessus des argiles bariolées ; ce calcaire est plein de débris de Mollusques indéterminables (15 m.). Il touche le gros banc (D) de calcaire dolomitique déjà cité (10 m.), flanqué de quelques mètres de calcaire (C) semblable à (E), suivis eux-mêmes d'un banc de quartzite violet (*q*), épais d'un mètre. Après une interruption de quelques mètres, on aperçoit des grès verdâtres ou violacés (B) séparés par des argiles. La surface de ces grès est pleine de petites cavités, ressemblant aux traces qu'auraient pu laisser des gouttes de pluie sur une substance molle. Au delà, tout se perd dans la masse confuse des argiles. Toutes ces couches sont sensiblement verticales ; cependant C, D, E semblent reposer sur B.

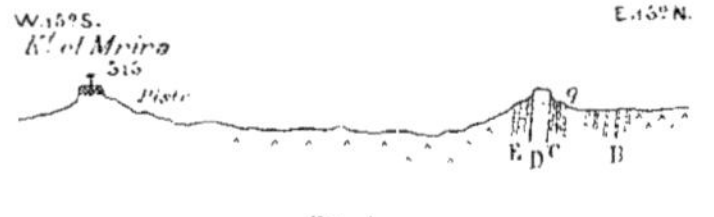

FIG. 4.

Ces grès (B) correspondent manifestement aux grès (B) de la coupe précédente, et aussi sans doute aux couches *(b-f)* de la coupe du Dj. Lorbeus ; de même que le calcaire dolomitique (D) est le prolongement du banc (D) de la coupe de l'Oued er Remel et des bancs de calcaire dolomitique semblables que l'on voit sur le sommet du Lorbeus, au-dessus des couches qui ont fourni des fossiles.

L'affleurement du Dj. Debadib est encore remarquable par la présence d'une roche éruptive ayant percé le Trias. Sur le chemin qui va de Si Abnor au Hammam Mellègue et qui passe au pied du Kt. el Mrira, on trouve, 500 m. avant ce Koudiat, un cône formé par une roche verte en surface, un peu grise en dedans, qui rentre dans la catégorie des *ophites*. Un autre pointement se trouve à quelques kilomètres au N-W ; l'ensemble couvre une surface de 100 m. sur 40 m. Il doit, du reste, en exister d'autres au N-E et au S-W, car j'ai trouvé en divers points de nombreux fragments d'une roche analogue (piste de Sidi Youssef, Kt. el Azza, etc.), mais il ne m'a pas été possible de savoir si cette ophite a des racines en profondeur ou si elle est emballée entièrement dans la masse des argiles.

Un autre pointement ophitique se voit au S du Dj. Saadine. Là, le Trias est en contact avec le Sénonien d'une part, avec le Miocène de l'autre ; il est très difficile de savoir quelles sont les relations exactes de ce dernier terrain avec le Trias. Comme le montre la coupe (fig. 5), la stratification est très peu nette. On voit seulement, près de la limite du Sénonien un gros banc (C), à peu près vertical, de calcaire blanc ressemblant considérablement au calcaire sénonien, mais lardé de grands cristaux de quartz vert, puis le gros banc dolomitique (D) bleu foncé déjà cité et quelques débris d'une dolomie cendrée pulvérulente (*d*). Entre les deux se trouvent deux pitons d'ophite, distants d'une centaine de mètres l'un de l'autre.

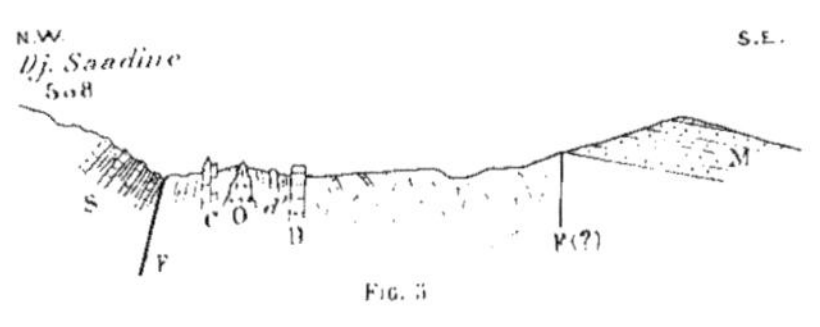

Fig. 5

Ces roches ophitiques percent encore les argiles versicolores en trois points du Kt. es Senouber, près du Dj. Harraba. L'un des amas est très voisin du Miocène ; là encore il n'est pas possible de savoir si on a affaire à de grosses masses isolées. Dans l'ensemble, la formation est très confuse, et les points bien stratifiés sont l'exception (fig. 6). Une grande partie de la colline consiste en marnes très gypseuses, en couches peu nettes ; puis on voit se succéder : (1) un gros banc de calcaire dolomitique bleu foncé, épais de 7 à 8 m. et à peine subdivisé en lits verticaux ; — (2) 1 m. de gypse ; — (3) 2 m. de gypse et argiles ; — (4) plaquettes de calcaire minces, séparées par du gypse interstratifié ; — (5) calcaire gris bleuâtre en plaquettes minces ; — (6) gypse en petits lits bien réguliers (2 m.). La suite est confuse ; le gypse y abonde. En cet endroit, les couches sont verticales, mais il n'en est pas de même un peu plus loin ; on constate là encore que le banc calcaire occupe la partie supérieure. Kt. es Senouber

Fig. 6

Ces mêmes marnes bariolées se retrouvent à l'autre extrémité de la Tunisie, au Cherichira, où elles constituent la masse du Zebbes el Houfia (Pl. II, fig. 13), dont la coupe a déjà été donnée par Ph. Thomas [1] ; aussi je me bornerai à constater la parfaite analogie de cette formation avec les précédentes : on ne peut donc pas hésiter à la ranger dans le Trias. Elle se prolonge assez loin au S, au delà de l'extrémité du Cherichira, comme on le constate dans les oueds (notamment à Si Abd el Hafid, où elle est en contact avec le Sénonien). J'y ai rencontré quelques fragments d'une roche ophitique, mais sans pouvoir trouver la masse dont ils provenaient. Cherichira

Le Trias du Dj. Batene el Guern se montre de façon fort singulière, comme on peut s'en rendre compte par les coupes (Pl. II, fig. 23 et 24). Sous le signal 170, au bord du chemin, on observe des alternances (*a*) de marnes grises, de calcaires gréseux et de grès ferrugineux micacés, visibles sur 40 m. d'épaisseur, puis des grès micacés (*b*) un Batene

(1) Ph. Thomas : Sur les roches ophitiques de la Tunisie, p. 452.

peu schisteux, blancs ou gris, parfois verts, rouges ou violets. Au microscope ces grès se montrent constitués par des grains très fins de quartz, avec mica, hématite, tourmaline brune et rutile. Les quelques mètres de marnes (c) qui les surmontent sont fortement bariolés. Puis vient un banc de calcaire roux qui semble leur faire suite et qui, en réalité, est rempli de fossiles aptiens.

D'autre part, dans la colline sénonienne située au S du sentier, j'ai vu un paquet de marnes bariolées à peine plus gros que la tête, entre le calcaire crétacé et une masse d'ophite exploitée pour empierrement. Enfin, au point où elle atteint le Batene, la piste de Kairouan coupe un îlot de marnes bariolées, entouré de dépôts récents, qui m'eût certainement échappé, si un fossé nouvellement fait n'eût entaillé ces marnes sur une longueur de quelques mètres.

Zbissa Le Dj. Zbissa (fig. 7), sur la frontière même de l'Algérie et de la Tunisie, présente un facies légèrement différent. La masse principale est formée d'argiles fortement bariolées (surtout de rouge), et entamées par les oueds sur une épaisseur considérable. Dans la masse, on trouve un gros banc de calcaire dolomitique bleu foncé (D), tout à fait ana-

Fig. 7. — Dj. Zbissa, 1/20.000 (h. et l.).

logue à celui des autres affleurements et trois bancs de dolomies rousses (*d*), qui reparaissent en divers points. Le banc le plus remarquable est un calcaire presque noir (*c*) se divisant en plaquettes minces, marqué de taches ressemblant à des taches d'huile, et rappelant tout à fait les plaquettes du Muschelkalk allemand. Ce calcaire renferme de nombreux bilvalves, malheureusement en très mauvais état, qui se rapprochent beaucoup, les uns de *Myacites (Anoplophora)*, d'autres de *Pachycardia* ou *Cypricardia*, et qui ont leurs semblables dans le Trias moyen du Plateau Central. On voit enfin sur le sommet un banc bréchoïde d'un mètre et demi, qui est un véritable minerai de fer (*Fe*). En somme, la succession est un peu incertaine; cependant les calcaires en plaquettes se trouvent toujours *au-dessus* des argiles bariolées. Çà et là, on ramasse encore des blocs de cargneules, de calcaires jaune-miel, mais nulle part ces plaquettes gréseuses, si fréquentes dans les autres affleurements, bien que plusieurs oueds entament la formation sur plus de 100 m. Quoique les fossiles recueillis ne soient pas susceptibles de donner des renseignements précis, il me paraît problable, par analogie, que le Trias du Zbissa doit correspondre au **Muschelkalk**; peut-être comprend-il des termes plus récents.

Chaâmbi Je me bornerai maintenant à dire quelques mots des autres affleurements triasiques les plus importants. Celui du Chaâmbi (Pl. I, fig. 8 et 9) a été décrit par Thomas (1)

(1) Thomas: Roches ophitiques, p. 446.

d'une façon fort exacte; il est du reste absolument semblable à ceux du Centre : mêmes argiles bariolées, mêmes grès micacés, mais je n'ai pu y rencontrer de fossiles. Il apparaît en dessous des dolomies de l'Aptien ou de l'Albien ou encore du Cénomanien, suivant les points.

Au N du Mrhila, le Trias se montre très altéré, recouvert par le Pliocène continental. Il est du reste entièrement nivelé ; seuls émergent de la plaine deux ou trois gros bancs de calcaire dolomitique accompagnés de grès portant de nombreuses pistes. Le Kt. el Halfa, situé au Centre, est couronné par un gros bloc de dolomie qui l'a protégé contre l'érosion. Kt. el Halfa

A quelques kilomètres à l'E de ce point, au Dj. el Abeïd, les argiles bariolées avec plaquettes de calcaire dolomitique sont au contact de l'Éocène supérieur. On les observe encore au S du Trozza, recouvertes par un lambeau sénonien. el Abeïd Trozza

L'étude des divers affleurements qui viennent d'être passés en revue, m'a conduit à penser que le contact du Trias avec les autres terrains est le plus souvent un contact anormal, contrairement à l'opinion émise par Blayac et Gentil [1] d'après laquelle le Crétacé supérieur reposerait normalement en transgression sur le Trias. Assurément, le Sénonien limite souvent le Trias et repose sur lui en nombre d'endroits ; mais on trouve fréquemment aussi ce Trias en contact avec les terrains les plus divers, et cela à quelques mètres de distance. Au reste, j'aurai maintes fois par la suite à revenir sur cette question.

RÉSUMÉ

En résumé, les argiles bariolées gypsifères, si répandues dans la Tunisie centrale sous un aspect si constant, sont antérieures à tous les autres terrains visibles. La présence de quelques fossiles caractéristiques permet de les attribuer au **Trias moyen**, mais la rareté de ces derniers et la confusion qui règne par suite de la dislocation des couches empêchent d'y établir des subdivisions.

Le Trias de Tunisie est tout à fait semblable à celui d'Algérie que j'ai eu l'occasion de voir près de Constantine et de Souk-Ahras. Il possède d'ailleurs les mêmes faciès qu'en Provence et en Andalousie, c'est-à-dire une alternance de dépôts lagunaires et de dépôts marins. Par suite, il diffère complètement du Trias marin de Calabre et de Sicile.

(1) J. Blayac et L. Gentil : Le Trias dans la région de Souk-Ahras. — *B. S. G. F.* (3), XXV, p. 547.

SYSTÈME JURASSIQUE

HISTORIQUE

La première mention concernant le Jurassique est due à Vélain [1] qui rapporta à ce terrain des calcaires marmoréens et des dolomies ferrugineuses de l'île Plane, d'ailleurs sans fossiles ; depuis lors, rien n'est venu confirmer ni infirmer cette attribution. Sur le continent, le Dj. Zaghouan et quelques autres montagnes voisines, que l'on considère maintenant comme jurassiques, furent étudiés pour la première fois au point de vue géologique par Stache [2] qui les rangea dans le Dévonien, d'après l'aspect des calcaires dans lesquels il n'avait pu trouver de fossiles. Cette opinion fut ensuite reproduite par Tchihatchef dans son livre : *Espagne, Algérie, Tunisie.* En 1885, Rolland ne fut guère plus heureux que Stache, et, dans sa première note à l'Académie des Sciences [3], il attribua les calcaires marbres du Reçass et du Zaghouan à l'Urgo-Aptien.

Cependant, dès 1883, Zoppi y avait recueilli des fossiles peu déterminables qu'il rapporta à *Ellipsactinia ellipsoidea,* ainsi que l'indique une note infra-paginale d'un article de Cortese et Canavari [4]. Ces fossiles caractéristiques de l'horizon de Stramberg furent aussi l'objet d'une étude de Meneghini [5]. Un peu plus tard, Baldacci trouva des Ammonites tithoniques, et reconnut même l'extension du Jurassique dans le Nord de la Tunisie, mais ce fait resta inédit, et les Hydrozoaires accompagnant les Ammonites furent décrits en 1893 seulement par Canavari [6]. En 1885, Kobelt [7] ramassa au N du Zaghouan, dans les calcaires marneux rouges, une Ammonite à facies tithonique, qui fut décrite par Neumayr sous le nom de *Perisphinctes Kobelti* [8]. Deux ans après, en 1887, Le Mesle [9] retrouva le calcaire rouge à Ammonites et rapporta un certain nombre d'échantillons, d'après lesquels il affirma la présence de l'Oxfordien supérieur surmonté par des calcaires tithoniques ; quant à la grande masse calcaire située au-dessous, elle était « infra-oxfordienne », le manque de

(1) Ch. Vélain : Constit. géol. îles littoral Afrique, p. 75.
(2) Stache : Geol. Touren, p. 57.
(3) G. Rolland : Sur la montagne et la grande faille du Zaghouan, p. 1187.
(4) E. Cortese e M. Canavari : Nuovi appunti geol. sul Gargano, p. 237.
(5) Meneghini : Ellipsactinia del Gargano e di Gebel Ersass, p. 106.
(6) M. Canavari : Idrozoi titoniani, p. 43.
(7) Kobelt : Reiseerinnerungen aus Algerien und Tunis.
(8) Neumayr : Die geog. Verbreitung der Jura, p. 138.
(9) Le Mesle : Sur le Jurassique du Zaghouan. p. 63, et Géol. de Tun., p. 209.

fossiles empêchant de préciser davantage. En 1890, AUBERT (1) montra l'existence du Berriasien au Dj. Oust. BALTZER, qui visita le Zaghouan en 1892, adopta d'abord les vues de LE MESLE (2) ; mais, après détermination par MAYER-EYMAR des fossiles rapportés par lui, il établit qu'une partie des calcaires du Zaghouan devait être attribuée au Lias (3). Peu après, FICHEUR et HAUG (4) arrivèrent à la même conclusion, bien qu'ils n'eussent pas connaissance du second travail de BALTZER. L'année suivante, HAUG est revenu sur le même sujet dans une deuxième note (5) qui confirme la première et en outre précise les mouvements subis par le sol ainsi que les transgressions qui en ont été la conséquence.

Enfin, j'ai moi-même visité le Dj. Zaghouan et quelques autres massifs voisins en 1898 et 1899, mais je n'ai fait que les parcourir très rapidement, car ils se trouvaient en dehors du champ d'études que je m'étais fixé. Néanmoins j'en ai rapporté un certain nombre de fossiles qui n'avaient pas encore été cités et j'ai relevé quelques coupes.

EXTENSION

Le Jurassique paraît limité au Nord de la Tunisie et à l'extrême Sud, exception faite pour le Mellousi, massif compliqué, où affleure le Berriasien, comme AUBERT l'a indiqué. Dans toute la région dont j'ai dressé la carte, le Jurassique n'est visible nulle part ; je pense même qu'il ne doit pas exister en profondeur. En effet, les argiles bariolées du Trias, qui apparaissent au milieu des terrains les plus divers, ont ramené au jour des fragments de calcaires triasiques ou infra-liasiques, mais rien que l'on puisse attribuer au Jurassique, fait qui s'expliquerait difficilement, si ces argiles étaient recouvertes par le Lias si puissant que l'on observe dans le Nord de la Régence.

(1) F. AUBERT : Sur quelques points géol. Tun., p. 336.
(2) A. BALTZER : Beitr. Kenntniss des tun. Atlas, p. 32.
(3) A. BALTZER : Verstein. aus dem tun. Atlas, p. 105.
(4) E. FICHEUR et E. HAUG : Sur les dômes liasiques du Zaghouan, p. 1354.
(5) E. HAUG : Sur quelques points théoriques, etc., p. 366.

JURASSIQUE INFÉRIEUR

LIAS

Partout le **Lias** comprend des calcaires d'un gris plus ou moins foncé, très durs, à cassure vive, et possédant un caractère zoogène très net ; on y aperçoit, en effet, de nombreux débris d'Encrines et de Bélemnites.

Au Dj. ben Saïdan (fig. 10 et 11), la masse principale est un calcaire gris, assez foncé, très compact ; la partie supérieure en est siliceuse et même par places remplie de silex d'un bleu foncé, qui demeurent en saillie et rendent la surface raboteuse. En outre, des dolomies cristallines se montrent en certains points. Ben Saïdan

Au Dj. ben Klab (fig. 8), où ce niveau supérieur affleure seul, la roche est, par endroits, piquetée de cristaux de quartz bleuâtre atteignant 3 à 4 cm., et veinée de vert grâce à une imprégnation de malachite. Il en résulte une fort belle pierre d'ornementation, que les Romains ont exploitée au flanc Est du Klab, et dont j'ai trouvé des blocs ouvragés dans les ruines voisines de Thuburbo majus. Klab

Le calcaire liasique, dont l'épaisseur atteint 3 à 400 m., est le plus souvent en grandes masses, presque sans stratification, quelquefois en bancs d'un ou deux mètres. Baltzer indique en outre, à la base, des intercalations marneuses que je n'ai pu voir. En divers endroits, ce calcaire a été transformé en une calamine qui n'a été exploitée qu'au Zaghouan, mais qui existe ailleurs en petite quantité, notamment au ben Saïdan.

Rôle orographique et extension. — Ces calcaires liasiques jouent un très grand rôle dans l'orographie du N-E de la Tunisie. Ce sont eux, en effet, qui forment la masse principale du Zaghouan, dont la crête dentelée a été admirée par tous les voyageurs, du Reçass et du Bou Kournin. Il faut encore leur attribuer la majeure partie des Dj. Oust, Aziz, bou Kournin du Fahs, Rouass, ben Klab, ainsi, sans doute, que l'Hammam Zriba et l'Hammam Djedidi. Plus au S, les Dj. Kohol, ben Saïdan (Djoukkar), Fkirine sont aussi constitués par le Lias ; par contre, il faut rayer de la liste le Dj. Bargou, considéré par Aubert comme Jurassique et qui est entièrement Crétacé.

Principaux fossiles. — Les fossiles sont très rares dans cette formation. Je n'y ai rencontré que des *Belemnites*, assez communes en certains points, et des *Terebratules*, mais toutes indéterminables. Ficheur et Haug ont recueilli au Zaghouan des *Belemnites* du groupe des *Acuti*, ainsi que *Pygope Aspasia* Meneghini. Un seul gisement, jusqu'à présent, a fourni des Ammonites ; c'est celui découvert par Baltzer, au S du

Zaghouan, au col de Bourzen, près de « l'attaque Angeline ». Les fossiles, déterminés par Mayer-Eymar, seraient les suivants :

Avicula sinemuriensis d'Orb.
Unicardium Janthe d'Orb.
Arietites Conybeari Sow.
— *Bonardi* d'Orb.
— *Bucklandi* Sow.
— *geometricus* Opp.
— *Brooki* Sow.
Ægoceras hybridum d'Orb.
Ægoceras Heberti Opp.
— *armatum* Sow.
Cœloceras anguinum Rein.
— *muticum* d'Orb.
Belemnites apicicurvatus Blainv.
— *compressus* Stahl.
— *microstylus* Phill.

On remarquera que, si ces déterminations sont exactes, ces fossiles appartiennent au Lias inférieur, moyen et supérieur, ce qui s'expliquerait par ce fait que la plupart d'entre eux ont été ramassés dans le lit d'un torrent.

JURASSIQUE SUPÉRIEUR

OXFORDIEN

Dans le Nord de la Tunisie, le Jurassique moyen paraît faire défaut, et l'**Oxfordien** repose en transgression sur le Lias, ainsi que l'a indiqué Haug (1).

Sur les calcaires marbres du Lias (1) reposent des marnes ou des calcaires marneux, Klab noduleux, rouges ou gris, qui constituent l'Oxfordien. Au Dj. ben Klab (fig. 8), ce sont

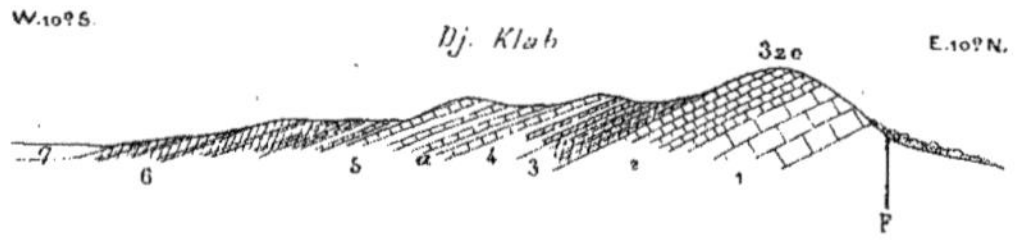

Fig. 8. — Dj. Klab, 1/10.000 (h. et l.).

des calcaires durs (2), gris ou rougeâtres (20 m.), avec quelques lits de marne schisteuse dure, verte ou rose-rouge, et plus haut des calcaires marneux (3) lie-de-vin, mouchetés de gris ou de vert alternant avec des bancs durs, gris ou bleuâtres. On y rencon-

(1) E. Haug : Sur quelques points théoriques, etc., p. 367.

tre de nombreuses Bélemnites appartenant à la section des *Hibolites*, accompagnées de *Phylloceras tortisulcatum* D'ORB. et quelques mauvais *Perisphinctes*.

Au Zaghouan, à la montée du Télégraphe, j'ai observé un lambeau de calcaire marneux gris très froissé, en position anormale, flanqué contre le Lias qui le recouvre même légèrement, renfermant de nombreuses Ammonites en très mauvais état. J'ai pu néanmoins y reconnaître : Zaghouan

Phylloceras tortisulcatum D'ORB.
Phylloceras cf. *Manfredi* OPP.
Phylloceras
Oppelia cf. *arolica* OPP.
Aspidoceras
Perisphinctes.

LE MESLE cite en outre d'un gisement qui peut être le même :

Pleurodiadema Stutzi DE LORIOL
Collyrites Friburgensis OOSTER
Cyclolampas Voltzi (DESOR) POMEL
Lytoceras Liebigi OPP.
Oppelia anar OPP.
— aff. *Bachiana* OPP.
Peltoceras transversarium QUENST.
Perisphinctes aff. *Kobelti* NEUMAYR (très voisin du *P. colubrinus*, type figuré par FAVRE)
Aptychus (du groupe des *lamellosi*)
Belemnites (du groupe des *hastati*).

D'autre part, BALTZER a trouvé au S de Zaghouan, près de « l'attaque Gabrielle »

Oppelia callicera OPP.
— *flexuosa* MUNSTER
Aspidoceras Œgir OPP.
Peltoceras Eugenii RASPAIL
Perisphinctes plicatilis SOW.
— *Martelli* OPP.
— *Doublieri* D'ORB.
Belemnites hastatus BLAINV.

Il cite encore :

du Val Rirara (?) :
Perisphinctes lucingensis FAVRE
du Dj. bou Kournin :
Phylloceras tortisulcatum D'ORB.
Belemnites hastatus BLAINV.

et du Dj. Fkirine :
Phylloceras Puschi OPP.
— *tortisulcatum* D'ORB.
Lytoceras Adelæ D'ORB.
Perisphinctes Martelli OPP.
— *trimerus* OPP.

(Ces derniers fossiles ont été recueillis par M. MŒURS.)

Ces fossiles indiquent donc bien la présence de l'**Oxfordien**, particulièrement de la *zone à Peltoceras transversarium* ; mais la séparation des couches n'a peut-être pas été faite d'une façon rigoureuse ; aussi certains fossiles devront-ils probablement disparaître de la liste. Les couches se présentent en lambeaux isolés, et les raccords sont parfois un peu incertains.

Le *Peltoceras Fouquei*, recueilli par AUBERT à la koubba de Sidi bou Goubrine, semblerait indiquer un niveau plus élevé (Séquanien) ; mais il faut observer que ce fossile a été signalé à Batna par FICHEUR, en compagnie de nombreuses autres Ammonites nettement oxfordiennes ; il n'y a donc pas lieu de l'en séparer ici.

Le **Séquanien** manquerait dans le Nord de la Tunisie, de même que le **Kimeridgien**; du moins, aucun fossile ne prouve, jusqu'à présent, son existence. Dans la note déjà citée, HAUG a insisté sur le caractère transgressif de certains terrains et montré que le Lias était recouvert tantôt par l'Oxfordien, tantôt par le Portlandien ou même le Néocomien.

PORTLANDIEN (TITHONIQUE)

Klab Le **Portlandien (Tithonique)** est le premier terme jurassique qui ait été reconnu en Tunisie. On peut l'étudier facilement dans le petit massif du Dj. ben Klab (fig. 8), où les couches sont très régulières. Sur l'Oxfordien, dont la description a été donnée plus haut, viennent des calcaires compacts et des marnes dures, blanches ou verdâtres (4), se divisant en longues esquilles, et semblant être en légère discordance avec les terrains sous-jacents. Ces marnes renferment de nombreux *Aptychus latus* PARK. Sur elles reposent des calcaires durs grisâtres (5) en gros bancs alternant

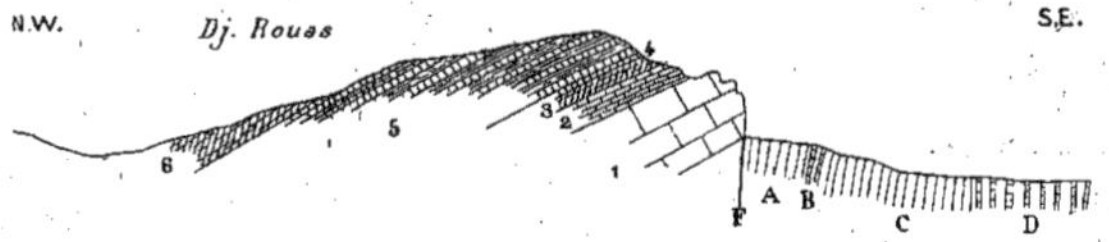

FIG. 9. — Dj. Rouass, 1/10.000, (h. et l).

avec des marnes schisteuses moins épaisses, dont la puissance totale est de 80 m. environ, et qui m'ont fourni quelques Ammonites pyriteuses, dont la détermination est fort difficile par suite du manque de termes de comparaison. Cependant, j'y ai reconnu :

Lytoceras
— *polycyclum* NEUMAYR
Pylloceras
— cf. *serum*
Phylloceras du groupe de *Ph. serum*
Aptychus latus PARK.
Holcostephanus
Hibolites

Dans la partie supérieure, le calcaire subdivisé en rognons, ne renferme que quelques mauvais Échinides. Au-dessus, viennent encore 80 m. de marnes calcaires se débitant en esquilles (6), dans lesquelles je n'ai pas trouvé de fossiles; elles sont sans doute le représentant du **Berriasien,** comme on le verra plus loin.

Rouass Le Dj. Rouass (fig. 9), situé un peu au N du précédent, montre la même succession. Sous le signal, dans les calcaires et marnes (5), j'ai encore trouvé de petites Ammonites pyriteuses, savoir :

Phylloceras (plusieurs espèces, dont 2 du groupe de *P. silesiacum*)
Aspidoceras aff. *Zeuschneri* Zitt.
Aptychus latus Park.
Hibolites.

Sur le versant E. la montagne est coupée par une faille qui amène au S le Lias et au N l'Oxfordien au contact de marnes très rubéfiées par imprégnation ferrugineuse, où j'ai recueilli *Hoplites Callisto* d'Orb. Ces marnes, très puissantes,

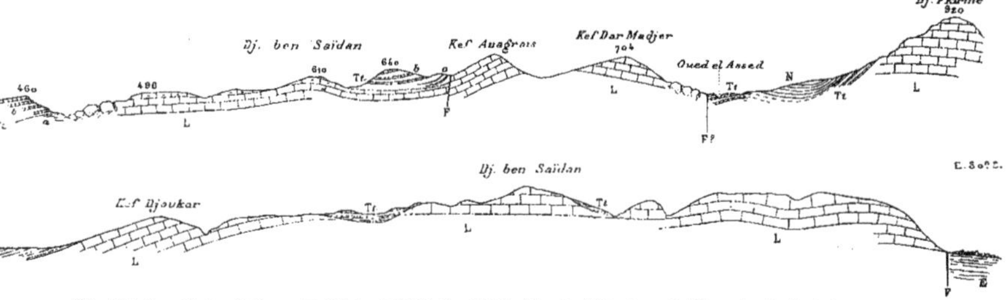

Fig. 10 et 11. — Dj. ben Saïdan et Dj. Fkirine, 1/30.000. (h. et l.) (L. *Lias*, Tt. *Tithonique*, N. *Néocomien*, E. *Eocène*).

contiennent plus loin des bancs calcaires verticaux, où je n'ai pu trouver de fossiles. Néanmoins, la présence de *Hoplites Callisto* permet de penser qu'on est en présence du **Berriasien,** d'autant plus qu'au Dj. Oust, qui est très voisin, Aubert a découvert dans des marnes très semblables des fossiles nettement berriasiens, dont la liste sera donnée plus loin.

Au Dj. ben Saïdan (Djoukkar) (fig. 10 et 11), le Tithonique se présente avec un facies un peu différent. Un peu au-dessus de la koubba de Si Mohammed, entre le koudiat 460 et la montagne, on voit, au S du petit oued, les calcaires liasiques (L), ici assez démolis et recouverts de débris, surmontés par des marnes (a) un peu schisteuses, rouges ou gris clair suivant les points, presque horizontales, renfermant des Bélemnites et des Ammonites informes. Ces couches sont visibles sur une quinzaine de mètres d'épaisseur dans le fond de l'oued et sur la rive droite, mais on n'en atteint pas la base, et, à cause des éboulis, on ne voit nulle part le contact avec les calcaires liasiques (L). A ces marnes sont superposées d'autres marnes granuleuses, irrégulières de composition et de couleur, renfermant des intercalations de calcaire tantôt compact et marbroïde, plus souvent se divisant en rognons (b). Les marnes et les calcaires sont colorés par plaques en rouge ou en gris vert. A la partie inférieure, quelques bancs renferment de nombreuses Ammonites, le plus souvent assez frustes ; cependant, j'ai pu obtenir quelques fossiles en bon état. Parmi ceux-ci, il faut citer : Ben Saïdan

Collyrites friburgensis Ooster
Metaporhinus convexus (?) Cott.
Nautilus Malbosi Pictet
Phylloceras Loryi M.-Ch. (très commun)
— (voisin de ce dernier)
— du groupe de *Ph. heterophyllum*
Phylloceras cf. *Benacence* Catullo
— (3 espèces)
Lytoceras polycyclum Neumayr
Haploceras
Neumayria cf. *Strombecki* Opp.
— *prolithographica* Fontannes (*lithographica*)
Aspidoceras (de grande taille, se rapprochant d'*A. orthocera*)
Simoceras Sautieri Fontannes
— *Doublieri* Fontannes
— cf. *agrigentinum* Gemmellaro
Holcostephanus cf. *stephanoides* Opp.
Perisphinctes Beyrichi Futterer
— du groupe de *P. colubrinus*
— aff. *senex* Opp.
Perisphinctes (2 autres espèces, dont une très plate et très évolute)
Aptychus latus Park.
— du groupe de *A. punctatus*.

Dans la partie supérieure, les calcaires sont plus compacts ; on n'y trouve plus d'Ammonites. L'ensemble mesure environ 40 m. et disparaît sous des marnes grises, qu'il faut sans doute rapporter au Néocomien ou au Berriasien. C'est peut-être l'équivalent du calcaire à *Ellipsactinia* du Zaghouan.

Ces mêmes couches se suivent sur presque toute la bordure N du ben Saïdan, plus ou moins complètes par suite d'étirements. On les retrouve sur le sommet de la montagne, où j'ai récolté un *Perisphinctes* voisin du *P. geron* Zitt. Elles forment en outre au S du ben Saïdan une bande à peu près continue et renferment les mêmes fossiles, notamment *Phyll. Loryi* Mun.-Ch., *Haploceras, Aspidoceras, Perisphinctes* (Oued el Assed).

Comme on le voit par les fossiles qui viennent d'être cités, les couches du ben Saïdan correspondent au **Portlandien inférieur**, et plus spécialement à la *zone à Waagenia Beckeri*, quoique ce fossile n'ait pas encore été rencontré ; cependant quelques espèces (*Simoc. Sautieri*) paraissent se rapporter à un niveau un peu inférieur.

Zaghouan
Reçass

Au Zaghouan et peut-être au Reçass, le Tithonique semble posséder un facies différent ; il est sous forme de calcaire zoogène en bancs bien réglés, et renferme de nombreux *Ellipsactinia*. Canavari (1) signale dans cette formation :

Ellipsactinia tyrrhenica Canavari
— *caprensis* Canavari
— *africana* Canavari

Il est très difficile d'établir les relations exactes de ces couches avec celles du ben Saïdan et du Klab ; elles semblent un peu plus récentes et doivent se rapporter au niveau de Stramberg plutôt qu'à celui de Solenhofen, mais ce dernier existe peut-être aussi au Zaghouan.

Pour compléter ce qui a trait au Jurassique, je dois indiquer un certain nombre

(1) Canavari : Idrozoi titoniani, p. 43.

de fossiles qui ont été cités par Aubert, dans sa Notice explicative, et que je n'ai pas retrouvés. Au bou Kournin (tout à fait à la partie supérieure), en dessous des marnes gréseuses du Néocomien, on rencontre un banc de calcaire rouge et vert bréchiforme, contenant : *Cyclolampas Voltzi*, *Simoceras Sautieri*, *Simoceras agrigentinum*, *Perisphinctes unicomptus*, *Hoplites privasensis*, ce qui les classerait encore dans le Tithonique (1). Enfin au Dj. Oust, dans un système de calcaires noduleux, gris et rouges avec marnes rouges et jaunes, ce même auteur a recueilli de nombreux fossiles qui lui ont paru avoir été remaniés avant leur dépôt. Ce sont :

Phylloceras ptychoïcum	*Hoplites privasensis*
Phylloceras silesiacum	*Hoplites Botellæ*
Lytoceras Liebigi	*Hoplites Dalmasi*
Perisphinctes senex	*Hoplites occitanicus*
Perisphinctes cf. *lacertosus*	*Hoplites Euthymi*

ce qui rangerait la formation dans le Tithonique supérieur ; on aurait l'équivalent du **Berriasien**. Ces fossiles semblent appartenir à plusieurs zones, mais, d'après l'auteur, ils sont distribués indistinctement dans toute la formation qui a plus de 120 m. de puissance.

D'autre part, Baldacci a reconnu au Dj. Oust :

Phylloceras ptychoicum Quenst.	*Aptychus punctatus* Voltz
Lytoceras quadrisulcatum d'Orb.	*Belemnites Gemellaroi* Zitt.
Perisphinctes	*Belemnites ensifer*.

Enfin, j'ajouterai que la collection de l'École des Mines possède un exemplaire de *Hoplites Chaperi* Pictet, dont j'ignore la provenance exacte (mais assurément du Nord de la Tunisie) et une petite *Waagenia* qui semble nouvelle.

COMPARAISON AVEC LES RÉGIONS VOISINES

En somme, ce Jurassique montre une très grande ressemblance avec celui de l'**Algérie**, ainsi que l'on devait s'y attendre. Le Lias est tout à fait semblable à celui du Djurdjura, tel qu'il a été décrit par Ficheur. Par contre, il n'y a rien en Tunisie qui soit comparable aux grès rouges, poudingues et schistes noirâtres qui, pour cet auteur, constitueraient le Jurassique supérieur de Kabylie. Il est vrai de dire que Nicaise avait considéré ces grès rouges comme inférieurs au Lias de l'Azerou Tidger, et avait attribué les grès au Devonien, les schistes au Silurien. M. Bertrand (2) croit aussi que ces grès et schistes sont antérieurs au Lias ; les grès rouges et poudingues seraient l'équivalent du Permien, tandis que les schistes noirs à lydiennes représenteraient le Carbonifère. Ainsi s'expliquerait cette différence de composition, d'autant plus surprenante qu'à Batna le Jurassique possède tout à fait les mêmes caractères

(1) Aubert : Explic. carte géol., p. 3.
(2) C. R. réunion ext. en Algérie, *B. S. G. F.* (3) XXIV, p. 1139.

qu'en Tunisie. Le Lias y est représenté par des calcaires bleuâtres ayant 200 m. de puissance, surmontés par toute la série Jurassique (1) ; l'Oxfordien se montre là sous forme de calcaires grumeleux ou noduleux rouges, possédant une riche faune très voisine de celle de la Tunisie. Enfin, le Tithonique est constitué par des calcaires et des marnes grises, puis par des calcaires à structure lithographique, et le Berriasien par des marnes et calcaires marneux, où M. Léenhardt a recueilli *Hoplites Boissieri, H. Malbosi,* etc. Cette série est donc très analogue à celle de Tunisie, mais plus complète, puisque dans la Régence on ne connaît ni l'équivalent du Bajocien-Bathonien, ni celui du Séquanien-Kimeridgien.

L'**Andalousie** offre également une grande ressemblance avec la Tunisie. La description que MM. Bertrand et Kilian (2) donnent de la partie inférieure du Lias moyen pourrait s'appliquer à la Tunisie : « La partie inférieure du Lias est caractérisée par des calcaires noirâtres, compacts, assez puissants et bien lités... ils renferment de nombreux silex noirs... des masses de dolomies s'y intercalent. Des débris d'Encrines et des restes de bivalves sont tout ce que nous avons pu y recueillir ». Sur ces couches reposent de gros bancs de calcaire à entroques, très spathique, d'un gris brunâtre. Dans les calcaires jaunes, on rencontre *Pygope Aspasia*, un des seuls fossiles un peu fréquents en Tunisie. Quant aux calcaires tithoniques, ils sont en général durs, marmoréens, à structure bréchoïde, souvent colorés en rouge. En certains points, les calcaires blancs du Tithonique passent latéralement à des calcaires marneux jaunâtres ou rougeâtres, noduleux, fait qui a été également signalé par Kilian, près de Sisteron (Chardavon). Les fossiles sont les mêmes qu'en Tunisie.

Enfin, il est bon de noter qu'aux **Baléares**, Nolan (3) a observé dans le Portlandien des Ammonites pyriteuses qu'il serait intéressant de pouvoir comparer à celles du Klab.

La ressemblance est manifeste aussi avec le Jurassique d'Italie, particulièrement de l'**Apennin central** et de la Calabre, où le Lias est formé par des calcaires compacts, cristallins, très puissants, parfois zoogènes, avec de nombreux Brachiopodes, notamment *Pygope Aspasia.* De plus, le calcaire tithonique de **Capri**, à Stromatopores, paraît comparable à celui du Reçass et du Zaghouan.

(1) C. R. Réunion ext. en Algérie, *B. S. G. F.* (3), XXIV, p. 1175.
(2) Bertrand et Kilian : Mission d'Andalousie, p. 409.
(3) Nolan : *C. R. Ac. Sc.*, CXX, p. 1360.

SYSTÈME CRÉTACÉ

NÉOCOMIEN

HISTORIQUE

Le Néocomien a été signalé pour la première fois en Tunisie en 1862, par Coquand (1) d'après quelques fossiles provenant du Djoukkar. En 1888 et 1889, Rolland (2) fit connaître le Néocomien du Zaghouan, et Le Mesle (3) celui du Reçass. Peu après, Aubert (4) distingua le Barrémien dans le bou Kournin et plus tard, dans sa Notice explicative (5), montra l'existence du Néocomien dans la région centrale, au Mrhila, où il avait recueilli un *Echinospatagus cordiformis*. Enfin, récemment, Joleaud (6) a étudié en détail le Néocomien et le Barrémien dans les environs de Hammam-Lif.

DESCRIPTION

Mrhila

Dans la Tunisie centrale, le Néocomien n'apparaît qu'en un seul point, dans le beau cirque qui termine au N le Mrhila. La coupe qu'on y relève est la suivante :

En contact par faille avec des marnes schisteuses et calcaires (C), qu'il y a lieu de rapporter au Cénomanien, quoique le facies soit un peu différent de ce qu'il est dans le reste de la montagne, se voit un banc (1) de grès ferrugineux très dur, sensiblement vertical au point de la coupe, suivi de grès argileux et schisteux (2) ayant environ 100 m. d'épaisseur. Au-dessus, commence une puissante série (3) de grès quelquefois blancs, le plus souvent ferrugineux et très foncés, alternant avec des calcaires foncés siliceux et dolomitiques dont l'épaisseur totale dépasse 400 m. Ces couches sont disposées en bancs de plusieurs mètres, divisant la pente très roide du versant N en une suite de ressauts très difficiles à franchir. L'inclinaison des strates d'abord considérable (60°-70°) va en diminuant vers le haut, où elle ne semble plus être que de quelques degrés. Ces calcaires montrent souvent sur leurs tranches

(1) H. Coquand : Géol. S. prov. Constantine. p. 44.
(2) G. Rolland : Géol. Dj. Zaghouan, p. 847, et Grande faille du Zaghouan, p. 55.
(3) Le Mesle : Géol. Tunisie, p. 210.
(4) F. Aubert : Quelques points géol. Tun., p. 372.
(5) F. Aubert : Explic. carte géol., p. 8.
(6) A. Joleaud : Infracrétacé à facies vaseux, p. 138.

des sections de Lamellibranches et de Gastropodes, mais il est impossible de les détacher ; je n'y ai vu aucune trace de Céphalopode. Au-dessus, vers la cote 930, commencent des marnes blanchâtres avec bancs calcaires intercalés (4), offrant, surtout à la partie supérieure, quelques niveaux fossilifères. On y trouve :

Toxaster retusus Lamk. (*Echinospatagus cordiformis* auct.)
Toxaster aff. *subcylindricus* d'Orb.
Heteraster cf. *Couloni* Ag.
Terebratula (forme gibbeuse commune)
Nucula
Avicula Carteroni d'Orb.
Janira atava Roemer
Lima
Exogyra Couloni Defrance
Exogyra Minos Coq.
Trigonia
Anisocardia
Plesiocyprina
Corbula carinata d'Orb.
Pleuromya neocomiensis Leym.
Pleuromya
Otostoma
Nerinæa
Natica (3 formes).

Un banc de grès ferrugineux (5) intercalé dans les marnes renferme un certain nombre d'Ostracés associés à *Terebratula*, *Avicula Carteroni*, *Trigonia*, *Pleuromya neocomiensis*. Puis vient la grande masse des marnes (6), blanches ou

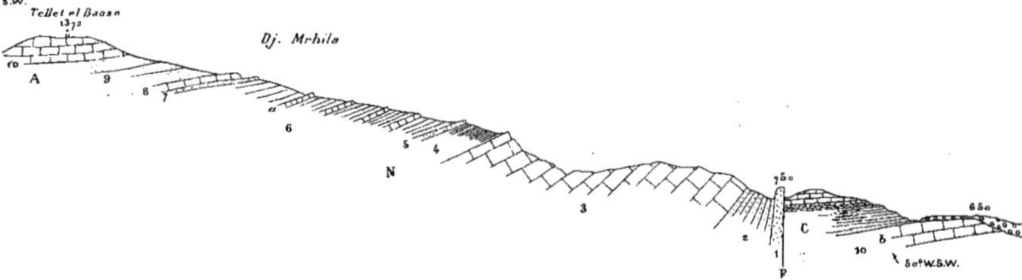

Fig. 12. — Dj. Mrhila, 1/25.000, (h. et l.) (N. *Néocomien*, A. *Aptien*, C. *Cénomanien*).

bleuâtres avec intercalations de quelques bancs de calcaire marneux. Les Polypiers y sont fréquents, ainsi que les moules internes de Lamellibranches répartis indistinctement dans toute la masse. On peut citer :

Terebratula prælonga Sow.
Exogyra Minos Coq.
Cardium subhillanum Leym.
Anisocardia
Pholadomya elongata Munster
Pholadomya neocomiensis Leym.

Les Échinides, par contre, paraissent localisés vers la partie supérieure dans 2 ou 3 petits bancs calcaires (*a*). Ce sont :

Pseudodiadema rotulare Agassiz
Holectypus neocomiensis A. Gras
Toxaster retusus Lamk. (commun)
Toxaster nov. sp. (déjà cité)
Toxaster aff. *Ricordeanus* d'Orb.

Au-dessus, un banc de grès ferrugineux (7) renferme des débris d'Ostracés et de nombreux Polypiers de la famille des *Astréidés*. Le tout est surmonté par un banc de calcaire siliceux (8), des grès blancs (9) et des calcaires siliceux et dolomitiques (10) qui portent le signal de Tellet et Baaza et appartiennent, en grande partie, à l'Aptien.

Les fossiles qui viennent d'être cités établissent nettement la présence, au Dj. Mrhila, du **Néocomien** au sens large de ce terme, mais ne permettent pas de préciser les niveaux. En effet, on a affaire à un *facies à Spatangues* bien typique, et, dans ce cas, la faune varie peu d'un étage à l'autre. Dans les parties du S-W de la France où règne ce facies, on a pu établir des coupures par parallélisme avec des points où existe le facies vaseux à Céphalopodes. Or, ici, je n'ai pas rencontré un seul Céphalopode, et ce point est le seul de la région où le Néocomien affleure. Cependant, les marnes (4-6) paraissent devoir représenter l'**Hauterivien**, tandis que leur partie supérieure peut correspondre au **Barrémien**, qui empiète aussi sans doute sur les couches que, par analogie, j'ai rangées dans l'Aptien, n'ayant pas rencontré en ce point de fossiles typiques. Il ne semble pas y avoir de discordance ; aussi, vu la grande épaisseur des couches, la série est probablement complète, mais il est impossible d'en décider et encore plus d'établir des limites entre les différents étages. Si les marnes correspondent à l'Hauterivien et au Barrémien, les grès et calcaires (3) qui les supportent doivent être l'équivalent du **Valanginien**. A vrai dire, ces formations paraissent ressembler beaucoup aux puissantes dolomies grises et noirâtres que Peron [1] a signalées en Algérie en dessous des calcaires marneux à *Terebratula prælonga* au Dj. Kerdada (près bou Saada) et au Dj. Lazereg (près de Laghouat) et qu'il rapporte au Jurassique supérieur. Mais, outre que cet auteur ne donne pas de preuve décisive de cette attribution au Jurassique, une autre considération me porte à attribuer les grès et les calcaires dolomitiques de la base du Mrhila au Valanginien, plutôt qu'au Jurassique supérieur. En effet, Aubert [2] cite des fossiles berriasiens (*Amm. Boissieri*, *Amm. Teloutensis*), recueillis au Dj. Mellousi (massif situé au S-E du Mrhila) dans des marnes claires, recouvertes par des grès qu'il attribue au Gault. Or, M. le Cte de Vauloger m'a dit avoir vu au Mellousi de grandes masses de dolomies sombres recouvrant des marnes claires dans le centre de l'anticlinal. Ces dolomies paraissent devoir être la même chose que les grès d'Aubert et que mes calcaires dolomitiques du Mrhila. Or, dans ce massif, je n'ai pas rencontré les marnes claires berriasiennes, elles n'affleurent sans doute pas et les dolomies, étant au-dessus du Jurassique le plus supérieur et sous l'Hauterivien, doivent correspondre au Valanginien.

Nord de la Tunisie

Dans le Nord de la Tunisie, le Néocomien se présente sous un facies différent ; ce sont des marnes grises, dures, se divisant en esquilles, contenant quelquefois des lits de calcaire en rognons, et de grès roux durs un peu lustrés : dans certaines parties, c'est un véritable flysch. Leur épaisseur est considérable ; elles s'observent au bas des pentes de tous les massifs jurassiques reposant habituellement sur le Tithonique

(1) A. Peron : Descript. géol. Alg. 47, 57.
(2) F. Aubert : Explic. carte géol., p. 5.

(fig. 10 et 11), mais parfois aussi sur l'Oxfordien (Zaghouan) [1] et occupent dans la plaine une large surface. Elles sont assurément très peu fossilifères, et bien qu'elle soient entamées par une infinité de ravins qui rendent la marche très pénible, mais offrent de très bonnes conditions pour la récolte, je n'ai pu en obtenir que quelques petits fragments de Céphalopodes peu déterminables (entre Ben Saïdan et Aïn Djoukkar). Coquand [2] cite quelques fossiles provenant précisément de ce point ; ce sont : *Terebratula prælonga* Sow., *T. corallina* d'Orb., *Rhynchonella Guerini* d'Orb., *Belemnites latus* Blainv. Le Mesle [3] y ajoute : *Amm.* aff. *neocomiensis*.

Ces marnes représentent donc le **Néocomien**, mais une partie correspond au **Barrémien**, comme le prouvent quelques-uns des fossiles cités par Rolland, Le Mesle, Aubert (*Macroscaphites Yvani*).

Du reste, la note de Joleaud [4] ne laisse aucun doute à cet égard. Si on considère les listes données par cet auteur, on observera, qu'à part quelques Brachiopodes, tous les fossiles cités dans cette région septentrionale sont des Céphalopodes, à l'exclusion de tout Échinide, de tout Spatangue. Le facies se rapproche donc du *facies vaseux* et se différencie nettement de celui du Mhrila, où se rencontrent des Échinides et de nombreux Bivalves, mais aucune Ammonite. Ce contraste frappant se poursuivra du reste pendant l'Aptien.

Au surplus, n'ayant pas fait une étude détaillée du Néocomien de la région septentrionale, je me borne à renvoyer au travail déjà cité de Joleaud.

En outre, pour ce qui concerne la région centrale, le Néocomien est trop peu développé, et ne m'a pas fourni d'espèces assez caractéristiques pour que la comparaison avec celui des régions voisines soit de quelque intérêt.

LISTE DES FOSSILES DU NÉOCOMIEN [5].

Gisement unique : Nord du Dj. Mrhila.

Pseudodiadema rotulare Agassiz.
Holectypus neocomiensis A. Gras.
Toxaster retusus Lamarck.
Toxaster indet. (2 espèces aff. *T. subcylindricus* et *T. Ricordeanus*).
Heteraster cf. *Couloni* Agassiz.
Terebratula prælonga Sowerby.
Terebratula.
Nucula.
Avicula Carteroni d'Orbigny.
Janira atava Roemer.
Lima.
Exogyra Couloni Defrance.
— *Minos* Coquand.
Trigonia.
Cardium subhillanum Leymerie.
Anisocardia.
Plesiocyprina.
Pleuromya neocomiensis Leymerie.
Pholadomya elongata Münster.
Corbula carinata d'Orbigny.
Otostoma.
Nerinæa.
Natica (3 espèces).

(1) E. Ficheur et E. Haug : Dômes liasiques du Zaghouan, p. 1353.
(2) Coquand : S Prov. Constantine, p. 44.
(3) Le Mesle : Journal de voyage, p. 14.
(4) A. Joleaud : Infra crétacé vaseux, p. 111.
(5) Cette liste, de même que les suivantes, ne comprend que les fossiles recueillis par moi-même.

APTIEN

HISTORIQUE

L'étage **Aptien** a été découvert en Tunisie par Doumet-Adanson et Valéry Mayet (1), qui observèrent dans les Dj. Cherb et Oum Ali des calcaires à Orbitolines, attribués par eux à l'Urgo-Aptien. En 1886, Thomas, dans une note sur les gisements de phosphate de chaux de la Tunisie (2), signala incidemment la présence de l'Urgo-Aptien au Dj. Semmama et Nouba; dans des notes postérieures, il indiqua un certain nombre d'autres affleurements de ce même étage. A vrai dire, dès 1885, Rolland (3) avait cité ce terrain, auquel il rapportait les calcaires marbres du Zaghouan, du Reçass et du Bou Kournin, mais, comme on l'a déjà vu, ces calcaires sont d'âge liasique. Plus tard, Le Mesle observa l'Urgo-Aptien à Bordj Messaoudi, ainsi qu'il résulte de sa Note sur la géologie de la Tunisie (4). En 1892, Aubert indiqua dans sa Notice les principaux affleurements aptiens qui, sur la carte, n'ont pas été séparés du Néocomien. J'ai pu en reconnaître un certain nombre d'autres et relever des coupes concernant tous les points où ce terrain est développé d'une façon notable. Enfin, le Ct Flick (5) a établi que le Batene el Guern, loin de se composer uniquement d'Éocène inférieur, comme l'indique la Carte géologique provisoire, renfermait des terrains très divers, entre autres l'Aptien, affirmation dont j'ai pu vérifier l'exactitude.

DESCRIPTION

Le terrain Aptien, intimement lié à l'Albien, joue un rôle considérable dans l'orographie de la Tunisie centrale, et forme l'ossature de la plupart des grandes montagnes. Il se compose généralement de marnes sableuses avec intercalations gréseuses, sorte de flysch, surmontées par de grandes masses de calcaire souvent dolomitique.

Il est particulièrement puissant au Dj. es Serdj, où une grande faille longitudinale permet de l'étudier sur une épaisseur de plus de 500 mètres, et encore n'en atteint-on pas la base. Deux sentiers partant, l'un de Dar Zriba, l'autre de Dar Si Hamada, permettent de franchir les abrupts et d'atteindre soit le signal, soit le col en forme de selle qui a valu à la montagne son nom de Dj. es Serdj. Serdj

Un peu au-dessus de Dar Si Hamada, on rencontre une bande de calcaires compacts, entièrement démolis, plongeant à peu près au S-E (Pl. I, fig. 2); ce sont les calcaires supérieurs, effondrés par suite de la faille dont il a été question. A partir du

(1) Doumet-Adanson: Miss. bot. en 1884, p. 80, Valéry Mayet: Voyage S. Tunisie, p. 281.
(2) A.F.A.S.: Nancy, p. 413.
(3) G. Rolland: Sur la montagne du Zaghouan, p. 1187.
(4) Le Mesle: Géol. Tun., p. 209.
(5) Flick: Sur la présence du Priabonien en Tunisie, p. 149.

point le plus bas (vers la cote 750), situé dans un ravin qui aboutit à Si Hamada, on observe la succession suivante :

1°) Marnes verdâtres assez dures, se débitant en petits blocs ou en esquilles, avec intercalations de lits gréseux minces, jaune verdâtre ou rouille (40-50 m.). On y recueille en abondance :

Orbitolina lenticularis Blum.	*Exogyra Couloni* Defr.
Heteraster oblongus de Luc	Nombreux moules internes de Lamellibranches (*Pinna*, *Trigonia*, etc.)
Toxaster Collegnoi Sismonda	
Rhynchonella Gibbsiana Sow.	*Douvilleiceras Martini* d'Orb.

2°) Marnes feuilletées vertes, un peu rouillées et lits gréseux minces, ayant le caractère d'un flysch (10-15 m.) ;

3°) Marnes semblables à (1) (40 m.), renfermant d'assez nombreux *Toxaster* en mauvais état ;

4°) Calcaire gris foncé en lits de 30-50 cm., séparés par quelques centimètres de marnes dures. Les lits calcaires attestent un plongement de 15° S-E. A la base, les marnes très fossilifères contiennent :

Orbitolina lenticularis Blum.	*Rhynchonella* aff. *Gibbsiana* Sow.
Toxaster Collegnoi Sismonda	*Pecten*
Toxaster	*Protocardium*
Epiaster	*Helcion*
Terebratula	

5°) Marne bleu noirâtre, se débitant en esquilles avec intercalations calcaires dans la partie supérieure, et atteignant près de 100 m. d'épaisseur. On y rencontre seulement des Térébratules, Rhynchonelles, et des empreintes de Lamellibranches, avec quelques *Exogyra Couloni* ;

6°) Calcaire grisâtre, compact, formant un premier abrupt de 15-20 m. et ne montrant en fait de fossiles que quelques *Ex. Couloni* empâtées ;

7°) Marnes dures et calcaires en lits de 30-50 cm., alternant régulièrement ; le calcaire est foncé en dedans et roux en surface (35 m.) ;

8°) Banc de calcaire gris très dur, un peu dolomitique, causant un abrupt de 35 m.;

9°) Marnes sableuses, grises ou verdâtres, avec petits lits gréseux roux, n'offrant que de rares Mollusques, dont *Ex. Couloni* ;

10°) Suite de calcaires gréseux gris, roux en surface, produisant une série de gradins de 1 à 5 m., séparés par des marnes à lits gréseux en faible proportion. Plusieurs de ces gradins peuvent se superposer pour donner des abrupts considérables. Tout l'ensemble (l'épaisseur totale s'élève à 150 m.) est très pauvre en fossiles ; je n'y ai vu que quelques *Toxaster*, Térébratules, et moules de Gastropodes et Lamellibranches, dont *Ex. Couloni*, et une Ammonite assez fruste du groupe de *Hoplites fissicostatus* Phil. ;

11°) Masse calcaire formant sous le sommet un assez fort abrupt (plus de 30 m.). Le calcaire est gris, parfois blanchâtre et subcristallin, nettement zoogène dans le haut, où s'aperçoivent des sections de Rudistes ;

12°) Calcaire moins dur et moins compact (2 m.) : c'est le niveau principal à *Horiopleura* cf. *Lamberti* Mun.-Ch., lesquels y sont fréquents, mais généralement en mauvais état. Ils sont accompagnés d'*Orbitolina lenticularis*, de Polypiers et de moules de Lamellibranches et de Gastropodes, parmi lesquels de grandes Nérinées ;

13°) Marnes avec petits lits de calcaires gréseux (20 m.) ;

14°) Trois bancs de calcaire roux un peu gréseux formant trois grandes marches et séparés par des marnes sableuses (20 m.). Les fossiles y sont très nombreux :

Toxaster Collegnoi Sismonda (et autres espèces)
Avicula
Pecten
Astarte
Crassatella (gr. de *C. Robinaldina* d'Orb.)
Cardium
Panopæa plicata Sow.
- *Prevosti* Desh.
Natica Lartcti Landerer.

Sur l'autre versant de la montagne et au même niveau, j'ai recueilli, avec les mêmes *Panopæa, Toxaster radula* Gu., *Pseudomelania*, *Tylostoma* ;

15°) Marnes grises avec lits calcaires à la partie supérieure (40 m.). Les fossiles y sont également abondants :

Orbitolina lenticularis Blum. (remplissant entièrement deux petits lits)
Terebratula cf. *sella* Sow.
Exogyra Couloni Defr.

Sur le versant oriental, j'ai trouvé en outre :

Toxaster (2 formes différentes)
Terebratula sella Sow.
Pecten
Cardita
Panopæa Prevosti Desh.
Neritopsis
Tylostoma
Solarium
Belemnites

16°) Calcaire franc compact, à cassure vive, généralement gris clair, parcouru par des filets de calcite et produisant sous le sommet un abrupt imposant (75 m.). Il présente çà et là, particulièrement à la base, au niveau marqué (*a*), des îlots de calcaire presque blanc, subcristallin, riche en Rudistes indéterminés. Ce niveau affleure au col situé entre le signal et la selle ; on le voit aussi sous le signal. Les fossiles de ces calcaires consistent en *Orbitolina lenticularis*, divers Lamellibranches (*Ex. Couloni*, *Panopæa Prevosti*, etc.) et Gastropodes (entre autres de grandes Nérinées). Ces couches s'observent sous le signal et revêtent en outre les versants S-W et E de la montagne ; plusieurs ravins les entament profondément ; leur pente, qui n'est que de 15° près du sommet, atteint 45° vers le bas, près de la Dechera El Golea.

Ces dernières assises appartiennent déjà sans doute à l'Albien, mais, dans l'état actuel, il est impossible de séparer ce qui revient à cet étage. Au-dessus, viennent les marnes noirâtres schisteuses à *Mortoniceras inflatum*, puis toute la série crétacée et éocène.

Vers le N du Dj. es Serdj, les divisions 4-11 sont moins nettes et se confondent en une suite de calcaires plus ou moins roux, formant des abrupts irréguliers. Ces subdivisions sont donc très locales et n'ont qu'une faible importance, vu l'uniformité de la faune et des caractères pétrographiques.

A la partie S-W du massif, en particulier dans un ravin situé au S de la Dechera Zriba, j'ai trouvé, dans les marnes surmontées par les masses calcaires, une Ammonite du groupe de *Hoplites fissicostatus* PHIL., et un peu plus bas dans les marnes gréseuses *Plicatula placunea* LAMK., *Ex. Couloni* et un fragment d'un Nautile voisin de *N. neocomiensis* et de *N. Neckerianus*. Plus bas encore, à un niveau correspondant probablement au n° 4 de la coupe, j'ai ramassé :

Toxaster radula GIL.
Hemiaster
Plicatula radiola LAMK.

Enfin, à l'W du Serdj, au pied de la falaise, on rencontre des masses calcaires très fissurées et partiellement recimentées en une sorte de brèche par un calcaire rouge. Le tout disparaît sous une véritable nappe de cailloutis et de débris de pente dont l'épaisseur, inconnue exactement, est certainement considérable.

Bargou

Le Dj. Bargou, montagne importante située au N du Serdj, est également constitué par l'Aptien et non par le Jurassique, ainsi que l'indique AUBERT sur sa Carte et dans sa Notice. Malgré des recherches attentives, je n'ai pu trouver trace de Jurassique, et par contre, les fossiles que j'ai recueillis ne laissent aucun doute sur l'âge crétacé de ce massif.

Le beau cirque d'Aïn Mzata, qui entame la montagne sur plusieurs centaines de mètres, permet de se rendre bien compte de sa constitution ; un autre cirque, de moindre dimension et moins bien formé, situé au-dessus de Médiouna, lui est accolé et montre la retombée des couches sur l'autre versant. La coupe observée est la suivante (Pl. I, fig. 1) :

1°) Dans le fond du cirque d'A. Mzata, on trouve des marnes grises, dures, feuilletées, alternant en proportions égales avec des lits calcaires très durs de 0m15, se divisant en rognons. Outre les *Exogyra Couloni* DEFR. très fréquentes, je n'y ai trouvé que deux *Natica*, dont l'une, grosse et déprimée, possède une forme que je n'ai vu figurée nulle part.

2°) Puis viennent des marnes sableuses gris verdâtre, prenant à l'air une teinte rouille, avec très nombreuses intercalations de lits gréseux de quelques centimètres. Les *Exogyra Couloni* y sont fréquentes (40 m.). Sur l'autre flanc de la montagne, j'ai recueilli à ce niveau des *Orbitolines* et divers Gastropodes (*Solarium*, etc.).

3°) Sur ces assises repose une puissante masse de marnes sableuses avec petits lits gréseux ; c'est un vrai flysch, dont l'épaisseur atteint 200 m. et dans lequel les fossiles sont très rares. Ces couches sont du reste mal visibles dans le fond du cirque ; on les aperçoit mieux au bord septentrional de celui-ci. On constate alors vers la base la présence d'un petit lit de grès argilo-calcaire grisâtre (*a*) renfermant :

Toxaster Collegnoi SISMONDA
— *radula* GIL. (nombreux)
Exogyra Couloni DEFR.
Natica Larteti LANDERER
Panopæa Prevosti DESH.
Et un certain nombre de moules internes de Mollusques (*Pecten*, etc.)

Ces marnes forment dans le fond du cirque une butte recouverte par des éboulis, supportant une petite brousse de chênes verts ; elles se terminent par un lit de calcaire siliceux. Sur le versant E, on peut constater que les marnes sont fossilifères à différents niveaux, et renferment, en plus des formes déjà citées : *Orbitolina lenticularis* BLUM., *Tylostoma, Natica* cf. *bulimoides* DESH.

4°) Des marnes grises, dures, moins délitables et contenant encore des lits gréseux (50 m.), s'observent au pied de l'abrupt.

5°) Sur ces marnes, et formant la moitié inférieure de l'abrupt, reposent des calcaires siliceux gris bleuâtre, remplis d'*Orbitolina lenticularis* BLUM., disposés en bancs de 2 m. environ, et séparés par 30 à 50 cm. de marnes dures, également riches en Orbitolines ; les bancs calcaires ont une tendance à se subdiviser en lits minces de 20 à 30 centimètres. Dans la partie supérieure, les intercalations disparaissent. L'ensemble mesure une centaine de mètres d'épaisseur.

Sur le versant E et un peu au N de la coupe, j'ai recueilli à ce niveau un exemplaire de *Hoplites fissicostatus* PHILLIPS et quelques tronçons de Bélemnites.

6°) La partie supérieure de la montagne est formée par une grande masse de calcaire gris, siliceux, très dur, à stratification peu nette, formant un abrupt imposant presque tout autour du cirque. Au sommet, le calcaire est blanc, subcristallin, à cassure tranchante, et sa surface est découpée en lapiez ; en quelques endroits, il est transformé en dolomie. Dans leur ensemble, ces calcaires ressemblent au Lias du Zaghouan et du Djoukkar, et c'est sans doute ce qui les avait fait rapporter au Jurassique ; mais la présence, dans toute la masse et particulièrement au sommet, d'*Orbitolina lenticularis* et d'*Ex. Couloni* ne permet pas l'hésitation. On voit un certain nombre d'Échinides (*Tox. radula* GR.), Rhynchonelles et Bivalves empâtés dans la roche. L'épaisseur de ces calcaires n'est pas inférieure à 150 m. dans le voisinage du sommet, mais est notablement moindre au N-W et surtout au N.

7°) Vers le bas des pentes, on trouve en outre 8 à 10 bancs de calcaires gréseux d'un mètre, séparés par des marnes gréseuses en faible proportion, où se rencontrent *Ex. Couloni* et des *Orbitolines* (30-40 m.).

8°) Ils sont recouverts par d'autres calcaires (en bancs d'un mètre), avec intercalations marneuses plus considérables que dans le cas précédent, quoique les calcaires dominent encore (40-50 m.). Les fossiles y sont abondants ; je citerai :

Toxaster Collegnoi D'ORB.
— cf. *radula* GR.
Enallaster Tissoti COQ.
Epiaster
Terebratula sella SOW.
— *tamarindus* SOW.
— *Moutoniana* D'ORB.
— aff. *Dutempleana* D'ORB. (de grande taille, très commune)
Rhynchonella Gibbsiana SOW.
Pecten striatocostatus ROEMER
Plicatula radiola LAMK.
Exogyra Couloni DEFR. (souvent de grande taille)
Alectryonia rectangularis ROEMER
Hoplites fissicostatus PHIL. (fréquent, et de grande taille mais toujours fragmentaire)
Belemnites (Hibolites) semicanaliculatus BLAINV.

Sur le versant E du Bargou et un peu au N de la coupe, j'ai recueilli *Holaster*, *Terebratula*, ainsi que *Parahoplites Uhligi* Anthula, *Hoplites fissicostatus* Phillips, etc. Il est possible que ces couches répondent déjà à l'Albien. En tout cas sur elles reposent les marnes noirâtres assurément albiennes.

Le Dj. el Oust, petit dôme situé entre le Bargou et le Serdj, ne montre que les assises supérieures de l'Aptien ; ce sont des calcaires et marnes dures correspondant à (3) de la coupe précédente. On y trouve :

Salenia prestensis Des.
Epiaster incisus Coq.
Epiaster
Terebratula sella Sow.
— *tamarindus* Sow.
Exogyra Couloni Defr. (certains échantillons mesurent plus de 20 cm.)
Alectryonia rectangularis Roemer
Pecten, etc.

Plus au N, dans des environs de D[r] bou Tis et du Dj. Mesmote, la constitution de l'Aptien est légèrement différente. A la partie inférieure, on rencontre :

1°) Des marnes sableuses avec petits lits gréseux irrégulièrement distribués et rognons ovoïdes d'un calcaire jaune brun, souvent disposés en lits. L'*Exogyra Couloni* existe dans toute la masse, accompagnée de quelques Bivalves et Brachiopodes. Entre bou Tis et l'O. Dridja, ces marnes sont visibles sur plus de 100 m. ; au Dj. Mesmote, on n'en atteint que la partie supérieure.

2°) 2 à 3 lits de calcaires sableux un peu phosphatés (1 m.) renfermant un grand nombre de fossiles :

Salenia prestensis Des.
Toxaster radula Gr.
Toxaster
Terebratula
Exogyra Couloni Defr.
Belemnites (Hibolites) semicanaliculatus Blainv.

Je n'ai vu ce niveau phosphaté ni au Bargou, ni au Serdj, soit qu'il n'existât pas, soit qu'il fût caché par des éboulis.

3°) Réapparition des marnes sableuses semblables à (1) (50 m.). Vers le milieu, les lits gréseux présentent de nombreuses traces d'Annélides avec :

Toxaster, *Exogyra Couloni* Defr., *Hoplites fissicostatus* Phil.

Les lits calcaires de la partie supérieure contiennent :

Toxaster radula Gr.
Epiaster polygonus Ag.
Parahoplites Uhligi Anthula.

4°) Un banc de calcaire siliceux d'un mètre forme une barre sur la rangée de collines.

5°) Il est surmonté par 7-10 m. de calcaire se débitant en gros rognons, où les fossiles sont assez abondants, mais mauvais. Néanmoins, sous bou Tis, j'ai pu obtenir les espèces suivantes :

Toxaster radula GR.
Toxaster
Terebratula biplicata Sow., var. *Dutempleana* D'ORB.
Rhynchonella
Plicatula radiola LAMK.

6°) A bou Tis, la coupe se termine par quelques mètres d'un calcaire un peu siliceux en gros bancs d'où j'ai pu extraire :

Toxaster radula GR.
Terebratula Moutoniana D'ORB.
Rhynchonella Gibbsiana Sow.
Plicatula radiola LAMK.
Exogyra Couloni DEFR.
Alectryonia rectangularis ROEMER
Belemnites.

7°) Au Dj. Mesmote, la succession est plus complète ; ces calcaires mesurent 20-25 m. et supportent encore une série de bancs calcaires un peu dolomitiques, alternant avec des marnes en faible proportion, où je n'ai trouvé qu'un seul fossile :

Epiaster polygonus AG.

Il est probable que ces assises appartiennent déjà à l'Albien. Elles sont surmontées par les marnes noirâtres à *Mort. inflatum*.

Ces couches (7) se relient par les Sebaa Koudiat au flanc W du Dj. Bargou, particulièrement aux calcaires (7-8). Les calcaires (6) coïncident donc dans les deux coupes, mais on constate qu'ils sont beaucoup moins développés au Dj. Mesmote qu'au Bargou. Les couches inférieures sont identiques de part et d'autre, mais les calcaires supérieurs sont très différents. Au Dj. Mesmote, ils ne présentent jamais cet aspect subcristallin et zoogène qu'ils affectent au Bargou spécialement dans le voisinage du sommet ; en outre, ils sont bien plus réduits. Le sommet du Bargou correspond, du reste, à un maximum de développement de ces calcaires, car au pied de la montagne, près d'A. Mzata, ils semblent déjà moins épais. Cette remarque, faite au sujet du Dj. Mesmote, s'étend à toute la région au N ou au N-E du Bargou, où l'Aptien affleure sur de vastes surfaces. On voit, par là, que les variations de facies peuvent être relativement importantes, même à de faibles distances.

Le Dj. Belouta, situé presque dans le prolongement du Serdj, est, comme lui, coupé par une grande faille, qui n'a laissé subsister que la moitié E de l'anticlinal, faisant buter à l'W le Sénonien contre l'Aptien. La composition de celui-ci est presque la même qu'au Serdj : à la base (Pl. I, fig. 3), masse de flysch en partie visible, surmontée de puissants calcaires plus ou moins dolomitiques. Le sentier qui passe au S de la montagne permet d'observer la suite des assises ; on peut également monter au signal du côté de la faille, en tournant les abrupts trop considérables, mais alors il n'est pas toujours facile de voir les couches, parce qu'elles sont recouvertes par des éboulis de pente. Le long du sentier du S, la succession est la suivante : Belouta

1°) Marnes à lits calcaires comprenant *Exogyra Couloni* et *Nautilus*. Un banc de calcaire noir, situé vers le tiers inférieur, est rempli de *Rhynchonella Gibbsiana* Sow.

2°) Calcaires avec marnes ou grès jaunes; les calcaires contiennent des filonnets de calcite et parfois de la barytine;

3°) Calcaires couleur rouille, un peu dolomitiques, avec marnes dures intercalées; certaines parties du calcaire ont été transformées en calamine;

4°) Gros banc de calcaire roux souvent dolomitique, présentant *Ex. Couloni* et divers Bivalves difficiles à dégager. Là encore, la calamine est fréquente, mais semble en petits filons. On observe aussi des rognons de silex gris.

Cet ensemble (1-4) mesure environ 300 m.;

5°) Marnes dures esquilleuses, d'un bleu foncé, un peu gréseuses à la partie supérieure, et renfermant en arrière du signal de nombreux fossiles, parmi lesquels :

Toxaster radula Gh.
Rhynchonella Gibbsiana Sow.
Janira
Plicatula radiola Lamk.
Exogyra Couloni Defr.
Alectryonia rectangularis Rœmer
Panopæa Prevosti Desh.
Natica
Tylostoma.

6°) Calcaires gris très durs à rognons de silex, renfermant *Ex. Couloni* et *Al. rectangularis.* Le petit éperon, qui prolonge le Belouta au S, est formé entièrement par ces calcaires. Les couches (5) et (6) réunies, ont une épaisseur de 100 m. environ, et sont surmontées par le Gault, qui embrasse même, peut-être, une partie de ces dernières.

Bou el Hanèche

Dans la région de Thala, l'Aptien se montre au Dj. bou el Hanèche (Pl. I, fig. 4), dont la masse imposante surgit au milieu d'une vaste plaine et forme un demi-dôme entièrement isolé. Une faille, à peu près E-W, le limite au S, produisant un gigantesque abrupt de plus de 500 m. et mettant l'Aptien en contact avec le Sénonien. Naturellement, au pied de l'abrupt, une accumulation de débris considérable empêche de voir les couches inférieures. Cependant, çà et là, on aperçoit très nettement des strates verticales, que l'on observe en place tout près de là. Ce sont :

1°) Des marnes bleues, jaunâtres en surface, durcies par la pression et se débitant en grandes esquilles, remplies de filonnets de calcite, dont plusieurs atteignent 30 cm. d'épaisseur. On y trouve *Orbitolina lenticularis* Blum., des Échinides (*Epiaster*), et de très nombreuses *Exogyra Couloni*, associées à des Lamellibranches divers (*Cyprina* groupe *inornata*, etc.). On en voit environ 40 m.

2°) Puis viennent des calcaires gréseux avec de faibles intercalations marneuses, dans l'une desquelles j'ai trouvé une Ammonite du groupe de *Hoplites fissicostatus* Phil. (environ 100 m.).

3°) Ces calcaires supportent 5 à 10 m. de marnes brunes un peu sableuses, où on recueille de nombreux Oursins et Mollusques, parmi lesquels :

Pseudodiadema Malbosi Cott.
Toxaster Villei Gh.
Natica (grosse forme aplatie)
Tylostoma, etc.

Ce niveau marneux forme un petit ressaut au milieu de l'abrupt.

4°) Il est surmonté par une grande masse de calcaire dolomitique à peine subdivisé en bancs ; la composition en est assez variable : tantôt c'est un calcaire dolomitique compact, bleu noirâtre à l'intérieur et doré à la surface, tantôt c'est une roche cristalline rousse et contenant également une proportion notable de magnésie, car l'attaque par l'acide est faible. Je n'ai pas vu de fossiles dans cette masse, dont l'épaisseur dépasse 100 m.

5°) La koubba signal de Si Abd el Kader est portée par des dolomies rousses, parfois à grain très fin et scintillantes au soleil, en d'autres points largement cristallisées. L'épaisseur est de 15 m. environ.

6°) Sur elles reposent des grès plus ou moins calcaires et des dolomies ferrugineuses, alternant avec des marnes brunâtres, sableuses. Un banc est pétri d'*Orbitolina lenticularis* ; on y trouve aussi *Ex. Couloni*, en compagnie des Lamellibranches habituels et de quelques Oursins (50 m.).

7°) Les calcaires dolomitiques qui les surmontent contiennent *Hoplites fissicostatus* Phil., de grande taille (50 cm.) mais toujours en fragments (20 m.).

8°) Vers le bas des pentes, se trouvent des marnes esquilleuses, noirâtres en dedans, présentant des bancs ou parfois des lits de rognons dolomitiques. A la base existent encore : *Hoplites fissicostatus* Phil., *Belemnites*, et de nombreux Lamellibranches (*Isocardia nasuta* Coq. etc.). Vers la partie supérieure, un banc renferme *Plicatula radiola* Lamk. et *Ex. Couloni* Defr. Un autre banc calcaire, épais d'un mètre, couronne ces marnes, dont l'épaisseur atteint 100 m. et forme une crête semi-annulaire autour du bou el Hanèche, au delà de laquelle s'étalent des marnes noires, blanchissant à l'air, qui représentent l'Albien.

Toutes ces couches sont disposées d'une manière très régulière, avec un plongement périclinal de 20° en moyenne.

Au Dj. Zrissa, autre dôme situé au N du bou el Hanèche, malgré plusieurs failles, la succession est bien reconnaissable et se montre assez analogue à ce qu'elle est dans cette dernière montagne. Zrissa

1°) Le grand ravin sous le signal est creusé dans des marnes très durcies paraissant un peu métamorphisées et comme cuites en certains points, se divisant en longues esquilles (40-50 m.). On y trouve :

Toxaster radula Gil.	*Exogyra Couloni* Defr.
Terebratula sella Sow.	*Alectryonia rectangularis* Roemer
Lima	*Cyprina* gr. *inornata*.

2°) Dans le haut, des marnes semblables alternent avec des bancs de calcaire plus ou moins dolomitique (30-40 m.) et contiennent :

Orbitolina lenticularis Blum. (concentrées en certains bancs)
Exogyra Couloni Defr.
Hoplites fissicostatus Phil.

La partie supérieure de ces couches est imprégnée d'hématite sur plusieurs mètres d'épaisseur et forme un très beau minerai qui pourrait donner lieu à une riche exploitation, si les moyens de communication le permettaient (1). Cette imprégnation ferrugi-

(1) Cf. *Notice sur le Service des Mines*, p. 30.

neuse s'étend partiellement aux deux couches supérieures et forme une bande de 200 m. de long environ. La crête de la montagne a par suite acquis une teinte noire qui frappe la vue de loin.

3°) Le signal est porté par des bancs de calcaire bleu foncé, très dur, semblable à celui du bou el Hanèche (au moins 30 m.).

4°) En arrière de la crête se trouvent des bancs de calcaire dolomitique et marnes dures un peu ferrugineuses (au moins 50 m.).

L'*Exogyra Couloni* abonde dans toutes les couches 1-4 et disparaît complètement ensuite. — Le plongement est de 45° et sensiblement périclinal.

Dans la moitié W de la montagne, plusieurs failles parallèles ont affaissé les calcaires jusqu'au niveau de la plaine. Enfin le petit Zrissa, situé au S, offre la même composition, mais les couches supérieures y affleurent seules. Il faut noter en outre qu'en plusieurs points, surtout dans le petit Zrissa, les calcaires sont transformés en une calamine, qui a été l'objet d'un commencement d'exploitation. Enfin, au coin S-W se voient quelques mouches de minerai de cuivre, qui a été exploité, paraît-il, par les Romains, et qu'on a tenté en vain de retrouver dans l'intérieur de la montagne.

Slata

Le Dj. Slata, qui élève sa pyramide aiguë à quelques kilomètres de là, possède une composition assez analogue (fig. 40). Les calcaires massifs reposant sur des marnes forment les crêtes et sont surmontés de calcaires et de marnes, qui n'existent plus qu'au bas des pentes. Près de la limite des deux formations (*c-d*), on recueille un certain nombre de fossiles, parmi lesquels je citerai :

Orbitolina lenticularis Blum.
Salenia prestensis Des.
Pseudodiadema Malbosi Cott.
Holectypus portentosus Coq.
Holectypus
Arca
Janira
Exogyra Couloni Defr. (peu abondante)
Tylostoma
et un peu plus haut :
Epiaster incisus Coq.
Belemnites.

Les couches sont très redressées et brisées, et il n'est pas toujours facile de saisir leurs relations. A l'angle S-E, plusieurs fissures sont remplies de barytine associée à des minerais de fer, zinc, cuivre, paraissant être en faible quantité.

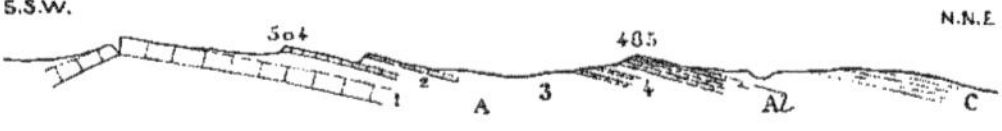

Fig. 13. — Dj. Hamaïma, 1/50.000 (h. et l.).

Hamaïma

Le Dj. Hamaïma (fig. 13), petit dôme surbaissé, situé au voisinage de la frontière algérienne, ne montre que les couches supérieures de l'Aptien : calcaire bleu foncé déjà cité souvent (1), où l'on rencontre un certain nombre de fossiles empatés dans la roche ; ce sont des Oursins et des Bivalves, parmi lesquels on reconnaît *Exogyra Couloni* et des *Rudistes*. Malheureusement, malgré mes efforts, je n'ai pu en obtenir un seul. Ces calcaires sont tout à fait semblables à ceux que BLAYAC [1] a rapportés du Sidi Rgheiss, et il est possible que les fossiles soient les mêmes, mais je ne puis rien dire de précis à cet égard. Ceux-ci ne semblent exister que vers le haut ; c'est là qu'il faudrait poursuivre des recherches, mais l'emploi de la dynamite serait sans doute indispensable pour arriver à un résultat. Au-dessus viennent un certain nombre de bancs calcaires, souvent dolomitiques, séparés par des marnes (2), puis d'autres marnes (3), où je n'ai pu trouver de fossiles. Au pied de la crête entourant le Hamaïma au N-E et cotée 485, on voit 5 ou 6 bancs de calcaire dolomitique, séparés par des marnes bleu foncé, qui renferment une faune très spéciale, consistant en Ammonites ferrugineuses, que je n'ai revue nulle part ailleurs. On y remarque :

Ptychoceras lære MATH.
Mortoniceras (?)
Hamites
Silesites cf. *vulpes* COQ.
Desmoceras très voisin de *D. strettostoma* UHLIG et difficile à en séparer
Desmoceras cf. *strettostoma* (très abondant).

Cette petite faune présente un caractère barrémien très accentué. Il y a là quelque chose d'analogue à ce que BLAYAC a signalé en Algérie dans la vallée de l'O. Cherf [2]. Les couches sont bien visibles et on peut assurer qu'il n'y a pas de faille ; les marnes à Ammonites sont normalement au-dessus des calcaires du Hamaïma. La crête elle-même est formée par des bancs dolomitiques épais et très durs (5), avec quelques lits marneux où je n'ai pas vu de fossiles. Enfin, sur ces couches, reposent les marnes noires du Gault à *Mortoniceras inflatum*.

On rencontre encore dans la région quelques petits dômes aptiens, comme l'indique la carte ; ils ne présentent rien de spécial, aussi ne m'y arrêterai-je pas.

Les affleurements de la région méridionale sont un peu différents. Au Koudiat ech Chaïr (fig. 37), l'Aptien, très incomplet du reste, et en contact anormal avec le Sénonien et l'Éocène, se compose de marnes d'un bleu sombre, extrêmement durcies et comme métamorphisées. Un banc plus calcaire, situé vers le milieu, renferme : Kt. ech Chaïr

Exogyra Couloni DEFR. (qui se trouve dans toute la masse)
Orbitolina lenticularis BLUM.
Toxaster radula GR.
Janira
Cardium
Natica cf. *bulimoides* DESHAYES
Tylostoma.

Ces marnes sont suivies par des dolomies sableuses passant à une sorte de grès, parfois avec petits lits de marnes gypseuses blanches, jaunes, vertes, bleues ou violettes ; les dolomies, au contraire, ont une teinte rousse ou rouille.

Ces dolomies sont, du reste, peu puissantes et ne correspondent pas aux grandes masses du bou el Hanèche. Il m'est impossible de préciser davantage la position de ces couches.

Au Dj. el Ajered, au contact de la faille qui coïncide à peu près avec le Chabet el Hendi, quelques petits bancs verticaux de calcaires et de marnes renferment *Ex. Cou-* Ajered

(1) J. BLAYAC : Le dôme du Sidi Rgheiss. — *B. S. G. F.* (3), XXV, p. 664.
(2) J. BLAYAC : Crétacé inf. O. Cherf., *Ann. Université Grenoble*, XI, p. 24.

loni. La masse de la montagne est constituée par des assises de dolomies rousses, de quartzites violacés, et de calcaires bleu foncé, formant une série d'abrupts de 2 à 5 m., séparés par de petits paliers correspondant à des délits marneux peu importants. Les dolomies l'emportent, quoique les quartzites soient en quantité presque égale ; quant aux calcaires francs, ils n'existent guère qu'au sommet. Dans le grand Chabat, ces couches sont visibles sur une épaisseur de 350 m. Les fossiles sont très rares dans tout cet ensemble ; j'y ai seulement trouvé un *Hoplites* du gr. *fissicostatus*, non en place. Le signal est porté par un banc de calcaire bleu très foncé ou noirâtre, un peu cristallin par place et renfermant des Mollusques, dont quelques-uns sont certainement des *Rudistes*, qu'il est impossible de détacher, de même que ceux du Hamaïma. La calcite et le quartz abondent dans ce calcaire, qui, de même que ceux sous-jacents, est parfois transformé en calamine ; çà et là, on aperçoit en outre, des traces de malachite. Ces bancs calcaires forment toute la pente N de la montagne, avec un plongement de 25° environ. Tout à fait en bas des pentes, on voit des marnes calcaires jaunâtres, renfermant *Acanthoceras Milletianum* D'ORB. ; c'est donc l'Albien inférieur.

Hamra

Au Dj. el Hamra (Pl. II, fig. 10), situé à quelques kilomètres au S de l'Ajered, l'Aptien se présente sous forme de calcaires gris bleu très durs (remplis par places de cristaux aciculaires de quartz), de dolomies bleu foncé ou rousses et de quartzites violacés en bancs de 1-10 m. ; dans l'ensemble, les dolomies dominent beaucoup. La partie supérieure et les pentes de la montagne sont recouvertes par un banc (5 m.) de calcaire gris bleu renfermant quelques Rudistes indéterminés. Les autres fossiles, également rares, consistent en *Orbitolines*, *Terebratula* et *Ex. Couloni*. Cet ensemble offre une teinte générale rouge brun, qui a valu son nom à la montagne. L'épaisseur des couches qui paraît tout d'abord formidable, n'est pas en réalité très considérable, et ne doit pas excéder 250-300 m. ; en effet, 3 failles transversales ramènent plusieurs fois les mêmes couches. Le tout est surmonté par 5 ou 6 bancs de calcaires (0,50-1 m.), séparés par des marnes (en tout 20 m.), qui appartiennent sans doute déjà au Gault, par analogie avec ce que l'on observe à l'Ajered. Ces couches, qui n'existent plus qu'au bas des pentes, sont surmontées par les marnes noires à *M. inflatum*.

Semmama

La grande faille qui coupe au N le Dj. el Hamra sépare également le Dj. Chaâmbi du Dj. Semmama, qui offrent deux grands abrupts en regard. Au Semmama, la succession est la suivante (Pl. I, fig. 5) : Partant de Si bou Laaba, on trouve 10 m. de grès blancs, fins (*a*), peu consistants, sans fossiles, puis un complexe de couches (*b-g*), formé de calcaires siliceux roux ou lie de vin, contenant de la barytine, de dolomies, de grès argileux verdâtres et petits lits d'argile. Dans cet ensemble, dont l'épaisseur est de 70 m. environ, les seuls fossiles rencontrés sont des *Orbitolina lenticularis*. Par suite de faille, ces couches apparaissent deux fois. Elles sont couronnées par une masse de dolomies (*h*) à Orbitolines, rousses en surface et grises à l'intérieur, formant un abrupt de 20-25 m. La calcite et la barytine sont abondantes dans cette roche, dont les strates plongent à 18° N-10° E. Au-dessus, recommencent les alternances (*i-k*) de grès friables verdâtres et argiles vertes (flysch) en lits minces et de dolomies (15 m.). Certains lits sont violacés par suite de la présence de fer oxydé ; je n'y ai vu que des pistes et un fragment d'une grosse Ammonite. Le tout se termine par un banc (*l*) de calcaire siliceux jaune ou, par places, lie de vin, épais de 2 m., plongeant de 10° environ ; on y aperçoit quelques grandes Nérinées.

Cet ensemble, qui mesure environ 130 m., est recouvert directement par les marnes cénomaniennes en légère discordance.

Le Dj. Chaâmbi, qui fait face au Semmama, a une composition peu différente, mais les couches sont moins faciles à étudier, par suite de nombreuses failles : néanmoins, les dolomies paraissent y être notablement plus développées ; en outre, la base de l'Aptien n'est pas visible, car il est en contact anormal avec les marnes bariolées du Trias. Chaâmbi

Le Dj. Mrhila, situé un peu à l'E, est particulièrement intéressant, précisément parce qu'on peut y observer le contact de l'Aptien et du Néocomien (Pl. I, fig. 6), ce dernier terme étant pris dans un sens large, de façon à y admettre le Barrémien : j'ai déjà dit en effet que cet étage ne saurait y être discerné. L'Aptien paraît débuter par quelques mètres de calcaire siliceux (1 et 8 de fig. 12), surmonté par des grès blancs (2) uniquement siliceux, où je n'ai vu que des tubes d'Annélides. Ces grès, bien visibles sous le signal, où ils sont creusés de grottes peu profondes, supportent une grande masse de calcaires et calcaires dolomitiques (3), toujours très durs, renfermant parfois des rognons de silex et souvent de la calcite cristallisée. Par contre, les fossiles, très rares et mauvais, consistent uniquement en *Orbitolines*, Oursins (*Epiaster*) et Lamellibranches (*Ex. Couloni*). Sur le flanc E de la montagne, auprès d'A. bou Rhelem, on observe en outre des calcaires gréseux plus ou moins ferrugineux, à rognons de silex blancs, alternant avec des grès argileux plus tendres (4). Les dernières couches m'ont fourni quelques Rudistes très voisins de *Polyconites Verneuili* Bayle et un certain nombre de grandes *Nerinées* : *Nerinæa* cf. *gigantea* d'Hombres-Firmas, *Ner. Pauli* Coq., *Harpagodes*, *Natica*, *Voluta*. Mrhila

Plus au S, auprès de Foum el Guelta, je n'ai pu séparer ces diverses couches. Sur les grès blancs, visibles dans de nombreux ravins, et où je n'ai trouvé qu'une petite dent de Poisson, ayant une grande ressemblance avec *Lamna sulcata* Geinitz, on observe une série de calcaires le plus souvent dolomitiques, bruns ou lie de vin, extrêmement durs, subcristallins et montrant souvent de petites cavités, traces de fossiles disparus (Cérithes et petits Bivalves, probablement des Corbules). Les rares fossiles que j'ai pu recueillir (tous à l'état de moules) se rapportent aux genres *Janira* (*J.* cf. *alava* Rœmer), *Lima*, *Mytilus*, *Cardium*, *Cyprina*, *Panopæa*.

Ce complexe de couches forme toute la moitié N du Dj. Mrhila, depuis le signal de Tellet el Baaza jusqu'au cirque de Foum el Guelta. L'épaisseur n'est pas très considérable relativement à celle que l'on observe ailleurs et ne s'élève pas audessus de 250 ou 300 m.

Je dois encore mentionner le Dj. Trozza, montagne entièrement constituée par l'Aptien, sous forme de calcaires très siliceux (à peine attaqués par l'acide), riches en silex bruns. Cette roche, d'une teinte généralement foncée, mais devenue oran- Trozza gée du côté de la lumière, est d'une pauvreté extrême en fossiles; je n'y ai vu nulle part *Exogyra Couloni*, si commune d'ordinaire, mais seulement quelques Oursins et une grande Ammonite, qui m'a semblé très voisine de *Hoplites fissicostatus*. On ne peut du reste atteindre que les assises supérieures ; néanmoins, dans un ravin situé au N, j'ai aperçu des marnes blanches, dures, brisées en fragments, passant sous la masse calcaire et aussi dénuées qu'elle de fossiles. Les nombreuses cassures que l'on voit çà et là et la faille qui existe sans doute sur le flanc oriental ont facilité la minéralisation de la roche ; ainsi au S-W, les calcaires sont imprégnés de fer en rognons et en lames, au point qu'une exploitation a été tentée, sans succès d'ailleurs ; du côté W, on reconnaît des traces de calamine et de galène, qui ont été également l'objet de recherches. Mais le fait le plus curieux est la présence de plusieurs Hammamat, qui à vrai dire, ne sont que des jets de vapeurs intermittents.

Batene Enfin, dans la région de Kairouan, l'Aptien se montre au Ras el Hamar[1] et au Dj. Batene el Guern, où il forme une grande partie du Touilet ez Zerga ; j'y ai relevé deux coupes perpendiculaires (Pl. II, fig. 23 et 24), qui aideront à comprendre la constitution du massif. Sous le signal 170, on voit, au bord du sentier, les grès et argiles triasiques dont il a déjà été question, et dont la limite supérieure est très difficile à saisir, car les couches sont un peu brouillées. Peut-être la fin des grès et argiles doit-elle être attribuée à l'Aptien, qui a parfois un facies analogue. En tout cas, le banc (1) de calcaire roux (2 m.) appartient certainement à l'Aptien, comme le prouvent de nombreux fossiles. Il est suivi de marnes elles-mêmes parfois bariolées (2), dont l'épaisseur varie d'un point à l'autre par suite des pressions subies, puis de grès grisâtres (3), micacés, avec mouchetures ferrugineuses (5 m.) et enfin d'un banc de calcaire roux (4), semblable à (1) et renfermant les mêmes fossiles, surmonté lui-même de 2 à 3 bancs gréseux (5) peu fossilifères, séparés par des marnes sableuses. Immédiatement au-dessus se développe une série puissante de bancs gréseux (6), les uns blancs et tendres dominants, les autres ferrugineux, noirâtres et très durs, possédant une pente de 50° N-N-E. Ces grès forment tout le Touilet ez Zerga, à l'exception du petit Koudiat du N, qui est en calcaire sénonien, en contact par faille contre les grès. Dans toute la masse de ces derniers (6), je n'ai pas vu un seul fossile, mais le Cᵗ Flick a recueilli, dans les bancs supérieurs, plusieurs Oursins qu'il considère comme identiques à ceux de (1) et (4), dont la riche faune comprend les espèces suivantes :

Salenia prestensis Des.
Codechinus rotundus Des.
Pyrina
Toxaster radula Gn.
Heteraster oblongus de Luc
Enallaster cf. *Tschudii* Des.
Epiaster variosulcatus Gn.
Terebratula sella Sow.
Rhynchonella aff. *Gibbsiana* Sow.
Avicula
Perna
Pecten aff. *Cottaldinus* d'Orb.

(1) Ce gisement demeure douteux, car je n'y ai point trouvé de fossiles ; l'assimilation repose sur une analogie de facies d'ailleurs imparfaite.

Janira aff. *atava* Roemer
Mytilus aff. *Couloni* Marcou
Trigonia
Nerinæa aptiensis Pictet et Campiche
Natica
Harpagodes
Belemnites.

L'Aptien présente donc ici un énorme développement de grès (350 à 400 m.), qui n'ont pas leur analogue dans la Tunisie centrale. Il est naturellement fort possible, qu'une partie représente l'Albien, sans que je puisse rien affirmer à cet égard.

RÉSUMÉ

Comme on vient de le voir par cette série de descriptions, l'étage Aptien présente une grande constance dans sa composition, sauf pour le Batene : les marnes gréseuses inférieures sont plus ou moins développées, les calcaires sont plus ou moins épais, plus ou moins dolomitiques, mais sont toujours de même type et, à défaut de fossiles, le facies suffit dans la plupart des cas, pour reconnaître à quel terrain on a affaire.

La faune également est peu variée et comprend des formes communes au Crétacé inférieur. A peine trouve-t-on quelques espèces qui soient spéciales à l'Aptien; de ce nombre sont cependant : *Salenia prestensis*, *Pseudodiadema Malbosi*, *Hoplites fissicostatus*. D'autres se rencontrent également dans le Barrémien, telles : *Orbitolina lenticularis*, *Heteraster oblongus*, la série des *Toxaster*, *Exogyra Couloni*; mais ce qui accentue les affinités barrémiennes de cette faune, ce sont les Ammonites ferrugineuses du Dj. Hamaïma (*Silesites* cf. *vulpes*, *Desmoceras* cf. *strettostoma*), qui, cependant, proviennent de la partie supérieure de l'Aptien. D'autres, enfin, sont citées du Gault, par exemple *Toxaster radula* et *Heteraster Tissoti*.

Limites de l'étage. — Ces faits rendent très difficile la délimitation de notre étage Aptien. La limite inférieure ne pourrait être tracée qu'au Mhrila; or, on a déjà vu que les marnes supérieures, que j'ai attribuées au Néocomien, renferment des fossiles hauteriviens dans leur partie inférieure et moyenne, mais sont dépourvues dans le haut de tout fossile caractéristique. Il est assez vraisemblable que cette dernière partie représente le Barrémien; mais celui-ci peut fort bien comprendre également une partie ou la totalité des grès blancs sans fossiles du Mrhila. Il faut noter cependant qu'au Serdj, malgré la grande épaisseur des couches, on n'atteint pas le Barrémien, car, dès la base, on trouve *Douvilleiceras Martini*, fossile nettement aptien.

La limite supérieure de l'Aptien n'est pas non plus facile à marquer et on peut être tenté de ranger dans l'Albien les dernières couches de l'Aptien, tel que je l'ai admis. Cela est fort possible, mais ne s'impose point. D'abord les fossiles que j'ai cités de l'Aptien et qui existent également dans l'Albien sont peu nombreux et nullement décisifs. Parmi eux, le plus commun est *Toxaster radula* Gu. Cet Échinide n'est encore connu qu'en quelques points de l'Algérie, où il a été attribué au Gault ; or, je l'ai rencontré dès la partie inférieure de l'Aptien, qu'il faudrait ainsi rattacher dans son entier à l'Albien. Mais, au Serdj, il est associé à *Heteraster oblongus*, qui ne persiste pas au-dessus de l'Aptien inférieur. Au Dj. Bargou, dans les dernières couches d'A. Mzata, j'ai recueilli *Enallaster Tissoti* Coq., que Peron classe dans l'Albien, bien que Coquand l'ait décrit comme provenant de l'Aptien, et que Pomel (¹) déclare avoir ramassé lui-même dans le Rhodanien de Khenchela en compagnie d'*Orbitolina lenticularis*.

Une autre raison pour attribuer à l'Albien une partie des couches que j'ai rattachées à l'Aptien est la présence au Serdj du genre *Horiopleura*. Mais Seunes lui-même a cité des *Horiopleura* dans l'Aptien. C'est, du reste, le cas de *Horiopleura Almeræ* Paquier, que son auteur déclare très voisin de *Horiopleura Lamberti* Mun.-Ch., et qui a été recueilli par le chanoine Almera (²), associé à des fossiles nettement aptiens et en dessous d'une couche à *Heteraster oblongus*, *Orbitolina discoidea* et *O. conoidea* (2 formes que j'ai réunies sous le nom de *O. lenticularis* Blum., à l'exemple de nombre d'auteurs). Au Serdj, je n'ai pas trouvé *Heteraster oblongus* au-dessus du niveau à *Horiopleura*, mais un banc situé quelques mètres plus haut est rempli d'Orbitolines, bien différentes des formes épaisses et très coniques de Vinport et que M. Schlumberger a reconnu être *O. lenticularis* Blum.

De plus, au-dessus des couches à *Horiopleura* ou de leurs équivalents, on rencontre encore *Hoplites fissicostatus* Phil., par exemple au bou el Hanèche et au Bargou, où cette Ammonite est associée à *Heteraster Tissoti*.

Au Dj. Ajered, le banc qui porte le signal est un calcaire à Rudistes, qui semble bien correspondre à celui du sommet du Serdj. Or, au bas des pentes septentrionales du dôme, j'ai recueilli *Acanthoceras Milletianum* d'Orb., dans des marnes jaunâtres, avec lesquelles je fais commencer le Gault ; en effet, cette espèce n'est connue qu'à la partie inférieure du Gault ou encore dans l'Aptien ; on ne saurait donc placer dans l'Albien les couches sous-jacentes.

Enfin, ces mêmes calcaires à Rudistes, présumés d'âge albien, supportent au Dj. Hamaïma les marnes à Ammonites dont j'ai déjà signalé les affinités barrémiennes (*Silesites* cf. *vulpes*, *Desmoceras* cf. *strettostoma*, *Ptychoceras læve*). Il ne me semble donc pas possible de les considérer comme plus récentes que l'Aptien.

J'ajouterai aussi, en terminant, que l'Aptien, tel que je l'ai délimité, forme une unité pétrographique et orogénique des plus nettes. La limite ainsi choisie est toujours facile à reconnaître, ce qui est de peu d'importance au point de vue théorique, mais présente pour la cartographie un avantage incontestable. Et même, si les dernières couches de cet ensemble devaient être rattachées à l'Albien, on serait encore pratiquement obligé de les englober sous un même indice, devant la difficulté extrême et actuellement insurmontable de fixer une autre limite, et plus encore de la suivre et de la reconnaître dans des points autres que celui où elle aurait été établie.

Par suite de la pauvreté et de l'uniformité de la faune, du mauvais état de conservation des fossiles et de l'absence presque complète d'Ammonites, à part les gros fragments de *Hoplites*, j'ai dû renoncer à établir des subdivisions dans ce terrain, malgré la puissance considérable qu'il possède.

(1) A. Pomel : Explic. carte géol. Algérie, p. 58.
(2) Almera : Etude stratigraphique du massif crétacé du littoral de la province de Barcelone. — *B. S. G. F.* (3), XXIII, 1895, p. 570, et C-R. excursion à Castellvi. — *B. S. G. F.* (3), XXVI, 1898, p. 241.

COMPARAISON AVEC LES RÉGIONS VOISINES

L'Aptien de Tunisie offre naturellement de nombreuses ressemblances avec les formations de même âge d'**Algérie**, en particulier de la province de Constantine. L'un et l'autre possèdent ces facies qui ont été qualifiés de Rhodanien et d'Urgo-Aptien, dénominations qui, dans ce cas, ne sont pas parfaitement exactes, car les calcaires à Rudistes sont plutôt une exception et en tout cas semblent localisés dans la partie supérieure.

En ce qui concerne l'Aurès, particulièrement le Dj. bou Thaleb, étudié par Peron (1) et surtout par Ficheur (2), la ressemblance va jusqu'à l'identité : mêmes masses calcaires d'aspect uniforme ne contenant guère que des Ostracés ou des Rudistes empâtés, où se voient quelques intercalations de marnes à Orbitolines, masses dans lesquelles il est impossible d'indiquer avec précision ce qui revient au Barrémien, à l'Aptien et à l'Albien.

La note de Blayac déjà citée (3) montre le facies des calcaires zoogènes bien développés au Sidi Rgheiss, où ils atteignent 200 m. et renferment de nombreux *Monopleura*, *Toucasia* et *Polyconites Verneuili* Bayle, tandis qu'un peu plus au N, il est tout différent, entièrement argileux et peu épais.

Avec la province d'Alger, les ressemblances sont un peu moindres, quoique cependant bon nombre des fossiles cités par Ficheur (4) se retrouvent également en Tunisie ; et même leur nombre serait encore plus grand, si l'état de mes matériaux avait toujours permis une détermination spécifique. Mais, dans les Matmatas d'Alger, le facies pétrographique est notablement différent et ne comporte pas ce grand développement de calcaires zoogènes : c'est le vrai Rhodanien de la Perte du Rhône.

L'Aptien des **Pyrénées** possède également de notables affinités avec celui de Tunisie, comme le montrent les descriptions de Carez (5) et même de Seunes (6), quoique l'interprétation des faits soit un peu différente. Cette analogie ressort encore mieux de l'étude de Carez sur les Corbières (7). D'après cet auteur, l'Urgo-Aptien se compose de marnes à Orbitolines, parfois avec intercalations gréseuses et de calcaires compacts, qu'il est souvent difficile de distinguer du Lias. Or, ceci est également vrai pour la Tunisie et c'est même sans doute ce qui avait entraîné Aubert à attribuer le Bargou au Jurassique. Les fossiles communs aux deux pays sont nombreux : *Orbitolina discoidea* et *O. conoidea*, *Pseudodiadema Malbosi*, *Toxaster Collegnoi*, *Ostrea macroptera* (*rectangularis*) et *Horiopleura Lamberti*, que Carez croit appartenir à l'Aptien.

(1) Peron : Géol. de l'Algérie, p. 57.
(2) E. Ficheur : Sur les terrains crétacés du massif du bou Thaleb. — *B. S. G. F.* (3), XX, p. 404.
(3) J. Blayac : Crétacé inférieur de l'Oued Cherf, p. 24.
(4) E. Ficheur : Le Crétacé inférieur dans le massif des Matmatas. — *B. S. G. F.* (3), XXVIII, p. 571.
(5) L. Carez : Étude des terrains crétacés et tertiaires du Nord de l'Espagne, p. 100.
(6) J. Seunes : Recherches géologiques sur les terrains secondaires et l'Eocène inférieur de la région sous-pyrénéenne, p. 138.
(7) L. Carez : Composition et structure des Corbières et de la région adjacente des Pyrénées. — *B. S. G. F.* (3), XX, p. 482.

Les études du chanoine Almera sur la **Province de Barcelone** ont, du reste, confirmé ces vues [1]. De même qu'en Tunisie, l'Aptien consiste en une prodigieuse accumulation (plus de 500 m.) de calcaires, de marnes à Orbitolines, Toxastéridés, Lamellibranches, etc. Beaucoup de formes sont identiques, mais le chanoine Almera a eu la chance de trouver toute une faune de Céphalopodes : *Hoplites* et *Acanthoceras*, qui lui permettent de fixer les niveaux stratigraphiques, et qui malheureusement font encore défaut en Tunisie.

A l'extrémité opposée de la Méditerranée, la chaîne du **Caucase** offre aussi un Aptien remarquable par la situation prédominante qu'y occupent les *Hoplites* et *Parahoplites* [2].

Il semble que ces genres de Céphalopodes soient carastéristiques d'un *type méditerranéen* de l'Aptien, bien différent du type oriental de Kilian, où dominent les marnes ou argiles à petites Ammonites pyriteuses (*Lytoceras*, *Phylloceras*, *Silesites*, *Oppelia*, *Desmoceras*) ; et cependant, ce type oriental de l'Aptien existe aussi dans l'Afrique du Nord. Blayac [3] l'a étudié à l'Oued Cherf et j'ai montré plus haut qu'il poussait une pointe jusqu'au Hamaïma ; enfin il se développe d'une façon spéciale au bou Kournin, ainsi que l'atteste la note de Joleaud [4]. Celui-ci a constaté l'*absence des Hoplites* que j'ai rencontrés en si grand nombre dans la région centrale, mais il n'a pas mis en évidence l'opposition qui existe entre les deux facies. Au bou Kournin, l'Aptien est constitué par quelques mètres de marnes, où abondent les Ammonites ferrugineuses, appartenant aux genres *Lytoceras*, *Phylloceras*, *Oppelia*, *Desmoceras*, *Silesites*, *Holcodiscus* ; bref, c'est le *facies oriental* de Kilian, comme Joleaud l'a remarqué. Les seuls fossiles communs avec la région centrale sont *Douvilleiceras Martini* et *Belemnites semi canaliculatus*. Par contre, dans toute la région centrale et même méridionale, comme il semble résulter des notes de Thomas, l'Aptien conserve le même facies : Flysch, puis calcaires puissants, parfois zoogènes.

Il semble donc qu'il y ait eu deux régions différentes, l'une comprenant la partie orientale du pays *delphino-provençal* et s'étendant à quelques points de l'Afrique du Nord peu éloignés de la côte, et l'autre *méditerranéenne*, embrassant les Pyrénées, la Catalogne, une grande partie de l'Algérie, presque toute la Tunisie et s'étendant d'autre part jusque dans le Caucase et en Perse.

(1) Almera : Etude stratigraphique du massif crétacé du littoral de la province de Barcelone. — *B. S. G. F.* (3), XXIII, 1895, p. 564.

(2) Anthula : Ueber die Kreidefossilien des Kaukasus. — *Beiträge z. Geol. Pal. Œsterreich-Ungarns*. XII, p. 80.

(3) J. Blayac : Crét. inf. O. Cherf, p. 24.

(4) Joleaud : Et. Crét. inf., p. 142.

LISTE DES FOSSILES DE L'APTIEN

Orbitolina lenticularis BLUMENBACH (*O. conoidea* et *O. discoidea* A. GRAS), bou el Hanèche, Kt. ech Chaïr, Serdj, Bargou, Slata, Zrissa, Belouta.

Salenia prestensis DESOR, Bargou, Slata, Oust (Bargou), Batene.

Pseudodiadema Malbosi AGASSIZ (COTTEAU), bou el Hanèche, Slata.

Codechinus rotundus DESOR, Batene.

Cyphosoma, Bargou.

Holectypus portentosus COQUAND, Slata.

Pyrina, Batene.

Toxaster Villei GAUTHIER, bou el Hanèche.

Toxaster Collegnoi SISMONDA, Bargou, Serdj.

Toxaster radula GAUTHIER, Batene, Serdj, Hamaïma.

Toxaster (diverses espèces indét.), tous les gisements.

Heteraster oblongus DE LUC, Batene, Serdj.

Enallaster Tschudii DESOR, Batene.

Holaster, Serdj.

Rhynchonella Gibbsiana SOWERBY, Bargou, Serdj, Belouta.

Terebratula biplicata BROCCHI, var. *Dutempleana* D'ORBIGNY, Hamra, Serdj, Bargou.

Terebratula sella SOWERBY, Batene, Bargou, Oust, Serdj, Zrissa.

Terebratula tamarindus SOWERBY, Bargou, Oust, Serdj.

Terebratula Moutoniana D'ORBIGNY, Bargou, Serdj.

Arca, Slata, Ajered.

Avicula, Batene, Serdj.

Perna, Batene.

Pinna, Batene, Serdj.

Pecten striato-costatus ROEMER, Bargou.

Pecten cf. *Cottaldinus* D'ORBIGNY, Batene.

Pecten indét., Bargou, Serdj, Belouta.

Janira cf. *quadricostata* SOWERBY, Mrhila, Serdj.

Janira cf. *atava* ROEMER, Mrhila, Batene.

Janira, Slata, Kt. Chaïr, Mrhila.

Lima, Zrissa, Serdj, Mrhila.

Mytilus Couloni MARCOU, Batene.

Mytilus, Serdj.

Plicatula placunea LAMARCK, Serdj.

Plicatula radiola LAMARCK, Bargou, Serdj, Belouta, bou el Hanèche.

Exogyra Couloni DEFRANCE (beaucoup d'échantillons passent à la var. *aquila* BRONGNIART), tous les gisements.

Alectryonia rectangularis ROEMER, Bargou, Oust, Serdj, Belouta, Batene, Zrissa.

Trigonia, Batene, Serdj, Belouta, Kt. Chaïr.

Cardita, Serdj.

Astarte, Serdj.

Crassatella aff. *Robinaldina* D'ORBIGNY, Serdj.

Cardium, Serdj, Kt. Chaïr.

Protocardia, Serdj.

Isocardia nasuta COQUAND, bou el Hanèche.

Cyprina gr. *inornata* D'ORBIGNY, Zrissa, bou el Hanèche.

Panopæa Prevosti DESHAYES, Bargou, Serdj, Belouta.

Panopæa plicata SOWERBY, Serdj.

Polyconites Verneuili BAYLE, Mrhila, Serdj.

Horiopleura cf. *Lamberti* MUNIER-CHALMAS, Serdj.

Neritopsis, Serdj.

Helcion, Serdj.

Pseudomeliana, Serdj.

Cerithium, Mrhila.

Nerinæa cf. *gigantea* D'HOMBRES-FIRMAS, Mrhila.

Nerinæa Pauli Coquand, Mrhila.
Nerinæa aptiensis Pictet et Campiche, Batene.
Nerinæa indét., Serdj, Mrhila.
Harpagodes, Mrhila, Batene.
Natica cf. *bulimoides* Deshayes, Serdj, Kt. Chaïr.
Natica Larteti Landerer, Bargou, Serdj.
Natica indét., tous les gisements.
Solarium, Serdj.
Voluta, Mrhila.
Nautilus aff. *neocomiensis*, Serdj.
Ptychoceras læve Matheron, Hamaïma.
Hoplites fissicostatus Phillips (*H. consobrinus* d'Orbigny), Bargou, Serdj, Zrissa, bou el Hanèche.
Parahoplites Uhligi Anthula, Mesmote, Serdj.
Mortoniceras, Hamaïma.
Douvilleiceras Martini d'Orbigny, Serdj.
Hamites, Hamaïma.
Silesites cf. *vulpes* Coquand, Hamaïma.
Desmoceras cf. *strettostoma* Uhlig, Hamaïma.
Belemnites indét., Hamaïma.

ALBIEN

HISTORIQUE

La première citation concernant l'**Albien** paraît due à Pomel ([1]), qui crut reconnaître ce terrain au Dj. Ahmar, près de Tunis. Son opinion était basée sur deux fossiles nouveaux, dont l'un est un *Hemiaster* et l'autre *Homeaster tunetanus*, Échinide apparenté aux *Toxaster*, qui ne lui parut pas pouvoir être plus récent que l'Albien. En réalité, cette espèce est sénonienne, comme Gauthier et Aubert l'ont établi ; aussi l'indication de Pomel est-elle inexacte.

Par contre, Thomas ([2]) constata la présence de l'Albien en divers points du Sud tunisien et signala à ce niveau l'existence de couches phosphatées analogues à celles découvertes en Algérie par Le Mesle. Aubert ([3]) a ensuite montré l'extension de ce terrain dans la Régence, mais il lui a attribué une importance trop considérable, puisqu'il y a englobé une partie des marnes bariolées et des gypses triasiques.

DESCRIPTION

Le terrain albien affleure en beaucoup d'endroits et s'intercale régulièrement entre l'Aptien et le Cénomanien ; en de rares points seulement il paraît manquer et encore n'y a-t-il pas de preuve manifeste de son absence.

Comme je l'ai dit plus haut, il est fort possible que les derniers bancs du Bargou, du Serdj, du Belouta, et autres montagnes analogues, doivent être attribués à l'Albien inférieur, lequel est fort mal caractérisé.

Quant à l'Albien supérieur, il se poursuit sous un facies bien constant dans une grande partie de la Tunisie. Ce sont des marnes dures, schisteuses, se divisant en plaquettes ou en petits pavés, parfois en grandes esquilles, notablement bitumineuses, et, par suite, presque noires en profondeur, mais toujours blanchâtres en surface, quelquefois jaunes ou verdâtres ; en quelques cas, des bancs de calcaire dolomitique s'y intercalent.

Caractères de la faune. — Les fossiles ne varient guère et sont en outre peu abondants. Le seul qui soit commun est :

Mortoniceras inflatum Sow.

d'ailleurs toujours déformé, écrasé et presque inséparable de la plaquette qui le porte ; quelques formes affines (et qui pourraient bien n'en être que des variétés) lui

(1) A. Pomel : Miss. sc. en Tun., p. 16.
(2) P. Thomas : Nouveaux gisements de phosphate, p. 1321.
(3) F. Aubert : Explic. carte géol., p. 12.

sont associées. Les Bélemnites existent également dans plusieurs gisements. Il est en outre intéressant de noter l'apparition des *Sauvagesia*, dont les débris sont fréquents et semblent peu différents de *Sauvagesia Nicaisei* Coq. Par contre, on remarque l'absence totale des Oursins et l'extrême rareté des Lamellibranches et Gastropodes, qui ne trouvaient évidemment pas des conditions favorables à leur développement.

Ajered

Pour ce qui concerne la limite inférieure, le seul point à peu près net est le Dj. Ajered. Au-dessus des calcaires zoogènes qui forment tout le versant N de la montagne, et presque au bas des pentes, on rencontre quelques mètres (6-10) de marnes jaune clair et de lits calcaires blanchâtres, dans lesquels j'ai recueilli avec un *Epiaster* :

Acanthoceras Milletianum d'Orb.,

puis 5 ou 6 bancs de calcaires gris séparés par des marnes dures également grisâtres (15 m.), où persistent encore quelques *Exogyra* du groupe de *Ex. Couloni*. Au-dessus se développent des marnes bleu très foncé en dedans, brun verdâtre en surface, un peu feuilletées, et offrant quelques intercalations de lits noduleux. Comme fossiles, je n'y ai vu que quelques Lamellibranches (*Arca*), Gastropodes (*Triton*) et des traces d'Ammonites indéterminables. Par comparaison avec les autres points, on doit admettre que ces dernières couches correspondent au Gault supérieur.

Hamra

Au Dj. el Hamra, l'Albien forme un étroit liseré, qui n'est interrompu qu'à l'extrémité N-E, où le Cénomanien touche directement l'Aptien. L'Albien comprend d'abord 10 à 15 m. de marnes schisteuses noires à *Belemnites minimus* Lister, puis quelques bancs de marno-calcaires gris-verdâtre en surface et noirs à l'intérieur, où se rencontrent les mêmes Bélemnites avec de nombreux *Mortoniceras inflatum* Sow. (10 m.), et enfin des marnes noires et marno-calcaires en lits ou en rognons, où se retrouvent les mêmes Ammonites, ainsi que de grosses Térébratules du groupe de *Terebratula Dutempleana* d'Orb. (30 m.). Ces dernières couches sont assurément l'équivalent des marnes foncées de l'Ajered.

Bou el Hanèche

Au Dj. bou el Hanèche, le Gault est également sous forme de marnes noires très dures, quelquefois avec bancs calcaires intercalés, se débitant en lamelles ou en grandes esquilles. Cette formation qui ne m'a offert que quelques Bélemnites et Ammonites peu déterminables se relie insensiblement au Cénomanien, lequel a presque le même aspect. Dans leur partie inférieure, les marnes sont coupées de lames de gypse jaune, fibreux, ayant en moyenne 2 cm. d'épaisseur et se prolongeant sur plusieurs mètres ; leur abondance est telle que le sol, jonché de leurs débris, est jaune au lieu d'être noir, comme dans les points où ce gypse n'existe pas. Sur toute leur étendue, la terre est presque inculte et l'eau des puits fort mauvaise. Il en est de même autour du Zrissa, du Slata et du Hamaïma.

Bargou

Au Dj. Bargou (Pl. I, fig. 1), au-dessus des couches à *Heteraster Tissoti*, viennent d'abord 30 m. de marnes (*a*) grises ou presque blanches en surface, noirâtres en dedans, très cassées et débitées en parallélipipèdes ; je n'y ai trouvé aucun fossile. Elles sont suivies de 50 m. de marnes assez analogues (*b*), mais se distinguant par la présence de quelques bancs durs, où abonde *Morton. inflatum* Sow., associé à des *Hamites* et des *Terebratula*. L'ensemble de la formation a donc sensiblement 80 m. d'épaisseur.

Dans les massifs voisins, nous retrouvons ces mêmes couches avec les mêmes caractères et la même puissance. Il y a cependant lieu de noter une variation de faciès, qui s'observe au Dj. el Oust. L'Albien s'y présente sous l'aspect de calcaires blanchâtres à silex gris et de marnes ressemblant fort au Sénonien, mais les fossiles ne permettent pas la confusion. Ils comprennent : Oust

Sauvagesia cf. *Nicaisei* Coq.
Mortoniceras inflatum Sow.
— *elobiense* Szajnocha (peut-être simple var. de la précédente espèce)
Hamites
Belemnites minimus Lister
et un fragment d'un Poisson clypéoïde indéterminé.

Au Trozza, rien ne caractérise l'Albien. Est-il absent, caché sous les éboulis du pied de la montagne, ou confondu avec la masse de l'Aptien ? Je ne saurais le dire. Trozza

Au Mrhila, il est également très peu net. Peut-être comprend-il les derniers bancs de calcaire dolomitique, puis le banc de grès vertical visible près d'A. bou Rhelem (Pl. I, fig. 6) et enfin les quelques mètres de marnes, calcaires sableux et grès situés en dessous du Cénomanien, dont les premières assises contiennent *Stoliczkaia dispar* d'Orb. Mais les fossiles y sont rares et peu significatifs (*Solarium*, etc.) Mrhila

Au Semmama et au Chaâmbi, rien ne permet non plus d'affirmer la présence de l'Albien. La légère discordance qui existe au Semmama entre les calcaires dolomitiques à Orbitolines et les marnes cénomaniennes tendrait à faire penser que le Gault fait défaut, mais cette discordance pourrait fort bien avoir une origine mécanique. Du reste, en ce point encore, il est possible que cet étage soit représenté par la fin des calcaires dolomitiques, assez épais surtout au Chaâmbi. Semmama Chaambi

LISTE DES FOSSILES DE L'ALBIEN

Terebratula cf. *Dutempleana* d'Orbigny, Bargou, Serdj, Hamra.
Arca, Ajered.
Exogyra cf. *Couloni* Defrance, Oust, Ajered.
Sauvagesia, Dj. Oust, Serdj (S), Belouta, Slata.
Solarium, Belouta, Mrhila.
Triton, Ajered.
Acanthoceras Milletianum d'Orbigny, Ajered.
Mortoniceras inflatum Sowerby, tous les gisements.
Mortoniceras elobiense Szajnocha, Oust, Hamaïma.
Mortoniceras Lenzi Szajnocha, Sidi Abd el Kerim.
Belemnites minimus Lister, Oust, Hamra, Hamaïma.
Poisson clypéoïde indéterminé, Oust.

CÉNOMANIEN

HISTORIQUE

La première indication concernant le Cénomanien remonterait peut-être à Shaw ([1]), qui a figuré un *Aspidiscus cristatus* très reconnaissable (fig. 17, 18), et qui, d'autre part, dit avoir recueilli plusieurs fossiles aux environs de Sbeitla, mais naturellement sans en indiquer l'âge. Du reste, le plus souvent, la provenance des fossiles figurés n'est donnée que d'une manière vague, ou même ne l'est pas du tout. Aussi l'existence, en Tunisie, de ce terrain a été établie pour la première fois d'une manière certaine par Coquand ([2]), d'après quelques échantillons d'*Ostrea Syphax*, recueillis par Delettre au cours d'une rhazzia chez les Fraichiches. Puis, aucune mention n'est plus faite de ce terrain jusqu'en 1881, époque à laquelle Dru et Munier-Chalmas prouvèrent l'existence du Cénomanien dans la région des chotts, grâce aux fossiles rapportés par l'un d'eux ([3]).

En 1884, Pomel signala ce même terrain aux environs de Tunis ([4]), mais les indications qu'il donne à ce sujet manquent un peu de précision. Aussi, peut-on dire que le terrain cénomanien fut bien étudié pour la première fois dans la région méridionale par Thomas, qui le cite avec coupes et fossiles à l'appui, au cours de diverses notes ([5]). Malheureusement, l'important Mémoire dans lequel ce savant doit exposer le résultat de ses travaux n'a pas encore vu le jour, et je suis contraint de renvoyer uniquement le lecteur aux notes énumérées dans le chapitre bibliographique.

Enfin, l'extension du Cénomanien en Tunisie fut mise en évidence par la carte géologique d'Aubert ; à vrai dire, un certain nombre d'affleurements ont été omis, mais cela n'a rien de surprenant dans un travail forcément un peu rapide. Dans la Notice de la Carte, ainsi que dans les deux notes publiées dans le *Bulletin de la Société géologique* ([6]), cet auteur a indiqué les fossiles les plus communs du Cénomanien, mais sans donner de coupes, et, de plus, il n'a pas suffisamment précisé les limites de cet étage, avec lequel le Turonien est en partie confondu. En outre, son appréciation de la puissance de cette formation (plus de 2000 m. aux environs de Fériana) semblera sans doute excessive.

Fait étonnant, aucune coupe du Cénomanien de la région centrale ne paraît encore avoir été publiée. Rolland et Le Mesle ne citent même pas ce terrain, qu'ils ont dû

(1) M. D. Shaw : Voyage en plusieurs points de la Barbarie ; t. II, App., p. 128, fig. 17, 18.
(2) Coquand : Géologie Sud de prov. de Constantine, p. 52.
(3) Dru et Munier-Chalmas : Géol. chotts tunisiens, p. 45.
(4) Pomel : Mission scientifique en Tunisie, p. 20.
(5) Ph. Thomas : Gisements de phosphate de chaux, p. 404, et Roches ophitiques, p. 446.
(6) Aubert : Explic. carte géol., p. 16 ; — Sur quelques points de la géol. de Tunisie, p. 337 ; — Géol. de l'extrême Sud, p. 411.

cependant rencontrer. Le Mesle, après avoir parlé du Sénonien du Kef, signale seulement près de l'Oued Mellègue « d'assez nombreuses Bélemnites, qui nous montrent que nous descendons rapidement la série (1). »

DESCRIPTION

Les terrains que j'ai envisagés jusqu'ici présentaient une remarquable constance, tout au moins dans les limites du champ que j'ai spécialement étudié. Il n'en est plus de même pour le Cénomanien, où les variations sont considérables. Pour le montrer, je vais d'abord prendre les deux types les plus opposés, que l'on peut appeler, si l'on veut, le *type central* et le *type septentrional*, et je les décrirai avec quelques détails. Puis, partant de ce dernier, je ferai voir comment il se modifie progressivement et se relie au type central. Revenu ainsi à mon point de départ, je décrirai rapidement un 3e type ou *type méridional*, qui règne dans le Sud de la Tunisie, mais atteint cependant la région considérée. Il est, du reste, isolé et sans lien avec le précédent.

Type central. — Le Cénomanien du centre tunisien est essentiellement argilo-marneux et comporte seulement quelques intercalations calcaires ou gréseuses. Le type

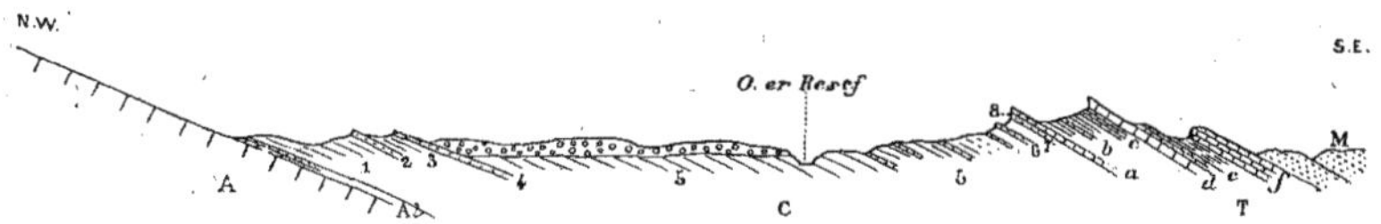

Fig. 14. — Dj. Mrhila (S de Foum el Guelta), 1/10.000 (h. et l.).

peut en être pris dans le Dj. Mrhila, où il est particulièrement visible dans le beau cirque aboutissant à Foum el Guelta. A vrai dire, il est difficile de relever une coupe ininterrompue dans cette énorme accumulation argileuse ; cependant les deux profils suivants, qui se complètent mutuellement, donnent la succession entière des assises. Le premier (fig. 14) est pris entre Foum el Guelta et Nab Ali es Souih, c'est-à-dire au flanc S-E du massif, dont le noyau consiste en calcaires gréseux, par places dolomitiques, très durs (A), appartenant en grande partie à l'Aptien, peut-être aussi à l'Albien, pour ce qui est des dernières assises. Celles-ci possèdent une pente de 15° S-E au point où passe la coupe. Au-dessus viennent 2 m. de grès jaunes très tendres, sans fossiles, sans doute la fin de l'Albien. Mrhila

Sur ces grès reposent :

1°) Des argiles marneuses bleu foncé, devenant brunes à l'air, comme du reste toutes les argiles marneuses du Cénomanien du type central, qui sont très

(1) Le Mesle : Mission géol. en 1887, p. 43.

uniformes au point de vue du facies. Elles sont assez riches en cristaux de gypse, mais sans doute en surface seulement ; quelques lits calcaires tendres y sont disséminés (50 m. environ). J'y ai trouvé :

Discoidea Forgemoli Coq.
Epiaster Bleicheri Th. et Gh. (dont un exemplaire très curieux n'a que 4 ambulacres)
Stoliczkaia dispar d'Orb.
Mortoniceras inflatum Sow. (grands fragments calcaires et un petit échantillon ferrugineux).

2°) Calcaires gréseux roux (3 m.) renfermant *Turrilites Bergeri* Brong.

3°) Argiles marneuses (15 m.) à *Turr. Bergeri* Brong.

4°) Calcaires gréseux roux stériles (1 m.).

5°) Masse considérable de marnes argileuses, bleu foncé, gypsifères, dont l'épaisseur doit atteindre près de 20 cm. ; mais on ne peut en étudier que la moitié ou le tiers supérieur, car toute la partie inférieure est cachée par des éboulis, et surtout par les apports (partiellement cimentés) de l'O. er Resef. Dans la partie visible, on observe quelques lits de calcaire marneux blanc, ainsi que des plaquettes gréseuses rousses, pleines de débris de fossiles (*Ostrea*, etc.). Ces plaquettes n'ont ordinairement que quelques centimètres d'épaisseur, mais, en outre, à la partie supérieure, existe un banc gréseux d'un mètre, riche en Ostracés (*Exogyra flabellata*, *Ex. africana*, *Ex. Mermeti*). Dans l'ensemble, la formation est très fossilifère. Cependant les Huîtres ne sont pas très abondantes ici, sans doute parce que l'on n'atteint que les assises supérieures. Les fossiles sont des moules internes de Lamellibranches et de Gastropodes et des Oursins. Voici la liste de ceux que j'y ai reconnus :

Salenia
Discoidea Forgemoli Coq.
Hemiaster gr. *Heberti* Coq.
— *aumalensis* Coq.
— cf. *Meslei* P. et Gh.
— *Julieni* P. et Gh.
Periaster Fischeri Th. et Gh.
Arca gr. *ligeriensis* d'Orb.
Janira Coquandi Peron
Plicatula auressensis Coq.
— *Fourneli* Coq.
— cf. *Reynesi* Coq.
Ostrea Syphax Coq.
Exogyra olisiponensis Sharpe
— *africana* Lamk.
Exogyra Mermeti Coq.
— (= *columba minor* Lamk.)
— *flabellata* Goldf.
— *haliotidea* (?) d'Orb.
Cardium hillanum Sow.
Cyprina
Venus
Turbo
Pterodonta Dutrugei Coq.
Nautilus Mermeti Coq.
Forbesiceras Largilliertianum d'Orb.
Engonoceras (à l'état pyriteux)
Acanthoceras gr. *cenomanense*
— *Newboldi* Kossmat
Mammites cf. *conciliatus* Stol.

6°) Après quelques mètres de marnes argileuses, vient un autre banc, épais de 2 m. (du reste très analogue à celui qui s'intercale au sommet des marnes précédentes), qui tire sa caractéristique de la présence d'un curieux Foraminifère, *Thomasinella punica*, tellement abondant qu'il forme partie intégrante de la roche. Ce banc est assez constant dans toute la région pour pouvoir servir de repère ; bien qu'au Bireno, le même Foraminifère existe aussi à un autre niveau voisin. Les fossiles reconnaissables de cet horizon sont :

Thomasinella punica SCHLUMBERGER
Goniopygus cf. *Meslei* P. et GR.
Claviaster libycus TH. et GR.
Echinobrissus inflatus TH. et GR.
Hemiaster batnensis COQ.
Janira
Exogyra flabellata GOLDF.
— *africana* LAMK.
— *Mermeti* COQ.

7°) Argiles marneuses (15 m.) renfermant :

Plicatula
Exogyra flabellata GOLDF.
Exogyra olisiponensis SHARPE
— *Mermeti* COQ.

8°) Grès jaune tendre, un peu argileux, avec :

Pedinopsis Desori COTT.
Hemiaster batnensis COQ.
Janira Coquandi PERON
Exogyra olisiponensis SHARPE
Neolobites Vibrayeanus D'ORB.

Là se termine le Cénomanien, dont l'épaisseur est d'ailleurs considérable et voisine de 300 m. Le Turonien qui le surmonte débute par des calcaires blancs siliceux, bien faciles à reconnaître.

Parmi les nombreux échantillons recueillis à Foum el Guelta par le Ct FLICK, j'ai pu déterminer les suivants, assurément cénomaniens, bien que je ne sois pas en mesure d'en préciser le niveau :

Nautilus elegans SOW.
— *lævigatus* SOW.
Acanthoceras rotomagense BRONG.
Acanthoceras aff. *A. meridionale* STOL.
— gr. *cenomanense*
— cf. *Cunningtoni* SHARPE.

Il faut y ajouter deux Ammonites appartenant sans doute au genre *Forbesiceras*, dont l'une est caractérisée par une double rangée de petits tubercules ventraux et des côtes incurvées en arrière. Enfin, je possède de Foum el Guelta un Échinide intéressant : *Heterodiadema libycum* COTT. ; malheureusement son étiquette a été égarée et je ne puis préciser son gisement.

A quelques kilomètres plus au N, près d'A. bou Rhelem, on relève une coupe identique à la précédente (Pl. I, fig. 6), mais moins nette ; aussi me bornerai-je à citer les fossiles principaux. D'abord à la base :

Stoliczkaia dispar D'ORB.
Acanthoceras cf. *Newboldi* KOSSM.
Turrilites Scheuchzerianus BOSC.

puis, dans la grande masse des argiles :

Diplopodia variolare BRONG.
— *semamense* TH. et GR.
Hemiaster batnensis COQ.
— gr. *Heberti* COQ.

Periaster Fischeri Th. et Gr.
Arca cf. *obliquatissima* Seguenza
Arca gr. *ligeriensis* d'Orb.
Trigonia
Cardita Nicaisei Coq.
Ostrea Syphax Coq.
Exogyra olisiponensis Sh. var. *oxyntas* Coq.
Exogyra flabellata Goldf.
Turbo
Solarium
Cerithium tenouklense Coq.
Pterodonta Dutrugei Coq.
Strombus
Acanthoceras Mantelli Sow.
Belemnites ultimus d'Orb.

J'ajouterai enfin, qu'au S de Foum el Guelta, la profonde coupure de l'O. Gorbedj el Bidh permet d'atteindre le Cénomanien, et qu'au niveau à *Thomasinella*, j'ai recueilli : *Archiacia sandalina* Ag., ainsi que *Exogyra Mermeti* Coq.

Une deuxième coupe (fig. 15) relevée à l'W de Foum el Guelta, dans le même cirque de l'O. er Resef, en dessous du Kef Si Abd el Kader (K. et Tella des anciennes cartes

Fig. 15. — Dj. Mrhila (K. Si Abd el Kader), 1/10.000 (h. et l.).

et des coupes Thomas), montre la portion des assises cénomaniennes invisible dans le cas précédent. Les couches, inclinées de moins de 10° suivant la coupe (S 35° W), sont bien étalées et, sauf à la base, faciles à étudier.

1°) Les premiers mètres, reposant sur les calcaires dolomitiques (A) de l'Aptien ou de l'Albien, sont cachés par des alluvions de l'oued, lequel a abandonné là les fossiles les plus divers. La coupe nette commence à quelque distance de la rive droite du ruisseau, au point où un banc de calcaire très fossilifère apparaît au flanc d'une butte de marnes bleues, argileuses et gypsifères. Il est facile de s'assurer que ces assises correspondent à la fin des couches n° (1) de la coupe précédente, car on y trouve :

Discoidea Forgemoli Coq.
Sauvagesia Nicaisei Coq.,

de nombreux moules internes de Lamellibranches et de Gastropodes *(Cerithium, Natica)*,

Mortoniceras inflatum Sow. (de grande taille, mais toujours en débris)
Placenticeras saadense Th. et P. (également fragmentaire).

2°) On remarque ensuite un lit de calcaire sableux jaune, montrant une parfaite concordance avec les grands bancs de l'Aptien. La partie moyenne, plus tendre, renferme :

Sauvagesia Nicaisei Coq.
Turrilites Bergeri Brong.
Turrilites Scheuchzerianus Bosc.
— *Desnoyersi* d'Orb.

3°-4°) Les couches n° (3) et (4) de la coupe précédente sont ici indistinctes et sans doute confondues avec la partie supérieure de (2) et inférieure de (5).

5°) Au-dessus se dresse la grande masse des marnes argileuses bleu foncé, souvent gypsifères, dont l'épaisseur totale est voisine de 200 m.

a). Le 1/3 inférieur renferme de nombreux lits d'un calcaire marneux blanc et tendre où abondent les moules internes de Lamellibranches et de Gastropodes. Les Huîtres, très nombreuses, sont distribuées dans toute la masse, mais particulièrement fréquentes un peu au-dessus du milieu, tandis que les Oursins sont surtout communs à un niveau encore un peu plus élevé. Les principaux fossiles de ce 1/3 inférieur sont :

Hemiaster gr. *Heberti* Coq.
— *hippocastanum* Coq.
Periaster Fischeri Th. et Gh.
Arca
Janira Coquandi Peron (avec var. *atropha*)
Modiola
Plicatula
Ostrea Syphax Coq.
Exogyra flabellata Goldf.
— *Delettrei* Coq.
— *olisiponensis* Sh. (avec var. *oxyntas* Coq.).
Exogyra Mermeti Coq.
Exogyra conica Sow.
Cardita
Cardium hillanum Sow.
Cardium Pauli Coq.
Venus Reynesi Coq.
Dosinia
Lavignon
Pterodonta Dutrugei Coq. (très commun)
Pterocera aff. *favcolata* Seg.
Nautilus
Acanthoceras Mantelli Sow.
— gr. *cenomanense*
Turrilites Morrisi Sharpe.

b). Les 2/3 supérieurs des argiles à peine distincts des précédents, dont aucune limite nette ne les sépare, sont cependant un peu plus feuilletés et moins riches en lits calcaires ; ceux-ci sont remplacés par des plaquettes gréseuses de quelques centimètres, surtout fréquentes dans le haut. Ces argiles sont moins fossilifères que les précédentes ; en particulier les Oursins y sont peu nombreux et les Huîtres moins abondantes ; parmi celles-ci *O. Syphax* et *Ex. flabellata* sont toujours les espèces dominantes. La faune comprend :

Hemiaster batnensis Coq.
— gr. *Heberti* Coq.
Arca
Ostrea Syphax Coq.
Exogyra flabellata Goldf.
Crassatella gr. *Marottiana* d'Orb.
Cardium Coquandi Seg.
Venus Reynesi Coq.
Pterodonta Dutrugei Coq.
Natica subexcavata Th. et P.
Voluta cf. *Guerangeri* d'Orb.
Acanthoceras rotomagense Brong.
— gr. *rotomagense*
— *Newboldi* Kossm.
Forbesiceras Largilliertianum d'Orb.
Neolobites sp. (différent de *N. Vibrayeanus*).

A ces fossiles il faut encore ajouter les suivants, provenant de deux coupes voisines, dans lesquelles la distinction entre les deux parties des argiles n'a pas été faite :

Cyphosoma
Holectypus cf. *cenomanensis* Guéranger
Echinobrissus daglensis Th. et Gh.
Epiaster Heberti Coq.
Epiaster
Hemiaster aumalensis Coq.
— cf. *Meslei* P. et Gh.
Exogyra olisiponensis Sh.
— *Mermeti* Coq.
Pholadomya
Neritopsis
Tylostoma
Nautilus
Belemnites ultimus d'Orb.

6°) Ces argiles sont couronnées par un banc de calcaire gréseux roux (3 m.), répondant au niveau à *Thomasinella punica* Schlum. Outre ce Foraminifère, qui y pullule, on rencontre *Exogyra flabellata*, des Plicatules, des Serpules, et de nombreux débris de fossiles indéterminables.

Les niveaux supérieurs (7 et 8), cachés par la végétation et les éboulis du Turonien n'ont pu être distingués ici. Par suite, le Cénomanien se termine par une vingtaine de mètres de marnes peu visibles.

L'épaisseur totale de la formation est très sensiblement la même qu'au Foum el Guelta, c'est-à-dire un peu inférieure à 300 m. Dans cette masse considérable d'argiles marneuses très semblables sur toute leur hauteur, il est fort difficile d'établir des subdivisions : aucun repère facile à reconnaître, à part le niveau à *Thomasinella*. La plupart des fossiles traversent toute l'épaisseur de la formation ; aussi la coupure faite dans ces marnes est-elle assez arbitraire.

Mais si nous ne pouvons songer à délimiter rigoureusement une série de zones, il est néanmoins possible de discerner les principales. Ainsi les deux divisions inférieures, caractérisées par *Stoliczkaia dispar, Mortoniceras inflatum* (variété de grande taille à forte ornementation) et *Turrilites Bergeri* correspondent manifestement au début du Cénomanien et doivent être mises en parallèle avec le **Vraconnien** que nous verrons dans le Nord également bien caractérisé, quoique sous un autre facies. Nous remarquerons en outre que les Ostracés font défaut ou, tout au moins, sont très rares dans cette zone à *Mortoniceras inflatum.*

La puissante masse des marnes paraît répondre à une seule zone ; c'est par excellence le niveau à Ostracés et Oursins ; malgré le soin que j'y ai apporté, je n'ai pu y discerner une série d'assises caractérisées chacune par quelque Ostrea, comme cela a été fait ailleurs. Une telle division serait chimérique et semblerait vouloir témoigner d'une précision en réalité illusoire ; les zones que l'on établit ainsi en une localité ne se retrouvent nullement en une autre localité même très voisine, ou au même point, à quelque temps d'intervalle, par suite de changements subis par le gisement. Tout ce qu'on peut dire, c'est que *O. Syphax* traverse toute la formation jusqu'au niveau à *Thomasinella*, au-dessus duquel cette espèce devient au moins très rare ; *Exogyra flabellata* est plus abondante dans la moitié supérieure, de même que *Ex. africana, Ex. Mermeti, Ex. olisiponensis,* dont le grand développement s'est produit à la fin du Cénomanien. Parmi les Échinides, les *Hemiaster* dominent : *H. aumalensis* et *H. batnensis* sont les plus caractéristiques, mais ce dernier est bien moins répandu qu'en Algérie. Les Céphalopodes de cette zone sont malheureusement en mauvais état de conservation ; certains d'entre eux sont cependant bien typiques, comme *A. rotomagense* et les formes affines, qui permettent d'établir l'équivalence de cette zone à *O. Syphax* et *Hem. batnensis* avec la craie de Rouen.

La zone suivante est suffisamment caractérisée par *Thomasinella punica, Archiacia sandalina, Goniopygus* cf. *Meslei* (bien voisin de *G. Menardi*).

Enfin la zone supérieure se fait remarquer par la présence de *Neolobites Vibrayeanus* et l'abondance de *Ex. olisiponensis*. Elle correspond au niveau le plus supérieur du Cénomanien, que certains auteurs rattachent déjà au Turonien.

Type septentrional. — Le deuxième type de Cénomanien, le plus différent du précédent, s'observe dans le Nord de la Tunisie et particulièrement au Dj. Bargou et au Dj. bou Kril. Le Guern er Rhezal, par exemple, comprend à sa base, près d'A. Mahrouf, les marnes noirâtres du Gault, surmontées par des alternances de lits calcaires très durs, se divisant en rognons, et de marnes grisâtres. Dans les 5 ou 6 premiers mètres seulement, on recueille de nombreux fossiles pyriteux, consistant principalement en Céphalopodes, dont plusieurs paraissent nouveaux. Parmi les autres, j'ai pu déterminer : Bou Kril

Solarium moniliferum Michelin
Phylloceras
Lytoceras (Tetragonites) Timotheanum Mayor.
Schlœnbachia
Acanthoceras Martimpreyi Coq.
Turrilites costatus Lamk.
— aff. *elegans* d'Orb.
— *Morrisi* Sharpe
Hamites cf. *elegans* d'Orb.
Desmoceras
Puzosia Mayoriana d'Orb. (et formes affines)
Baculites cf. *baculoides* Mantell
Scaphites æqualis Sow.
Scaphites
Belemnites minimus Lister
— cf. *ultimus* d'Orb.

auxquels il faut ajouter plusieurs espèces nouvelles, dont quelques-unes se rapprochant des *Pulchellia*, mais avec des cloisons peut-être encore plus simples.

Dans un autre gisement voisin, au pied du Kef Bakrina, j'ai trouvé au même niveau une faune analogue, différant seulement par quelques espèces. En voici la liste :

Solarium cf. *moniliferum* Michelin
Phylloceras (2 espèces)
Lytoceras (Tetragonites) Timotheanum Mayor
Turrilites Morrisi Sharpe
Desmoceras cf. *Paronæ* Kilian
Puzosia Mayoriana d'Orb.
Baculites cf. *baculoides* Mantell
et les formes nouvelles auxquelles il a été fait allusion plus haut
Belemnites cf. *ultimus* d'Orb.

Ces couches se relient à leur partie supérieure d'une façon insensible à une puissante formation, consistant en alternances de calcaires et de marnes. Les calcaires sont très durs, probablement un peu dolomitiques, en bancs de 30 à 60 cm. d'épaisseur, se débitant souvent en pavés à angles émoussés et possédant une teinte extérieure jaune verdâtre; étant fréquemment redressés et déchaussés, ils se présentent souvent sous l'aspect de murs ou « siouf ». Les marnes sont d'un bleu gris et feuilletées. Cet ensemble, dont l'épaisseur dépasse probablement 300 m., est absolument dénué de fossiles. A la partie supérieure seulement, on voit quelques rares traces d'Inocérames ; un peu au-dessus, on atteint le Sénonien. Je pense, par suite, que cet ensemble de couches correspond au Cénomanien et au Turonien réunis, dont je suis du reste incapable de fixer les limites respectives.

Ce facies, comme je l'ai dit, existe dans tout le N de la région que j'ai étudiée, et se poursuit même sans grande modification dans toute la partie septentrionale de la Tunisie.

Si Abd el Kerim. Il se retrouve en particulier dans le Dj. et Touila, près du Dj. Chirich, dans le Dj. Selbia et le Dj. Si Abd el Kerim. Près de la Koubba de ce nom, j'ai recueilli au-dessus du Gault, dans des marnes schisteuses à nodules de barytine, une faune d'Ammonites pyriteuses analogue à celle qui vient d'être citée. On y remarque :

Phylloceras
Lytoceras (*Gaudryceras*) *Agassizi* Pictet
— (*Tetragonites*) *Timotheanum* Mayor
Turrilites Morrisi Sh.
— sp. nov. (cloisons très simples)
Desmoceras (2 espèces)
Baculites cf. *baculoides* Mantell
Scaphites æqualis Sow.
les mêmes formes affines des *Pulchellia* que précédemment et plusieurs autres nouvelles.

Pont du Fahs. Ces couches se retrouvent encore près de la gare de Pont du Fahs, où on peut recueillir :

Terebratula
Nucula
Solarium
Phylloceras (2 espèces)
Lytoceras (*Tetrag.*) *Timotheanum* Mayor
Schlœnbachia
Hamites
Desmoceras
Puzosia Mayoriana d'Orb.
Baculites cf. *baculoides* Mant.
Scaphites æqualis Sow.
Belemnites minimus Lister
— cf. *ultimus* d'Orb.
et plusieurs formes nouvelles.

Si l'on envisage cette faune dans son ensemble, on y constate la présence d'espèces albiennes et cénomaniennes, ce qui est précisément caractéristique du **Vraconien.** Auquel des deux étages faut-il les rattacher ? *Lyt. Timotheanum, Desm.* aff. *latidorsatum*, *Bel. minimus* plaident en faveur de l'Albien ; plusieurs espèces, telles que *Puz. Mayoriana*, *Stol. dispar*, *Scaphites æqualis*, *Mort. inflatum*, se rencontrent indifféremment à l'un ou l'autre niveau, mais d'autres plus nombreuses semblent franchement cénomaniennes, par exemple *Bac. baculoides*, *Turr. Morrisi*, (qui existe dans tous les gisements et dont le type provient du *chloritic marl* de l'île de Wight, où il est associé à *Schl. varians*, *Ac. rotomagense*) et surtout *Turr. costatus*. Je crois donc devoir rattacher cette faune au Cénomanien plutôt qu'à l'Albien. Je constate d'ailleurs qu'elle possède une certaine individualité et que l'association des mêmes espèces se retrouve dans les mêmes conditions en des points très éloignés.

Du reste, ces couches sont intimement liées, à leur partie supérieure, à l'ensemble des marnes et calcaires qui représentent le Cénomanien et le Turonien, et, par contre, en un point situé entre bou Tis et le Kef Rakrina, sont séparées des marnes noires schisteuses à *Mort. inflatum* par une légère discordance ; mais, à vrai dire, celle-ci est toute locale et me semble plutôt d'ordre mécanique.

Types intermédiaires. — Si maintenant nous redescendons vers le S, nous devons voir le passage graduel entre ce type septentrional du terrain cénomanien et celui qui a été décrit au début de ce chapitre. Malheureusement, dans la région centrale (ou des Hamadats), le Cénomanien n'affleure pas ; aussi ne pourrons-nous pas étudier tous les termes intermédiaires. Cependant, dans les points où ce terrain est encore visible, nous observons déjà des modifications sensibles.

Je ferai tout d'abord observer, qu'au S du Bargou, je n'ai jamais rencontré cette petite faune d'Ammonites pyriteuses. Sur le flanc W de cette montagne et à l'E du Serdj, le Cénomanien débute par des marnes dures de couleur foncée en dedans, mais presque blanches en surface, contenant souvent des rognons de barytine. Par suite des pressions exercées sur ces couches très redressées et parfois presque verticales, les marnes sont devenues dures, fissiles et esquilleuses ; entre les feuillets se sont développés des silex gris, disposés en lames de plusieurs mètres de longueur, sous une épaisseur de 2-5 cm. ; au-dessus viennent des alternances de marnes et de calcaires, où je n'ai trouvé que des débris de *Sauvagesia*. Bargou

Au S du Serdj, dans le défilé de Foum ez Zelga, le Cénomanien a un aspect déjà légèrement différent, quoique s'accordant dans les grands traits avec ce qui vient d'être indiqué. La succession est la suivante : Serdj

1°) Les marnes noirâtres du Gault supportent des calcaires marneux feuilletés, alternant avec de petits lits de marne ; ces marnes prédominent à la base, où j'ai ramassé :

Terebratula
Discoidea cylindrica Ag. (très abondant)
Turrilites Puzozi d'Orb.

2°) Un petit lit marneux venant au-dessus m'a fourni :

Terebratula
Sauvagesia Nicaisei Coq.
Belemnites ultimus d'Orb.

3°) Les marnes et calcaires que l'on voit ensuite sont caractérisés par la présence de

Epiaster Vatonnei Coq.

et d'énormes débris d'un *Biradiolites* indéterminé à très larges bandes. Ce sont les plus anciens représentants de ce genre que je connaisse.

4°) Le Cénomanien se termine par une grande accumulation de calcaires et de marnes. Les calcaires, en bancs de 30-50 cm., sont très durs, sans doute dolomitiques, à cassure tranchante quand elle est fraîche; mais, à la longue, les saillies s'émoussent, de sorte que les bancs sont divisés en gros parallélipipèdes à angles arrondis; ils prédominent de beaucoup sur les marnes. Je n'y ai rencontré que

Epiaster Villei Coq.

Ce Cénomanien ainsi constitué atteint environ 300 m. d'épaisseur, dont les deux tiers reviennent aux couches indiquées sous le n° 4. Il s'étale sur le flanc S-E du Belouta et au S du Serdj, où il est coupé par la piste de Foum el Afrit à Foum ez Zelga, piste très difficile, précisément en raison des bancs calcaires en saillie qu'il faut franchir.

Le Cénomanien existe sans doute au S du plateau de la Kessera, sur les bords de l'O. el Balloul (haut O. Marguellil), sous forme de marnes foncées avec intercalations de bancs calcaires assez durs et renfermant des débris de Rudistes et des *Hemiaster* peu nets.

Bordj Debbich

Mais son existence est bien certaine dans la vallée de l'O. Messemerh à bordj Debbich ; il est alors constitué par des marnes bleu foncé à lits calcaires peu nombreux et peu compacts. Les fossiles n'y sont pas très abondants ; le plus commun est *Epiaster Vatonnei* Coq., accompagné par *Holaster Toucasi* Coq. et un autre *Holaster* indéterminé, fait intéressant car les *Holaster* sont relativement rares en Tunisie centrale. Je citerai encore *Hemiaster aumalensis* Coq. et un *Turrilites* très usé et peu déterminable. Les Ammonites sont communes à un certain niveau, mais entièrement aplaties et frustes; d'ailleurs un certain nombre de nodules pyriteux semblent également être des Ammonites. On a donc encore là un facies de passage entre celui du N et celui du S, mais déjà plus voisin de ce dernier, auquel il se relie par l'affleurement du Rebeiba.

K[t] el Hamra

Voyons maintenant comment se comporte le Cénomanien dans le N-W de la Régence. Dans la région du Kef, où il est bien développé, il possède un facies tout à fait analogue à celui du N du Bargou. Le gisement le plus intéressant est celui du Kt. el Hamra (Pl. II, fig. 2). En ce point, le Cénomanien est sous forme de calcaires légèrement dolomitiques, alternant avec des marnes toujours dures et parfois très fissiles, relevés jusqu'à la verticale au voisinage du Trias, avec lequel il est en contact anormal. Il est bon de noter à ce sujet que le début des marnes cénomaniennes est un peu bariolé et chargé de gypse. Vers le commencement de la formation, c'est-à-dire sur le versant N du Koudiat, et de part et d'autre du sentier qui traverse le Kranguat, on retrouve une faune pyriteuse, qui rapppelle un peu celle du Guern er Rhezal :

Lytoceras (2 espèces)
Forbesiceras ? (en tout cas différent de *F. Largilliertianum*)
Acanthoceras sp. (gr. de *A. Cornuelianum*)
Acanthoceras sp. (gr. de *A. nodosocostatum*)
Puzosia cf. *planulata* Sow.
Baculites cf. *baculoides* Mant.

Ces couches paraissent donc correspondre au **Vraconnien**. Au-dessus se développe la série des marnes et calcaires en bancs alternant sur une grande épaisseur.

La même formation s'observe au N-E. au bord de l'O. Mellègue, où ces couches verticales forment le Sif el Anz et le Kt. er Resfa. Les marnes inférieures, toutes proches de l'oued, m'ont fourni une belle dent de *Ptychodus decurrens* Ag.

C'est encore le même faciès qui prévaut dans le Dj. Saadine.

Dans l'espace situé entre le Garn Halfaya, le Harraba, le Hamaïma et le Slata, s'étalent des marnes bleu foncé, parfois un peu violacées à l'intérieur, généralement jaune verdâtre en surface, renfermant des lames irrégulières de gypse fibreux jaune et quelques bancs de calcaire dur, semblant un peu dolomitique. Les fossiles y sont infiniment rares. Au N-E du Slata seulement, j'ai trouvé avec des débris de *Sauvagesia*, des traces d'Ammonites se rapprochant d'*A. catillus* et d'*A. rotomagensis*. Ces couches, dont l'épaisseur doit atteindre plusieurs centaines de mètres, se confondent à leur base avec le Gault à *Mort. inflatum*, dont il est impossible de les séparer. Slata

Par contre, au Zrissa, la présence des petites Ammonites ferrugineuses indique la limite des deux étages. En ce point, au dessus de l'Aptien, viennent des marnes foncées esquilleuses, alternant avec quelques bancs calcaires, qui doivent correspondre au Gault. Sur elles reposent des marnes bleu noirâtre sans bancs calcaires, contenant du gypse jaune fibreux en lames irrégulières, le plus souvent verticales, marnes qui sont très entamées par l'O. Zrissa. Dans les premiers mètres de ces marnes se rencontrent les fossiles suivants : Zrissa

Hoplites (2 espèces)
Stoliczkaia dispar d'Orb.
Mortoniceras inflatum Sow.
Turrilites Puzosianus d'Orb.
— aff. *Wiesti* Sharpe
Hamites virgulatus Brong.
Desmoceras Beudanti Brong.
Baculites cf. *baculoides* Mant.
et plusieurs formes nouvelles.

Nous sommes donc, là encore, à la limite de l'Albien et du Cénomanien; celui-ci comprend, en outre, une masse considérable de ces marnes noirâtres, du reste mal visibles par suite de l'altération de la surface. Dans les quelques points où j'ai pu les atteindre, je n'ai remarqué aucun fossile.

Je n'ai pu retrouver cette faune vraconienne au Dj. bou el Hanèche, où, par suite, demeure indécise la limite de l'Albien et du Cénomanien, consistant l'un et l'autre en marnes tout à fait noires, sans bancs calcaires, se débitant en grandes lamelles ou esquilles, et blanchissant au contact de l'air; elles sont chargées de ce gypse fibreux jaune doré, en lames de quelques centimètres d'épaisseur et sans rapport avec la stratification, en quantité telle que l'eau des puits est à peine potable et que la terre est complètement stérile. Dans la partie moyenne et supérieure de la formation, ce gypse est bien plus rare et dans les marnes s'intercalent quelques lits calcaires ; je n'y ai vu de fossiles que dans le tiers supérieur, où les marnes finement esquilleuses contiennent de nombreux tronçons de Bélemnites et des fragments de test d'*Hemiaster*. Bou el Hanèche

Plus haut, dans un banc de calcaire marneux isolé, j'ai recueilli quelques exemplaires de ce *Biradiolites* à larges bandes, déjà mentionné au Serdj, en compagnie d'un *Neolobites* qui semble nouveau et de *Turrilites Scheuchzerianus* Bosc.

Ces marnes noires s'étalent sur une vaste surface, entre le Zrissa, le bou el Hanèche et la Kalaat es Snam ; leur épaisseur est de plusieurs centaines de mètres.

Bireno

Dans les points qui viennent d'être indiqués en dernier lieu, le Cénomanien se présente sous forme de marnes peu fossilifères, assez dures, mais ne renfermant que de rares bancs calcaires. On passe ainsi progressivement au facies central, dont j'ai pris le type au Dj. Mrhila, mais qui s'observe également bien en un point plus voisin des précédents, au Dj. Bireno. La coupe d'A. el Glaa (Pl. II, fig. 5) est particulièrement remarquable par sa netteté et par l'abondance des fossiles ; malheureusement, elle n'atteint pas la base du Cénomanien, et c'est pour cela que je ne l'ai pas prise comme type. L'Aïn el Glaa sort du calcaire turonien, mais quelques mètres plus bas commence le Cénomanien, que l'on peut suivre dans le lit de l'oued jusqu'au Kranguat el Guerjouma. La succession est la suivante (de haut en bas) :

a) Marnes argileuses, bleu foncé, devenant brunes en surface, caractère que possèdent toutes les couches marneuses dont il va être question (5 m.). A part *Exogyra olisiponensis* Sh., très abondante et souvent de très grande taille, les fossiles y sont peu abondants; je dois cependant citer :

Hemiaster pseudofourneli P. et Gh.
Exogyra flabellata Goldf.

b) Banc de calcaire jaune (50 cm.) assez dur, renfermant :

Janira Coquandi Peron
Exogyra olisiponensis Sh.
— *flabellata* Goldf.

et divers moules de Bivalves.

c) Marnes bleues assez fortement gypseuses (au moins sur les affleurements), contenant de rares lits de calcaires marneux (5 m.). On y trouve :

Heterodiadema libycum Desor (Cotteau)
Hemiaster gr. *Heberti* Coq.
Janira Coquandi Peron
Exogyra olisiponensis Sh. (dominante)
— *flabellata* Goldf.
Exogyra Mermeti Coq.
Alectryonia carinata Lamk.
Cardium Desvauxi Coq.
et divers moules de Lamellibranches.

d) Petit lit de calcaire gréseux et ferrugineux de 15 cm., caractérisé par la présence de *Thomasinella punica* Schlumberger, associé à divers Bryozoaires et à des Janires.

e) Marnes bleues un peu lamelleuses (20 m.), avec intercalations minces de calcaire sableux, très riches en fossiles, dont les principaux sont :

Holectypus cenomanensis Guéranger
Pedinopsis Desori Coq. (Cott.)
Hemiaster batnensis Coq.
Hemiaster aumalensis Coq.
— aff. *Meslei* P. et Gh.
— (2 autres espèces)

Arca cf. *Moutoniana* d'Orb.
Avicula
Janira Coquandi Peron
Exogyra olisiponensis Sh. (dominante; à la base des marnes, elle forme presque un banc et atteint là une dimension considérable)
Exogyra flabellata Goldf.
— *haliotidea* (?) d'Orb.
Trigonia
Cardita Beuquei Coq.
Cardium hillanum Sow.
Cardium Pauli Coq.
— *Desvauxi* Coq.
— *Mermeti* Coq.
Dosinia Delettrei Coq.
Pholadomya
Nerinæa nerinæformis Coq. (Peron)
Pterodonta Dutrugei Coq. (très abondant)
Natica subexcavata Th. et P.
Voluta Guerangeri d'Orb.
Neolobites Vibrayeanus d'Orb.
Acanthoceras Newboldi Kossm.

f) Marnes (35 à 40 m.) à bancs calcaires plus nombreux, plus épais et plus francs; les fossiles y sont très nombreux, et parmi eux *Exogyra olisiponensis* est encore l'espèce dominante; les moules internes de Lamellibranches et de Gastropodes s'y montrent aussi à profusion. Voici, du reste, la liste des fossiles que j'ai reconnus :

Hemiaster batnensis Coq.
— gr. *Heberti* Coq.
— *aumalensis* Coq.
— (deux autres espèces indéterminées)
Arca cf. *Moutoniana* d'Orb.
Cucullæa
Janira Coquandi Peron
Ostrea Syphax Coq.
Exogyra olisiponensis Sharpe
— *flabellata* Goldf.
Alectryonia carinata Lamk.
Trigonia
Crassatella Baudeti Coq.
Corbis thevestensis Coq.
Cardium Coquandi Seguenza
Cyprina africana Coq.
Dosinia Delettrei Coq.
Biradiolites (espèce à larges bandes)
Pterodonta Dutrugei Coq.
Strombus
Nautilus Mermeti Coq.
Neolobites Vibrayeanus d'Orb.

La base des marnes un peu ferrugineuse est, par excellence, le niveau à Échinides :

Hemiaster batnensis Coq.
— *aumalensis* Coq.
— aff. *Meslei* P. et Gh.
Hemiaster hippocastanum Coq.
— *Julieni* P. et Gh.
— sp. indét.

associés à :

Arca cf. *Moutoniana* d'Orb.
Janira Coquandi Peron
Exogyra olisiponensis Sh.
Pterodonta Dutrugei Coq.
Voluta Guerangeri d'Orb.

g) Marnes (10 m.) assez claires, comprenant quelques intercalations de lumachelles de quelques centimètres à *Exogyra africana*.

h) Deuxième niveau à *Thomasinella punica*; des plaquettes de grès ferrugineux, intercalées dans 10 m. de marnes, sont remplies de ce Foraminifère, ainsi que de débris d'Oursins.

i) Marnes (15 m.) avec lits de calcaire plus ou moins dur, dont l'un est couvert d'empreintes de petits Lamellibranches, semblant être des Nucules, que l'on retrouve dans toute la région ; il y a aussi plusieurs lumachelles minces à *Ex. africana* et *Ex. Mermeti.*

k) Marnes bleues avec bancs de calcaires parfois sableux, pétris de Plicatules et de moules internes de Lamellibranches et de Gastropodes ; dans les bancs plus épais, on remarque surtout *Ex. olisiponensis* associée à plusieurs autres Huîtres, et quelques Ammonites intéressantes ; au total, la faune comprend :

Pedinopsis Desori Coq. (Cott.)	*Exogyra africana* Lamk.
Hemiaster batnensis Coq.	*Trigonia*
— gr. *Heberti* Coq.	*Crassatella Baudeti* Coq.
— *aumalensis* Coq.	*Cardium Pauli* Coq.
— *pseudofourneli* P. et Gh.	*Venus*
— *Julieni* P. et Gh.	*Dosinia Delettrei* Coq.
— sp.	*Nerinæa nerinæformis* Coq.
Arca	*Pterodonta Dutrugei* Coq.
Plicatula Fourneli Coq.	*Voluta Guerangeri* d'Orb.
— *auressensis* Coq.	*Forbesiceras Largilliertianum* d'Orb.
Modiola	*Acanthoceras* gr. *rotomagense*
Exogyra olisiponensis Sh.	*Mammites* cf. *conciliatus* Stol.
— *flabellata* Goldf.	

l) Banc de calcaire un peu dolomitique (0 m. 75).

m) Marnes bleues à *Ostrea Syphax* très abondante, présentant des intercalations calcaires. Les principaux fossiles sont :

Holectypus cenomanensis Guéranger	*Exogyra africana* Lamk.
Hemiaster gr. *Heberti* Coq.	*Cardita Senarti* Th. et P.
Plicatula	*Cardium Pauli* Coq.
Ostrea Syphax Coq.	*Venus Reynesi* Coq.
Exogyra olisiponensis Sh. var. *oxyntas* Coq.	*Pterodonta Dutrugei* Coq.
(forme normale et demi-lisse)	*Voluta Guerangeri* d'Orb.
— *Mermeti* Coq.	*Acanthoceras* gr. *rotomagense.*

Après 20 m. de ces marnes, on atteint un banc lumachelle à *Ex. Mermeti* Coq., vertical, qui est au centre de l'anticlinal et de l'autre côté duquel on retrouve les mêmes couches, mais assez mal visibles. Dans tout cet ensemble, la pente augmente progressivement depuis le Turonien, où elle est de 20°, jusqu'à la verticale ; la strate calcaire (*l*) accuse un plongement de 45° N-W sur le versant N de l'anticlinal et de 50° S-E d'autre part.

La coupe serait à peu de chose près la même dans tout le Dj. Bireno ; l'addition de plusieurs profils pris dans le Dj. Oum Anane et le long de l'O. Fehema, donne la succession suivante :

a-b-c) Marnes bleues, brunes en surface, avec petits lits calcaires et gréseux (20 m.) renfermant :

Janira Coquandi Peron
Exogyra olisiponensis Sh. (presque seule)
Exogyra africana Lamk.
Cerithium pustuliferum Coq.

d) Calcaire gréseux roux en bancs de 30 cm., rempli de *Thomasinella punica* Schlum., de radioles d'Oursins, et de Serpules.

e) marnes bleues avec lits de calcaire marneux et de calcaire sableux ou gréseux. Ces lits gréseux sont souvent de véritables lumachelles à *Exogyra Delettrei* Coq. ; dans les bancs calcaires, on trouve surtout des moules internes de Lamellibranches et de Gastropodes, mais les Échinides ne sont pas très abondants. Voici d'ailleurs la liste des espèces provenant de ce niveau :

Pedinopsis Desori Coq. (Cott.)
Hemiaster batnensis Coq.
— *aumalensis* Coq.
— cf. *Meslei* P. et Gh.
— *pseudofourneli* P. et Gh.
Arca
Avicula
Janira Coquandi Peron
Plicatula auressensis Coq.
Exogyra olisiponensis Sh. (encore l'espèce la plus commune)
Exogyra flabellata Goldf.
— *Delettrei* Coq.
Exogyra Mermeti Coq.
Cardita Nicaisei Coq.
Corbis thevestensis Coq.
Cardium Pauli Coq.
— *hillanum* Sow.
Venus Reynesi Coq.
Dosinia Delettrei Coq.
Pholadomya gr. *ligeriensis* d'Orb.
Nerinæa nerinæformis Coq.
Pterodonta Dutrugei Coq.
Voluta Guerangeri d'Orb.
Acanthoceras Mantelli Sow.

f) Marnes renfermant un certain nombre de lits calcaires jaune verdâtre, remplis de fossiles, particulièrement de Plicatules. Les Huîtres ne sont pas très fréquentes à ce niveau, où j'ai recueilli :

Hemiaster batnensis Coq.
— *Julieni* P. et Gh.
Arca
Plicatula auressensis Coq.
Modiola Flichei Th. et P.
Ostrea Syphax Coq.
Exogyra olisiponensis Sh.
— *africana* Lamk.
Cardium Pauli Coq.
— *hillanum* Sow.
Nerinæa nerinæformis Coq.
Pterodonta Dutrugei Coq.
Tylostoma
Turritella
Natica
Voluta
Nautilus Mermeti Coq.
Acanthoceras Newboldi Kossm.
— gr. *cenomanense*.

g-i) Marnes renfermant plusieurs lumachelles à *Ex. africana* Lamk., *Ex. Delettrei* Coq., *O. rediviva* Coq. Dans les marnes on trouve :

Hemiaster gr. *Heberti* Coq.
— *pseudofourneli* P. et Gn.
Exogyra olisiponensis Sh. (forme demi-lisse)
Exogyra flabellata Goldf.
Dosinia Delettrei Coq.
Cardita Nicaisei Coq.

Là s'arrête la coupe, qui descend même moins bas que la précédente ; l'épaisseur totale du Cénomanien visible est de 200 m. environ (les épaisseurs données pour les couches étant peut-être un peu faibles ; leur somme indique 160 m.), mais il est évident qu'on n'atteint pas ici la base de l'étage, il en manque au moins un tiers. Non seulement les assises à *Mort. inflatum* du Mrhila, mais encore celles à *Turrilites* et les marnes inférieures n'affleurent pas ici ; nous n'avons que l'équivalent des couches supérieures à celles notées 5*a* dans la coupe du Foum el Guelta, c'est-à-dire les zones à *Hem. batnensis*, à *Thomasinella* et à *Neol. Vibrayeanus*. Il y a lieu de faire observer que cette dernière espèce semble apparaître un peu plus tôt au Bireno qu'au Mhrila. Au point de vue de la répartition des Ostracés, nous voyons que *Ex. olisiponensis* est l'espèce dominante dans les couches supérieures ; *O. Syphax* ne s'y montre plus, tandis qu'elle pullule un peu plus bas. Quant à cette foule de Lamellibranches et de Gastropodes, très suffisants pour caractériser le Cénomanien, ils le traversent dans toute son épaisseur et, par suite, ne peuvent servir à délimiter les horizons.

Ajered — Il suffit maintenant de se transporter quelques kilomètres à l'W, dans le grand cirque de l'O. el Baiad, entre le Dj. Bireno, le Sif el Annba et le Dj. Ajered, pour observer un superbe développement du Cénomanien, sous ce même facies des marnes à Huîtres. Sous le Dj. Aouinat et le Kef bou Hassine, l'épaisseur des marnes dépasse 400 m. ; là encore on pourrait faire de superbes moissons de fossiles ; mais, si la coupe est très complète, elle est bien moins nette qu'à A. el Glaa. D'aucun côté de l'Ajered, je n'ai pu relever un profil continu à cause de la végétation.

Zbissa — Le Cénomanien occupe encore d'assez vastes espaces à l'W de l'Ajered jusqu'à la frontière algérienne, mais il est en général mal visible. Au Dj. Zbissa, il est en contact immédiat et anormal avec le Trias. Il forme en outre la plus grande partie des collines voisines d'el Oubira, et se relie à l'affleurement de Bekkaria, célèbre, depuis les explorations de Coquand, par sa richesse en fossiles.

Hamra — Le Cénomanien se retrouve encore tout autour du Dj. el Hamra. Sur le versant S-E, on voit au-dessus des marnes noires, dures, à *Mort. inflatum*, des marnes feuilletées bleu foncé, qui appartiennent sans doute encore à l'Albien, mais sont dépourvues de fossiles. Ceux-ci n'apparaissent qu'au-dessus du niveau où des calcaires marneux s'intercalent dans les marnes et alors nous sommes nettement dans le Cénomanien. Le fossile le plus intéressant est *Placenticeras saadense* Th. et P., qui, malheureusement, se présente toujours en fragments, tellement qu'on n'en connaît pas encore un individu entier. Un peu plus haut, les marnes renferment *Hemiaster batnensis* Coq. et *Epiaster Vatonnei* Coq. Là encore, le Cénomanien présente une épaisseur considérable qui doit être voisine de 400 m. La pente des couches augmente progressivement de 40° dans l'O. Mekrich, jusqu'à la verticale ; les dernières couches, très chargées de calcaires en bancs assez épais, contribuent, avec le Turonien, à former l'arête du Dj. el Adira et se poursuivent tout le long du Dj. es Sif.

Plus à l'E, le Cénomanien est très développé sous ce même facies argileux, dans la vallée de l'O. el Hatob, en dessous de la crête du Daala (Dj. ben Habbess), où il est surmonté par le Turonien, tandis que, près de là, l'Éocène moyen repose sur lui en discordance. Vers le S, il est en relation par faille avec le Sénonien du Dj. er Rebeiba (Pl. II, fig. 3). Presque au bord de l'O. Smeti, on voit des monticules constitués par des marnes brunes en surface, très gypseuses, contenant quelques lits de calcaires marneux, qui accusent une pente de 50°. Les fossiles y sont nombreux, entre autres : Ben Habbess

Epiaster Vatonnei Coq.
Hemiaster gr. *Heberti* Coq.
— cf. *Lorioli* P. et Gh.
Periaster Fischeri Th. et Gh.
Arca
Janira Coquandi Péron
Cardita Nicaisei Coq.
Nautilus
Acanthoceras cf. *Mantelli* Sow.
— *laticlavium* Sh.
Belemnites ultimus d'Orb.

Quand, de là, on se dirige vers le N, on voit la pente diminuer et les strates devenir presque horizontales, de sorte que le Cénomanien n'a pas une puissance anormale.

Un peu plus à l'E, au point où la crête tourne vers le S, on voit l'Éocène moyen reposer directement sur le Cénomanien (fig. 31). Vers la partie supérieure des couches subsistantes, on rencontre un lit de calcaire sableux contenant de nombreuses Térébratules et Rhynchonelles, et, un peu au-dessous, au milieu de marnes très gypseuses :

Holaster
Acanthoceras gr. *rotomagense*
Acanthoceras gr. *cenomanense*
Turrilites costatus Lamk.

Le même facies se présente encore au Dj. Trozza, où le Cénomanien affleure sur le versant W de la montagne, mais la suite des couches est très difficile à établir, car on ne les atteint que dans de petits ravins ; la faune est particulièrement riche en Échinides, et très pauvre en Huîtres, ce qui est contraire au cas habituel ; elle comprend : Trozza

Discoidea Forgemoli Coq.
Holaster carinatus Lamk.
Epiaster Vatonnei Coq. (très commun)
Hemiaster batnensis Coq.
— gr. *Heberti* Coq.
— *aumalensis* Coq. (très commun)
— *pseudofourneli* Th. et Gh.
Periaster Fischeri Th. et Gh.
Arca
Cardita Nicaisei Coq.
Sauvagesia Nicaisei Coq.
Turbo
Pterodonta Dutrugei Coq.
Solarium
Acanthoceras cf. *Mantelli* Sow.
et une autre forme nouvelle
Belemnites ultimus d'Orb.

Type méridional. — Le 3me type de Cénomanien apparaît aux Dj. Semmama et Chaâmbi pour se poursuivre dans toute la région méridionale jusqu'aux chotts. Il commence brusquement et je ne connais pas de terme de passage entre les formations du Mrhila-Tébessa et celles du Chaâmbi et Semmama.

Semmama

Ce facies est caractérisé par la présence de puissantes dolomies qui s'ajoutent aux couches marneuses et les remplacent en partie. Le Dj. Semmama en fournit un bon exemple que je vais maintenant examiner. (Pl. I, fig. 5).

Quand on monte de Sidi bou Laaba au grand signal, on constate que la base S du Semmama offre une pente très raide, due à la grande faille de l'Oued el Hatob, qui a séparé le Semmama du Chaâmbi et supprimé la retombée des strates du côté de la vallée. On rencontre d'abord une suite de dolomies et argiles gréseuses, appartenant à l'Aptien et à l'Albien, dont la dernière couche est un banc de calcaire siliceux jaune ou lie de vin, contenant de grandes Nérinées, qui accuse une pente de 10° suivant la coupe.

a) Directement sur ce banc reposent des marnes gris verdâtre très gypseuses, avec quelques lits gréseux très friables, qui indiquent une pente de 2-3° seulement. Il y a donc là une discordance et il est fort possible que les dernières couches de l'Albien fassent défaut, ce dont on ne peut du reste décider en l'absence de fossiles caractéristiques ; en tout cas le Gault supérieur, avec son facies de marnes noires fuligineuses, n'existe pas ici. Ces marnes grises doivent déjà être attribuées au Cénomanien, car elles renferment *Exogyra Mermeti* Coq.

b) Dans les marnes apparaissent quelques lits de calcaire friable, en rognons, qui, vers les 2/3 supérieurs deviennent dominants pendant une quinzaine de mètres. Les fossiles de cette subdivision sont :

Arca
Ostrea Syphax Coq.
— *rediviva* Coq.
Exogyra africana Lamk.
— *Mermeti* Coq.
Crassatella Baudeti Coq.
Venus Reynesi Coq.
Pholadomya
Mortoniceras inflatum Sow.
Placenticeras (?)

c) Les 30 m. de marnes suivants ne m'ont pas fourni de fossiles.

Cet ensemble marneux *a-c* mesure environ 120 m.

d) Il est surmonté par une puissante masse de calcaire subcristallin, dolomitique par place, épais de 100 m., se tenant sous une pente très raide et supportant une terrasse. Ce calcaire très dur se subdivise en dalles et ne comprend que de rares délits tendres. Les débris de fossiles y abondent, mais ne sont pas reconnaissables, sauf une petite Huître conique voisine de *Ex. conica*.

e) Au-dessus, viennent des marnes argileuses feuilletées, bleu gris ou verdâtres, peu gypseuses, et montrant quelques lits de calcaire tendre, où les Huîtres pullulent à un point qu'il est difficile d'imaginer. Ce niveau épais de 30-40 m. offre comme principaux fossiles :

Hemiaster cf. *Meslei* P. et G.
Arca
Plicatula
Ostrea Syphax Coq.
Exogyra flabellata Goldf. (normale et var. presque lisse)

Exogyra olisiponensis SH.
— *Delettrei* COQ.
— *africana* LAMK.
Exogyra conica SOW.
Acanthoceras cf. *Newboldi* KOSSM.

f) Dans les 20 m. qui suivent, les lits de calcaire tendre sont très abondants. Aux mêmes Huîtres que précédemment, quoique moins communes, s'ajoutent *Exogyra Mermeti*, associée à diverses espèces :

Heterodiadema libycum DES. (COTT.)
Hemiaster batnensis COQ.
— gr. *Heberti* COQ.
— cf. *Meslei* P. et GR.
Plicatula
Ostrea Syphax COQ.
Exogyra olisiponensis SH. (var. *oxyntas* COQ.)
Exogyra flabellata GOLDF.
— *Mermeti* COQ.
Nautilus triangularis MONTFORT
Acanthoceras cf. *Newboldi* KOSSM.
— *inconstans* SCHLÜTER.

g) Puis, sur 30 m., les marnes sont bleues, un peu plus foncées, peu calcaires et recèlent de nombreux fossiles, surtout à la base :

Hemiaster cf. *Meslei* P. et GR.
Plicatula auressensis COQ.
Exogyra flabellata GOLDF.
— *Delettrei* COQ.
— *Mermeti* COQ.
Trigonia
Cardita
Crassatella Baudeti COQ.
Cardium Pauli COQ.
— *Coquandi* SEGUENZA
Isocardia aquilina COQ.
Venus Cleopatra COQ.
Dosinia Delettrei COQ.
Natica subexcavata TH. et P.

h) Dans les 10 m. de marnes suivants, se voient 4-5 petits lits de calcaire gréseux roux dont l'un (*i*), plus marqué, est très riche en *Thomasinella punica* SCHLUM., formant partie de la roche et accompagné de quelques Plicatules. C'est le niveau bien connu à *Thomasinella*.

L'ensemble *e-h* mesure une centaine de mètres de puissance.

j) Puis viennent des alternances de marnes et de calcaires grossiers assez développés pour permettre au terrain de se tenir sous une forte pente. Ces couches (70 m.) sont mal visibles à cause des éboulis ; je n'y ai trouvé que :

Exogyra flabellata GOLDF.
— *olisiponensis* SH. (*oxyntas* COQ.)
— *Mermeti* COQ.

k) Ces couches sont surmontées par un imposant abrupt de calcaires cristallins, le plus souvent dolomitiques, assez cariés, d'une teinte rousse, qui est celle de la montagne. Ces calcaires sont disposés en bancs de plusieurs mètres, formant une série de gradins, dont le dernier, haut de 15 m., est particulièrement difficile à franchir. Je n'y ai vu que quelques fragments d'Huîtres, du reste rares, qui se rapportent peut-être à *Ex. africana*. La partie supérieure de cette masse porte une grande terrasse.

l) Très en arrière de la crête, se rencontrent encore 40 m. de calcaire gris en bancs de 50 cm. ne montrant que quelques *Ex. Mermeti.*

Là s'arrête le Cénomanien, car les assises situées immédiatement au-dessus offrent les fossiles typiques du Turonien.

Chaâmbi

Au Dj. Chaâmbi (Pl. I, fig. 7, 8, 9), la succession est sans doute peu différente, mais l'étude en est rendue difficile par de nombreuses failles qui ont brisé l'Aptien et vraisemblablement supprimé les marnes initiales du Cénomanien, tout au moins entre le Zemzoumet Aïssa et le Kef Moungar, car elles paraissent exister de façon plus ou moins complète à l'W, sous le grand signal. Deux grandes masses de dolomies (*d*, *k*), dont la supérieure a bien 80 m. de puissance, comprennent entre elles des marnes (*e*, *h*) dont l'épaisseur atteint 150 m. Au Zemzoumet Aïssa, ces marnes riches en Ostracés (*Ex. flabellata, Ex. Mermeti,* etc.) sont divisées en deux par un petit banc dolomitique (*i*), n'ayant guère plus de 5 m., supportant une terrasse bien marquée, qui se prolonge sur une longueur suffisante pour permettre de cultiver les marnes étalées à sa surface.

On voit, par la description qui vient d'être faite, que ce type méridional du Cénomanien se distingue par le développement qu'y prennent les calcaires dolomitiques, et par la puissance considérable de la formation, sensiblement égale à 500 m. (et non 2000 comme l'indique Aubert).

RÉSUMÉ

En résumé, nous avons pour le Cénomanien deux facies principaux : *septentrional,* caractérisé par des alternances indéfiniment répétées de marnes et de calcaires presque sans fossiles, sauf à la base ; *central,* essentiellement marneux et très fossilifère. A ce dernier, s'en rattache un troisième : le facies *méridional,* où les dolomies prennent un développement considérable, et qui joue un rôle spécial dans l'orographie du Sud, tandis que les deux premiers sont reliés par un facies *intermédiaire.*

Dans les deux premiers facies, on distingue aisément :

1° Un niveau inférieur ou **Vraconnien,** riche en Céphalopodes ; c'est manifestement l'équivalent de la *zone à Placenticeras Uhligi* ou du **Bellasien** de Choffat, quoique le fossile typique fasse défaut. Dans la région septentrionale, tous les niveaux supérieurs sont confondus.

Au contraire, dans les points où règne le facies central, on peut reconnaître d'abord cette **zone à Turrilites Bergeri,** *Mortoniceras inflatum, Stoliczkaia dispar* ou **Vraconnien ;**

2° Une **zone à Acanthoceras rotomagense** et *A. Newboldi* (cette deuxième forme étant même plus fréquente que la première et souvent seule). Ce niveau est également caractérisé par l'abondance des Ostracés (surtout *O. Syphax*) et des Échinides, particulièrement des *Hemiaster* (*H. batnensis*) ;

3° Une **zone à Thomasinella punica** très constante et constituant un excellent repère ;

4° Une **zone à Neolobites Vibrayeanus,** *Ostrea olisiponensis. Heterodiadema libycum.*

Ces expressions signifient du reste uniquement que les espèces citées ont leur maximum au niveau indiqué, mais on les trouve également à d'autres horizons, ce qui est en particulier le cas pour les Ostracés.

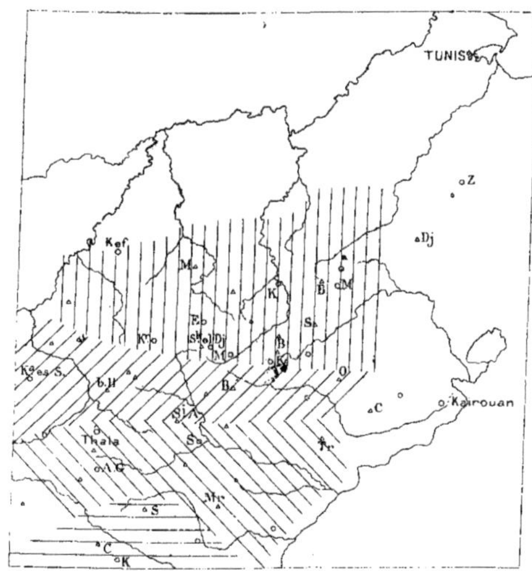

FIG. 16. — Carte montrant l'extension des différents facies du Cénomanien.

||| Facies septentrional.
/// — intermédiaire.
\\\ — central.
≡ — méridional.

Si nous envisageons comparativement les différents facies du Cénomanien, nous constatons de profondes différences. Le facies septentrional consiste en marnes et calcaires très peu fossilifères, sauf à la base, où se rencontre une faune vraconnienne bien typique, mais qui ne comprend que des Céphalopodes à une ou deux exceptions près. Parmi ces Céphalopodes, la prédominance revient aux *Lytoceras* et *Phylloceras*, genres qui, suivant les idées admises actuellement par un certain nombre d'auteurs, vivaient à une assez grande profondeur. Nous sommes donc autorisés à penser que nous avons affaire ici à des dépôts de mer relativement profonde, à des formations *bathyales*. Dans le Centre-Sud au contraire, le Cénomanien est formé de marnes très fossilifères répondant exactement au *facies africano-syrien* de ZITTEL. Les fossiles les plus abondants sont les Lamellibranches, surtout les Ostracés, qui en sont caractéristiques. Les Échinides sont aussi très nombreux et appartiennent principalement au genre *Hemiaster*, dans lequel rentre à peu près la moitié des Oursins recueillis. Les Céphalopodes y sont communs, mais se rapportent à des types entièrement différents de ceux du Nord : les *Acanthoceras* y dominent, aucun *Lytoceras* ni *Phylloceras* ne s'y montre. Nous sommes donc ici en présence de dépôts de mer très peu profonde, de dépôts *néritiques*. Enfin, ces deux régions si tranchées sont réunies par une bande de marnes peu fossilifères, où on rencontre cependant quelques Échinides : *Holaster* et *Hemiaster*.

Il est à noter que le même fait se répètera au Sénonien, où nous verrons également deux régions individualisées, possédant des faunes différentes et coïncidant approximativement avec celles du Cénomanien.

Un fait se dégage encore de l'examen des coupes données précédemment ; c'est que le Cénomanien n'est ni en transgression, ni en régression par rapport aux formations plus anciennes ; il fait régulièrement suite à l'Albien. En quelques points seulement (Semmama, Chaâmbi), l'Albien manque, mais la légère discordance qu'on observe au Semmama entre les calcaires à Orbitolines et les marnes cénomaniennes est probablement mécanique. D'abord la base des marnes grises ne contient que des débris de fossiles peu reconnaissables et peut fort bien correspondre à l'Albien, lequel comprend peut-être aussi la fin des calcaires dolomitiques dans lesquels on n'aperçoit que de rares Orbitolines. Après ce que j'ai dit de la difficulté de séparer l'Aptien de l'Albien en certains points, on n'est guère autorisé à penser que l'Albien fasse défaut ; il vaut mieux admettre qu'il existe également ici, mais ne peut être discerné.

COMPARAISON AVEC LES RÉGIONS VOISINES

Le Cénomanien d'**Algérie** est naturellement lié d'une façon intime à celui de Tunisie. Les descriptions et les coupes de Coquand (1) nous le montrent à Tébessa et à Batna presque identique à ce qu'il est au Mhrila ou au Bireno. La proportion des espèces communes est considérable et le serait encore plus si je n'avais négligé quantité de moules internes peu significatifs ; cependant les Céphalopodes ne sont pas identiques, ainsi je n'ai jamais trouvé *Schlœnbachia varians* en Tunisie, où cependant les Céphalopodes sont plus variés.

Par contre, je ne vois rien en Tunisie qui puisse répondre au Cénomanien de Constantine, si tant est qu'une partie du rocher doive être attribué à cet étage.

Le facies septentrional (Bargou, etc.) est bien connu dans la province d'Alger, par exemple à Aumale, où il a été étudié d'une manière spéciale par Peron (2) et au Dj. Guessa par Nicaise, Le Mesle et Thomas (3). Malheureusement, en Tunisie, la zone inférieure seule est fossilifère, mais les fossiles sont identiques à ceux qu'on recueille au Dj. Guessa, comme j'ai pu m'en assurer en consultant la collection Le Mesle. A un niveau supérieur, on ne trouve en Tunisie septentrionale que quelques fos-

(1) Coquand : Géol. S prov. Constantine, p. 50, 64.
(2) Peron : Notice sur la géologie des environs d'Aumale. — *B. S. G. F.* (2), XXIII, p. 692.
(3) Peron : Géol. Algérie, p. 89.

siles : *Discoidea cylindrica*, *Epiaster Vatonnei* (Serdj), *Holaster Toucasi* (Bordj Debbich), qui existent dans le Tell algérien (Aumale, Dj. Guessa), mais qui font défaut dans le Sud tunisien.

Dans la province d'Oran, nous retrouvons le facies des marnes à Ostracés dans les environs de Tiaret (¹), mais, en outre, dans la vallée du Lehou, le facies dolomitique envahit les couches moyennes et supérieures, où les fossiles disparaissent entièrement, de même qu'au Semmama et au Chaâmbi. WELSCH a distingué 6 zones caractérisées chacune par une espèce d'Ostrea. Sans vouloir en aucune façon contester l'exactitude de ces subdivisions, je crois, avec POMEL et PERON, qu'elles sont tout à fait locales, et qu'il serait illusoire de vouloir les retrouver ailleurs.

Le Cénomanien de **Portugal** a également de nombreux rapports avec celui de Tunisie, dont les niveaux inférieurs correspondent indubitablement au **Bellasien** et en particulier à la *zone à Placenticeras Uhligi* (²), espèce qui, à vrai dire, n'a pas été rencontrée dans la Tunisie centrale et qui semble rare même en Portugal. Elle est alors associée à une faune de Gastropodes et de Lamellibranches, en particulier à *Ex. prælonga*, que THOMAS a trouvée au Dj. Oum Ali et Oum el Oguel, mais que je n'ai jamais vue dans la région centrale. DOUVILLÉ avait déjà indiqué l'existence de cette zone à *Pl. Uhligi* tout autour de la Méditerranée, mais PERON (³) a précisé son extension et cité un certain nombre de points d'Algérie où il l'avait observée depuis longtemps sans lui donner ce nom. Les couches plus élevées du Cénomanien de Portugal, particulièrement le *niveau à Pterocera incerta*, ont quelques espèces en commun avec les couches de même âge de Tunisie, par exemple : *Ex. flabellata* et *Ex. africana* ; mais les analogies sont bien plus marquées en ce qui concerne le *niveau à Neolobites Vibrayeanus*, car, outre cette espèce, on en rencontre d'autres, telles que *Ex. flabellata* et *Ex. olisiponensis*, si commune en Tunisie, et dont le type provient précisément du Portugal, *Heterodiadema libycum*, *Diplopodia variolare* et *Goniopygus Menardi* (représenté en Tunisie par *G. Meslei*).

L'**Espagne** nous offre aussi des points de comparaison. Ainsi, le Cénomanien de l'Aragon (⁴) et de la province de Burgos (⁵) possède manifestement ce même facies à Ostracés (*Ex. flabellata*, *Ex. africana*, *Ex. olisiponensis*) caractéristique des régions méditerranéennes. Mais plus au N, le Cénomanien des **Pyrénées**, qu'il soit sous le facies zoogène ou sous le facies détritique, ne paraît plus avoir aucun rapport avec celui de Tunisie.

Il en est de même pour l'**Aquitaine**. Quant aux sables du **Maine**, tout au plus manifestent-ils une lointaine analogie, par suite de la présence d'Échinides tels que *Goniopygus Menardi* (au moins bien voisin de *G. Meslei*), et d'*Archiacia sandalina*.

(1) J. WELSCH : Les terrains secondaires des environs de Tiaret et de Frenda, p. 155.

(2) P. CHOFFAT : Recueils de monographies stratigraphiques sur le système crétacique de Portugal ; I. Contrée de Cintra, de Bellas et de Lisbonne, p. 48 ; II. Le Crétacique supérieur du Nord du Tage, p. 147-156.

(3) PERON : La zone à Placenticeras Uhligi et la zone à Marsupites ornatus dans le Crétacé de l'Algérie. — *B. S. G. F.* (3), XXVI, p. 500.

(4) DEREIMS : Recherches géologiques dans le Sud de l'Aragon, p. 157.

(5) LARRAZET : Recherches géologiques sur la région orientale de la province de Burgos, p. 142.

Mais je dois noter que l'*Orbitolina concava* est encore inconnue en Tunisie. Plus au N, la **craie de Rouen** fournit bon nombre d'espèces connues dans le Cénomanien de Tunisie (*Pseudodiadema variolare, Discoidea cylindrica, Forbesiceras Largilliertianum, Ac. rotomagense, Turr. costatus, Bel. minimus*). Ces fossiles sont extrêmement précieux pour la détermination des niveaux, mais, comme ils sont un peu cosmopolites, ils nous apprennent peu de choses sur les relations du Cénomanien tunisien.

Les travaux de Toucas faisaient déjà pressentir un lien de parenté entre le Cénomanien de **Provence** et celui de Tunisie, mais ce lien a surtout été mis en évidence par une note récente de Michalet [1]. La localité de Fieraquet, en particulier, a fourni à cet auteur beaucoup d'espèces algériennes, également connues en Tunisie, comme : *Diplopodia variolare, Heterodiadema libycum, Hemiaster Desvauxi, H. pseudofourneli, H. batnensis, Exogyra africana, Ex. olisiponensis* ; il s'y trouve aussi plusieurs espèces communes à l'Algérie et à la France.

Le Cénomanien de l'**Italie méridionale** (province de Reggio) et surtout de **Sicile** présente les plus grandes affinités avec celui de la Tunisie centrale. L'ouvrage de Seguenza [2] nous fait connaître en effet dans les provinces de Palerme et de Catane un Cénomanien formé d'argiles écailleuses grises ou brunes, pyriteuses, avec des lits de calcaire peu épais, où les fossiles se trouvent le plus souvent à l'état de moules internes. Coquand, après avoir visité la Sicile, avait déjà noté la grande ressemblance du Crétacé moyen de cette île avec celui de Tébessa [3], mais le travail de Seguenza fait ressortir cette ressemblance avec bien plus de force. Parmi les fossiles communs les plus typiques, je noterai : *Hemiaster batnensis, H. Desvauxi, H. africanus, Arca Delettrei, Ex. Delettrei, Ex. africana, Ex. oxyntas, Crassatella Baudeti, Cardium Pauli*, tous fossiles africains décrits par Coquand et quelques autres non spéciaux à l'Afrique, tels que *Nautilus triangularis* et *Turrilites Scheuchzerianus*. Sur 223 fossiles cités par Seguenza, 89 sont communs à l'Algérie et à la Sicile. J'ai pu en outre assimiler quelques spécimens tunisiens à des espèces de Seguenza ; nous pouvons donc compter qu'il existe environ 90 formes communes entre le Cénomanien de Sicile (facies argileux de Catane et de Palerme) et celui du Nord de l'Afrique (facies de Tébessa-Mrhila). Par contre, je ne connais rien en Tunisie qui puisse répondre au facies zoogène des Termini Imerese.

Un fait semblera peut-être étrange, c'est que le Cénomanien de Sicile soit tout à fait analogue à celui du Mrhila, c'est-à-dire de la région centrale, et non à celui du Bargou, c'est-à-dire de la région septentrionale, quoique celle-ci soit beaucoup plus proche. Cette anomalie apparente disparaît, si on considère que les zones de plissement coïncident sensiblement avec les zones de sédimentation et que, par suite du redressement des chaînes vers le N dans la partie N-E de la Tunisie, la Sicile se trouve

(1) Michalet : Le Cénomanien des environs de Toulon et ses Échinides. — *B. S. G. F.* (4), I, p. 582.

(2) Seguenza : Studii geologici e paleontologici sul cretaceo medio dell'Italia meridionale. — *Mem. della R. Acad. dei Lincei* (3), XII, 1882.

(3) H. Coquand : Sur la formation crétacée de Sicile. — *B. S. G. F.* (2), XXIII, p. 497.

sur le prolongement de la zone centrale et en dessous du prolongement de la zone septentrionale.

En **Egypte**, le Cénomanien est souvent sous la forme des grès nubiens, qui n'ont pas leur analogue en Tunisie; mais, en d'autres régions, il possède ce facies de marnes et calcaires tendres, très fossilifères, commun à tous les Etats barbaresques que PERON avait désigné du nom de *facies méditerranéen*, terme qui a été changé par ZITTEL en celui de *facies africano-syrien*. BEADNELL (1) l'a rencontré à Beharieh, sous forme de grès, argiles et marnes contenant un certain nombre de fossiles déterminés par BLANCKENHORN, parmi lesquels je me bornerai à citer : *Heterodiadema libycum, Ex. flabellata, Ex. Mermeti, Ex. olisiponensis, Neolobites Vibrayeanus*. Antérieurement déjà, ZITTEL (2) avait signalé la présence de ce même facies du Cénomanien dans le désert arabique, d'après les notes et matériaux de SCHWEINFURTH, notamment dans l'ouady el Morr, près du cloître Saint-Paul. La plupart des espèces figurant sur la liste de ZITTEL sont connues en Algérie et en Tunisie, par exemple : *Heterodiadema libycum, Pseudodiadema variolare, Hemiaster batnensis, Ex. africana, Ex. Mermeti*. De plus, *Sphærulites Schweinfurthi* ZITTEL est bien voisin de *S. Nicaisei*. Lors d'un récent voyage à Munich, M. le professeur ZITTEL a eu l'amabilité de me montrer sa collection et celle de SCHWEINFURTH ; j'ai pu constater que non seulement les espèces citées étaient bien celles d'Algérie et de Tunisie, mais même que l'aspect des fossiles et leur gangue étaient identiques dans les deux cas. Outre les formes mentionnées plus haut, la collection SCHWEINFURTH renferme encore *Neolobites Vibrayeanus* et plusieurs Ammonites admirablement conservées, présentant des ressemblances avec les *Tissotia*, mais que je n'ai pu assimiler à aucune des espèces de Tunisie et que je suis porté à considérer comme nouvelles. En somme, à part ces quelques Ammonites spéciales, le Cénomanien du désert arabique offre vis-à-vis de celui du Centre tunisien une analogie qui va presque jusqu'à la similitude.

Cette ressemblance se poursuit en **Palestine**, comme le montrent, entre autres, les coupes du ravin d'Aïn Musa, et de l'ouady Zerka Maïn, publiées par LARTET (3). Les fossiles tunisiens s'y trouvent en nombre : *Heterodiadema libycum, Hemiaster Fourneli* (qui est plus probablement *H. pseudofourneli*), *Ex. flabellata, Ex. Mermeti, Ex. olisiponensis, Ex. Delettrei, Ex. africana, Cardium Pauli*. Aux environs de Jérusalem FRAAS (4) a en outre recueilli plusieurs Ammonites cénomaniennes, dont *Acanth. rotomagense* et *A. Mantelli*, mais il semble que les espèces mentionnées par cet auteur aient été prises dans un sens un peu large.

Le Cénomanien existe également dans le Centre et le Nord de la **Syrie**, mais avec un facies un peu différent ; c'est du moins ce qui résulte du résumé donné par BLANCKENHORN des divers travaux concernant la Syrie (5). La division inférieure ne renferme

(1) HUGH J. L. BEADNELL : Découvertes géologiques récentes dans la vallée du Nil et le désert libyen. *C. R. VIIIe Congrès géol. intern.* Paris 1900, p. 851.
(2) K. ZITTEL : Beiträge zur Geol. und Pal. der libyschen Wüste. *Palæontographica* XXX, p. 78.
(3) E. LARTET : Essai sur la géologie de la Palestine et des contrées avoisinantes, p. 149, 152.
(4) FRAAS : Aus dem Orient, p. 246, 250.
(5) BLANCKENHORN : Beiträge zur Geologie Syriens, p. 52 et tableau II.

presque pas de fossiles communs à ce pays et à la Tunisie; ceux-ci ne sont un peu abondants que dans la division supérieure (*Heterodiadema libycum*, *Ex. olisiponensis*, *Ex. flabellata*). Malheureusement l'espèce caractéristique de ce niveau, le *Buchiceras syriacum*, est encore inconnu en Tunisie. La partie inférieure du calcaire du Liban doit encore être rattachée au Cénomanien, et peut-être aussi une partie de la division supérieure. En effet Blanckenhorn décrit et figure (1) une Ammonite, provenant du calcaire supérieur du Liban, que récemment cet auteur (2) a reconnue être identique à *Ac. Newboldi* Kossm., espèce très commune dans le Cénomanien de Tunisie.

Or, le type de cette espèce provient de l'*Ootatoor group* de la côte orientale de l'**Inde** (3), où elle est associée à diverses espèces qui comptent parmi les plus caractéristiques du Cénomanien tunisien. Les recherches de Forbes, Blanford, Stoliczka, Kossmat (4) ont établi l'existence à la base de l'*Ootatoor group* d'une faune franchement vraconnienne. Parmi les espèces communes aux deux pays, je relève : *Mortoniceras inflatum*, *Stoliczkaia dispar*, *Desmoceras latidorsatum*, *Lytoceras (Tetragonites) Timotheanum*. Mais il importe en outre de noter l'abondance des *Phylloceras*, qui ne se rencontreront plus à un niveau plus élevé du Cénomanien, ainsi que des *Hamites* et des *Turrilites*, quoique ceux-ci appartiennent à des espèces différentes. Les relations ne sont pas moindres avec l'Ootatoor moyen : même abondance des *Acanthoceras*, parmi lesquels j'ai déjà cité *Ac. Newboldi* ; elles seront encore plus accentuées avec l'Ootatoor supérieur, qui correspond au Turonien.

J'ajouterai encore que cette faune vraconnienne bien individualisée a déjà été signalée en divers pays assez éloignés et tout récemment encore par Choffat (5) à **Mozambique**.

Enfin, les intéressants matériaux rapportés de **Madagascar** par M. Coridon et déterminés par M. Haug établissent son existence dans la grande île africaine, près de Diégo-Suarez : le facies est d'ailleurs identique à celui de Tunisie.

LISTE DES FOSSILES DU CÉNOMANIEN

Thomasinella punica Schlumberger, Mhrila, Semmama.

Terebratula biplicata Brocchi, Mhrila, Serdj.

Terebratula subrotunda Sowerby, Serdj.

Terebratula indét., Trozza, Rebeiba, Pont du Fahs.

Rhynchonella, Trozza, Rebeiba.

Salenia cf. *clavata* Peron et Gauthier, O. Messemerh.

Salenia indét., Mhrila.

Diplopodia variolare Agassiz, Mhrila.

— *semmamense* Thomas et Gauthier, Mhrila.

Heterodiadema libycum Desor (Cotteau), Mhrila, Semmama, Bireno.

(1) Blanckenhorn : Beiträge z. Geol. Syriens, p. 122 et pl. X et XI.

(2) Blanckenhorn : Neues zur Geol. Ægyptens, *Zeitsch. geol. Ges.* LII, 1900, p. 42.

(3) Kossmat : Untersuchungen über die südindische Kreideformation. *Beiträge z. Geol. Pal. Œster.-Ung.* XI, 1898, p. 111.

(4) Kossmat : Untersuchungen, p. 194.

(5) P. Choffat. Sur le Crétacique de Conducia en Mozambique. *C. R. somm. S. G. F.*, 1er décembre 902.

Pedinopsis Desori COQUAND (COTTEAU), Mhrila, Bireno.

Cyphosoma, Mhrila.

Goniopygus cf. *Meslei* PERON et GAUTHIER, Mhrila.

Holectypus Cenomanensis GUÉRANGER, Mhrila, Bireno.

Holectypus indét., Mhrila.

Discoidea cylindrica AGASSIZ, Serdj.

— *Forgemoli* COQUAND, Trozza, Mrhila, O. Messemerh.

Archiacia sandalina AGASSIZ, Mhrila.

Clariaster libycus THOMAS et GAUTHIER, Mhrila.

Echinobrissus daylensis THOMAS et GAUTHIER, Mrhila.

Echinobrissus inflatus THOMAS et GAUTHIER, Mrhila.

Holaster Toucasi COQUAND, bordj Debbich.

— *carinatus* LAMARCK, Trozza.

— cf. *Trecensis* LEYMERIE, Trozza, Rebeiba.

Holaster indét., Belouta, Serdj.

Epiaster Valonnei COQUAND, Trozza, Mrhila, Adira, Rebeiba, O. Messemerh, Serdj.

Epiaster Villei COQUAND, Serdj, Belouta.

— cf. *Villei*, Mhrila.

— *Bleicheri* THOMAS et GAUTHIER, Mrhila.

Epiaster indét., Mrhila.

Hemiaster batnensis COQUAND, Trozza, Mrhila, Semmama, Bireno.

Hemiaster gr. *Heberti* COQUAND, Trozza, Mrhila, Rebeiba, Semmama, Bireno.

Hemiaster aumalensis COQUAND, Mrhila, Bireno, bordj Debbich, Trozza.

Hemiaster cf. *Lorioli* PERON et GAUTHIER, Rebeiba.

Hemiaster hippocastanum COQUAND, Mrhila.

— cf. *Meslei* PERON et GAUTHIER, Mrhila, Semmama, Bireno.

Hemiaster pseudofourneli PERON et GAUTHIER, Trozza, Bireno.

Hemiaster Chauveneti PERON et GAUTHIER, Bireno.

Hemiaster Julieni PERON et GAUTHIER, Mrhila, Bireno.

Periaster Fischeri THOMAS et GAUTHIER, Mrhila, Trozza, Bireno.

Periaster indét., Mrhila.

Membranipora Janieresiensis CANU, Bireno.

Nucula, Pont du Fahs.

Arca cf. *obliquatissima* SEGUENZA, Mrhila.

— *Moutoniana* D'ORBIGNY, Bireno.

— gr. *ligeriensis* D'ORBIGNY, Mrhila.

— (moules indét.) presque tous les gisements.

Cucullæa, Bireno.

Avicula, Bireno.

Janira Coquandi PERON (*tricostata* COQUAND), Mrhila (avec la var. *atropha*) Bireno, Rebeiba.

Modiola Flichei THOMAS et PERON, Bireno.

Modiola indét., Mrhila, Bireno.

Plicatula Fourneli COQUAND, Mrhila, Bireno.

Plicatula auressensis COQUAND, Mrhila, Semmama, Bireno.

Plicatula cf. *Reynesi* COQUAND, Mrhila.

Ostrea Syphax COQUAND, Mrhila, Semmama, Bireno.

Ostrea rediviva COQUAND, Bireno, Semmama.

Exogyra flabellata GOLDFUSS, Mrhila, Bireno, Semmama.

Exogyra olisiponensis SHARPE (avec var. *oxyntas* COQUAND), Mrhila, Semmama, Bireno.

Exogyra africana LAMARCK, Mrhila, Semmama, Bireno, Ajered.

Exogyra Delettrei COQUAND, Mrhila, Semmama, Bireno.

Exogyra columba LAMARCK (avec *Ex. Mermeti* COQUAND), Mrhila, Semmama, Bireno.
Exogyra conica SOWERBY, Mrhila, Semmama.
Alectryonia carinata LAMARCK, Bireno.
Trigonia, Mrhila, Semmama, Bireno.
Cardita Nicaisei COQUAND, Rebeiba, Mrhila, Bireno.
Cardita Senarti THOMAS et PERON, Bireno.
— *Beuquei* COQUAND, Bireno.
Crassatella Baudeti COQUAND, Semmama.
— gr. *Marottiana* D'ORBIGNY, Mrhila.
Corbis thevestensis COQUAND, Bireno.
Cardium Desvauxi COQUAND, Bireno.
— *Mermeti* COQUAND, Bireno.
— *Coquandi* SEGUENZA, Mrhila, Semmama, Bireno.
Cardium Pauli COQUAND, Mrhila, Semmama, Bireno.
Cardium hillanum SOWERBY, Trozza, Mrhila, Bireno.
Isocardia aquilina COQUAND, Semmama.
Cyprina africana COQUAND, Bireno.
Dosinia Delettrei COQUAND, Bireno, Semmama.
Venus Reynesi COQUAND, Mrhila, Semmama, Bireno.
Venus Cleopatra COQUAND, Semmama.
Lavignon Marcouti COQUAND, Bireno, Semmama.
Pholadomya gr. *ligeriensis* D'ORBIGNY, Bireno.
Pholadomya, Mrhila, Semmama, Bireno.
Sauvagesia Nicaisei COQUAND, Serdj, Trozza, Mrhila, bou el Hanèche, Slata, Hamaïma.
Biradiolites (espèce à larges bandes), Serdj, bou el Hanèche, Bireno.
Turbo, Trozza.
Neritopsis, Mrhila.
Cerithium tenouklense COQUAND, Mrhila.
Cerithium pustuliferum BAYLE, Bireno.
Nerinæa nerinæformis COQUAND, Bireno.
Pterodonta Dutrugei COQUAND, Trozza, Mrhila, Bireno.
Tylostoma, Mrhila, Bireno.
Strombus incertus D'ORBIGNY, Mrhila.
— indét., Mrhila, Bireno.
Rostellaria, Rebeiba.
Turritella, Bireno.
Natica subexcavata THOMAS et PERON, Mrhila, Semmama.
Natica indét., Mrhila, Bireno.
Solarium cf. *moniliferum* MICHELIN, Guern er Rhezal, K. Rakrina.
Solarium, Trozza, Serdj.
Voluta Guerangeri D'ORBIGNY, Mrhila, Bireno.
Nautilus elegans D'ORBIGNY, Mrhila.
— *lævigatus* D'ORBIGNY, Mrhila.
— *Mermeti* COQUAND, Mrhila, Bireno.
Nautilus triangularis MONTFORT, Semmama.
Phylloceras (plusieurs espèces), Pont du Fahs, Si Abd el Kerim, Guern er Rhezal, K. Rakrina.
Lytoceras (Tetragonites) Timotheanum MAYOR, Pont du Fahs, Si Abd el Kerim, Guern er Rhezal, K. Rakrina.
Lytoceras indét., Kt. el Hamra, Si Abd el Kerim.
Lytoceras Agassizi PICTET, Si Abd el Kerim.
Pulchellia (?), Pont du Fahs, Si Abd el Kerim, Guern er Rhezal, Kt. er Rouaisse.
Hoplites, Zrissa.
Stoliczkaia dispar D'ORBIGNY, Zrizza (?), Mrhila.
Mortoniceras inflatum SOWERBY, Zrissa, Serdj, Mrhila, Semmama.
Placenticeras saadense THOMAS et PERON, Mrhila, Adira.
Engonoceras, Mrhila.

Neolobites Vibrayeanus D'ORBIGNY, Mrhila, Bireno.

Neolobites indét., Mrhila, bou el Hanèche.

Forbesiceras Largilliertianum D'ORBIGNY, Mrhila, Bireno.

Forbesiceras (?), Mrhila, Kt. el Hamra.

Acanthoceras gr. *nodosocostatum*, Kt. el Hamra.

Acanthoceras rotomagense BRONGNIART, Mrhila, Rebeiba.

Acanthoceras cf. *rotomagense*, Mrhila, Rebeiba.

Acanthoceras Newboldi KOSSMAT, Mrhila, Bireno, Semmama.

Acanthoceras Mantelli SOWERBY, Mrhila.

— cf. *Mantelli*, Mrhila, Rebeiba, Bireno.

Acanthoceras gr. *cenomanense* GUÉRANGER, Mrhila, Rebeiba, Bireno.

Acanthoceras cf. *Cuningtoni* SHARPE, Mrhila.

Acanthoceras laticlavium SHARPE, Rebeiba.

— aff. *meridionale* STOLICZKA, Mrhila.

Acanthoceras inconstans SCHLÜTER, Semmama.

Mammites cf. *conciliatus* STOLICZKA, Mrhila, Bireno.

Turrilites Wiesti SHARPE, Zrissa.

— *Morrisi* SHARPE, Kt. er Rouaisse, Si Abd el Kerim, Mrhila.

Turrilites Puzosianus D'ORBIGNY, Serdj, Zrissa.

Turrilites Bergeri BRONGNIART, Mrhila.

— *Scheuchzerianus* BOSC, Mrhila, bou el Hanèche.

Turrilites Desnoyersi D'ORBIGNY, Mrhila.

— *costatus* LAMARCK, Guern er Rhezal, Rebeiba.

Turrilites aff. *elegans*, D'ORBIGNY, Guern er Rhezal.

Hamites virgulatus BRONGNIART, Zrissa.

Hamites aff. *elegans* D'ORBIGNY, Guern er Rhezal.

Hamites, Pont du Fahs.

Puzosia Mayoriana D'ORBIGNY, Pont du Fahs, Kt. er Rouaisse, Guern er Rhezal, Kt. el Hamra.

Desmoceras (plusieurs espèces), Pont du Fahs, Si Abd el Kerim, Guern er Rhezal, Kt. er Rouaisse, Zrissa.

Baculites cf. *baculoides* MANTELL, Pont du Fahs, Si Abd el Kerim, Kt. er Rouaisse, Guern er Rhezal, Zrissa, Kt. el Hamra.

Scaphites æqualis SOWERBY, Pont du Fahs, Si Abd el Kerim, Guern er Rhezal.

Scaphites indét., Guern er Rhezal, Si Abd el Kerim.

Belemnites minimus LISTER, Pont du Fahs, Mesmote, Serdj.

Belemnites ultimus D'ORBIGNY, Pont du Fahs, Serdj, Trozza, Mrhila.

Ptychodus decurrens AGASSIZ, Sif el Anz.

TURONIEN

HISTORIQUE

La première citation concernant l'étage turonien en Tunisie se trouve dans l'ouvrage de Dru et Munier-Chalmas (1). Toutefois Dru, auteur de la partie stratigraphique n'apporta pas une preuve indiscutable de l'existence de ce terrain ; d'ailleurs, les fossiles recueillis par le Ct Roudaire et lui, ne l'ont pas toujours été d'une façon méthodique et les auteurs reconnaissent eux-mêmes qu'il y a eu des mélanges. Aussi, quand on a éliminé les espèces nouvelles et celles qui sont manifestement hors de place (comme, par exemple, *Nerinæa Pauli* Coq., fossile de l'Aptien), il ne reste plus pour caractériser le Turonien que *Ostrea cadierensis* Coq., qui, en Provence et en Algérie, se rencontre dans le Santonien et un *Sphærulite* que Bayle a rapproché de son *S. syriacus*, mais dont le nom est suivi sur la liste d'un point d'interrogation.

En 1884, Pomel (2) avait signalé le Turonien au bou Kournin et au Dj. Reçass, montagnes qui appartiennent en réalité au Jurassique, comme Rolland l'a établi à la suite des travaux des géologues italiens. Quelques années auparavant, Stache (3) avait déjà indiqué près d'Hammam Lif des calcaires roses à Hippurites, mais sans préciser davantage.

Enfin la mention du *Radiolites lumbricalis* faite par Aubert (4), laisse aussi planer des doutes sur l'existence du Turonien au bou Kournin, l'unique exemplaire étant en fort mauvais état et surtout n'ayant pas été recueilli en place, mais à Tunis chez un commerçant en matériaux de construction.

Aussi doit-on attribuer à Thomas la preuve de l'existence du Turonien en Tunisie ; les fossiles décrits par Peron (5) ne laissent aucun doute à ce sujet. J'ai pu, en outre, retrouver un certain nombre de gisements que mon éminent prédécesseur avait bien voulu m'indiquer, et, partant de là, étudier la constitution et l'extension du Turonien dans la région centrale.

DESCRIPTION

Mrhila

L'un des points les plus remarquables est le cirque de Foum el Guelta, dans le Dj. Mrhila (fig. 14), où le Turonien est très bien développé et susceptible d'être pris comme type de l'étage.

(1) Dru et Munier-Chalmas : Miss. chotts tunisiens, p. 49-54.
(2) Pomel : Géol. petite Syrte, p. 217 et Géol. côte Tunisie, p. 20.
(3) Stache : Geol. Touren, p. 36.
(4) Aubert : Sur quelques points géol. Tunisie, p. 334.
(5) Peron : Description des invertébrés fossiles de la Tunisie.

Sur les dernières assises du Cénomanien, caractérisées par *Neolobites Vibrayeanus* et *Exogyra olisiponensis*, repose un banc de calcaire (*a*), parfois légèrement dolomitique et carié, épais de 3 m. en moyenne, par lequel débute le Turonien. Les fossiles y sont rares et difficiles à dégager ; on y trouve cependant quelques Oursins : *Holectypus turonensis* Desor, *Hemiaster* ou *Periaster*. Ce banc supporte une trentaine de mètres de marnes (*b*) bleues, un peu cendrées, devenant jaunes à l'air, beaucoup plus claires et un peu plus dures que les marnes cénomaniennes. Vers le milieu s'intercalent quelques lits calcaires, qui deviennent de plus en plus nombreux et finalement demeurent seuls (*c*). Ces alternances de marnes et calcaires constituent le niveau fossilifère par excellence ; dans la partie inférieure (*b*), en effet, les fossiles sont rares, tandis qu'au milieu ils sont très abondants, particulièrement les Lamellibranches du genre *Lima*, les Gastropodes du genre *Tylostoma* et les Ammonites. Voici du reste la liste des fossiles que j'ai recueillis en ce point :

Cyphosoma regulare Ag.
— *majus* Coq.
Orthopsis miliaris Cott.
Hemiaster
Periaster Verneuili Desor
Periaster
Membranipora elliptica Rss.
Inoceramus labiatus Schloth.
Lima Grenieri Coq.
— *subsimplex* Th. et P.
Cardium productum Sow.
Dosinia cataleptica Coq.
Cerithium Sancti Arromani Th. et P.
Tylostoma Cossoni Th. et P.
Neoptychites Rollandi Th. et P.

Ces deux dernières formes sont tout à fait caractéristiques du Turonien de la région centrale et pourraient être utilisées pour désigner ce niveau.

Sur ces marnes et calcaires repose une deuxième strate calcaire formant une sorte de barre de 5-6 m. d'épaisseur (*d*). Le calcaire en est blanc, très dur et un peu siliceux, mais ne renferme pas ici de silex (bien que ceux-ci se montrent à peu de distance de ce point) ; il est susceptible de prendre un très beau poli et fournirait une remarquable pierre de grand appareil.

En ce point, les couches ont une pente de 50° environ vers le S-E, de sorte que, les marnes comprises entre ces deux bancs calcaires ayant été enlevées par érosion, il reste deux puissantes murailles inclinées, dont la hauteur atteint parfois une vingtaine de mètres et que l'oued Guelta a dû couper pour se frayer un passage à travers la plaine (vue n° XXXVI).

Les fossiles sont très rares dans ce banc calcaire supérieur, mais présentent un intérêt tout spécial. Ce sont en effet des *Hippurites Requieni* Math. et des *Biradiolites* voisins de *B. lumbricalis* d'Orb., que je n'ai trouvés qu'en un seul point, sur la face supérieure de ce banc, à une centaine de mètres au S de la coupure de l'oued.

Ces calcaires à Hippurites sont surmontés de calcaire un peu marneux et noduleux (2-3 m.), puis de marnes bleues (*e*) épaisses ; je n'y ai rencontré que quelques Échinides : *Holaster Descloiseauxi* Coq. et *Hemiaster latigrunda* P. et Gr. Le tout se termine par des alternances de calcaires durs un peu jaunâtres et de calcaires blancs noduleux plus tendres (*f*), où je n'ai vu que quelques mauvais Lamellibranches, recouverts par les grès miocènes en discordance à peine sensible. L'ensemble de ces couches, depuis les calcaires à Hippurites, mesure environ 40 m. d'épaisseur, c'est-à-dire que la puissance du Turonien en ce point est de 80 m. Il serait, du reste, possible que les dernières couches dussent être attribuées au Sénonien, mais je n'ai pas trouvé ici de fossiles permettant de l'affirmer.

La succession des couches est la même au Kef Si Abd el Kader (Kef et Tella de l'ancienne carte et des ouvrages de Thomas et Peron), comme le montre la coupe (fig. 15); mais, en cet endroit, les premiers termes se rencontrent seuls. Le banc calcaire inférieur (*a*) est continu sur une grande longueur vers le S (Dj. Fekirine) (fig. 20) ; par contre, les marnes ont été découpées en une série de collines coniques (Koudiats) ou un peu allongées, qui s'alignent sur le faîte du Dj. Fekirine, toutes couronnées par un fragment du calcaire à *Hippurites* (*d*), comme on le voit sur la coupe. Ces marnes sont aussi fossilifères que celles de Foum el Guelta, dans leur partie supérieure (*c*). Les principaux fossiles sont les suivants :

Orthopsis miliaris Cott.
Cyphosoma regulare Ag.
— *majus* Coq.
Holectypus turonensis Des.
Pyrina
Periaster cf. *Verneuili* Des.
Periaster (2 espèces)
Lima Grenieri Coq.
— *subsimplex* Th. et P.
— *Delettrei* Coq.
Cardium productum Sow.
Cardium subproductum Th. et P.
Cerithium Sancti Arromani Th. et P.
Tylostoma Cossoni Th. et P.
Strombus
Natica æquiaxis Coq.
Voluta
Pachyceras superstes Kossm.
Neoptychites Rollandi Th. et P.
Mortoniceras cf. *salmuriense* Courtiller
Acanthoceras sp. nov.

Les fossiles contenus dans le banc calcaire (*d*) qui forme la plate-forme du Kef Si Abd el Kader sont rares et difficiles à extraire. J'ai pu cependant obtenir :

Cyphosoma regulare Ag.
Holectypus turonensis Desor
Pyrina
Echinobrissus daglensis Th. et Gr.
Tylostoma Cossoni Th. et P.

Les couches supérieures à ces calcaires n'existent plus ici et ne se rencontrent qu'au S de la coupure de l'oued Gorbedj el Bidh. Ce sont des alternances de marnes et de calcaires, ceux-ci dominants, où j'ai trouvé *Acanthoceras* cf. *ornatissimum* Stol. et *Pachydiscus peramplus* Mantell. Les fossiles n'y sont du reste pas nombreux.

La limite du Sénonien n'y est marquée par aucun changement notable de facies ; je l'ai placée en un point caractérisé par l'arrivée de fossiles nouveaux, parmi lesquels *Ostrea Boucheroni* Coq., espèce nettement sénonienne. Ces dernières couches du Turonien semblent présenter ici une épaisseur notablement plus faible qu'à Foum el Guelta, ce qui tendrait à faire croire qu'en ce dernier point les couches initiales du Sénonien ont été réunies au Turonien.

Au N de cette dernière localité, le Turonien est aussi bien développé sur le flanc W que sur le flanc E de la chaîne. Sur le versant occidental, il se montre deux fois par suite d'une faille, et peut être facilement étudié au Kranguat de la piste de Sbiba. Les fossiles y sont nombreux, en particulier les Ammonites, dont plusieurs sont nouvelles.

Sur le versant S-E, un des points les plus remarquables se trouve près d'A. bou Rhelem. La coupe (Pl. I, fig. 5) ne présente du reste que de faibles différences avec celle de Foum el Guelta. Le Turonien débute encore ici par une barre de calcaire un peu gréseux (*a*), épaisse de 2 m. et redressée à 70 ou 80° ; on y voit quelques *Neoptychites Rollandi* Th. et P. Puis viennent 20 m. de marnes bleues (*b*) peu fossilifères. Par contre, les calcaires marneux tendres (*c*) qui leur font suite (3-4 m.) sont riches en beaux fossiles :

Cyphosoma majus Coq.	*Biradiolites* cf. *cornu pastoris* d'Orb.
— aff. *therestense* Coq.	*Chenopus*
Holectypus turonensis Des.	*Tylostoma Cossoni* Th. et P.
Periaster cf. *Verneuili* Des.	*Globiconcha*
Periaster	*Voluta*
Hemiaster	*Pachyceras superstes* Kossm.
Avicula aff. *atra* Coq.	*Neoptychites Rollandi* Th. et P.
Inoceramus labiatus Schloth.	*Placenticeras*
Plicatula	*Mortoniceras* cf. *salmuriense* Courtiller
Cardium	*Acanthoceras*
Dosinia cataleptica Coq.	*Mammites nodosoides* Schloth.

Après quelques mètres de marnes, se présente un banc gréseux (*c'*) de 50 cm. qui n'existe pas à Foum el Guelta, suivi de nouveau de marnes bleues (15 m.). La 2me barre calcaire (*d*), épaisse de 4 m., est ici verticale et déchaussée des deux côtés, de manière à simuler un mur de 10 m. de hauteur, percé à jour çà et là, et au flanc duquel est accolé un aqueduc romain. Cette barre calcaire est suivie de calcaires en lits minces avec quelques marnes intercalées (*e-f*), où je n'ai vu que de mauvais fossiles (30 m.). Directement au-dessus sont les grès miocènes, également verticaux. En ce point, le Turonien a donc environ 80-90 m. d'épaisseur.

On voit par ce qui précède que le Turonien présente une composition constante dans tout le massif du Mrhila, et que, malheureusement, presque tous les fossiles proviennent des mêmes couches. On peut cependant y indiquer deux divisions, un **Turonien inférieur** (correspondant aux couches *a-c*), caractérisé par *Periaster Verneuili*, *Inoceramus labiatus*, *Neoptychites Rollandi* et un **Turonien supérieur** (*d-f*), comprenant toutes les couches qui sont au-dessus, caractérisé par *Pachydiscus peramplus* et *Hippurites Requieni*. Cette forme est citée le plus souvent du Turonien supérieur, mais quelquefois aussi du Santonien ; ce qui prouve que nous sommes ici à la limite des deux étages. Cependant, comme j'ai trouvé *Pachydiscus peramplus* au-dessus des couches à *Hippurites*, je crois devoir laisser celles-ci dans le Turonien.

Semmama

Le Turonien se retrouve sous un facies analogue au Dj. Chaâmbi et Dj. Semmama. Comme le montre la coupe de cette montagne (Pl. I, fig. 5), le Turonien débute par un banc de calcaire blanc très dur et un peu siliceux (*a*), épais de 5 m., suivi de marnes plus ou moins calcaires (*b*). dans lesquelles sont intercalés vers les 2/3 supérieurs des lits de rognons calcaires (*c*), renfermant des *Periaster*, divers Lamellibranches et Gastropodes, ainsi que *Neoptychites Rollandi* TH. et P. Les mêmes fossiles se retrouvent dans la partie supérieure des marnes (*c'*), associés à plusieurs Ammonites nouvelles ou indéterminées, parmi lesquelles un *Sphenodiscus*. Immédiatement au-dessus vient la 2me masse calcaire (*d*), épaisse de 5-7 m., supportant la 3me terrasse (la dernière avant le signal). Ici le calcaire est blanc ou légèrement gris et dolomitique, suivi d'autres calcaires en bancs plus minces, également dolomitiques et renfermant des silex bruns, qui parfois se prolongent en lames ; leur épaisseur est de 15 m. environ. Les marnes et calcaires qui viennent au-dessus et supportent le signal sont à rattacher au Sénonien, car on y trouve *Ostrea Boucheroni* COQ., mais on ne saurait indiquer la limite précise des deux étages dissimulée sous les éboulis. L'épaisseur totale du Turonien est encore ici de 80 m. environ.

Au Chaâmbi, la constitution de ce terrain est sensiblement la même (Pl. I. fig. 7-9).

Bireno Le Turonien affleure largement dans le Dj. Bireno, avec une composition légèrement différente de celle du Mrhila ; la faune possède aussi quelques types particuliers. A Aïn el Glaa (Pl. II, fig. 5), le Turonien débute par un banc de calcaire marneux blanc jaunâtre (*a*), épais de 2 m., plus tendre et moins distinct que dans les cas précédents ; on y voit seulement quelques Inocérames et Tylostomes. Les marnes (*b*) qui viennent au-dessus sont bleu clair, un peu esquilleuses et plus dures qu'à Foum el Guelta. Sur 40 m. d'épaisseur, la moitié inférieure ne contient pas de lits calcaires et est très pauvre en fossiles ; par contre, dans la partie supérieure, les lits calcaires alternent régulièrement avec les marnes et même deviennent prédominants vers le haut (*c*). C'est alors le niveau fossilifère par excellence. J'y ai recueilli :

Cyphosoma majus COQ.
— aff. *thevestense* COQ.
Arca
Inoceramus labiatus SCHLOTH.
Lima Grenieri COQ.
— *subsimplex* TH. et P.
Ostrea aff. *tetragona* BAYLE
Cardium subproductum TH. et P.
Bulla thevestensis COQ.
Tylostoma Cossoni TH. et P.
Vascoceras Durandi TH. et P.
Neoptychites Rollandi TH. et P.
Mammites nodosoides SCHLOTH.

La montagne est couronnée par le banc calcaire supérieur (*d*), épais ici d'une vingtaine de mètres. C'est un calcaire blanc ou rosé, prenant un très beau poli et qui, vers le milieu de son épaisseur, en (*r*), renferme des *Hippurites*; on en voit, en particulier, de nombreuses sections près d'A. el Glaa, sur la piste même, au point où celle-ci franchit le Kef Moti. J'y ai observé aussi quelques Ammonites assez frustes, se rattachant aux *Neoptychites*.

A Aïn el Glaa, la coupe s'arrête là ; il est facile de voir qu'elle est incomplète. Si, en effet, on se transporte sur le flanc S de l'anticlinal, on constate, au Kranguet el Guerdjouma par exemple, que le Sif er Rhrab est constitué par cette masse de calcaire à Hippurites (*d*), suivie de 20 ou 30 m. de calcaires en bancs de 30 cm. en moyenne (*c-f*) et qui supportent eux-mêmes les marnes à *Hemiaster Fourneli*, c'est-à-dire le Sénonien.

Ce niveau à Rudistes se retrouve dans tout le massif du Bireno, occupant toujours la même position vers le milieu de la masse calcaire supérieure; au Dj. Oum Anane et au Kef Dar el Hallouf en particulier, la roche est un calcaire jaune ou rougeâtre formé presque uniquement d'Hippurites écrasées; en d'autres points, les échantillons ne sont pas déformés et on peut y reconnaître *Hippurites Requieni* MATH., associé à des *Biradiolites* très allongés.

La carte montre suffisamment l'extension du Turonien dans le Bireno; aussi me bornerai-je à signaler deux points remarquables pour les fossiles qu'on y rencontre et qui mériteraient d'être exploités méthodiquement à ce point de vue. C'est d'abord la petite crête située au-dessus d'A. Sfaia au N-E d'A. el Glaa, et les environs d'A. es Settara.

Dans la première de ces localités, outre les espèces qui ont été citées à propos d'A. el Glaa, on peut recueillir :

Orthopsis miliaris COTT.
Periaster Verneuili DES.
— cf. *elionensis* GR.
Periaster (3 espèces)
Membranipora elliptica RSS.
Arca (5 espèces dont l'une très voisine d'*A. ligeriensis* D'ORB.)
Cardium productum SOW.
Cardium guttiferum MATH.
Rostellaria
Natica
Vascoceras (plusieurs espèces, dont l'une voisine de *V. Douvillei* CHOFFAT)
Neoptychites cephalotus COURTILLER (1)
Pseudotissotia, et plusieurs formes inédites.

L'autre point remarquable est le Kranguet es Slougui (Aïn es Settara) (Pl. II, fig. 10), situé entre le Dj. el Hamra et le Dj. bou Rhanem el Guedim, colline formée par le Turonien. Celui-ci débute par un banc calcaire (*a*), suivi de 40 m. de marnes (*b*) et calcaires qui sont d'une extrême richesse en fossiles, parmi lesquels je citerai : A. es Settara

Hemiaster
Periaster Verneuili DES.
Membranipora elliptica RSS.
Lima Grenieri COQ.
— *subsimplex* TH. et P.
Inoceramus labiatus SCHLOTH.
Plicatula
Ostrea aff. *tetragona* BAYLE
Dosinia cataleptica COQ.
Tylostoma Cossoni TH. et P.
Voluta
Pachyceras superstes KOSSM. (et une autre forme voisine)
Vascoceras Durandi TH. et P. (dont quelques exemplaires atteignent 45 cm. de diamètre et 20 d'épaisseur) associé à un autre *Vascoceras* indéterminé
Neoptychites Rollandi TH. et P.
— *cephalotus* COURT.
Mortoniceras cf. *salmuriense* COURT.
Mammites nodosoides SCHLOTH. (dont quelques-uns énormes)
Pachydiscus cf. *peramplus* MANTELL.

(1) Je considère avec de Grossouvre *Neoptychites telinga* STOL. comme identique à *N. cephalotus* COURTILLER; j'ai eu en main le type de Courtiller et ne conserve plus aucun doute à ce sujet, mais je

Les *Tylostomes* sont les fossiles dominants, puis les *Lima* et les Ammonites, particulièrement *N. Rollandi* et *M. nodosoides*.

Ces marnes et calcaires sont suivis de lits calcaires (*c*) minces et réguliers, ne se divisant pas en rognons, et contenant encore quelques Gastropodes et Ammonites, mais peu nombreux. Un banc de calcaire dur grisâtre, un peu dolomitique, épais de 5 m. (*d*), constitue le niveau à *Hippurites*. Un énorme bloc affaissé dans la plaine à 5-600 m. au S est particulièrement riche en *Hippurites* se rapportant pour la plupart à *H. Requieni* MATH., mais quelques spécimens à piliers longs et pincés se rapprochent davantage de *H. prætoucasi*. Quinze mètres de calcaires dolomitiques (*d'*) en bancs réguliers de 30-40 cm., qui ne sont sans doute que la suite du précédent, font la transition à un banc de dolomie (*e*) grise ou rousse en surface, épais de 7 m., formant la corniche du bou Rhanem el Guedim. Celui-ci est coupé par 4-5 failles à peu près parallèles à la grande fracture du Kranguet es Slougui et présente en outre quelques faibles ondulations du côté N. Bien souvent, les trois divisions supérieures se confondent plus ou moins en une masse unique de dolomie cristalline épaisse d'une trentaine de mètres. Enfin, le Turonien se termine par quelques bancs de calcaire dolomitique (*f*), qu'on ne retrouve plus qu'au bas des pentes N, où ils sont recouverts par les marnes sénoniennes.

J'ajouterai enfin que, tout près de là, à A. er Rmila, un banc de calcaire gris, qui semble correspondre à (*d*), est rempli de *Sauvagesia*, mais sans *Hippurites*.

Le Turonien se poursuit avec le même facies dans tout le Draa Rhourfet er Roumia, dont la crête consiste en un calcaire à *Hippurites* jaune ou rouge, qui a sans doute fourni les belles colonnes d'Haïdra, où ces fossiles abondent et dont les semblables se remarquent dans la basilique de Tébessa ; en certains endroits ces calcaires sont remplis de silex gris. Le même terrain se reconnaît au Kranguet el Mouhad, au Dj. Zbissa, où il est en contact anormal avec le Trias, au Dj. es Sif, où les calcaires supérieurs forment une seule masse de 40-50 m. de puissance, coupée par le Kranguet el Djemel (fig. 17).

bou el Hanèche Ayata

Plus au N, le Turonien affleure dans tout l'arc qui entoure le bou el Hanèche et le Zrissa, mais avec une composition déjà notablement différente. Il comprend un banc calcaire (1 m.), des marnes (20 m.) et de nouveau un banc calcaire (7-8 m.), qui couronne une série de petites collines alignées au pied de la montagne et produit la petite cascade d'A. el Oulidja. Cet ensemble est peu fossilifère ; néanmoins, une Ammonite que j'y ai trouvée permet de le rattacher au Turonien. Au-dessus, se développent 30-40 m. de marnes bleues, dures, esquilleuses, contenant des rognons de pyrite, dont un bon nombre sont des polypiers, et divers fossiles :

dois faire observer que c'est ce deuxième nom qui a la priorité, contrairement à l'opinion de Grossouvre. Celui-ci ne paraît avoir connu que la note de Courtiller sur « Les ammonites du Tuffeau » parue en 1867, tandis que le mémoire de Stoliczka remonte à 1864 ; mais l'Amm. cephalotus avait déjà été décrite et figurée par Courtiller dès 1860 dans les Mémoires de la Société impériale d'agriculture, sciences et arts d'Angers, III, p. 248, pl. II, fig. 1-4. C'est donc le nom de *Amm. cephalotus* COURTILLER qui a la priorité et doit remplacer *Amm. telinga* STOL.

Hemiaster cf. *latigrunda* P. et Gn.
Inoceramus labiatus Schloth.
Pachyceras superstes Kossm.
Neoptychites Rollandi P. et Th.
Mammites nodosoides Schloth.

Plus haut, les marnes alternent sur 40 ou 50 m. avec des lits de calcaire marneux tendre et contiennent un peu de gypse fibreux et quelques fossiles assez mal conservés : *Hemiaster, Pachyceras superstes* Kossm., *Neoptychites cephalotus* Court., mais, fait notable, on ne trouve ici ni les Tylostomes, ni les *Lima*, qui forment le fond de la faune dans la région précédemment étudiée. On voit en outre que les bancs de calcaire dolomitique, si constants dans le Sud, ont complètement disparu.

Au pied de la Kalaat es Snam, le Turonien s'étale largement au bas des pentes. Sur les marnes noires et presque nivelées du Cénomanien (Pl. I, fig. 10) reposent 20-30 m. de marnes schisteuses (*a*) d'un bleu très foncé en dedans, mais devenant presque blanches à l'air, et assez dures pour se tenir sous une forte pente et causer de petites cascades dans les oueds. Elles sont suivies de 50 m. de marnes (*b*) d'un bleu plus clair, dures et esquilleuses, où je n'ai pu trouver de fossiles. Ceux-ci, par contre, sont très abondants un peu plus haut, dans des marnes avec bancs calcaires se divisant en pavés ou en rognons (*c*). Parmi eux je noterai : Kalaat es Snam

Cyphosoma majus Coq.
— *thevestense* Coq.
— aff. *regulare* Ag.
Holectypus turonensis Des.
Hemiaster
Avicula gravida Coq.
Inoceramus labiatus Schloth.
Cerithium Sancti Arromani Th. et P.
Tylostoma Cossoni Th. et P.
Voluta Villei Th. et P.
Neoptychites Rollandi Th. et P.
— *cephalotus* Court.
Mammites nodosoides Schloth.

Le Turonien se termine ici par quelques bancs de marnes et calcaires (*d-f*) sans fossiles. L'ensemble de ces deux derniers termes a environ 50 m. d'épaisseur, ce qui porte à 130 ou 140 m. la puissance totale du Turonien, un peu plus grande ici qu'ailleurs. Du reste, le Sénonien qui le surmonte est, lui aussi, notamment plus épais que celui des régions voisines.

Une petite butte située sur le prolongement de cette bande turonienne et qui porte le nom de Draa el Miaad se fait remarquer par le nombre et la belle conservation des fossiles qu'on y trouve. Outre *Cyphosoma*, *Periaster Verneuili* Desor, *Inoceramus labiatus* Schloth. et divers Gastropodes, qui prouvent que nous avons bien affaire au même niveau, je signalerai la présence d'Ammonites très particulières, dont plusieurs inédites. Une de ces Ammonites est très analogue sinon semblable à un *Oxynoticeras* ; une autre se rapproche de *Pachyc. superstes*, tout en restant nettement différente ; un *Neoptychites* semble intermédiaire entre *N. Rollandi* Th. et P. et *N. Xetra* Stol. Enfin plusieurs paraissent appartenir à des genres nouveaux.

Si l'on continue à remonter vers le N, le Turonien se reconnaît encore facilement au pied du Dj. Garn Halfaya, où il est tout entier à l'état de marnes bleuâtres schisteuses, offrant encore quelques *Neoptychites* écrasés, mais suffisamment reconnaissables. Garn Halfaya

El Kef

Par contre, plus au N, j'ai pu marquer le Turonien uniquement parce que je suivais depuis longtemps ses affleurements, mais ses limites, par rapport au Cénomanien et au Sénonien, deviennent très incertaines. Il en est ainsi dans toute la région du Kef, où j'ai cependant recueilli des Inocérames à plis fins, se rapprochant d'*I. Cuvieri*, ce qui indiquerait le Turonien supérieur.

Ouled Ayar

A l'E de la région que nous venons de considérer, le Turonien est bien caractérisé au Dj. Daala (Pl. II, fig. 3) (prolongement du Dj. Sidi ben Habbess) avec le facies du Mrhila. Il se reconnaît encore facilement d'une part au Dj. Trozza, et d'autre part dans la vallée de l'Oued Messemerh entre le Dj. Barbrou et le Dj. Mouella, grâce à la présence d'*Hemiaster latigrunda* P. et GH. et de *Neoptychites cephalotus* COURT., mais plus au N, on perd sa trace. Ainsi, dans la grande dépression située au S de la Kessera, le Turonien est probablement représenté par des marnes schisteuses très foncées en profondeur et blanches en surface, qui sont entamées par l'Oued el Balloul un peu en dessous de sa source. Des marnes et calcaires, formant un pli très aigu accompagné de faille et à peu près parallèle au bord d'El Guerria, doivent vraisemblablement aussi être rapportées au Turonien.

Serdj Bargou

Au N de la Kessera et tout autour du Serdj et du Bargou, le Turonien n'est plus discernable, et cependant il existe certainement, mais se confond avec le Cénomanien. Comme on l'a vu plus haut, celui-ci est constitué par une puissante série de calcaires jaune verdâtre, en bancs épais, ne laissant que quelques intercalations marneuses. Le Turonien correspond à la partie supérieure de cet ensemble, où les marnes sont peut-être un peu plus développées et les calcaires un peu plus tendres ; mais je n'ai pu y trouver aucun fossile typique, à peine quelques empreintes d'Inocérames ressemblant à *I. labiatus* ; la limite du Turonien et du Cénomanien est donc tout à fait indéterminée, les fossiles étant aussi rares dans une formation que dans l'autre.

Aussi, quoique je me sois efforcé de séparer ces deux étages sur les minutes de ma carte, je préfère maintenant les laisser réunis sous une teinte unique. Mais il est bien entendu que la série est complète, que le Turonien existe ; quant à sa limite supérieure, elle doit sensiblement coïncider avec l'arrivée de *Plesiaster Peini* ; en tout cas c'est la première espèce franchement sénonienne qui apparaisse.

Extension et subdivision de l'étage turonien. — On voit donc par cet exposé que le Turonien existe dans toute la région centrale, contrairement à l'opinion courante, et que, au S de la latitude de Maktar, il est même très bien caractérisé. Cependant son existence a été généralement méconnue ; à part THOMAS, qui l'a bien indiqué en divers points, les autres auteurs ne le citent point ou le rattachent au Sénonien. AUBERT, qui était cependant passé à A. el Glaa, n'y a pas reconnu le Turonien. Dans le massif de Thala, dit-il [1], le Turonien n'est pas net (et cependant il cite l'*Amm. Deverianus*) ; en aucun point il n'a pu y découvrir d'*Hippurites*, quoique le Bireno soit le gisement le plus remarquable de ces fossiles et le seul où ils soient communs.

(1) AUBERT : Expl. carte géol., p. 21.

De ce qui précède on peut conclure que la mer turonienne a dû couvrir toute la Tunisie centrale et peut-être même la Tunisie en son entier, car ses dépôts se trouvent assez loin dans le S et paraissent d'autre part s'étendre jusqu'aux environs de Tunis, quoique dans ce cas le Turonien n'aît pas encore été suffisamment caractérisé.

Dans toute la Tunisie centrale, et surtout dans la partie méridionale de celle-ci, le Turonien se relie d'une part au Cénomanien et d'autre part au Sénonien; il doit donc être considéré comme complet. Mais, comme presque tous les fossiles sont localisés au même niveau, je dois me borner à y établir deux divisions, un **Turonien inférieur, Ligérien** ou **Salmurien**, formé de marnes et calcaires, bien caractérisé par la présence de *Periaster Verneuili, Inoceramus labiatus, Neoptychites cephalotus* et *Mammites nodosoides,* pour ne citer que les formes connues en France, et un **Turonien supérieur** ou **Angoumien,** comprenant les bancs à *Hippurites* de Foum el Guelta et les couches situées au-dessus jusqu'au niveau à *Ostrea Boucheroni.* Les fossiles caractéristiques de cette subdivision sont peu nombreux ; outre les Inocérames voisins d'*Inoceramus Cuvieri* de la région du Kef, il importe surtout de citer les *Hippurites Requieni* qui, en France, se rencontrent dans les derniers bancs du Turonien et les premiers du Coniacien.

Caractères de la faune. — Quand on considère l'ensemble de la faune turonienne, on est immédiatement frappé de ses caractères particuliers ; elle ne se rattache ni à celle du Cénomanien, ni à celle du Sénonien, et peut justement être qualifiée de *cryptogène.* Cette circonstance m'a du reste grandement facilité la délimitation cartographique de cet étage, puisque le plus souvent il suffit d'un ou deux fossiles pour être fixé.

Parmi les Échinides cénomaniens, les *Hemiaster* possèdent la prééminence ; au Turonien, celle-ci revient aux Oursins réguliers, en particulier aux *Cyphosomes* ; les *Hemiaster* sont presque des exceptions et sont remplacés par divers *Periaster.* Les moules internes de Lamellibranches, qu'on trouve à foison dans le Cénomanien marneux du type Tébessa-Mrhila, ne se rencontrent plus au Turonien ; seuls les représentants du genre *Lima* sont abondants (*Lima Grenieri* et *L. subsimplex,* ce dernier persistant dans les premières couches Sénoniennes). Les Ostracés, si caractéristiques aussi bien du Cénomanien que du Sénonien, font presque défaut ici. Parmi les très nombreux fossiles que j'ai recueillis dans le Turonien, il n'y a pas 10 échantillons d'une Huître, du reste peu typique et voisine d'*O. tetragona* Bayle. Les Gastropodes sont surtout représentés par le genre *Tylostoma,* particulièrement *T. Cossoni* qui est bien certainement le fossile le plus commun de cet étage, et *Cerithium Sancti-Arromani,* deux formes faciles à distinguer et qui peuvent servir de guides.

Mais, c'est surtout parmi les Céphalopodes que la transformation est radicale. Les *Pachyceras,* les *Neoptychites,* les *Mammites* et ces curieux *Oxynoticeras* n'ont aucun précurseur au Cénomanien et, j'ajouterai, aucun successeur au Sénonien. Et encore dois-je faire mention de plusieurs Ammonites appartenant à des types très particuliers que je me propose de faire connaître dans un mémoire paléontologique qui sera le complément de cette description stratigraphique.

On remarquera enfin que cette faune ne renferme aucun représentant des *Tissotia*, c'est-à-dire « aucune Ammonite à cloisons complètement cératitiformes » (¹), mais seulement de ces formes dont Peron a fait son genre *Pseudotissotia*. Je suis donc entièrement d'accord avec cet auteur, et je pense que les vrais *Tissotia* n'apparaissent que dans le Sénonien, comme on le verra plus loin, contrairement à l'avis émis par de Grossouvre (²).

Un fait curieux à signaler encore est la ressemblance étrange de plusieurs Ammonites turoniennes avec des formes jurassiques. L'*A. superstes* est tellement semblable extérieurement à *Stephanoceras coronatum*, que cela a induit Peron en erreur ; elle est accompagnée au Draa el Miaad d'un autre *Pachyceras*. Les *Oxynoticeras* que j'ai cités, dont la gangue est un calcaire blanc jaunâtre, simulent des espèces du Lias, et cette récurrence des formes jurassiques se produit encore chez quelques espèces inédites.

Cette transformation radicale de la faune est d'autant plus remarquable qu'aucun mouvement de quelque importance ne paraît s'être produit avant, ni après le Turonien dans toute la région que j'ai spécialement étudiée, où cet étage se relie d'une part au Cénomanien et de l'autre au Sénonien, sans lacune apparente.

COMPARAISON AVEC LES RÉGIONS VOISINES

Le Turonien, que nous avons vu si bien développé dans le Bireño et au Kranguet el Mouhad, passe naturellement en **Algérie ;** je l'ai suivi jusqu'à Tébessa, où il est encore si net que Coquand avait songé à en faire le type d'un étage Théyestien, terme qu'il abandonna pour celui de Mornasien (³). Les fossiles sont encore abondants, quoique les Ammonites soient moins nombreuses et surtout moins variées qu'en Tunisie. Dans les calcaires du Dj. Osmor, Coquand a trouvé *Hippurites organisans* et *H. cornu-vaccinum*, fossiles qu'il considérait comme caractéristiques de son Provencien, mais ces déterminations auraient peut-être besoin d'être revisées ; les quelques *Hippurites* que j'ai vues dans les colonnes de la basilique de Tébessa, lesquelles, d'après Coquand (⁴), proviennent du Dj. Osmor, ces *Hippurites* dis-je, m'ont paru fort voisines des formes tunisiennes. Il y aurait donc là quelques recherches à faire ; il serait du reste très intéressant de reprendre avec soin l'étude du Crétacé des environs de Tébessa.

Le Turonien existe également au Dj. Guelb avec le facies de la Kalaat es Snam ; c'est de ce point que proviennent *Neoptychites telinga* (= *cephalotus*), *Holcostephanus* (*Pachyceras*) *superstes* étudiés par Peron (⁵). Par contre, plus au N, au rocher de Cons-

(1) Peron : Les Ammonites du Crétacé supérieur de l'Algérie, p. 11.
(2) de Grossouvre : Les Ammonites de la Craie supérieure, p. 50.
(3) H. Coquand : Géol. S. prov. Constantine, p. 55.
(4) Id., p. 59. Coquand ne signale dans ces colonnes que *Radiolites lumbricalis*, quoique les *Hippurites* y soient fréquentes, comme dans les colonnes d'Haïdra.
(5) Peron : Amm. Crét. sup. Algérie, p. 14.

tantine, le Turonien a un facies tout différent ; ce sont des calcaires massifs renfermant quelques rares Rudistes, encore insuffisamment étudiés.

Dans le Sud de la province d'Alger, près de Laghouat, au Dj. Milok, nous retrouvons un Turonien tout à fait comparable à celui de Tunisie, ainsi qu'il résulte des renseignements donnés par PERON (1). Bon nombre de fossiles, en particulier de Céphalopodes (*Pachydiscus peramplus*, *P. Rollandi*, *P. Durandi*) existent dans les deux gisements et même le facies pétrographique présente une certaine analogie, puisque la crête du Milok est formée de calcaire dolomitique à silex, comme le sommet du bou Rhanem et Guedim. La chose n'a du reste rien de bien surprenant, puisque les chaînes sahariennes viennent s'épanouir en Tunisie.

Dans le Tell algérien, le Turonien fait défaut ou bien est méconnaissable ; c'est ce qui se produit également dans tout le Nord de la région étudiée.

Quant aux couches que WELSCH a rapportées au Turonien, près de Tiaret (2), elles semblent n'avoir presque aucun rapport avec celles dont nous nous sommes occupés précédemment.

Mais la ressemblance est frappante entre le Turonien de Tunisie et celui de certaines parties de l'**Espagne**, en particulier de la Vieille Castille. La lecture du travail de CHUDEAU le fait déjà pressentir (3), mais j'ai pu surtout m'en convaincre en examinant une série de fossiles rapportés de la même région par mon infortuné camarade CAMBRONNE. C'est identiquement le même facies de calcaires blancs de consistance irrégulière, peu favorable à la conservation des fossiles, parmi lesquels dominent les Gastropodes et les Ammonites. Beaucoup d'espèces sont communes aux deux régions. Sur les listes données par CHUDEAU (4), je relève : *Periaster Verneuili*, *Orthopsis miliaris*, *Lima subsimplex*, *Cardium subproductum*, de nombreux Gastropodes, surtout des *Tylostomes* — qui sont également les fossiles les plus communs en Tunisie, où ils sont représentés par des espèces fort voisines de celles d'Espagne et de Portugal, — des *Fusus* (*F. Tournoueri*), des *Cerithium* voisins de *C. Sancti-Arromani*. Parmi les Ammonites, CHUDEAU ne cite que *Mamm. Rochebrunei* (= *Revellierei* COQUAND.), qui semble en effet être la forme la plus commune dans la collection de CAMBRONNE et des *Tissotia*, qui n'ont malheureusement jamais été décrites. Mais HAUG, qui a eu en mains les matériaux de CHUDEAU, signale, dans son article « Turonien » de la Grande Encyclopédie, la présence d'*Oxynoticeras* qu'il serait bien intéressant de pouvoir comparer avec ceux que j'ai rapportés. C'est un fait d'autant plus remarquable que les *Oxynoticeras*, genre essentiellement intermittent, sont connus surtout dans les régions septentrionales (Allemagne, etc.), et n'ont pas été cités dans les régions méditerranéenne et indienne.

Il existe aussi de nombreuses affinités entre le Turonien de **Portugal** et celui de Tunisie. En particulier, le niveau à Ammonites du Turonien inférieur paraît répondre assez exactement au calcaire à Ammonites de Lares, de Costa d'Arnes et de l'embou-

(1) PERON : Les Ammonites du Crétacé supérieur, p. 17.
(2) WELSCH : Les terrains secondaires des environs de Tiaret et de Frenda, p. 166.
(3) R. CHUDEAU : Contribution à l'étude géologique de la Vieille Castille, p. 54 sqq.
(4) Id. p. 55, 61, 63.

chure du Mondégo ([1]). Le facies pétrographique offre déjà une certaine analogie; on trouve en effet en divers points de la Tunisie (Kalaat es Snam) de ces calcaires blanchâtres et crayeux en surface, alors qu'à l'intérieur ils sont gris et très durs. De part et d'autre, la faune se fait remarquer par l'abondance de certains genres, en particulier de Gastropodes : *Tylostoma, Natica, Chenopus,* etc., mais surtout par des Céphalopodes spéciaux, notamment les *Vascoceras,* genre également commun en Tunisie. Outre *Vascoceras Durandi,* j'ai recueilli des formes voisines de *Vascoceras Douvillei,* et *V. subconciliatum.* Choffat signale de plus à ce niveau : *Amm. pseudonodosoides* (or *A. nodosoides* est peut-être l'Ammonite la plus commune à Aïn es Settara), *Pachydiscus (Neoptychites) Rollandi, Amm.* aff. *superstes,* et une Ammonite aff. *Mammites thevestensis.* — En ce qui concerne le Turonien supérieur, les relations sont peut-être moins nettes, quoique néanmoins les calcaires à *Sauvagesia* d'Aïn er Rmila rappellent évidemment les calcaires à *Sphærulites* décrits par Choffat, mais ces derniers ne renferment pas d'*Hippurites.*

Au total, le Turonien de Tunisie a donc les plus grandes affinités avec celui de Portugal et du Sud de l'Espagne. Par contre, il semble n'avoir presque aucun rapport avec les dépôts de même âge du Nord de l'Espagne et des Pyrénées.

La faune du bassin de l'**Aquitaine,** qui nous est surtout connue par les beaux travaux d'Arnaud, dont de Grossouvre vient de nous donner une brillante synthèse, possède également bien des espèces en commun avec la Tunisie. Ainsi sur les listes données par de Grossouvre ([2]), je relève *Periaster Verneuili, Inoceramus labiatus, Mortoniceras salmuriense, Acanthoceras* (?) *superstes, Neoptychites telinga* (= *cephalotus*). En outre les Ammonites décrites par Coquand ([3]) sous les noms d'*Amm. Alphonsi* et *A. Boucheroni* paraissent avoir des représentants tunisiens, quoique, à vrai dire, il ne soit pas facile de se prononcer à ce sujet, vu la brièveté des descriptions et le manque de figures. Enfin, la couche (G) d'Arnaud contient *Radiolites lumbricalis* et *Hippurites Requieni.* La plupart de ces formes se retrouvent en **Touraine** ([4]), sauf les deux dernières et l'*Amm. superstes,* mais l'*Amm. peramplus* vient s'y ajouter.

Le Turonien de **Provence**, assez variable dans sa composition, offre parfois une certaine ressemblance, quant à sa faune, avec celui de Tunisie. Ainsi, aux Jeannots, de Grossouvre ([5]) cite comme provenant des marnes à *Periaster Verneuili* : *Mammites nodosoides, M. conciliatus, Pseudotissotia Douvillei,* Ammonites dont la première existe en Tunisie, tandis que les autres y sont représentées par des espèces voisines, et enfin dans les calcaires supérieurs, *Hippurites resectus,* qui est au moins très voisin de *H. Requieni.* Quand au **bassin d'Uchaux**, la ressemblance paraît moindre, et une fois les espèces banales éliminées, je ne trouve plus guère à citer que l'*Hippurites Requieni,* qui est classé ici dans le Coniacien.

Si l'on progresse vers le N, on constate aisément que les relations sont très

(1) Choffat : Le Crétacique supérieur au Nord du Tage, p. 167-199.
(2) de Grossouvre : Recherches sur la Craie supérieure, p. 384.
(3) H. Coquand : Synopsis des animaux et végétaux observés dans la formation crétacée du Sud-Ouest de la France, *B. S. G. F.* (2), XVI, p. 966.
(4) de Grossouvre : Id. p. 335.
(5) Id. p. 507.

vagues avec le Turonien du **Nord de la France** et de l'**Allemagne**. Assurément il y a quelques espèces communes (*I. labiatus*, *Mamm. nodosoides*, *Pach. peramplus*), mais elles se rencontrent partout. L'ensemble de la faune a un caractère bien différent dans les deux cas ; le seul lien est peut-être la présence dans le Turonien de Tunisie d'*Oxynoticeras*, genre si répandu dans le Crétacé inférieur du Nord de l'Allemagne, mais qui ne semble pas avoir été cité dans le Crétacé supérieur de ce pays.

Si, d'autre part, nous nous dirigeons vers l'E. nous voyons que le Turonien n'est connu en **Egypte** d'une manière précise qu'aux environs des Pyramides à Abou Roach. Les coupes de ce massif données par Fourtau (1) nous montrent cet étage sous forme de calcaires à *Periaster roachensis*, *Biradiolites cornu pastoris* et Gastropodes, mais sans aucun Céphalopode typique. Cependant Beadnell (2) a rapporté de l'oasis de Behariéh : *Hemiaster lusitanicus* (= *roachensis* ?), *Heterodiadema libycum*, *Tylostoma syriaca*, *Neolobites Vibrayeanus* et *Pachydiscus peramplus*, ce qui indique la présence de couches de passage du Cénomanien au Turonien.

Les auteurs qui se sont occupés de la géologie de la **Palestine** et de la **Syrie**, en particulier Larter et Blanckenhorn, n'ont pu jusqu'à présent y discerner un Turonien bien caractérisé ; il existe assurément, mais se présente comme un terme supérieur du Cénomanien, auquel il est intimement lié (3). Il en est de même dans le Liban, où Diener (4) a recueilli entre autres *Amm. nodosoides*, qui atteste la présence du Turonien, confondu avec la partie supérieure du Cénomanien pour former les « calcaires du Liban ».

Enfin le Turonien de Tunisie a les rapports les plus étroits avec celui de l'**Inde**, du district de Trichinopoly en particulier, ainsi que je l'ai indiqué antérieurement (5). La partie supérieure de l'Ootatoor group renferme en effet, d'après les recherches de Kossmat (6) : *Neoptychites telinga* (= *cephalotus*), *N. Xetra*, *Acanth. ornatissimum*, *Holcostephanus superstes* Kossm., fossiles qui comptent parmi les plus caractéristiques du Turonien de Tunisie ; d'autres sont représentés par des formes très voisines par exemple : *Acanth. Footeanum*. Il me paraît donc indéniable qu'il existe une étroite relation entre le Turonien de Tunisie et celui de l'Inde, relation qui laisse supposer une communication directe des mers couvrant les deux pays. Je reviendrai du reste sur ce sujet un peu plus loin.

(1) Fourtau : Notes sur les Échinides fossiles de l'Egypte. Le Caire, 1900, p. 14, 15, 17.
(2) Hugh J. L. Beadnell : Découvertes géologiques récentes dans la vallée du Nil et le désert libyen. C. R. VIIIe Congr. géol. internat. p. 852.
(3) Blanckenhorn : Beiträge zur Geologie Syriens, Cassel, 1890, p. 51.
(4) Diener : Libanon, Vienne, 1886, p. 38.
(5) L. Pervinquière : Sur un facies particulier du Sénonien de Tunisie, p. 790.
(6) Kossmat : Unters. über die Südind. Kreideform., p. 196.

LISTE DES FOSSILES DU TURONIEN

Orthopsis miliaris Cotteau, Mrhila, Bireno.

Cyphosoma majus Coquand, Mrhila, Bireno.

Cyphosoma thevestense Coquand, Klt. es Snam.

Cyphosoma regulare Agassiz, Mrhila.

Cyphosoma (espèces diverses), Mrhila, Klt. es Snam.

Holectypus turonensis Desor, Mrhila, Klt. es Snam.

Discoidea pentagonalis Cotteau, Fedj el Tmer.

Pyrina, Mrhila.

Echinobrissus daglensis Thomas et Gauthier, Mrhila.

Holaster Descloiseauxi Coquand, Mrhila.

Hemiaster latigrunda Peron et Gauthier, Mrhila, Djildjil, Fedj et Tmer.

Hemiaster cf. *latigrunda*, Bou el Hanèche.

Hemiaster indét., Mrhila, Semmama, Kr. es Slougui, Klt. es Snam.

Periaster Verneuili Desor, Mrhila, Semmama, Kr. es Slougui, Bireno.

Periaster cf. *clionensis* Gauthier, Bireno.

Periaster (plusieurs espèces), Mrhila, Dyr el Kelb, Bireno.

Membranipora elliptica Reuss, Mrhila, Bireno, Kr. es Slougui.

Arca aff. *ligeriensis* d'Orbigny, Bireno.

— (espèces diverses), Bireno.

Avicula gravida Coquand, Klt. es Snam.

— aff. *atra* Coquand, Mrhila.

Inoceramus labiatus Schlotheim, tous les gisements.

Lima Grenieri Coquand, Mrhila, Ksar Tleli, Bireno.

Lima subsimplex Thomas et Peron, Mrhila, Semmama, Bireno, Kr. es Slougui.

Lima Delettrei Coquand, Mrhila.

Plicatula, Mrhila, Semmama, Bireno, Kr. es Slougui.

Ostrea aff. *tetragona* Bayle, Bireno.

Exogyra columba Lamarck, Mrhila.

Cardium productum Sowerby, Mrhila, Bireno.

Cardium subproductum Thomas et Peron, Mrhila, Bireno.

Cardium guttiferum Matheron, Bireno.

Cardium indét. (espèces diverses), Mrhila, Bireno.

Dosinia cataleptica Coquand, Mrhila, Kr. es Slougui.

Biradiolites Mortoni Mantell, Mrhila.

— aff. *lumbricalis* d'Orbigny, Mrhila, Bireno.

Biradiolites aff. *cornu pastoris* d'Orbigny, Mrhila.

Sauvagesia, bou Rhanem el Guedim.

Hippurites Requieni Matheron, Mrhila, Bireno, Kr. es Slougui.

Hippurites prætoucasi Toucas, Kr. es Slougui.

Globiconcha, Mrhila.

Bulla thevestensis Coquand, Bireno.

Cerithium Sancti-Arromani Thomas et Peron, Mrhila, Klt. es Snam.

Chenopus, Mrhila.

Tylostoma Cossoni Thomas et Peron, Mrhila, Ksar Tleli, Bireno, Sif el Annba, Kr. es Slougui.

Strombus, Mrhila.

Rostellaria, Dyr el Kelb, Bireno.

Natica æquiaxis Coquand, Mrhila, Dyr el Kelb.

Natica (diverses espèces), tous les gisements.

Voluta Villei Thomas et Peron, Mrhila, Klt. es Snam.

Oxynoticeras, Draa el Miaad, Mrhila.

Pachyceras superstes KOSSMAT, Mrhila, Rebeiba, Kr. es Slougui, Ayata.

Vascoceras Durandi THOMAS et PERON, Bireno, Kr. es Slougui.

Vascoceras indét. (plusieurs espèces), Mrhila, Bireno (A. Sfaïa).

Neoptychites cephalotus COURTILLER, Trozza, Rouiss, Ayata, Klt. es Snam, Draa el Miaad, Kr. es Slougui.

Neoptychites Rollandi THOMAS et PERON, Mrhila, Rebeiba, Bireno, Sif el Annba, Klt. es Snam.

Sphenodiscus, Semmama.

Placenticeras, Mrhila.

Mortoniceras cf. *salmuriense* COURTILLER, Mrhila, Semmama.

Acanthoceras cf. *deverioides* DE GROSSOUVRE, Mrhila.

Mammites nodosoides SCHLOTHEIM, Mrhila, Bireno, Kr. es Slougui, Ayata, Klt. es Snam.

Pseudotissotia, Bireno.

Heterotissotia, Dyr el Kelb.

Hemitissotia neoceratites (?) PERON, Dyr el Kelb.

Pachydiscus cf. *peramplus* MANTELL, Mrhila, Semmama.

SÉNONIEN

HISTORIQUE

STACHE, le premier [1], reconnut le Crétacé supérieur en Tunisie, grâce aux nombreux *Inoceramus Cripsii* qu'il rencontra dans le lit de l'oued Gabès; il fit même observer que ce calcaire à Inocérames était la suite des couches qu'OVERWEG avait parcourues entre Mizda et le bord de la Hamadat, lors de son voyage vers Ghadamès et Ghat.

Depuis cette époque, tous les auteurs qui se sont occupés de la géologie de la Tunisie ont parlé du Sénonien, lequel y occupe sans doute une surface plus considérable que tout autre terrain, si on met à part les alluvions récentes. Aussi, me bornerai-je à indiquer les travaux ayant ajouté quelque chose à nos connaissances. MARÈS qui visita le Kef en 1884, en compagnie de M. ROY, actuellement Secrétaire général du gouvernement tunisien, a publié une coupe [2] qui est sans doute la meilleure qui ait encore été donnée, bien que légèrement inexacte, ainsi qu'il résulte de la comparaison avec celle figurée ici. Peut-être les notes prises sur le terrain étaient-elles un peu insuffisantes ; en particulier, la disposition des strates sur le flanc S-E de la montagne est difficile à comprendre. Mais MARÈS avait recueilli un fossile de la plus haute importance, *Heteroceras polyplocum*, caractéristique du Sénonien supérieur de Tercis et de Haldem, niveau synchronique de la craie de Meudon à *Belemnitella mucronata*, comme le fit observer HÉBERT, à la suite de la communication de MARÈS. Celui-ci paraît rattacher au Crétacé toutes les marnes situées en dessous des calcaires à Nummulites, ce qui est partiellement vrai, quoique excessif; mais son opinion repose sur des bases bien faibles.

ROLLAND, LE MESLE, ALBERT observèrent le Sénonien en divers points de la région centrale et citèrent quelques fossiles, mais ne donnèrent que très peu de coupes. THOMAS étudia aussi ce terrain dans tout le Sud et y fit une ample moisson de fossiles, qui ont été l'objet des belles monographies de PERON et de GAUTHIER. Il releva en outre plusieurs coupes montrant la constitution du Sénonien, en particulier celle de la Kalaat es Snam [3].

Enfin, j'ai moi-même publié deux notes ayant trait au Sénonien [4]. Dans la première, je signalai l'existence d'une petite faune très intéressante; et dans la deuxième, je montrai que les marnes noirâtres superposées aux calcaires à Inocérames contenaient encore des Ammonites et par suite ne pouvaient être attribuées au Tertiaire.

(1) G. STACHE : Geol. Tour..n, p. 38.
(2) P. MARÈS : Géol. environs du Keff, p. 207.
(3) P. THOMAS : Gisements de phosphate de chaux, p. 374-398.
(4) L. PERVINQUIÈRE : Sur un facies particulier du Sénonien de Tunisie, p. 789 et Sur l'Eocène de Tunisie et d'Algérie, p. 563.

comme on le faisait en Algérie. J'émis enfin l'opinion de la continuité de sédimentation du Crétacé au Tertiaire à la Kalaat es Snam et dans quelques autres synclinaux.

DESCRIPTION

Le Sénonien, envisagé dans le sens large que lui attribuait D'ORBIGNY, présente des facies différents, suivant les parties de la région centrale que l'on étudie ; mais, à vrai dire, il s'agit toujours de marnes et de calcaires. Les marnes peuvent être plus ou moins dures et foncées, les calcaires plus ou moins compacts ou épais, parfois dolomitiques ; mais les variations se bornent là. Nulle part, en effet, nous ne voyons de grès, ni de poudingues. Deux facies sont particulièrement importants et tranchés, coïncidant presque, quant à leur extension, avec les facies central et septentrional du Cénomanien ; mais, entre eux, il existe des passages, comme on le verra plus loin. En outre, dans les environs de Tunis, le facies se transforme encore ; mais, comme je ne l'ai pas spécialement étudié, je serai très bref à son sujet, me bornant aux quelques observations que j'ai pu faire.

Considérons d'abord la région du Dj. Bireno, au S de Thala. Là domine le *facies marneux à Ostracés* si développé dans le Sud de la province de Constantine. La coupe d'Aïn Glaa (Pl. II, fig. 5), qui nous a déjà offert un Cénomanien et un Turonien remarquables, va encore nous fournir un Sénonien non moins fossilifère. Le Sif er Rhrab est constitué par les calcaires turoniens à *Hippurites Requieni* suivis de bancs calcaires peu fossilifères, qui sont encore à rattacher au Turonien. Au-dessus s'observe la série des couches sénoniennes dont voici le détail : Bireno

1°) Marnes jaunes avec quelques bancs calcaires riches en moules de Bivalves (10 m.). On y trouve :

Cyphosoma
Hemiaster cf. *latigrunda* P. et GR.
Hemiaster aff. *Fourneli* DESH.
Janira
Cardium Pauli COQ.
Ampullina bulbiformis SOW. (= *Natica Gervaisi* COQ.)
Voluta.

2°) Calcaire roux formant un banc épais de 3 m. et montrant une exacte concordance de pente avec les couches turoniennes.

3°) Marnes jaune-brunâtre légèrement gypseuses (du moins en surface) (50 m.). Près de la base, un banc de calcaire gréseux contient de nombreuses *Ostrea dichotoma* BAYLE ; vers le milieu, des lits de calcaires sableux et ferrugineux renferment de nombreux débris d'Ammonites cératitoïdes, du reste en mauvais état. Des lits calcaires, semblables aux précédents, existent aussi dans la partie supérieure ; tous sont extrêmement fossilifères. La faune, très riche, est tout à fait homogène ; aussi je n'hésite pas à supprimer les divisions que j'avais d'abord faites. Les principaux fossiles de ce niveau sont :

Cyphosoma Maresi Cott.
Holectypus Julieni P. et Gh.
Holastéridé indéterminé
Hemiaster latigrunda P. et Gh.
— aff. *Fourneli* Desh.
Periaster Durandi P. et Gh.
Avicula atra Coq.
Modiola
Plicatula Ferryi Coq.
Ostrea dichotoma Bayle
Cardita
Cardium hillanum Sow.
Radiolites
Cerithium
Rostellaria
Ampullina bulbiformis Sow.
Fusus cf. *Fleuriausianus* d'Orb.
— cf. *Requienianus* d'Orb.
— *Assaillyi* Th. et P.
— *Bleicheri* Th. et P.
Ammonites cératitoïdes indéterminables.

4°) 5 à 6 bancs de calcaire lumachelle alternant avec des marnes sans fossiles (10 m.). L'Huître des lumachelles paraît être *Ostrea Boucheroni* Coq., fossile qui se montre habituellement dès la base du Sénonien.

5°) Un banc de calcaire marneux, épais de 5 m., contenant :

Arca
Pecten virgatus Nilsson
Plicatula
Ostrea semiplana Sow.
Roudaireia Forbesiana Stol.

6°) Des marnes puissantes (60 m.), bleu foncé ou brunes, parfois légèrement verdâtres, renfermant une vingtaine de bancs calcaires épais de 50 cm. à 3 m. et une infinité de petits lits gréseux. Les fossiles ne sont pas très rares dans les bancs, mais difficiles à détacher ; j'y ai reconnu *Ostrea Boucheroni* Coq., qui forme de vraies lumachelles, et de grandes Turritelles.

7°) Dans les 60 m. de marnes qui viennent ensuite ne sont intercalés au contraire que des bancs de calcaire tendre. L'*Ostrea dichotoma* Bayle y est fréquente. Malheureusement, ces marnes sont recouvertes par la brousse et mal visibles : aussi n'ai-je pu y recueillir que quelques fossiles, quoique ceux-ci doivent être assez communs. Ce sont :

Plicatula Ferryi Coq.
Ostrea dichotoma Bayle
— *Boucheroni* Coq.
Pholadomya cf. *Royana* d'Orb.
Gauthiericeras aff. *Margæ* Shlüter.

8°) Les marnes suivantes (30 m.) qui renferment beaucoup plus de lits calcaires se font remarquer en outre par l'abondance des *Ostrea dichotoma* et *Ostrea Boucheroni*. Mais le fossile le plus intéressant de ce niveau est un *Mortoniceras* voisin de *Mortoniceras Bourgeoisi* d'Orb.

9°) Sur les 30 m. suivants, les marnes offrent le même aspect que les précédentes, mais sont peu fossilifères. A part *Ostrea dichotoma* qui est toujours commune, je n'ai à citer que *Exogyra Langloisi* Coq., fortement déformée par une large surface d'adhérence.

10°) Ces marnes sont surmontées par des calcaires très blancs, qui se divisent en rognons disposés par lits. Outre les grands *Inocérames* du groupe de *I. Cripsii* Mant., on y trouve un *Nautilus* du groupe de *N. lævigatus* et surtout *Bostrychoceras polyplocum* Roemer (20 m.).

11°) Enfin, le Sénonien se termine en ce point par un banc de calcaire gréseux roux, épais de 5 m., extrêmement dur, rempli de gros silex bruns, parfois un peu blanchâtres ou dorés.

Directement en dessus, viennent des grès qui appartiennent au Miocène ou au Pliocène.

Nous avons donc ici affaire à deux grandes divisions très inégales quant à l'importance qu'affecte chacune d'elles. D'une part, les marnes, épaisses de plus de 250 m., représentent l'**Emschérien**, dans lequel je ne puis guère établir de subdivisions ; d'autre part, les 30 m. de calcaire supérieur correspondent manifestement à l'**Aturien**, suffisamment caractérisé par la présence de *Bostrychoceras polyplocum*.

Le Sénonien se retrouve avec ce même facies dans toute la région du Bireno, où il ne présente que de petites variations qui seront étudiées plus loin. Je dirai tout de suite qu'il ne semble pas être complet. En effet, quand il sera question de la région des Hamadats, nous constaterons qu'il existe des couches crétacées plus récentes que celles que nous venons de voir, mais elles manquent dans tout le Sud.

Une coupe faite à environ 15 Km. au N-E de la précédente, à l'extrémité du même massif (Pl. II, fig. 4), montre sensiblement la même succession, mais permet de préciser la position d'un certain nombre de Céphalopodes. Cette coupe va du Kt. Si Mabrouk au Kt. Barfoui. Dans l'axe de l'anticlinal, on rencontre des marnes jaune-brun (M_1), avec bancs de calcaires marneux, contenant à la partie supérieure 2 à 3 bancs de calcaire grossier gréseux (*a*), rempli de débris de Bivalves. Les marnes renferment, entre autres fossiles : Kt. Si Mabrouk

Plicatula Ferryi Coq.
Ostrea Boucheroni Coq.
Cardium
Cerithium.

Ces marnes, dont on aperçoit une dizaine de mètres, appartiennent bien déjà au Sénonien, comme l'atteste la présence d'*O. Boucheroni*, mais sont tout à fait à la base de cet étage ; du reste le Turonien est visible tout près de là, au Ksar Tleli.

Les assises marneuses qui leur succèdent (M_{2-5}) et dont je crois inutile de donner le détail, ne m'ont guère fourni que des *Hemiaster* et des Plicatules. Ce sont elles qui portent l'H^{r} Ali ben Zamel. Leur épaisseur est d'au moins 50 m. On arrive ensuite à un point où les bancs de calcaire marneux l'emportent sur les marnes, qui contiennent alors :

Hemiaster latigrunda P. et Gu.
Plicatula Ferryi Coq.
Ostrea Boucheroni Coq.
— *vesicularis* Lamk.
Cardium hillanum Sow.
Hemitissotia Morreni Coq., avec la variété *Coquandi* Peron (localisé dans un banc calcaire AC).

Dans les marnes suivantes (M_6) s'intercalent des lumachelles (*l*) de calcaire roux, remplis de débris de Bryozoaires (*Membranipora Ficheuri* Th. et P.), de Lamellibranches et de Gastropodes (*Cerithium*). Plus haut, les marnes (M_{7-8}) ne fournissent guère que de mauvais Bivalves, parmi lesquels j'ai reconnu :

Ostrea Boucheroni Coq.
Cyprina Nicaisei Coq.
— *Barroisi* Coq.

Ces marnes constituent le petit Kt. Saïd, au pied N duquel, sous un Henchir voisin de la piste de Thala à Sbiba, les bancs calcaires tendres intercalés dans (M_8) renferment une faune assez remarquable, se composant de :

Plicatula Ferryi Coq.
Roudaireia Forbesiana Stol.
Nautilus gr. *lævigatus* d'Orb.
Tissotia haplophylla Redt.
— aff. *Fourneli* (forme figurée par Peron).

Les marnes (M_{10}) sont bleu cendré, lamelleuses, notablement gypseuses et comprennent des lits de nodules calcaires ; je n'y ai trouvé que *Rhynchonella plicatilis* Sow., var. *Woodwardi* Davidson et des fragments de *Radiolites*.

Ces marnes, dont l'ensemble a environ 150 m. de puissance, supportent des calcaires blancs bien stratifiés, d'abord légèrement sableux (α), ensuite très compacts et un peu siliceux (β–γ). Les silex ne s'isolent en rognons blancs et bruns qu'au sommet, mais alors sont extrêmement abondants dans les derniers mètres, qui souvent passent à un grès roux (δ). Ces calcaires, qui forment toute la crête du Kef Barfoui et son prolongement, paraissent en ce point peu fossilifères et sont recouverts directement par l'Éocène moyen, qui ne se rencontre qu'au bas des pentes au Nord.

Le versant S de l'anticlinal, par contre, est très favorable à l'étude de ces mêmes calcaires, qui forment les Kt. Si Mabrouk, Si Merzoug et el Harika. La succession des couches marneuses (M_{1-10}) paraît être la même que de l'autre côté, mais est moins facile à étudier, à cause de la brousse, des pins et des cultures ; sous le Kt. Si Mabrouk, les strates de calcaire forment un petit abrupt ; mais, un peu plus au S, sous le petit Kt. de Si Merzouk, qui porte un pin isolé, on peut se rendre compte que dans la partie inférieure (α), le calcaire sableux, à grain grossier et contenant même quelques graviers, laisse encore quelques intercalations marneuses assez dures. J'y ai trouvé un Rudiste peu déterminable (*Radiolites*). Au-dessus, le calcaire plus franc (β) renferme, outre les Inocérames, des Ammonites en mauvais état. Le niveau suivant est un calcaire blanc (γ) ayant encore une tendance à se diviser en rognons. Les Inocérames (du groupe de *I. Cripsii*) y sont fréquents, ainsi que *Bostrychoceras polyplocum* Rœmer et *Pachydiscus colligatus* Binkhorst. Enfin le Sénonien se termine là encore par un calcaire très dur (δ) passant parfois à un grès, d'autres fois un peu dolomitique, rempli de silex blancs ou bruns. L'ensemble de ces couches calcaires, qui mesurent sensiblement 20 m. d'épaisseur et affectent une pente de 5° vers le S 25° E, est couvert par des grès pliocènes, qui remplissent presque toute la dépression située au Sud (bled Zelfane).

Là encore, la limite de l'**Emschérien** et de l'**Aturien** paraît correspondre à la limite des marnes et des calcaires. Il faut noter combien l'Aturien est moins développé que l'Emschérien ; mais, à vrai dire, le Sénonien n'est pas complet en ce point, pas plus qu'en tous les autres de la même région.

Dans le Dj. bou Driès, le Sénonien est largement représenté, du moins quant à sa partie inférieure ; mais, il est presque impossible de relever une coupe embrassant toute la formation ; nous serons donc obligés d'en examiner une série, afin de les compléter l'une par l'autre. Pour avoir les premières couches du Sénonien, il faut aller au Dj. Sif. Une coupe, passant par le Kranguat el Djemel et se dirigeant vers Aïn ben Falia (fig. 17), montre le Turonien dans lequel est coupé le Kranguat, puis le Sénonien. Celui-ci débute par des marnes grises (1) (25 m.) devenant jaune-

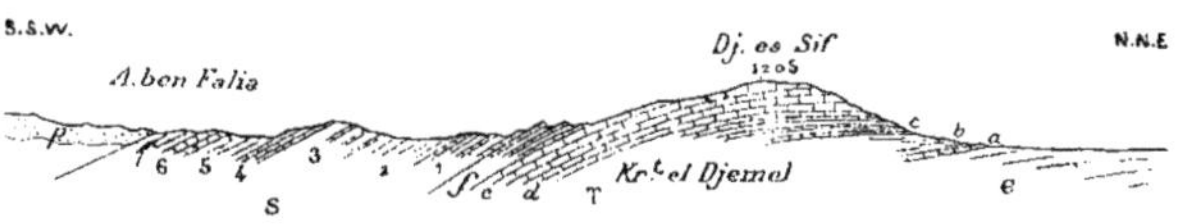

Fig. 17. — Dj. es Sif 1/20.000 (h. et l.) (1).

brun à l'air et contenant des lits de rognons calcaires, qui attestent une parfaite concordance avec les couches turoniennes. Les fossiles y sont nombreux : ce sont :

Cyphosoma	*Cerithium*
Holastéridé indéterminé	*Natica*
Hemiaster latigrunda P. et Gu.	*Voluta Baylei* Coq.
Avicula gravida Coq.	*Placenticeras Prudhommei* Peron
Plicatula Ferryi Coq.	*Sphenodiscus.*

Ce *Sphenodiscus* assez voisin de *S. Requieni*, quoique très nettement distinct, est probablement celui que Peron a figuré sous ce nom dans ses « Ammonites de l'Algérie ». Les 50 m. de marnes qui viennent au-dessus (2) sont fort mal visibles, à cause des grandes herbes ; je n'y ai trouvé aucun fossile, quoique ceux-ci dussent être abondants. Les marnes (3) (25 m.), qui forment la base d'une petite butte, m'en ont fourni un certain nombre, la plupart en fort mauvais état. Parmi ceux qui étaient bien conservés, j'ai pu reconnaître :

Plicatula Ferryi Coq.	*Voluta Baylei* Coq.
Ampullina bulbiformis Sow.	*Hemitissotia Morreni* Coq. (Peron).
Fusus Bleicheri Th. et P.	

La crête de la butte est formée par 4 à 5 m. de calcaire assez irrégulier comme composition (4), renfermant *Hemiaster latigrunda* P. et Gu., et *Roudaireia Forbesiana* Stol. Ces calcaires possèdent une pente de 30° environ vers le S. En arrière de la crête, se présentent des marnes (5) (20 m.) renfermant quelques bancs de calcaires lumachelles

(1) L'épaisseur des calcaires turoniens a été exagérée sur cette coupe.

roux pétris de fossiles : *Membranipora Ficheuri* Th. et P., *Serpula, Avicula, Ostrea, Cardita, Cardium hillanum, Cerithium.* Ce niveau est assez constant dans la région et se poursuit en particulier jusqu'au Kt. Si Mabrouk, où je l'ai déjà cité (*l*). Sur les marnes reposent 5 m. de calcaires tendres (6), dans lesquels *Ostrea Boucheroni* Coq. et *O. vesicularis* Lamk., de petite taille, existent en nombre. Par dessus les calcaires reparaissent encore des marnes (7) avec lits calcaires tendres, assez mal visibles et renfermant un certain nombre d'*Hemiaster* voisins d'*Hemiaster ksabensis* P. et Gh. d'une part, et d'*Hemiaster bibansensis* P. et Gh. d'autre part, avec *Ostrea dichotoma* Bayle (qui paraît faire son apparition ici) et *Cardium Pauli* Coq., qui persiste depuis le Cénomanien. La suite disparaît sous les grès roux du Pliocène continental.

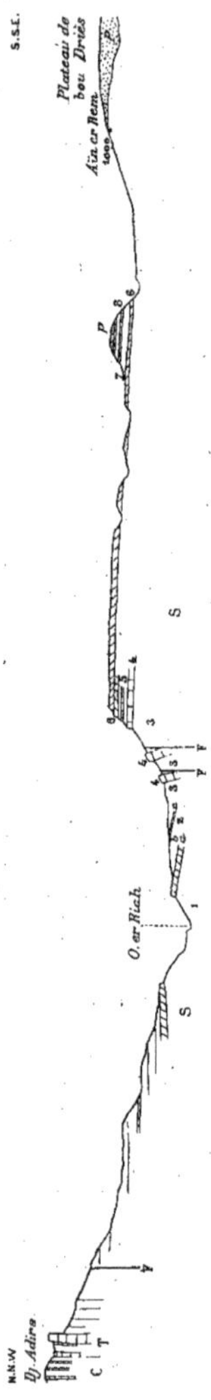

Fig. 18. — Plateau de bou Driès, 1/12.500 (h. et l.).

Bou Driès

Comme on le voit, la coupe présente des lacunes et est incomplète. Pour les combler, il faut se rendre un peu plus à l'E, au pied du Dj. bou Driès, plateau formé par le Sénonien et recouvert de Pliocène. Le Turonien constituant le Dj. Adira (fig. 18), situé au N, il semble que rien ne soit plus facile que d'avoir la succession complète des assises sénoniennes. En réalité, il n'en est rien. Les couches turoniennes du Dj. Adira sont redressées verticalement ; contre elles s'appliquent les premières couches sénoniennes, également très redressées, puis, brusquement, le Sénonien se montre presque horizontal ; il y a donc une faille, au moins un glissement important des couches et probablement écrasement d'un certain nombre d'entre elles. Heureusement, la coupe d'Aïn ben Falia nous a fait connaître les premières assises sénoniennes.

Si maintenant, on se transporte dans l'Oued er Riah, au point le plus bas qui puisse être atteint, on observe des marnes (1) avec lits calcaires tendres, assez mal visibles à cause de la végétation, sauf dans les arrachements de l'oued (environ 50 m.). On y recueille quelques Plicatules associées à l'*Ostrea Boucheroni* Coq. et ce grand *Sphenodiscus* déjà cité à propos de la coupe précédente (Dj. Kcherida). Cette Ammonite a une grande importance, car elle montre que si le lit de l'oued n'atteint pas le Turonien, il en est néanmoins peu éloigné. C'est bien l'analogue des couches (1) d'Aïn ben Falia ; du reste, dans les deux coupes, les mêmes assises portent les mêmes numéros. En ce point, les strates sont presque horizontales ; à peine manifestent-elles une faible pente vers le S-S-E. Un banc de calcaire gris un peu siliceux (2a), épais de 2 m. et où on ne voit que quelques mauvais moules de Gastropodes, forme corniche sur les rives de l'Oued er Riah. Les marnes qui le surmontent (2*b*) renferment quelques lits de calcaire un peu sableux à *Ampullina bulbiformis* Sow., et environ 5 m. au-dessus de leur base une petite lumachelle (2*c*) à *O. Boucheroni*. Au-dessus de celle-ci, les marnes (3) reprennent avec une épaisseur de 40 m. environ et sont couronnées par un banc de calcaire dur (4). Deux ou trois petites failles ont dérangé ici l'allure des couches, de sorte que l'on retrouve deux fois ces marnes et calcaires avec une pente très considérable et une troisième fois, au contraire, avec une inclinaison très faible. Cette circonstance me porterait à croire qu'il y a eu ici seulement un affaissement en masse, superficiel et, par suite, négligeable. Quoi qu'il en soit, ces marnes sont très fossilifères ; dans la partie horizontale et en place, j'ai recueilli les fossiles suivants :

Cyphosoma Maresi Cott.
Hemiaster Fourneli Desh.
Periaster Charmesi Th. et Gh.
Avicula gravida Coq.
Plicatula Ferryi Coq.
Exogyra Langloisi Coq.
Ostrea cf. *vesicularis* Lamk.
Cerithium
Ampullina bulbiformis Sow.
Hemitissotia Morreni Coq. var. *tissotiæformis* Peron
Sphenodiscus déjà cité.

Le banc calcaire (4) très dur qui couronne les marnes, produit une deuxième corniche haute de 5 m., surmontée par un talus (20 m.) de marnes (5) mal visibles à cause des éboulis et de la végétation. Ces marnes sont elles-mêmes recouvertes par quelques bancs de calcaire assez dur (6), ne laissant que de faibles intercalations marneuses, ce qui occasionne un petit abrupt d'une dizaine de mètres. Leur surface supérieure est disposée en une large terrasse, n'ayant qu'une pente de 2° vers le S-S-E. Cette terrasse ne supporte que quelques buttes constituées par les couches les plus élevées : marnes (7) (15 m. environ), marnes et calcaires (8) (15 m.) très fossilifères, surtout dans les derniers bancs. Les Oursins sont particulièrement nombreux et appartiennent à des types qu'on ne rencontre guère ailleurs, du moins dans la région centrale. Ce sont :

Holectypus turonensis Des.
Echinobrissus djelfensis Gh.
Pseudoholaster Meslei Th. et Gh.
Hemiaster Fourneli Desh.
— aff. *Rollandi* Th. et Gh.
— aff. *Messai* P. et Gh.
Periaster Durandi P. et Gh.
— *Charmesi* Th. et Gh.
Arca Maresi Coq.
Modiola
Plicatula Ferryi Coq.
Ostrea dichotoma Bayle
— *Boucheroni* Coq.
Cardium Pauli Coq.
Pholadomya Royana d'Orb.
Fusus Bleicheri Th. et P.

Ces mêmes couches se retrouvent au flanc du plateau encore surmontées par quelques mètres de marnes, puis on atteint le Pliocène, un peu en arrière du bord du plateau.

La même succession s'observe plus ou moins développée autour du plateau de bou Driès ; en général, on n'atteint que les couches supérieures. Ainsi, la coupe faite le long de l'Oued Cherchara (fig. 19) montre immédiatement en-dessous des grès jaunes du Pliocène, des marnes avec calcaires tendres blancs, assez riches en fossiles (30 à 40 m.), suite de celles qui forment les petites buttes situées sur la terrasse de la coupe précédente (8). Elles renferment ici un certain nombre de fossiles importants ; ce sont :

Hemiaster aff. *Rollandi* Th. et Gh.
Hemiaster
Periaster Charmesi Th. et Gh.
Lima subsimplex Th. et P.
Ostrea dichotoma Bayle
Ostrea vesicularis Lamk.
Ostrea Boucheroni Coq.
Cyprina Nicaisei Coq.
Nautilus
Barroisiceras Haberfellneri v. Hauer, associé à une autre forme de *Barroisiceras*.

Fig. 19. — Coupe suivant l'O. Cherchara, 1/10.000 (h. et l.).

En dessous, on rencontre des marnes (7) avec bancs de calcaire sableux à *O. Boucheroni*, puis de nouveau des marnes peu calcaires, renfermant de nombreux *Hemiaster* indéterminés, *Periaster Charmesi* Th. et Gh., divers Lamellibranches et Gastropodes ; à leur base existe un petit banc lumachelle à *O. Boucheroni*. Ces marnes sont supportées par un banc de calcaire dur, épais de 7 m. (6). En dessous se développent d'autres bancs calcaires ne laissant subsister que de faibles intercalations marneuses (5 et 4) et produisant une série de cascades qui ont valu à l'oued son nom d'O. Cherchara. Au pied de l'escarpement, existe une petite faille, qui a produit une légère dénivellation des couches, accompagnée d'un changement de pente important. Il est aisé de se rendre compte que, là encore, le Sénonien est incomplet et borné à son terme inférieur.

Mrhila

Dans le Dj. Mrhila, ou plus exactement dans le Dj. Fekirine (fig. 20), nous pouvons observer le contact du Turonien et du Sénonien. La figure montre les calcaires durs compacts (T *d*), qui, au Foum el Guelta, renferment *Hippurites Requieni*, surmontés encore par des alternances de marnes et de calcaires ; j'y ai recueilli, en dessous du petit Koudiat, au S de l'Oued Gorbedj el Bidh : *Pachydiscus* cf. *peramplus* Mantell et *Acanthoceras* cf. *ornatissimum* Stol. ; c'est donc le Turonien. Le Sénonien débute alors par des marnes et calcaires (S *a*) en tout semblables aux précédents, mais où existent :

Plicatula Ferryi var. *Dujardini* Coq.
Ostrea Boucheroni Coq.
— *semiplana* Sow.
Mortoniceras du groupe de *M. Bourgeoisi* d'Orb.

Sur elles repose un banc de calcaire gréseux (*b*) gris ou roux, épais de 5 m., contenant de nombreux silex bruns, puis de nouveau des marnes et calcaires sableux (*c*) (5-10 m.), où on trouve un certain nombre de fossiles :

Cyphosoma
Holectypus Julieni P. et Gu.
Echinobrissus (2 espèces)
Catopygus
Hemiaster aff. *Rollandi* Th. et Gu.
Periaster Durandi P. et Gu.
Ampullina bulbiformis Sow. (= *Natica Gervaisi* Coq.)
Rostellaria.

Cinq à six mètres de grès argileux peu fossilifères leur succèdent et sont à nu sur une certaine longueur. Tout cet ensemble, bien net au point où passe la coupe, peut encore se distinguer aisément sur le flanc E de l'anticlinal ; mais bien souvent aussi, ces assises sont confondues en une masse unique calcaréo-gréseuse où les fossiles sont peu abondants. On passe ensuite par des alternances de marnes sableuses et de calcaires (*e*) aux calcaires francs (*f*), d'abord en lits minces, parfois subdivisés en rognons, puis en bancs plus épais et plus réguliers. C'est alors un calcaire blanc ou légèrement jaunâtre, compact, à cassure sub-conchoïdale, parfois un peu siliceux et englobant fréquemment des grains de quartz, mais où les silex

FIG. 20. — Dj. Fekirine (Mrhila), 1/40.000 (h. et l.).

ne sont pas fréquents. Cette roche constitue une excellente pierre de grand appareil et prend à la lumière cette belle teinte jaune-doré qui est un des charmes des ruines de Sbeitla. La pittoresque gorge de l'Oued Sbeitla est entièrement creusée dans ces calcaires, dont la puissance est de 30 m. au moins (vue XXXIV). Les fossiles n'y sont pas très rares ; ce sont :

Holastéridés indéterminés (se rapprochant de *H. æquituberculatus* Cott.)
Micraster cf. *latiporus* Cott.
Micraster Cotteaui Th. et Gu.
Micraster aff. *Meunieri* Lambert
Inoceramus Cripsii Mantell
Mortoniceras cf. *campaniense* de Gross. (1)
Pachydiscus colligatus Binkhorst
Scaphites.

(1) C'est très probablement cette forme que de Grossouvre (*Recherches Crét. sup.*, p. 935) a désignée sous le nom de *Mortoniceras delawarense* Morton, d'après un échantillon rapporté de Sbeitla par M. Jordan. Mais la figure de Morton (S. G. Morton : *Synopsis of the organic remains of the Cretaceous group of the U. S.* — Philadelphie, 1834 ; p. 37, pl. II, fig. 3, 4, et 5) est établie sur un fragment tellement peu considérable et la description est si vague que cette assimilation, à distance me semble plutôt hasardée. En outre, aussi bien d'après la description que d'après la figure, *Mort. delawarense* n'aurait pas de carène. Le *Mortoniceras* de Sbeitla se rapproche beaucoup de l'espèce décrite par de Gossouvre sous le nom de *Mort. campaniense*, mais la section est différente, beaucoup plus haute que large, tandis qu'elle est carrée dans le *Mort. campaniense*. La collection de la Sorbonne renferme un échantillon de Côtes les Pins très analogue à ceux de Sbeitla.

Le Sénonien se termine ici par un banc de calcaire roux très siliceux (g), qui atteint 10 m. et couronne tous les sommets du Dj. Bridje, ainsi que la rive droite de l'oued, où il disparaît sous les sables pliocènes et pleistocènes. Partout ailleurs, il est recouvert directement par le Miocène, dont le contact est visible en plusieurs points.

Cette succession, qui s'observe sur les deux versants de l'anticlinal, est facile à étudier sur le flanc E; mais sur le flanc W les choses sont notablement moins nettes. L'épaisseur des couches paraît beaucoup plus considérable (à peu près double). Il est vraisemblable qu'il y a là une faille, que je n'ai pu constater d'une manière directe à cause des pins assez nombreux en cet endroit, mais dont l'existence est d'autant plus probable que son prolongement est manifeste au Sif et Tella, un peu plus au N, où elle double de la même façon l'épaisseur du Turonien. Une deuxième faille parallèle à celle-ci, mais moins importante, se reconnaît à peu près à la limite du Sénonien et du Turonien, dont elle augmente un peu l'épaisseur; l'Oued bou Krill la suit sur une partie de son parcours.

Semmama

Au Dj. Semmama, les marnes sont notablement moins développées qu'au Kt. Si Mabrouk, mais bien plus qu'au Mrhila, ce qui n'a rien de surprenant, étant donnée sa position entre ces deux points. La coupe (fig. 21) faite par l'éperon N-E du massif, de façon à atteindre le Dj. Merfeg, nous montre que la masse principale du Semmama est constituée par des calcaires blanc-gris, subcristallins, en bancs épais de 0,50 à 3 m. (1), formant toutes les pentes. Quelques ravins profonds, en particulier près d'Aïn Fara, permettent de constater que ces couches ont 15 à 20 m. de puissance, et reposent sur 30 à 40 m. de marnes jaunes et calcaires peu fossilifères. Cet ensemble de couches supporte le signal trigonométrique du S du Semmama. Sur le flanc S-E, les strates ont une inclinaison de 25° environ, tandis que sur le flanc N-W la pente est sensiblement double.

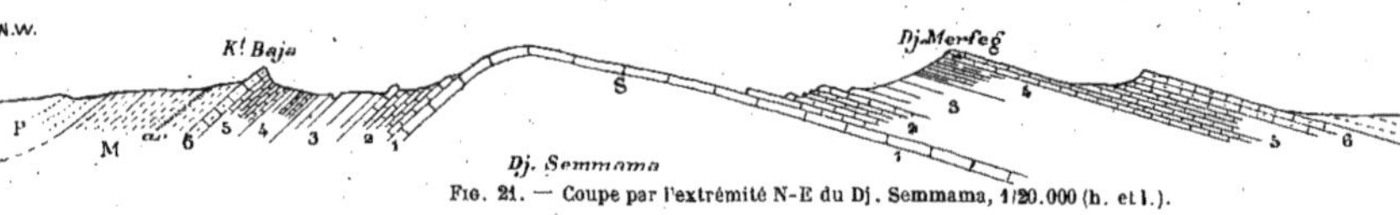

FIG. 21. — Coupe par l'extrémité N-E du Dj. Semmama, 1/20.000 (h. et l.).

2°) Au-dessus viennent des calcaires un peu sableux, ne laissant que de faibles intercalations marneuses. L'ensemble, qui mesure à peu près 25 m., est assez fossilifère, particulièrement à la base. Les principaux fossiles sont :

Cyphosoma
Catopygus
Echinobrissus
Hemiaster aff. *Rollandi* TH. et GR.
Janira
Lima subsimplex TH. et P.
Plicatula Ferryi COQ.
Ostrea dichotoma BAYLE
Ostrea vesicularis LAMK.
— *Costei* COQ.
Cardium Pauli COQ.
Globichoncha incerta TH. et P.
Nerinæa
Pterocera cf. *incerta* TH. et P.
Barroisiceras Haberfellneri von HAUER.

3°) Ces calcaires supportent 40 m. de marnes bleu gris avec lits calcaires assez communs à la base, et lits de rognons au sommet. C'est surtout la partie supérieure qui est fossilifère; on y trouve :

Arca Maresi Coq.
Ostrea Costei Coq.
Trigonia
Cyprina Barroisi Coq.
Tissotia aff. *haplophylla* Redt.
Tissotia Tissoti Bayle, var. *laevigata* Peron.

4°) Les marnes situées au-dessus sont un peu sableuses et entremêlées de lits de calcaire gréseux (30 m.). J'y ai recueilli deux *Micraster*. *M. Cotteaui* Th. et Gr. et *M. Heinzi* Gr., ainsi que de nombreux débris de test d'Inocérames, *Ostrea dichotoma* Bayle, *O. Langloisi* Coq., *O. Deshayesi* Fischer, *Trigonia* et des fragments de *Radiolites*.

5°) Sur les deux flancs, les crêtes sont formées par des calcaires dont la puissance atteint 40 à 50 m., disposés en bancs réguliers d'abord assez minces et ne contenant guère que des Inocérames voisins d'*I. Cripsii* et *Mortoniceras* aff. *campaniense* de Gross.

6°) Le tout se termine par une masse calcaire épaisse de 5 m. en cet endroit, mais atteignant facilement 10 m. en des points voisins. Ce calcaire est très blanc et prend peu à peu à la lumière une belle teinte orangée ; il est notablement siliceux et renferme souvent de gros rognons de silex bruns ou dorés. En fait de fossiles, je n'y ai vu que des *Micraster* presque impossibles à dégager, ayant la forme générale du *M. Peini* Coq.

Le Sénonien se termine là, directement recouvert par les grès blancs miocènes : il est donc incomplet.

Néanmoins, cette coupe présente un intérêt particulier. Elle établit nettement, en effet, que *les Tissotia gisent au-dessus du niveau à Barroisiceras Haberfellneri*, tout comme en France, et que, par suite, elles ne peuvent en aucune façon être rattachées au Turonien, comme le voulait de Grossouvre (1), dont le raisonnement *a priori* n'avait, du reste, rien de démonstratif. Cette coupe nous offre, en outre, un des fossiles les plus caractéristiques du **Coniacien** de France, et par suite nous donne un point d'appui solide pour les comparaisons. En cet endroit, je n'ai pas trouvé *Bostrychoceras polyplocum*, mais il n'est pas douteux que les couches calcaires ne soient le prolongement de celles du Kt. Si Mabrouk et, par suite, ne soient le représentant de l'**Aturien**.

Si, maintenant, nous nous acheminons vers le N, nous verrons le facies se modifier et certaines espèces faire leur apparition. Ainsi, le Sénonien du Dj. Tiouacha est intermédiaire entre celui du Sud et celui du Centre. Une coupe faite à l'extrémité N-E de ce massif par le Rass bou Raoui par exemple (fig. 22) montre, au point le plus bas qu'on puisse atteindre, des marnes bleuâtres à lits calcaires (1), qui ont tout à fait l'aspect du Sénonien inférieur des environs de Maktar et dans lesquelles je n'ai pu trouver

Tiouacha

(1) De Grossouvre: Les Amm. de la Craie supérieure, p. 49.

aucun fossile; on n'en voit, du reste, que les 30 ou 40 derniers mètres. Le profil précédent relevé au Semmama ne nous offrait rien de tel. Au-dessus se développent des calcaires siliceux (2) en bancs de 50 cm. à 1 m., alternant avec des marnes gréseuses grisâtres, où les fossiles sont assez communs (30 m.). Les plus remarquables sont sans doute de grands Échinides, ressemblant d'une façon frappante aux *Hypsaster* (*H. Vatonnei* Coq.) du Cénomanien, mais possédant un fasciole et une granulation entièrement différente. Avec eux, se rencontre *Micraster Heinzi* Gh. et *M. Peini* Coq., qui est très répandu dans la région centrale et au contraire très rare dans le S. On trouve aussi *Rhynchonella plicatilis* Sow. et des fragments d'Inocérames. Un banc est rempli de *Nautilus lævigatus* d'Orb.; mais le fossile le plus important est *Mortoniceras texanum* Rœmer, qui établit l'âge **Santonien** de ces couches. Au-dessus, reviennent des marnes jaunes, sableuses (3), avec quelques lits gréseux (15 m.); les fossiles sont les mêmes que dans les couches précédentes. A quelque distance au S-W du point où la coupe

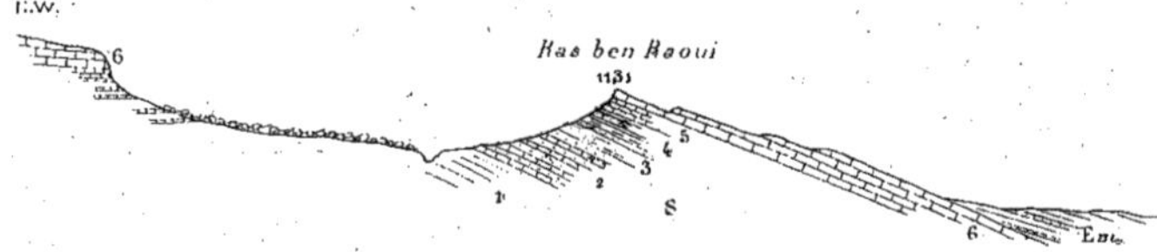

Fig. 22. — Dj. Tiouacha, 1/20.000 (h. et l.).

a été faite, j'ai trouvé un fragment d'*Anisoceras* sensiblement à ce niveau; or, nous verrons qu'à Souk el Djemâa cette forme est associée à *Bostrychoceras polyplocum*; nous serions donc déjà là dans l'**Aturien**. Enfin, au-dessus, se dresse un ensemble de calcaires épais parfois de 40 m., d'abord en lits assez minces (5) et se terminant par une table calcaire, qui revêt tout le sommet du Tiouacha et les pentes externes des petits Koudiats alignés tout autour de cette montagne. Le calcaire est très blanc à l'intérieur, gris du côté du N, et d'une belle teinte dorée au S; il est très compact, d'un grain fin, et à cassure coupante, car il est notablement siliceux; les silex blonds atteignant parfois la dimension de la tête abondent dans la table supérieure. Les seuls fossiles qu'on y voit sont des *Inoceramus* et des *Micraster* qu'il est impossible de dégager suffisamment pour les déterminer.

Ras Si Ali

La modification s'accentue si on s'avance un peu plus au Nord. Sous le Ras Si Ali ben oum ez Zine, les marnes inférieures sont extrêmement développées sous le facies de la région centrale, mais on n'y trouve guère que le *Micraster Peini* Coq. L'épaisseur considérable de ces marnes (500 m.) n'est sans doute qu'apparente et due à plusieurs petites failles concomitantes du plissement qui a produit la vallée de l'Oued el Hatob. Ces marnes sont couronnées par 30 à 40 m. de calcaire plus ou moins dolomitique, formant une partie de l'abrupt sous le sommet (vue xxviii); en certains points, c'est même une dolomie franche, cristalline, grisâtre en dedans et rousse en surface. C'est un des très rares points de la Tunisie centrale où les calcaires sénoniens aient été transformés en dolomie; le même fait se constate cependant dans la crête voisine de l'Oum Delel et du Kef el Hammam. C'est sans doute cet aspect spécial qui a trompé Aubert et lui a fait placer ces calcaires dans l'Éocène, d'autant que les silex, parfois blancs en dedans et roux en surface, comme ceux du Sénonien, prennent dans la partie supérieure cette teinte chocolat habituelle aux silex de l'Éocène ; mais la présence de quelques Inocérames ne laisse aucun doute sur leur attribution au Sénonien.

Une coupe faite dans la partie W de l'Oum Delel, sous le Dj. Medarga par exemple, montre encore cette transformation progressive. Les marnes occupent toute la vallée située entre les deux crêtes de l'Oum Delel et du Dj. Habroub. Elles semblent moins épaisses qu'au Dj. Si Mabrouk, mais on ne voit nettement que les 80 ou 90 m. supérieurs. Dans la moitié inférieure de ce qui est visible, les marnes renferment quelques lits calcaires très fossilifères, où on peut recueillir : Medarga

Membranipora perisparsa Novak
Hemiaster latigrunda P. et Gu.
— *Fourneli* Desh.
Plicatula Ferryi Coq.
Ostrea vesicularis Lamk.
Cardium hillanum Sow.
Ampullina bulbiformis Sow.
Fusus thevestensis Coq.
— *Assaillyi* Th. et P.
Nautilus gr. *lævigatus* d'Orb.
Gauthiericeras aff. *Margæ* Schlüt.

Les fragments de ces Ammonites sont nombreux, mais assez frustes ; ils suffisent cependant à caractériser le Sénonien inférieur (**Coniacien**). Dans la suite, les marnes sont un peu plus claires, un peu plus dures et les lits calcaires y sont plus répétés. Les principaux fossiles de ce niveau sont :

Micraster Heinzi Gu.
Rhynchonella plicatilis Sow. var. *Woodwardi* Davidson
Inoceramus Cripsii Mant.
Ostrea vesicularis Lamk.
Nautilus gr. *lævigatus* d'Orb.
Mortoniceras texanum Roemer.

Nous avons donc affaire ici au **Santonien,** comme le prouve l'Ammonite qui vient d'être citée.

Les calcaires supérieurs, épais de 30 à 40 m., forment toutes les crêtes et le versant extérieur de la montagne ; ils sont blancs, très compacts, parfois subcristallins et remplis dans la partie moyenne et supérieure de rognons de silex quelquefois blancs, mais le plus souvent bruns. Je n'y ai observé que quelques Inocérames, mais on ne peut douter, par analogie, qu'ils ne représentent l'**Aturien.** Ils sont recouverts directement par l'Éocène moyen transgressif.

Si on envisage l'ensemble de la faune, on remarque que les Ostracés, si abondants dans le massif voisin du Bireno, ne sont représentés ici que par quelques petites *Ostrea vesicularis*, les seules qui pénètrent dans la région des Hamadats, à l'exclusion de toutes les formes du groupe d'*O. dichotoma* ; là enfin, plus de *Barroisiceras* ni de *Tissotia*, mais des *Mortoniceras* que nous retrouverons dans le Centre.

A Thala, point situé à quelques kilomètres au S-W du précédent, ces Ostracés existent encore. Une coupe intéressant le bord N du plateau du Dj. Char (fig. 23) nous Thala montre à la base 60 ou 80 m. de marnes bleues (1), très argileuses, renfermant de la pyrite et du gypse, fortement entamées par de nombreux ravins. Un peu plus haut, les marnes (2) contiennent des lits de rognons calcaires dont plusieurs sont des fossiles, parmi lesquels le plus important est *Tissotia Ficheuri* DE GROSS. (30 à 40 m.). Continuant toujours à remonter, on voit des lits calcaires à Inocérames s'intercaler dans les marnes (3) (30 m.), principal gisement d'*Ostrea dichotoma* BAYLE, qui est associée ici à *O. Langloisi* COQ., *Chalmasia turonensis* DUJARDIN et *Radiolites angeiodes* LAMK. Au bordj el Arbi ben Baccouch, situé un peu au N de Thala, on trouve d'assez nombreux fossiles à un niveau correspondant très sensiblement au précédent ; Ce sont :

Hemiaster latigrunda P. et GH.
aff. *Hypsaster* (forme citée à propos du Tiouacha)
Micraster Peini COQ.
— *Heinzi* GH.
Rhynchonella plicatilis SOW., var. *Woodwardi* DAV.
Ostrea dichotoma BAYLE
— *Boucheroni* COQ.
Nautilus gr. de *N. lævigatus* D'ORB. (très nombreux).

FIG. 23. — Bord N du plateau de Thala, 1/20.000 (h. et l.).

La suite de la coupe est assez mal visible, mais consiste assurément en marnes (4). On arrive ensuite à des calcaires blancs (5) en lits assez minces (15 m.), qui doivent correspondre aux couches à *Bostrychoceras polyplocum*, quoique je n'aie pas vu ce fossile en ce point. Enfin, la falaise est couronnée par des calcaires francs (6) (15 m.), en grandes dalles, qui ont servi à construire plusieurs dolmens, et dont la partie supérieure est bourrée de silex bruns. Ce sont ces calcaires qui supportent Thala et forment tout le bord du Dj. Char ; du côté du N, à Thala même, ils sont brisés par un certain nombre de petites failles, qui semblent en augmenter l'épaisseur. Ils sont recouverts par des marnes bleues plus ou moins foncées, qui appartiennent à l'Éocène moyen, tout l'Éocène inférieur faisant défaut en ce point, comme en plusieurs autres déjà étudiés.

Dans toute la région que nous venons de considérer, le Sénonien est donc incomplet et recouvert par des terrains variés, mais toujours beaucoup plus jeunes que lui. Si nous nous transportons un peu plus au N, nous pourrons rencontrer des points où, au contraire, les termes les plus élevés de la série crétacée sont représentés. Cela est vrai par exemple pour le synclinal de Haïdra-le Kouif. Une coupe faite à peu près le long de la frontière algérienne donne les résultats suivants (Pl. II, fig. 6). Au S, tout le Draa Rhourfet er Roumia (chambre de la chrétienne) est formé par le Turonien.

La crête consiste en un calcaire à Hippurites jaune ou rouge. En certains points les calcaires sont remplis de silex.

Draa et Tbaga

Le Sénonien débute par des marnes puissantes (1), qu'une brousse assez épaisse empêche d'étudier sur plus d'un kilomètre. Comme la pente est de 5 à 7°, il y a donc environ 100 m. invisibles. On distingue ensuite une lumachelle calcaréo-gréseuse (2) à *Ostrea Boucheroni* Coq. (10 cm.), et après une certaine épaisseur de marnes (35 m.) un deuxième niveau (3), dans lequel *O. Boucheroni* est associée à *O. vesicularis* et à *Plicatula Ferryi* Coq. Les 100 m. de marnes qui font suite (4) renferment dans leurs lits calcaires d'assez mauvais fossiles, parmi lesquels :

Ostrea dichotoma Bayle	*Roudaireia Forbesiana* Stol.
— *vesicularis* Lamk.	*Tissotia* aff. *Fourneli* (déjà citée).
Cardium hillanum Sow.	

Quelques bancs calcaires remplis de mauvais moules de Lamellibranches séparent ces marnes d'une nouvelle série (5) (50 m.), à la base de laquelle existe un gîte de *Trigonia scabra* Lamk. remarquables par leur bel état de conservation ; elles sont associées à *Ostrea dichotoma*, qui est le fossile le plus commun dans tout cet ensemble, jusqu'au niveau des calcaires. Un banc de calcaire tendre (6), situé à la partie supérieure de ces marnes, renferme des *Avicula* et de beaux spécimens de *Cyprina* (*Arctica*) *Barroisi* Coq. Les 30 m. de marnes suivants contiennent de nombreuses *Ostrea dichotoma* Bayle et, à la partie supérieure (8), *O. Langloisi* Coq. Au-dessus, viennent encore des marnes cendrées (9) (15 m.), avec lits calcaires assez abondants, remarquables par la présence d'un fossile peu commun dans le Sud, mais qui, au contraire, est extrêmement répandu dans la région centrale, où il est certainement le fossile dominant, et bien souvent le seul : *Micraster (Plesiaster) Peini* Coq. Sur les marnes reposent des calcaires blancs (10) ou un peu grisâtres, légèrement siliceux, quoique ne contenant que peu de silex. Ces calcaires, dont l'épaisseur est un peu supérieure à 10 m., se divisent régulièrement en lits de 20 cm. environ ; ils possèdent une faible pente (5° N-W) et recouvrent tout le versant N du Draa et Tbaga. Les fossiles n'y sont pas abondants. A part les grands Inocérames du groupe de *I. Cripsii*, je n'y ai trouvé qu'un *Micraster* voisin du *M. Meunieri* Lambert. Je n'ai en particulier rencontré ici aucune de ces Ammonites si abondantes au Mrhila. Néanmoins, par suite de leur position, on ne peut douter que ces calcaires ne correspondent aux calcaires supérieurs du Mrhila et du Bireno, c'est-à-dire à l'**Aturien**. Au-dessus de ces calcaires, quelques lits de marnes alternent avec des calcaires sableux sur une épaisseur de 3 m. environ (11). Puis viennent (fig. 24) des marnes bleues plus ou moins foncées (12) (20-30 m.), un peu gypseuses, ne contenant guère que quelques nodules de pyrite, qui sont manifestement des Polypiers indéterminables. Par contre, dans les 5 ou 6 m. suivants (13), la faune est riche et tout à fait remarquable. On peut recueillir, en effet, un très grand

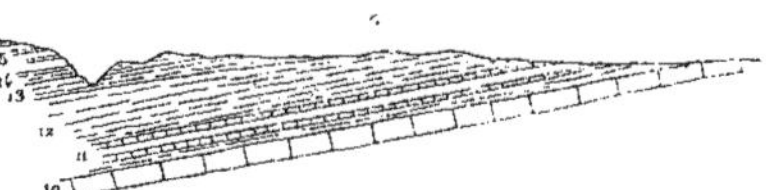

Fig. 24. — Assises terminales du Crétacé du Draa et Tbaga.

nombre de petits fossiles en oxyde de fer : Polypiers (*Turbinolidés*), Lamellibranches (*Nucula*, etc.) et Gastropodes (*Ampullina*, *Terebellum*, etc.) et une quantité de petits Céphalopodes appartenant aux genres *Pachydiscus*, *Baculites*, *Scaphites*. Ces derniers ressemblent fort à l'Ammonite que Forbes a figurée sous le nom d'*A. Pavona*, dont la description est un peu vague et qui, d'après Kossmat, serait un Scaphite. Les spécimens que j'ai recueillis sont nombreux, mais de si petite taille (certains ne dépassent pas 2 mm.) que la détermination spécifique en sera sans doute impossible. Dans les 5 ou 6 m. de marnes (14) qui surmontent ce niveau fossilifère, les marnes également brunes en surface et bleues en profondeur, assez délitescentes et riches en pyrite, renferment une faune abondante : Polypiers (*Turbinolidés*), Échinides (*Cidaris*), Brachiopodes (*Terebratulina chrysalis* Schloth.), Lamellibranches (*Nucula*, *Leda*, *Lucina*, *Tellina*, etc.), Gastropodes (*Solarium*, *Trochus*, *Fusus*, *Turritella*, *Ampullina*, etc.), mais plus une seule Ammonite. La plupart de ces fossiles sont encore indéterminés ; mais j'ai pu m'assurer, par une comparaison directe, de leur identité avec les fossiles recueillis par Zittel, dans les couches à *O. Overwegi* d'Égypte. Lors d'un récent voyage à Munich, le Prof. Zittel ayant bien voulu me montrer son importante série de fossiles du Crétacé supérieur, j'ai reconnu sans hésitation bon nombre d'espèces du Draa et Tbaga, dans le même état de conservation. Je signalerai, en outre, l'analogie de la petite Ammonite que je viens de citer sous le nom d'*A.* aff. *Pavona*, avec l'*A. Kambysis*, qui paraît être également un Scaphite. Aussi, quoique je n'aie trouvé ni *A. Ismaelis*, ni *Nautilus danicus*, nous pouvons affirmer que l'assise (13) représente « l'*Overwegi Stufe* » de Zittel, c'est-à-dire le **Danien**.

Au-dessus de cet intéressant niveau fossilifère, viennent encore d'autres marnes (15) assez semblables aux précédentes, dont certaines parties sont seulement un peu plus calcaires et un peu plus dures, mais dont la grande masse se délite à l'eau. Elles renferment un certain nombre de Foraminifères (appartenant surtout au genre *Lituola*), dont l'étude n'a pas encore été faite. Ces marnes se continuent sur une épaisseur de 30 à 40 m. environ, jusqu'au niveau à phosphate de chaux exploité tout près de là, à Aïn el Kerma. On peut se rendre compte facilement, que le passage est graduel et insensible entre les marnes à Ammonites et les marnes phosphatées de l'Éocène, si insensible qu'on ne sait où placer la séparation des deux étages. En tout cas, un fait est très important, c'est la présence d'Ammonites dans ces marnes bleu très foncé situées en dessous du niveau phosphaté. Jusqu'à présent, on rapportait généralement celles-ci à l'Éocène et c'est à cet étage qu'elles sont rattachées sur la carte géologique de l'Algérie ; j'avais moi-même suivi cette manière de faire au début. On voit que ce n'est plus possible, et que toute la partie inférieure au moins doit être attribuée au Crétacé ; mais où mettre la limite ? c'est ce que j'ignore encore.

Quand on examine les fossiles cités au sujet de cette coupe, on est frappé du petit nombre d'Échinides qu'ils comprennent, alors qu'habituellement ceux-ci pullulent. Est-ce un hasard ? je ne saurais le dire. Et cependant ces couches sénoniennes, épaisses de plus de 500 m., possèdent au plus haut point, au moins pour la partie inférieure, les facies favorables aux Échinides ; mais, comme je l'ai déjà dit, toute la base est mal visible.

J'ajouterai enfin que j'ai découvert ces précieuses Ammonites dans l'un des petits ravins, origine de l'O. Arerhli, sensiblement sur la ligne droite joignant le signal 1081 du Draa et Tbaga à A. Massa, tout à fait au bas des pentes, à environ 500 m. au S de la route de Tébessa, et 500 m. E de la frontière.

Si nous avançons encore vers le Nord, les abords de la Kalaat es Snam nous offriront une coupe des plus intéressantes et en outre facile à étudier (Pl. I, fig. 10). Du Kt. Fretissa au Dj. bou Afna et à la Klt. es Snam, on remonte tout le Crétacé à partir de l'Aptien. On coupe ensuite le Cénomanien sous forme de marnes noires, et le Turonien, dont la constitution a été indiquée plus haut, puis le Sénonien au delà du Kt. Fretissa. Ce dernier étage débute par 40 m. de marnes (1) brunes, très argileuses, notablement pyriteuses, et présentant une certaine quantité de gypse, qui parfois forme des lames. Vers la base se voient quelques lits de calcaire gréseux (1 *a*) pétris de fossiles, en particulier de Lamellibranches, Gastropodes et même Céphalopodes, malheureusement trop mal conservés pour pouvoir être déterminés. Deux ou trois bancs de calcaire très dur et un peu dolomitique (1 *b*) marquent le sommet du Koudiat ; le plus élevé est riche en *Ostrea vesicularis* Lamk. Dans les marnes intercalées, on trouve des *Hemiaster*, *Modiola*, *Cardium hillanum* Sow., *Natica* cf. *subexcavata* Th. et P. Klt. es Snam

Au-delà, les marnes (2), un peu plus dures, ne m'ont montré que quelques empreintes d'Inocérames, vers leur partie supérieure (50 m.). Ces Inocérames de grande taille, mais en fort mauvais état, sont très abondants dans 5 à 6 bancs (2 *a*) de calcaire franc séparés par des marnes (15 m.), qui gisent au pied du Dj. bou Afna. Ils supportent 40 à 50 m. de marnes fines (3) peu dures, avec intercalations de calcaires très marneux. *Micraster Peini* Coq. est ici très abondant, associé au *Micraster Heinzi* Gu. ; on trouve aussi *Rhynchonella plicatilis* Sow., var. *Woodwardi* Davidson et quelques Nautiles. Puis, la pente de la montagne devient plus forte ; c'est que les marnes sont remplacées par des calcaires blancs (4) subcrayeux, disposés en gros bancs, ne laissant subsister que de rares intercalations marneuses, sur une épaisseur de 30 m. environ. Les grands Inocérames y sont très abondants, surtout dans la partie supérieure qui est caractérisée par la présence de

Bostrychoceras polyplocum Roemer.

Ce fossile occupe un niveau très constant, qui constitue un excellent point de repère ; on le retrouve en effet dans toute la région centrale.

Puis reviennent des alternances de calcaires et marnes (5), celles-ci dominantes, qui sont marquées dans la topographie par une légère dépression séparant les deux sommets (50 m.). Le sommet principal du bou Afna est formé par des calcaires (6) blancs, en bancs bien réguliers (40 m. environ). Ces calcaires, qui contiennent de petits grains de quartz, rappellent la craie, aussi bien à l'œil nu qu'au microscope. On y trouve des Échinides très abimés, qui semblent se rapporter au *Micraster Peini* Coq., quelques *Hemiaster verrucosus* Coq., des Inocérames extrêmement communs, munis parfois d'une partie de leur test et se rapprochant fort d'*I. Cripsii* Mant., mais aucune Ammonite. Ces calcaires forment tout le versant N-W du Dj. bou Afna et du Draa Aïn Aock, et descendent suivant une pente de 15° environ jusqu'à l'O. bou Salah, qui coule sur leur face supérieure. Sur l'autre rive de l'oued, on rencontre des alternances de calcaires blancs et de marnes bleu-cendré (7), contenant encore *Micraster Peini*. Vers la base, les Inocérames sont nombreux, mais deviennent bientôt de moins en moins fréquents. En même temps, les marnes prennent plus d'importance et il ne reste qu'un lit calcaire mince tous les 4 ou 5 m. C'est le gisement des fossiles déjà signalés par Thomas (1) :

Pentacrinus Peroni de Loriol	*Serpula umbonata* Sow.
Balanocrinus africanus de Loriol	*Terebratulina chrysalis* Schloth.
Adelopneustes Lamberti Th. et Gu.	*Radiolites.*

Ces fossiles, au moins les Crinoïdes, se rencontrent jusqu'à près de 100 m. au-dessus de la base des marnes, quoiqu'ils ne soient abondants que vers la partie inférieure. Les marnes (8), qui viennent en-dessus, ne comprennent plus de lits calcaires ; elles sont un peu plus argileuses, souvent lamelleuses, d'un bleu un peu plus foncé et deviennent brunâtres à l'air plutôt que jaunes. Ces sédiments se continuent pendant près de 200 m., sans modification et sans fossiles, puis on atteint le niveau phosphaté, sans que rien n'indique la limite du Crétacé et du Tertiaire.

Cette coupe de la Kalaat es Snam marque un degré de plus dans la transformation du facies méridional du Sénonien en son facies central. La base (1-3) possède sensiblement la même composition que dans le Sud, c'est-à-dire consiste en marnes argileuses d'un bleu assez foncé, alternant irrégulièrement avec des calcaires très tendres, riches en débris de Mollusques, surtout en moules internes de ceux-ci, mais d'où les Huîtres du groupe d'*O. dichotoma* ont déjà disparu. La partie supérieure (4-8) est bien plus calcaire et affecte les divisions pétrographiques qui persistent dans tout le centre de la Tunisie. Un autre fait notable est le prodigieux développement des marnes supérieures aux calcaires à Inocérames, dont l'épaisseur dépasse 200 m. et atteint presque 300, alors que, dans la coupe précédente, ces marnes avaient au plus 50 m., bien que tous les niveaux fussent représentés. Ces marnes argileuses, presque des argiles, ont du reste ici leur maximum de développement ; à Tébessa, elles n'ont guère plus de 100 m. et au Kef leur épaisseur est encore moindre ; le plus souvent, elles mesurent 30 à 40 m. ; parfois elles sont réduites à 1 m., comme au Dj. el Guelah, mais, à vrai dire, il n'est pas certain qu'il n'y ait pas de lacune dans ce dernier cas.

Ces marnes doivent être évidemment rapportées au Crétacé, car ce sont bien les équivalents de marnes à *Pachydiscus*, *Scaphites* et *Baculites* du Draa et Tbaga, et non au Tertiaire, comme on le faisait jusqu'ici. Thomas, du reste, a déjà indiqué (2) que la partie inférieure des marnes de la Kalaat es Snam était crétacée. Il y a, en effet, recueilli des fossiles que j'ai pu retrouver également en divers autres lieux, et qui ont été cités plus haut. Parmi ceux-ci, la Térébratuline n'est pas d'un grand secours pour la séparation du Crétacé et du Tertiaire, car une espèce au moins très voisine

(1) Ph. Thomas : Gisements de phosphate de chaux, p. 398.
(2) Id., p. 397.

de *T. chrysalis* abonde à un certain niveau de l'Éocène inférieur. Par contre, la Serpule et les deux Crinoïdes sont d'excellents guides; ils se rencontrent encore plus haut que l'a indiqué THOMAS, car on en trouve des fragments 100 m. au-dessus de la base des marnes; ensuite, plus rien, si ce n'est de rares Foraminifères, qui n'ont pas été étudiés de façon détaillée, mais auxquels, néanmoins, M. CAYEUX reconnaît un cachet crétacé des plus nets.

A la Kalaat es Snam, nous pouvons distinguer dans le Sénonien 3 grandes divisions : un Sénonien inférieur, ou **Emschérien** correspondant aux couches 1-3, dont le fossile le plus typique est *Micraster Peini* (les Ammonites sont en trop mauvais état pour nous fournir des indications); un **Aturien** (4-7), bien caractérisé par *Bostrychoceras polyplocum*, et enfin un **Danien** (8) offrant la petite faune déjà mentionnée (*Pentacrinus, Balanocrinus, Adelopneustes, Serpula*). Quant au **Montien**, il est évidemment représenté par les couches qui viennent au-dessus, puisque la série est complète, mais rien ne le laisse distinguer. Au surplus, rien ne permet non plus de fixer une limite précise entre le Secondaire et le Tertiaire, car il y a passage insensible de l'un à l'autre, non seulement à la Klt. es Snam, mais aussi en divers points de la même région. Je reviendrai d'ailleurs sur ce sujet.

Le Sénonien se retrouve avec une composition peu différente dans tout le grand demi-cercle qui entoure le bou el Hanèche et le Zrissa. Aussi, je me bornerai à signaler la présence d'une Ammonite très voisine de *Gauthiericeras Margae* SCHLÜTER, vers la partie inférieure des marnes (2) entre le bou el Hanèche et le Dj. Rouiss. Les calcaires blancs (6) qui forment cette dernière montagne sont en certains endroits très siliceux, au point d'être à peine rayés par l'acier; les silex blancs ou jaunâtres y sont communs. Un peu plus au N. au Fedj et Tmer, la succession est facile à observer. On retrouve aisément le niveau (4) à *Bostrychoceras polyplocum* ROEMER, fossile qui affecte des formes très variées. A un niveau un peu plus élevé, à la fin des calcaires supérieurs (6), on peut recueillir un Échinide très caractéristique de cet horizon dont il ne s'écarte jamais; c'est l'*Entomaster Rousseli* GR. Cet Échinide, qui se rapproche beaucoup de certains *Stegaster* des Pyrénées (lesquels devront en grande partie rentrer dans ce genre *Entomaster* qui est plus ancien que *Stegaster*, du moins avec l'acceptation que lui a donnée SEUNES), a été décrit par GAUTHIER, d'après quelques échantillons adressés à ce savant, et attribué au Sénonien, sans que son niveau ait été précisé. Or, celui-ci est très constant et offre un bon repère. J'ai recueilli plusieurs *Entomaster Rousseli* en divers points de la Tunisie, mais toujours dans les derniers bancs des calcaires supérieurs (6) du Sénonien, ou dans les premiers bancs des calcaires et marnes (7) à *Adelopneustes* et *Pentacrinus Peroni*. En outre, au flanc N-W du Houd, il y a lieu de signaler l'association de *Bostrychoceras polyplocum* et d'*Hemiaster verrucosus* COQ.; cela fixe la position stratigraphique de cet Échinide, que COQUAND avait rapporté au Cénomanien et auquel GAUTHIER [1] avait attribué un âge sénonien sans pouvoir préciser davantage. Ayata

Le Sénonien se développe avec le même facies sur les deux versants du Houd, au Garn Halfaya

[1] GAUTHIER : Notice Échinides Tun., p. 27.

Garn Halfaya, où les marnes inférieures sont moins développées et présentent déjà cette pauvreté en fossiles qui sera leur caractéristique dans toute la région des Hamadats; par contre, les deux masses calcaires avec marnes intercalées sont plus puissantes qu'à la Kalaat es Snam, puisque l'ensemble atteint 150 m. (Pl. II, fig. 11). Les marnes supérieures du Crétacé sont aussi fort épaisses et mesurent environ 200 m. Là encore, il semble y avoir passage à l'Éocène et la limite des deux formations est impossible à fixer.

Si nous arrivons maintenant au Kef, nous y observons un type de Sénonien qui va persister dans toute la région centrale, celle qui peut justement porter le nom de région des Hauts Plateaux ; ce n'est du reste qu'une légère variation du facies qui règne au Garn Halfaya. Les deux coupes parallèles passant par le Kt. ez Zerga et le Sfaiet Asfour d'une part et la coupe générale du Dyr el Kef montrent bien la constitution de ce Sénonien.

Kt. ez Zerga

Dans la première de ces deux coupes (Pl. I, fig. 2), sur le Turonien, très mal caractérisé comme je l'ai dit, reposent quelques bancs de calcaire assez dur (1), séparés par des marnes ; on y trouve quelques grands Inocérames, qui m'ont engagé à ranger ces couches dans le Sénonien. Au-dessus se développe une série de marnes (2), dont la puissance ne doit pas être inférieure à 300 m. Ces marnes sont d'un bleu cendré (d'où le nom de Kt. ez Zerga), ou d'un jaune clair quand elles ont été longtemps exposées à l'air ; elles sont assez dures pour se tenir au bord des oueds en talus très redressés ; néanmoins elles ne sont pas tellement calcaires qu'une pluie prolongée n'aît vite fait de délayer leur surface, ce qui les rend très glissantes. Les eaux de ruissellement les entament facilement, produisant une multitude de petits ravins qui en rendent le parcours très pénible ; c'est à cette disposition que s'applique le terme de « djeraouil ». Les fossiles y font presque défaut ; je n'y ai vu que quelques fragments de test d'Inocérames. A la partie supérieure de ces marnes, s'intercalent des lits calcaires (3) en alternance régulière sur une épaisseur de 15 m. contenant quelques Térébratules. On passe ainsi à un ensemble calcaire (4), ne laissant que de rares lits marneux. Les calcaires sont alors tout à fait blancs, assez durs et en bancs réguliers (30 m.). Les Inocérames du groupe de *Inoceramus Cripsii* Mantell sont nombreux dans ces assises, qui renferment en outre

Bostrychoceras polyplocum Roemer.

Puis, de nouveau, sur 50 m., les marnes bleu-cendré alternent avec les calcaires (5). Les Inocérames sont toujours très abondants ; on trouve aussi des débris de *Radiolites* et quelques *Bostrychoceras*. Plus haut, les calcaires subsistent seuls (6), blancs, siliceux, très compacts et à cassure légèrement tranchante. Leur pente est de 35° S-S-E, c'est-à-dire suivant la coupe. Les alternances de marnes et de calcaires reprennent (7); les calcaires, d'abord serrés et montrant parfois de petits grains de quartz, deviennent de plus en plus espacés et, après 30 m. environ, il ne reste que des marnes (8). Les fossiles, toujours peu nombreux à ce niveau, sont presque absents ici ; on y trouve seulement vers la base des Inocérames, et aussi ces traces qui ont été désignées sous le nom de *Chondrites*. Puis, sur une épaisseur de 15 m. environ, les marnes sont notablement plus dures, mais ne renferment plus de lits calcaires ; on y recueille *Pentacrinus Peroni* DE LORIOL. Au delà il y a encore, avant d'atteindre le niveau à phosphate de chaux, 80 m. de marnes argileuses et lamelleuses, d'un bleu plus foncé que les précédentes, mais sans aucune séparation marquée. Vers le milieu, on y voit de rares lits de calcaire marneux, tandis que la partie inférieure est un peu sableuse. Là encore, il m'a été impossible de trouver un seul fossile ; aussi la limite supérieure du Crétacé reste-t-elle indécise.

La coupe du Dyr el Kef (Pl. II, fig. 1) montre la même succession de couches, dont quelques-unes ont fourni des fossiles très caractéristiques. Les marnes (2), assez dures en ce point, renferment de nombreux *Micraster Peini* ; en outre, le Ct Flick m'a remis, comme provenant du niveau (3) ou peut-être de la fin de (2), Dyr el Kef

Mortoniceras texanum ROEMER
— *serrato-marginatum* REDT.

Du niveau (4), je possède :

Terebratula carnea SOW.
Bostrychoceras polyplocum ROEMER.

Ces fossiles nous permettent donc de préciser certains niveaux par rapport à ceux de France. Les deux *Mortoniceras* cités établissent en effet l'âge **Emschérien** des marnes (2) et (3). L'**Aturien** commencerait avec (4), caractérisé par *Bost. polyplocum*. J'ajouterai que ce fossile se rencontre surtout à la fin de (4), mais presque aussi souvent en (5) dans les calcaires intercalés. Enfin, les marnes supérieures à *Pentacrinus* correspondent au **Danien**.

Le Sénonien s'étale sur une large surface entre le Kef et l'O. Mellègue, où divers plis permettent aux couches d'apparaître plusieurs fois. Il se retrouve à peine modifié dans toute la région au S et à l'E du Kef, en particulier au Dj. Kebouch, — où il repose de façon anormale sur le Trias, — au Dj. Lorbeus, aux Dj. bou Nader et bou Sléah, au Dj. Maïza. La masse principale de cette dernière montagne est Maïza constituée par les calcaires blancs à Inocérames (6), peu visibles à cause de la brousse. Les couches supérieures sont particulièrement intéressantes, car elles contiennent une faune relativement riche. Vers l'O. el Melah, au-dessus des calcaires blancs à Inocérames (6), viennent des alternances de marnes cendrées et de calcaires marneux, jaunâtres, tendres (7), où on trouve :

Entomaster Rousseli GII.	*Serpula umbonata* SOW.
Pentacrinus Peroni DE LORIOL	*Radiolites* (plusieurs fragments roulés et recouverts de petites Huîtres).
Balanocrinus africanus DE LORIOL	

Ce niveau est bien visible au Kt. el Maïdheur. Puis les calcaires deviennent plus rares ; les fossiles plus nombreux consistent alors en *Terebratula carnea* SOW., *Terebratulina chrysalis* SCHLOTH. Au-dessus, il n'y a plus de lits calcaires, les marnes bleutées (8) demeurent seules ; elles sont notablement gypseuses et fortement salées (d'où le nom d'O. el Melah). On y constate la présence de fossiles pyriteux encore indéterminés pour la plupart, mais dont un bon nombre sont identiques à ceux du Draa et Tbaga, et que nous retrouverons encore près d'Ellez. Ce sont des Polypiers (*Turbinolidés*), Crinoïdes (*Balanocrinus*), Échinides (*Brissopneustes*), Brachiopodes (*Terebratula* et *Terebratulina*), Lamellibranches (*Nucula*), Gastropodes (*Avellana, Mitra, Trochus, Turritella, Natica, Cerithium, Voluta*, etc.), Poissons (*Scapanorhynchus subulatus* Ag.). Je me bornerai à relever la présence de *Brissopneustes*, genre généralement considéré comme tertiaire, mais qui, d'après Nicklès, caractérise le **Danien**, étage auquel je crois devoir rattacher ces couches, quoique un certain nombre de Mollusques qui s'y rencontrent persistent dans les calcaires éocènes. Ces marnes atteignent ici une puissance de 100 m. et ne sont pas recouvertes par les assises tertiaires.

Massouge — Au Dj. Massouge, la composition est la même ; aussi je me contenterai de signaler deux Oursins remarquables :

Entomaster Rousseli Gh.
Guettaria Angladei Gh.

toujours au même niveau, c'est-à-dire à la fin des calcaires (6) et au début des marnes et calcaires (7) de la fin du Crétacé, caractérisés aussi par *Balanocrinus africanus*, associé ici à un *Pollicipes*.

Ellez — La succession est la même un peu plus au S, aux environs d'Ellez (Pl. II fig. 9). En ce point, les marnes terminales du Crétacé, très développées, atteignent 80 m. environ ; elles sont très feuilletées, d'un bleu ardoise presque noir, et renferment en assez grande quantité de la pyrite et de la barytine. Vers les 2/3 de leur hauteur, apparaissent quelques fossiles en pyrite de fer, exactement les mêmes que ceux du Maïza : Polypiers, Térébratulines, Lamellibranches et Gastropodes, indiquant le **Danien**.

Sra Ouertane — Le Sénonien présente de larges affleurements à l'E d'Ellez, jusqu'à la Sra Ouertane. Au flanc de cette montagne, sous le Dj. Hafera et sur toute la surface qui s'étend à son pied, on peut facilement atteindre les différents niveaux. Dans les marnes inférieures (2), le *Micraster Peini* est très abondant. Cette espèce, particulièrement commune dans la région des Hamadats et rare dans l'Ouest, paraît avoir ici la limite de son grand développement. Aux *Micraster* sont associés des Nautiles du groupe de *N. lævigatus* d'Orb. et d'assez nombreux exemplaires de *Mortoniceras texanum* Roemer. Le niveau à *Bostrychoceras polyplocum* (4-5) est bien caractérisé ; les formes y sont très variables et certains échantillons sont enroulés en spirale conique surbaissée comme les *Helicoceras*. Ils sont accompagnés de nombreux *Inoceramus Cripsii* Mantell. Les calcaires supérieurs (6), également bien développés, blancs, un peu siliceux, ont été exploités par les Romains en trois grandes carrières, d'où furent extraits les matériaux d'Hr Dogga. Enfin, les marnes et calcaires (7) qui viennent en dessus se font remarquer par la présence de la petite faune déjà signalée plusieurs fois (*Adelopneustes Lamberti* Gh., *Serpula umbonata* Sow).

Hamadat des Ouled Aoun

La coupe est la même dans toute la Hamadat des Ouled Aoun, à Souk el Djemâa à Maktar etc. ; les couches sont seulement plus ou moins bien visibles suivant les points. Le long de l'O. bou Sbiha, par exemple, on observe les marnes inférieures (2) bleues, assez foncées, un peu dures, renfermant çà et là de minces lits calcaires ; l'oued les entame sur plus de 100 m. sans atteindre leur base. Les fossiles n'y sont pas très rares. *Micraster Peini* est la forme dominante, associée à un grand *Holastéridé*, malheureusement toujours en trop mauvais état pour être déterminable. On y voit aussi des fragments de test d'Inocérames et de petites Huîtres voisines d'*O. vesicularis*. Le fossile le plus remarquable est sans doute un *Lapeirouseia* indéterminé spécifiquement, mais dont le semblable existe à l'Untersberg (Salzbourg), ainsi qu'il résulte d'une communication de M. Toucas. Les Céphalopodes sont représentés par *Nautilus lævigatus* d'Orb. et *Mortoniceras texanum* Roemer (surtout à la partie supérieure, en 3). J'y ai aussi recueilli un *Scalpellum*. Dans les 10 m. de calcaires francs (4), qui viennent au-dessus, on trouve déjà *Bostrychoceras polyplocum* Roemer, mais cette espèce est surtout abondante un peu plus haut, dans les marnes et calcaires (5) (15 m.). Elle est fréquemment associée à de grands *Hamites* (*Anisoceras*) restés indéterminés, quoique en assez bon état. Les calcaires supérieurs (6) sont compacts, siliceux (silex bruns) et surmontés par les termes supérieurs très réduits.

Souk el Djemâa

La coupe est sensiblement la même à Souk el Djemâa, où les différents termes sont faciles à étudier, soit aux environs du poste, soit entre celui-ci et la Kalaat el Harrat. Les marnes inférieures sont bien développées et à leurs dépens s'est creusé le vaste cirque situé entre Souk el Djemâa et les Kalaats, où avait été installé le champ de tir. Outre les *Micraster Peini* Coq. et les perpétuels Inocérames, on y trouve de beaux spécimens du *Radiolites angeiodes* Lamk., dont quelques-uns énormes. Le bord du cirque est formé par les calcaires blancs, produisant deux gradins qui correspondent aux couches (4) et (6). La fin des calcaires (4) renferme, outre *Inoceramus Cripsii*, des *Bostrychoceras polyplocum* et de nombreux fragments d'*Anisoceras*. Un peu plus haut (en 5), ces mêmes *Anisoceras* sont associés à *Pachydiscus colligatus* Binkh. Les calcaires (6) sont normalement développés et surmontés par les marnes terminales (7 et 8) assez réduites et généralement mal visibles ; je n'ai pu constater leur présence que grâce à une tranchée ouverte pour la recherche des phosphates.

Maktar

A Maktar, les marnes inférieures (3) sont faciles à atteindre dans tout l'oued Saboun, toujours caractérisées par *Micraster Peini*. En outre, sous la petite Koubba du contrôle, les bancs calcaires de la fin de (2) ou peut-être de (3) contiennent *Rhynchonella plicatilis* Sow., *Peroniceras Czörnigi* Redt. et *Mortoniceras texanum* Roemer ; c'est donc le Santonien. Dans les calcaires (6), on peut enfin recueillir *Terebratula carnea* Sow. et *T.* cf. *semiglobosa* Sow. Ces calcaires sont d'un beau blanc et fournissent des matériaux de grand appareil, qui ont été utilisés par les Romains pour la construction de Mactaris ; les carrières sont encore facilement reconnaissables près du Kef Guernica. L'épaisseur de ces calcaires est de 30 à 40 m. ; les fossiles y sont bien peu nombreux et se limitent à *Terebratula carnea* Sow. et *Inoceramus Cripsii*

Mant. Les termes supérieurs (7-8) sont très réduits et manquent même complètement à Maktar.

Sekarna Cette réduction est particulièrement notable dans le Dj. Sekarna et à la Kessera. Dans la première de ces montagnes, spécialement sous le Dj. el Guelah (fig. 25), le Sénonien possède un facies qui est encore intermédiaire entre celui du Sud et celui du Centre. Au-dessus du Turonien, déjà mal caractérisé en ce point, viennent des marnes assez réduites (*a*), car elles ne semblent pas atteindre 100 m.; on passe ensuite par des alternances régulières de marnes et calcaires à des calcaires compacts (*b*), en bancs de 30 à 40 cm., devenant plus épais dans le haut. Ils sont couronnés par une masse considérable de calcaires gris (*c*), subcristallins, fortement siliceux et renfermant même dans la partie supérieure de nombreux nodules de silex bruns. Cette masse forme un abrupt de 50 m. de hauteur; je n'y ai vu aucun fossile, mais à l'extrémité N du Sekarna, près du Kef Chouchane, où le calcaire est fortement sableux et moins compact, j'ai recueilli de grands Inocérames. Au-dessus, une autre masse calcaire, presque aussi puissante, forme un deuxième abrupt, séparé du premier seulement par un petit gradin marneux. Ces calcaires supérieurs appartiennent à l'Éocène, car ils renferment des Nummulites. Or, entre la fin des calcaires gris à silex bruns du Sénonien et la base du niveau phosphaté éocène, il n'y a guère plus d'un mètre de marnes dures, représentant à elles seules les 300 m. de marnes qui, à la Kalaat es Snam, séparent les calcaires supérieurs à Inocérames des phosphates. On voit donc que la réduction

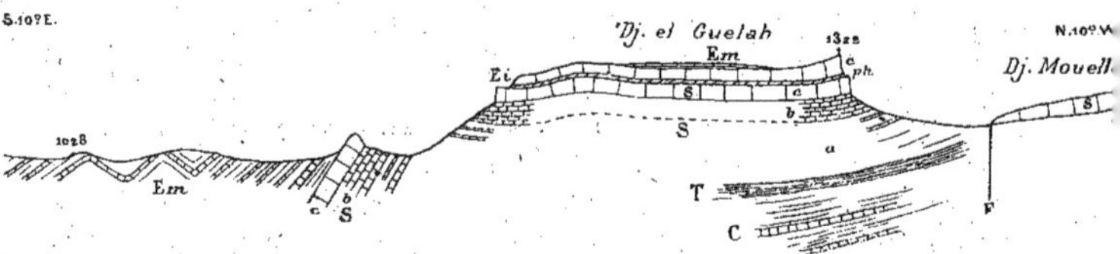

Fig. 25. — Dj. Sekarna, 1/20.000 (h. et l.).

est poussée ici à l'extrême. Mais, en l'absence de tout fossile susceptible de donner une indication précise (les Inocérames se rencontrant presque à tous les niveaux du Sénonien), je n'oserais pas affirmer que les couches soient complètes en ce point; il pourrait fort bien y avoir une lacune.

Barbrou A l'W du Dj. Barbrou, le Sénonien est certainement incomplet, recouvert directement par l'Éocène moyen. Dans le ravin de l'O. Regaig, j'ai recueilli un *Micraster* très spécial, voisin de *M. numidicus* Gr. (espèce inédite, dont le type est à l'École des Mines) et *Radiolites angeoides* Lamk.; plus au N, j'ai ramassé une belle dent de *Ptychodus latissimus* Lamk. Enfin, à un horizon un peu plus élevé, dans des bancs calcaires, se trouvaient de nombreux *Nautilus*, *Peroniceras Czörnigi* Redt. (un peu plus déformé) et un peu plus loin quelques exemplaires d'*Ostrea vesicularis* Lamk. et un *Mortoniceras* voisin de *M. Bourgeoisi* d'Orb.

Le Sénonien du Dj. Sekarna, que je viens de considérer, constitue un terme de passage entre le Sénonien de la région de Thala et de celle de Maktar; de même, nous aurons des passages entre le Sénonien du Mrihla et celui de la Kessera et des Ouled Aoun. Le Dj. Djildjil nous en fournit un bon exemple. Une coupe faite au flanc W de cette montagne (fig. 26), à peu près en remontant l'Oued Fouar, nous offre, à la base, le Turonien encore bien reconnaissable, grâce aux *Neoptychites cephalotus* (qui disparaissent plus au N), supportant des marnes bleu-gris, avec petits lits calcaires, épaisses d'une centaine de mètres. Les premiers mètres renferment en abondance une petite Exogyre, tandis que dans tout le tiers inférieur (40 m.) (*a*), on recueille en quantité des *Hemiaster latigrunda* P. et Gh. avec quelques *Discoidea* voisins de *D. Archiaci* Cott. Ces marnes peuvent être attribuées au Turonien aussi bien qu'au Sénonien. Dans les deux tiers supérieurs des marnes (80 à 100 m.) (*b*), on rencontre encore cet *H. latigrunda* P. et Gh. associé à *H.* cf. *Fourneli* Desh. et de petites *Ostrea vesicularis* Lamk. Ces marnes disposées en assises presque horizontales, sont remplies de gypse, au point que l'eau de l'oued n'est pas potable. Les marnes qui viennent au-dessus (*c*) sont plus claires et plus dures, les bancs calcaires y sont plus nombreux (40 m.). On y rencontre *Micraster Peini* Coq. surtout dans les dernières couches, *Inoceramus Cripsii* Mantell, *Ostrea vesicularis* Lamk. et un peu plus au S, près de Sidi ben Habbess, *O. Costei*

Djildjil

Fig. 26. — Dj. Djildjil.

Coq. Les bancs calcaires sont très réduits dans les 30 m. suivants (*d*), où je n'ai pas vu un seul fossile. En certains points, le Sénonien se termine alors, coupé en biseau et recouvert en transgression par l'Éocène moyen, mais, un peu plus au S, on observe au-dessus un grand développement de calcaires : d'abord une cinquantaine de mètres de calcaires durs en lits réguliers de 20 à 40 cm. (*e*), où il ne semble guère y avoir de fossiles autres que les Inocérames, puis une grande table (*f*) de calcaire blanc siliceux, très dur, renfermant de nombreux silex bruns à patine dorée, limitant le Dj. Djildjil, ainsi qu'une grande partie du Dj. Sidi ben Habbess par une falaise de 50 m., le plus souvent très difficile à franchir. En arrière de la crête, à une distance variable, se rencontre l'Éocène moyen.

Rebeiba

Le Dj. Rebeiba (Pl. II, fig. 3) nous montre ces calcaires peu différents, mais très intéressants par suite de quelques fossiles qui y sont contenus. Au point le plus bas qu'on puisse atteindre, le calcaire (*e*) est blanc, un peu grisâtre en dedans, en lits minces et possédant une épaisseur de 50 m. environ. J'y ai trouvé de nombreuses *Terebratula carnea* Sow., entièrement siliceuses, 2 *Holectypus*, 2 *Holaster* indéterminés, dont l'un appartient au groupe de *H. planus*, et enfin un beau fragment de *Schlœnbachia* cf. *Blanfordiana* Stol. Puis viennent, sur 15 m., des calcaires gris roux (*f*), tellement siliceux qu'ils sont à peine rayés par l'acier et, du reste, bourrés de silex gris, où je n'ai vu aucun fossile. Le sommet du dôme est formé par des calcaires (*f'*), moins durs que les précédents, un peu plus clairs, en lits de 25 à 40 cm. et très riches en ces grands Échinides, sosies des *Hypsaster,* qui ont déjà été cités (30 m.). Enfin, sur le versant N, on observe encore des calcaires (*g*), d'abord avec quelques intercalations marneuses, puis seuls (30 m.). Je n'y ai pas trouvé de fossiles. Ces couches sont recouvertes de tous les côtés par les alluvions de l'oued Smeti, qui contourne le dôme. Au N, une faille importante est toute proche, puisque, au-delà de l'oued, on trouve les marnes cénomaniennes. A l'E et S-E, le Sénonien est évidemment surmonté par l'Éocène moyen, mais le contact n'est pas visible.

Trozza — Au Dj. Trozza, le Sénonien fait suite au Turonien, dont la présence est attestée par le *Neoptychites cephalotus,* mais les couches sont peu visibles et difficiles à suivre. On constate cependant que la partie inférieure consiste en marnes bleuâtres avec quelques lits calcaires, où j'ai trouvé une Ammonite se rapportant exactement à *Mortoniceras Emscheris* Schlüter. La partie supérieure est formée de calcaires riches en *Inoceramus Cripsii* Mant. et *Entomaster Rousseli* Gn., indiquant la partie terminale de l'Aturien. Ces calcaires sont suivis de marnes bleues, lamelleuses, qui sont pro-

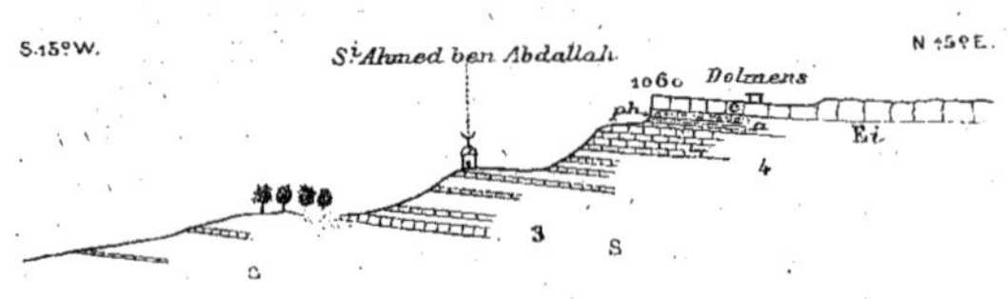

Fig. 27. — Bord S de la Kessera, 1/10.000 (h. et l.).

bablement encore crétacées, mais je ne puis l'affirmer en l'absence de tout fossile ; elles sont recouvertes par l'Éocène moyen transgressif.

Cherichira — Au Cherichira (Pl. II, fig. 13), sous le Kef et Tengoucha, la succession est tout à fait la même. Les marnes inférieures renferment *Micraster Peini* Coq. et, par suite, sont indiscutablement sénoniennes et non cénomaniennes, comme l'a indiqué Aubert. Quant aux calcaires supérieurs, ils sont fortement sableux et surmontés normalement par l'Éocène inférieur.

La Kessera — A la Kessera, la lacune signalée plus haut, à propos du Sekarna, est presque évidente. Une coupe (fig. 27) faite au bord S du plateau, montre d'abord les marnes inférieures (2) bleu-cendré, assez argileuses, avec filonnets de calcite, qui peuvent être facilement étudiées sur une hauteur de 100 m. tout autour de la Kessera. Du côté W, où les étages inférieurs affleurent, on peut se rendre compte que leur épaisseur atteint au moins le double de ce chiffre. A l'Hir Farona, par exemple, on peut constater le contact du Turonien et reconnaître que le Sénonien débute, comme auprès du Kef, par 2 ou 3 bancs de calcaire compact (1), renfermant des Inocérames à plis fins, peut-être encore turoniens. Les marnes (2) ne contiennent guère que *Micraster Peini* et des débris d'Inocérames et de Radiolites. Elles passent par des alternances de marnes et de calcaires blancs, de plus en plus serrées (3), où les seules traces d'êtres organisés sont des *Chondrites,* à des calcaires blancs (4), légèrement siliceux, épais de

20 m. sous la Hamadal et divisés en lits réguliers de 30 à 40 cm. Ils sont extrêmement pauvres en fossiles, les habituels Inocérames n'y figurent qu'en débris assez rares ; les seuls vestiges d'êtres sont encore les *Chondrites*. Directement au-dessus, viennent des argiles noires écailleuses, à Polypiers ferrugineux et petits Cérithes, épaisses de quelques mètres seulement, qui marquent probablement le début de l'Éocène. De plus, la surface supérieure des calcaires sénoniens est perforée par une infinité de tubes d'Annélides, remplis ultérieurement soit par les argiles, soit surtout par des grains de glauconie et de phosphate de chaux. En ce point, le Sénonien est donc incomplet ; les assises à *Bostrychoceras* n'existent pas, ou du moins leur base seule est présente et toutes les couches, qui d'ordinaire les surmontent, font défaut. Il semble donc bien y avoir eu un léger mouvement dans la région des Hamadats avant l'Éocène inférieur ; nous verrons plus loin qu'un autre plus important s'est fait sentir entre l'Éocène inférieur et l'Éocène moyen ; aussi les couches supérieures du Sénonien manquent souvent par suite de l'érosion et sont recouvertes directement par l'Éocène moyen.

Le Sénonien, avec le facies qui vient d'être décrit près du Kef et chez les Ouled Aoun, se poursuit dans toute la région au N du Massouge et dans la Rebaa Siliana. Les marnes inférieures (2) très puissantes sont entamées par d'immenses ravins, comme l'O. el Melah, qui en rendent le parcours pénible ; certains d'entre eux ont 100 m. de profondeur. Les fossiles sont très rares dans ces sédiments, à part *Micraster Peini* et *Radiolites angeiodes* Lamk. Le niveau à *Bostrychoceras* (4) est facile à reconnaître, mais les représentants de l'espèce type ne s'y montrent qu'en fragments. Les calcaires supérieurs à Inocérames (6) ne dépassent pas une dizaine de mètres et souvent se réduisent à 5 m. ; ils forment les flancs de la montagne. Comme toujours, les *Inoceramus Cripsii* y sont communs, mais ce sont les seuls fossiles. Les marnes supérieures (7-8) un peu sableuses admettent parfois des lits gréseux, montrant des pistes et de mauvais Bivalves (*Avicula, Lucina,* etc.). J'y ai trouvé aussi un exemplaire de cette Huître qui a été désignée sous le nom d'*Ostrea vesiculosa*, mais en est sans doute différente. Quelques Polypiers, associés à *Pentacrinus Peroni, Balanocrinus, Terebratulina chrysalis,* et quelques *Cérithes* montrent que nous avons encore là l'équivalent du **Danien**. Siliana

Mais une localité particulièrement intéressante est le Dj. Selbia, situé au N de la Siliana et entièrement constitué par le Sénonien, qui s'étend en outre dans la dépression qui le sépare du Dj. Sidi Abd el Kerim. En ce dernier massif, on trouve le Gault, puis le Cénomanien et le Turonien, confondus sous forme de gros bancs calcaires alternant avec des marnes, et enfin les marnes bleu cendré du Sénonien inférieur (1-2). Les seuls fossiles sont toujours *Micraster Peini* et des débris de *Radiolites*. A la partie supérieure de ces marnes, aussi développées qu'ailleurs, s'intercalent quelques bancs calcaires devenant de plus en plus nombreux (3) et supportant des calcaires blancs à Inocérames, en lits serrés (4). Tout à fait en haut des marnes (2), au point où les calcaires commencent à apparaître (3), celles-ci renferment des rognons de pyrite, de barytine et un certain nombre de fossiles : Échinides, Lamellibranches et Céphalopodes. Les Échinides sont malheureusement très déformés et difficilement déterminables. Les Lamellibranches consistent uniquement en petites Huîtres peu Selbia caractéristiques et fragments de *Radiolites*, mais les Ammonites sont tout à fait remarquables. J'ai pu y reconnaître :

Phylloceras (3 espèces, dont l'une aff. *Ph. Nera* Forbes)
Lytoceras (du gr. de *L. quadrisulcatum*)
— *(Tetragonites) epigonum* Kossmat
Lytoceras (Gaudryceras) Kayei Forbes
Desmoceras (3 espèces)
Puzosia aff. *Gaudama* Forbes
— gr. *planulata* Sow.
Hauerirecas aff. *Gardeni* Baily
Pachydiscus cf. *Cricki* Kossmat
Baculites Faujasi Lamk. (*vertebralis* Lamk.).

Dans les calcaires supérieurs (6), j'ai trouvé en plus des grands Inocérames un *Micraster* du groupe de *M. gibbus*, et dans les marnes et calcaires (7), qui ici ne sont plus sableux, un fragment d'*Ananchytes* et un *Stenonia* associés à *Balanocrinus africanus*.

Le gisement que j'ai signalé dans une note antérieure [1] sous le nom de Sidi Abd el Kerim, bien qu'il soit assez éloigné de la Koubba de ce nom, n'est guère qu'à un ou deux Km. à l'W du précédent ; aussi, de l'un des gisements, on aperçoit l'autre et on peut s'assurer que les deux sont au même niveau. Ce dernier est très limité en hauteur, car les Ammonites ferrugineuses ne se rencontrent que sur une épaisseur de 3 m. et même ne sont abondantes que dans une seule couche. Au surplus, les espèces sont les mêmes dans les deux gisements. J'ajouterai qu'au Dj. Si Abd el Kerim, les calcaires supérieurs (6) m'ont fourni *Galeaster* aff. *Bertrandi* Seunes.

On retrouve encore les Ammonites ferrugineuses à Pont du Fahs, près de la Koubba de Si bou Hamidat, mais en ce point, la stratigraphie est plus difficile à établir. Le Vraconnien affleure à très faible distance, sous le facies de marnes et calcaires à Ammonites pyriteuses, et la confusion serait facile. Le gisement sénonien m'a fourni :

Stenonia cf. *tuberculata* Desor
Lambertiaster Auberti Gh.
Radiolites et moules de Bivalves peu caractéristiques (*Nucula*, etc.)
Phylloceras (2 espèces)
Lytoceras (Tretagonites) epigonum Kossm.
Puzosia
Hauericeras
Baculites.

La plupart des Ammonites n'ont pu être déterminées spécifiquement ; il est en effet très rare de trouver des Ammonites sénoniennes à l'état pyriteux et elles n'ont jamais été figurées à ces faibles dimensions ; la comparaison est par suite très difficile. En outre, plusieurs espèces paraissent nouvelles.

Si on considère maintenant le nombre des échantillons de chaque espèce, on peut faire les constatations suivantes : sur 71 spécimens provenant d'une première récolte, il y a 30 *Pachydiscus*, 21 *Lytoceras*, 11 *Puzosia*, 4 *Phylloceras*, 4 *Hauericeras*, 1 *Baculites*. Les récoltes suivantes ont notablement enrichi ma collection, mais sans apporter de modification importante à ces proportions. On voit donc que les *Pachydiscus*

(1) L. Pervinquière : Sur un facies particulier du Sénonien, p. 789.

dominent de beaucoup et constituent presque la moitié des échantillons, mais les *Lytoceras* et les *Phylloceras* sont encore nombreux, aussi bien comme espèces que comme individus. Ils impriment donc à cette faune un cachet très spécial et la différencient de celles qui florissaient à la même époque en Europe. Même dans les Corbières, à Sougraignes, où s'observe la formation européenne ayant peut-être le plus d'affinité avec celle du Dj. Selbia, on a recueilli un *Hauericeras*, un *Gaudryceras*, un *Desmoceras* et plusieurs *Pachydiscus*, mais pas de *Phylloceras*. Pour retrouver une faune analogue, il faut aller dans l'Inde méridionale : toutes les Ammonites du Selbia, de Sidi Abd el Kerim et de Pont du Fahs que j'ai pu identifier se retrouvent dans les couches de Pondichéry ou de Trichinopoly (Trichinopoly et Arriyaloor group), à part le *Baculites Faujasi*. D'autre part, ce dernier fossile, dont le type provient de Maestricht, semble assigner à la faune un âge **aturien**.

Mais alors une difficulté surgit. J'ai dit en effet que, dans le Centre, le facies du Sénonien était très constant, et que les subdivisions pétrographiques indiquées sur la coupe du Kef, par exemple, se poursuivaient dans toute la région des Hamadats et la Rebaa Siliana, avec des épaisseurs sensiblement constantes. Il semble logique d'admettre que ces subdivisions qui demeurent identiques sur de grands espaces correspondent à des niveaux constants. Mais nous venons de voir que la base des couches (3) renfermait au Dj. Selbia des fossiles conduisant à rattacher celles-ci à l'Aturien, tandis qu'à Maktar et au Kef, ces mêmes couches (3) renferment encore *Mortoniceras texanum*, Ammonite indiscutablement d'âge emschérien. Il résulterait peut-être de là que le facies des marnes bleu cendré a persisté plus longtemps dans la Rebaa Siliana que dans le reste de la Tunisie centrale. Mais cette complication n'est peut-être pas parfaitement justifiée. En effet, malgré la présence de *Baculites Faujasi* (ou d'une forme au moins très voisine), nous sommes assurés que les Ammonites du Dj. Selbia ont leur gisement à un niveau notablement inférieur à celui de *Bostrychoceras polyplocum*. En outre, si nous recherchons quel niveau occupent dans l'Inde les Ammonites que nous avons pu identifier ou au moins rapprocher de formes connues, nous constatons que deux d'entre elles (*Phyll. Nera* et *Lyt. Kayei*) proviennent des Valudayoor beds, c'est-à-dire de l'Aturien, mais que la plupart des autres (*Lyt. epigonum*, *Pach. Cricki*, *Puz. gaudama*, *Hauericeras Gardeni*) n'existent que dans le Trichinopoly group, que de Grossouvre n'hésite pas à paralléliser avec le Santonien. La majorité des espèces du Selbia (recueillies dans une couche épaisse de 2 m. au maximum) appartiennent donc à l'**Emschérien** ; 2 ou 3 seulement à l'**Aturien**. Nous ne serons donc pas très éloignés de la vérité en plaçant les couches qui les contiennent à la limite de ces deux étages, limite qui, dans la pratique et au point de vue de la cartographie, coïncidera sensiblement avec la partie supérieure des marnes. Ainsi disparaît la contradiction qui avait semblé naître un instant.

Le Sénonien de la Rebaa Siliana est intéressant aussi à cet autre point de vue qu'il constitue déjà un terme de passage au facies septentrional. Celui-ci, encore insuffisamment connu, paraît consister principalement en calcaires blancs à Inocérames et Échinides, qui lui communiquent une grande analogie avec la Scaglia italienne. Or, je viens de citer, à propos des derniers dépôts étudiés, quelques fossiles (*Stenonia* cf.

tuberculata, Lambertiaster Auberti, Galeaster aff. *Bertrandi*), qui sont complètement inconnus dans la région centrale et qui, au contraire, sont fréquents dans le Nord de la Régence. Donc, si le facies pétrographique a encore peu varié, la faune se modifie déjà et présente quelques espèces inconnues plus au Sud.

RÉSUMÉ

Dans les pages qui précèdent, j'ai montré comment le Sénonien se transforme, quand on s'avance du Sud vers le Nord. Si maintenant nous groupons les faits les plus importants, nous reconnaissons que le Sénonien présente 3 facies principaux, réunis entre eux par des passages progressifs : un *facies méridional*, un *facies central*, un *facies septentrional*. Chacun d'eux possède une faune propre, comprenant un certain nombre d'espèces spéciales et quelques-unes communes aux autres facies, ce qui permet d'établir leurs relations mutuelles. Ces facies peuvent être ainsi caractérisés:

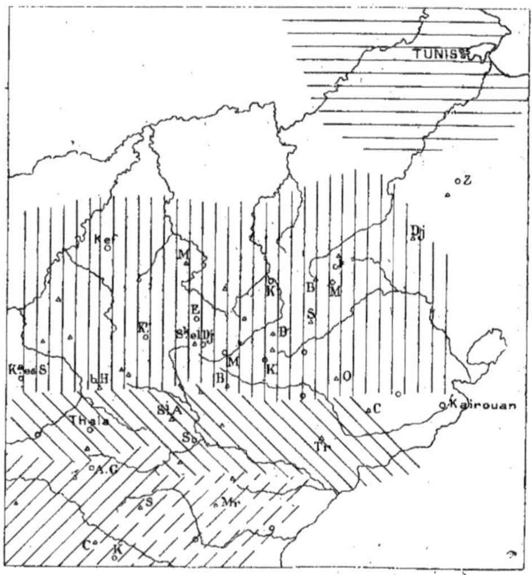

Fig. 28. — Carte montrant l'extension des différents facies du Sénonien.
☰ Facies septentrional — \\\ Facies mixte
||| Facies central — /// Facies méridional

Facies septentrional de la Tunisie. — Ce facies règne dans les environs de Tunis et le Nord de la Tunisie, c'est-à-dire en dehors de la superficie embrassée par ma carte : par suite, je ne l'ai point étudié spécialement : je l'ai vu seulement çà et là dans quelques excursions autour de Tunis. Les calcaires paraissent y dominer et être très peu fossilifères. Avec les grands Inocérames, on y rencontre quelques Échinides, les uns spéciaux, comme *Lambertiaster Douvillei* et *L. Auberti*, les autres connus dans l'Europe méridionale, par exemple *Stenonia tuberculata*, *Ovulaster Zignoanus*, *Cardiaster subtrigonatus*. Ces derniers attestent les relations étroites qui unissent la Craie de Tunis à la Scaglia italienne. Le *Stenonia* cf. *tuberculata* de Pont du Fahs et le *Lambertiaster Auberti* établissent d'autre part un lien entre le Sénonien du Nord et celui du Centre.

Facies central. — Il est caractérisé par le développement énorme des marnes bleu cendré, généralement riches en pyrite et parfois en barytine, qui atteignent souvent 300 m. de puissance. Les fossiles y sont extrêmement rares, à part le *Micraster* (*Plesiaster*) *Peini*, qui existe à tous les niveaux et peut même passer dans le Sénonien supérieur. Le *Mortoniceras texanum* habite les lits calcaires intercalés dans ces marnes surtout vers le haut, et prouve qu'elles correspondent dans leur ensemble à l'**Emschérien**, dont la limite supérieure est marquée par les petites Ammonites du Dj. Selbia, de Sidi Abd el Kerim, et de Pont du Fahs. Partout où celles-ci font défaut (et c'est le cas le plus général), la limite précise de l'Emschérien et de l'Aturien ne peut être fixée, mais correspond sensiblement à la fin des marnes cendrées.

L'**Aturien** est constitué par un complexe de marnes et calcaires dont la succession a été indiquée. Les *Bostrychoceras polyplocum*, *Anisoceras* et *Pachydiscus colligatus* en sont les fossiles les plus caractéristiques, accompagnés toujours par les grands Inocérames du groupe d'*I. Cripsii*, qui peuvent également se trouver plus bas. Deux Échinides : *Entomaster Rousseli* et *Guettaria Angladei* occupent un niveau très constant, à la fin des calcaires (6) ou au début des marnes et calcaires (7). Par contre, je n'ai jamais trouvé un seul *Hemipneustes* dans tout le Centre.

Les marnes (8) doivent être mises en parallèle avec les couches à Ammonites, Lamellibranches et Gastropodes du Draa et Tbaga et, par conséquent, représentent le **Danien**. Les fossiles caractéristiques de cet étage sont : *Pentacrinus Peroni*, *Balanocrinus africanus*, *Adelopneustes Lamberti*, *Serpula umbonata*, presque toujours réunis, quelquefois accompagnés par une faunule de Mollusques ferrugineux et exceptionnellement par les petits Céphalopodes déjà cités (*Pachydiscus*, *Scaphites* (?), *Baculites*).

Dans une grande partie de la région centrale, la sédimentation s'est continuée sans interruption du Crétacé à l'Éocène, d'où il résulte que le **Montien** répond à une partie des marnes noirâtres, dont la fin est peut-être déjà éocène.

J'insiste sur cette continuité parfaite, ce *passage progressif du Crétacé à l'Éocène*, qui aurait semblé peu admissible il y a quelques années ; maintenant, cette idée de la continuité de la sédimentation dans les géosynclinaux est acceptée par la plupart des auteurs et professée par M. Munier-Chalmas. Zittel avait du reste antérieurement signalé un fait analogue dans le désert libyque. Dans le cas présent, il me paraît indiscutable que dans le grand synclinal jalonné par le Dyr de Tébessa, la Kalaat es Snam, le Houd, de même que dans les deux synclinaux parallèles situés au N (Garn Halfaya et le Kef) et celui qui est au S (Haïdra-Kalaat el Djerda), la sédimentation a été continue du Crétacé au Tertiaire et qu'aucune limite précise ne peut être tracée entre les deux systèmes.

Par contre, dans diverses parties de la Tunisie centrale (au S de Maktar), le Sénonien est incomplet et recouvert soit par l'Éocène inférieur, soit par l'Éocène moyen, soit même peut-être en un point par l'Éocène supérieur.

Le passage entre le Sénonien du Centre et celui du Sud s'observe d'une part au Dj. Djildjil, où les marnes inférieures renferment *Hemiaster latigrunda* et *Micraster Peini*, tandis que les calcaires supérieurs sont confondus en une seule masse, et, d'autre part, au Dj. Oum Delel, où, avec divers Mollusques de la région méridionale, on recueille *Gauthiericeras* cf. *Margæ* et, un peu plus haut, *Mortoniceras texanum*, espèce qui disparaît au S de cette localité.

Facies méridional. — C'est par excellence le *facies argileux à Ostracés*, lequel envahit tout l'**Emschérien**. Les marnes, très puissantes (jusqu'à 500 m. en quelques endroits), sont plus foncées et bien plus argileuses que celles de la région centrale, interrompues çà et là par quelques bancs de calcaire tendre. Les Échinides y sont très nombreux, surtout les *Hemiaster* et *Periaster*, tandis que les *Micraster* y sont peu fréquents, en opposition avec ce qui existe dans le Centre. Il est juste aussi de faire mention des *Pseudoholaster*, qui remplacent les *Hemipneustes*, ou plutôt les précèdent. Les Ostracés abondent, particulièrement *O. Boucheroni* et *O. dichotoma*, que je n'ai jamais rencontrées dans le Centre. Un grand nombre de Lamellibranches et de Gastropodes (la plupart à l'état de moules internes) les accompagnent. Les Ammonites consistent surtout en *Barroisiceras* et *Tissotia*, dont je n'ai non plus jamais trouvé un seul exemplaire dans la région centrale.

L'**Aturien**, beaucoup moins épais et moins différent de ce qu'il est dans le Centre, est représenté par des calcaires à silex blonds, qui, au Bireno et au Kt. Sidi Mabrouk, m'ont fourni *Bostrychoceras polyplocum*, ce qui ne laisse aucun doute sur leur âge. Les autres Céphalopodes sont des *Mortoniceras*, qui ne se retrouvent pas dans le Centre, des *Pachydiscus* et des *Anisoceras*, qui existent dans les Hamadats sans y être communs.

Dans toute cette région méridionale, rien ne représente le **Danien**, qui fait certainement défaut. Le Crétacé est alors recouvert directement soit par l'Éocène moyen, soit par le Miocène.

Conditions de dépôt. — On remarquera immédiatement que les conditions dans lesquelles se sont effectués ces dépôts sont les mêmes qu'au Cénomanien ; les sédiments analogues des deux étages sont presque superposés. Le facies argileux à *Hemiaster* du Sud est assurément en relation avec une faible profondeur de la mer, comme l'atteste l'abondance des Mollusques littoraux, en particulier des Ostracés. Dans le Centre et le Nord de la Tunisie au contraire, la mer devait être beaucoup plus profonde ; aussi les fossiles sont bien plus rares et ceux qu'on y rencontre diffèrent de ceux du Sud. Cela est vrai, en particulier, pour les Céphalopodes, parmi lesquels les *Lytoceras* et *Phylloceras* du Selbia indiquent l'existence d'une mer relativement profonde, de même que les Echinides des genres *Entomaster* et *Guettaria*. Il résulte du reste des travaux de SEUNES et de NICKLÈS (1) que les *Stegaster* et les *Hemipneustes* ne se rencontrent jamais ensemble, les premiers vivant à une plus grande profondeur que les deuxièmes. La remarque se vérifie en Tunisie ; j'ai déjà fait observer que la plupart des *Stegaster* de SEUNES devaient rentrer dans le genre *Entomaster*, commun dans le Nord et le Centre de la Tunisie, à l'exclusion des *Hemipneustes*. A vrai dire, je n'ai pas rencontré ces derniers dans le Sud, mais THOMAS en a rapporté plusieurs du Cherb et du Bir Magueur ; en outre, j'ai recueilli en divers points des *Pseudoholaster*, qui semblent les prédécesseurs des *Hemipneustes* et devaient vivre dans les mêmes conditions (eaux peu profondes) en compagnie de nombreux *Hemiaster*.

J'ajouterai enfin, que ni dans l'un, ni dans l'autre facies, on n'a encore signalé ni *Bélemnitelles*, ni *Hippurites*.

COMPARAISON AVEC LES AUTRES PAYS

Le Sénonien de **Tébessa** offre naturellement un parfait accord avec celui de Tunisie, de la Kalaat es Snam par exemple, comme j'ai pu m'en assurer lors d'une rapide visite au Dyr. Je crois que la suite des couches y est complète, et je n'ai point observé la discordance indiquée par BLAYAC (2).

Un peu plus au S (Khenchela, Refana) règne ce facies à Huîtres bien connu depuis le voyage de COQUAND (3). Les descriptions de cet auteur permettent assurément de s'en rendre compte ; néanmoins, je ne puis que répéter ce que j'ai déjà dit : il serait très utile de reprendre ce travail, de refaire les coupes avec plus de rigueur, d'éliminer des listes tous les fossiles souvent peu reconnaissables qui les encombrent, et, par contre, de préciser les niveaux de fossiles souvent très importants, qui ont été communiqués par des personnes n'ayant pas fait de la géologie une étude spéciale.

Quant au facies central (type : Kef, les Hamadats), il semble se poursuivre au moins jusqu'à Aïn Beida et Aïn Guettar, qui a donné son nom au genre *Guettaria*.

Pour le reste de l'**Algérie**, une comparaison exacte est plus difficile. PERON nous a donné dans son précieux ouvrage sur la géologie de l'Algérie des coupes détaillées des plus importantes, comme celle de Medjez el Foukani (4), mais je n'ai pu retrouver plusieurs fossiles qu'il indique, en particulier divers Ostracés, sur lesquels il a en partie basé ses subdivisions. Il me manque notamment l'*O. Overwegi*, qui m'aurait été

(1) NICKLÈS : Recherches géologiques sur les terrains sec. et tert. de la prov. d'Alicante, p. 107-109.

(2) J. BLAYAC : Description géologique des régions à phosphate de chaux de Tébessa et de Bordj bou Arréridj. *Ann. Mines*, 1894, sep. p. 5 et coupes.

(3) H. COQUAND : Géol. Sud. prov. Constantine, p. 88.

(4) A. PERON : Géol. Algérie, p. 124.

d'une si grande utilité pour établir le synchronisme des couches. D'autre part, les Céphalopodes cités dans ce travail sont encore peu nombreux, et il plane une certaine incertitude sur l'horizon précis de plusieurs de ceux qui ont été décrits dans le Mémoire sur les Ammonites de la Craie supérieure d'Algérie. Dans l'introduction, l'auteur a cherché à démontrer, ce en quoi je suis entièrement d'accord avec lui, qu'il existe dans l'Afrique du Nord deux niveaux à Ammonites bien distincts, correspondant l'un au Turonien, l'autre au Sénonien inférieur, mais il n'a pas repris la question stratigraphique pour tout le Sénonien. Néanmoins on peut dire que, dans ses grands traits, le Sénonien de Tunisie s'accorde avec celui de l'Algérie orientale et que les deux facies principaux se rencontrent dans les deux pays. Je dois noter cependant l'absence dans la Tunisie centrale de formations détritiques comparables à celles du bou Thaleb (1).

Mais, d'un autre côté, je relève le rapprochement très intéressant, fait par Zittel, lors de la réunion extraordinaire de la Société géologique en Algérie (2), entre son étage libyen et les marnes et calcaires grumeleux à Turritelles, Cérithes, Natices, qui surmontent la barre calcaire à *Hemipneustes africanus* et *H. Delettrei* d'El Kantara, qui correspondent assurément aux assises terminales du Crétacé du Draa et Tbaga, du Maïza, etc.

Il est inutile, je crois, de poursuivre plus loin la comparaison avec le Sénonien d'Algérie, qui est peu varié et peu fossilifère en dehors des points considérés plus haut.

J'ai fait observer que le Sénonien de Tunisie était séparé du Turonien par un changement radical de la faune, qui tient évidemment à ce que les courants marins se sont modifiés au début du Sénonien ; nous constatons en effet que les pays dont le Turonien offrait le plus de ressemblance avec celui de Tunisie n'ont plus, à l'époque sénonienne, que de vagues affinités avec cette contrée.

C'est ainsi que le **Portugal**, dont le Turonien a une grande analogie avec celui de la Régence, nous montre un Sénonien formé par des grès généralement sans fossiles, sauf sur deux points, où ils présentent une faune marine (*Hemitissotia ceadouroensis* et *Hopl. Marotti*) et par un complexe de grès, de marnes et de marno-calcaires souvent gypsifères, à faune saumâtre et à flore terrestre (3).

En **Espagne**, dans l'Aragon et la Castille, le Sénonien fait défaut, tandis que dans la province de Burgos il est bien représenté (4), mais n'a que de lointaines relations avec celui de la Tunisie. Dans la province d'Alicante, le Sénonien inférieur est mal caractérisé, mais, par contre, l'Aturien est fort remarquable par la présence de types observés en Tunisie ; nous y constatons avec Nicklès (5) cette opposition entre le facies littoral à *Hemipneustes* et le facies de mer plus profonde à *Stegaster* (*Entomaster*). A propos des *Hemipneustes africanus* et *H. Delettrei*, l'auteur note l'analogie des couches maestrichtiennes d'Alcoy et de celles d'Algérie ; mais

(1) E. Ficheur : Sur les terrains crétacés du massif du bou Thaleb. *B.S.G.F.* (3) XX., p. 413.
(2) E. Ficheur : Excursion dans la province de Constantine *B.S.G.F.* (3) XXIV, p. 1182.
(3) P. Choffat : Le Crétacique au Nord du Tage, p. 239.
(4) M. Larrazet : Rech. géol. prov. Burgos, p. 294.
(5) R. Nicklès : Prov. d'Alicante, p. 107, 109, 120.

l'analogie est plus considérable encore que ne le supposait NICKLÈS, puisque le faciès à *Stegaster* existe également dans l'Afrique du Nord, comme je l'ai montré précédemment. La même chose se reproduit à l'extrémité occidentale des Pyrénées (Landes, Basses-Pyrénées) (1), où les *Stegaster* sont associés à des *Pachydiscus fresvillensis* SEUNES (= *colligatus* BINKH.), espèce bien connue en Tunisie. Nous remarquons en outre que les *Stegaster* occupent un niveau un peu plus élevé (Danien inférieur de SEUNES) que celui à *Heteroceras polyplocum*; c'est bien également la situation qu'affectent les *Entomaster Rousseli*. Je relève en outre sur la liste des fossiles du Danien donnée par NICKLÈS (2) la présence de *Brissopneustes Vilanovæ*, en compagnie de divers *Coraster*, que SEUNES cite également à propos du niveau supérieur à *Nautilus danicus*, c'est-à-dire du Danien proprement dit. Cela vient encore confirmer mon attribution au Danien des marnes foncées de la Kalaat es Snam, du Maïza, etc., contenant *Pentacrinus*, *Balanocrinus*, *Brissopneustes*.

D'un autre côté, le Sénonien supérieur des environs de Tunis a les plus grandes ressemblances avec la Scaglia italienne. Ainsi, dans les **Alpes vénitiennes**, MUNIER-CHALMAS (3) cite *Stenonia tuberculata*, *Scagliaster concavus*, *Sc. italicus*, qui existent également dans le Nord de la Tunisie. Il note aussi l'absence d'*Hemipneustes* et de *Micraster*, dont les premiers sont tout à fait absents, les deuxièmes fort rares dans le Sénonien supérieur de la Tunisie septentrionale.

Je serai bref en ce qui concerne la **France** et me bornerai à constater la présence en Tunisie de plusieurs espèces qui m'ont permis de reconnaître les divisions adoptées de ce côté de la Méditerranée. PERON et GAUTHIER ont depuis longtemps signalé les liens étroits qui unissent le *Micraster brevis* au *Plesiaster Peini* : lorsque ce dernier est dépourvu de fasciole péripétale, il devient en effet fort difficile à distinguer du premier. A vrai dire, cette espèce, excellent guide quand il s'agit seulement de savoir si l'on a affaire ou non au Sénonien, ne peut guère fournir d'indications plus précises ; elle a son maximum dans le Santonien, mais monte jusque dans les couches les plus élevées de l'Aturien. Il en est de même du *Radiolites angeiodes*, qui persiste plus longtemps que les Ammonites et se rencontre encore dans le Danien ; mais peut-être faut-il faire des réserves à ce sujet ; il y a assurément un *Radiolites* dans le Danien, mais on arrivera sans doute à le distinguer du *R. angeiodes*, quand on aura des matériaux plus complets. Quant aux Céphalopodes, la présence de *Barroisiceras Haberfellneri* REDT. et, à un niveau légèrement plus élevé, des *Tissotia* (*T. Ficheuri*, *T. haplohylla*, etc.) de *Gauthiericeras Margæ*, de *Peroniceras subtricarinatum* et *P. Czörnigi*, nous a permis de reconnaître un sous-étage **Coniacien**. Le *Mortoniceras texanum* nous a servi à caractériser le **Santonien** ; au surplus, THOMAS a recueilli *Placenticeras syrtale* (*P. Guadaloupæ*) au même niveau, près d'Aïn Settara, mais j'ai été moins favorisé que lui. Un précieux point de repère nous a été fourni par *Bostrychoceras polyplocum*, qui

(1) J. SEUNES : Géol. Pyrénées occidentales, p. 183.
(2) R. NICKLÈS : Prov. d'Alicante, p. 115.
(3) MUNIER-CHALMAS : Etude du Tithonique, du Crétacé et du Tertiaire du Vicentin, p. 11.

est localisé dans l'**Aturien**. Au-dessus de lui, j'ai trouvé *Pachydiscus colligatus*, qui habite également en Europe le sommet des couches campaniennes. J'ajouterai encore que FALLOT a signalé à Contes [1] l'*Ammonites ootacodensis* STOL. et l'*Amm. Blanfordianus* STOL. Or, j'ai rencontré cette dernière en Tunisie (au Rebeiba), à un niveau qui correspond très sensiblement à celui du *Mortoniceras* cf. *campaniense* de Sbeitla, espèce qui figure dans la collection de la Sorbonne, comme provenant également de Contes-les-Pins.

On voit donc que plusieurs des fossiles les plus caractéristiques du Crétacé supérieur d'Europe existent en Tunisie ; par contre, dans ce dernier pays, on n'a encore signalé dans les assises sénoniennes ni une Hippurite, ni surtout une Bélemnitelle.

Avec les régions orientales, les rapprochements sont encore plus étroits, particulièrement avec l'**Égypte**. BLANCKENHORN a donné récemment sur la Craie égyptienne un bon résumé, auquel je me réfèrerai plusieurs fois [2]. Le Santonien du cloître Saint-Antoine (désert arabique) a fourni plusieurs espèces communes en Tunisie, mais celles-ci sont encore plus nombreuses à Abou-Roach, où, d'après les travaux de SCHWEINFURTH, FOURTAU, BLANCKENHORN, on peut recueillir : *Ostrea Boucheroni, O. dichotoma, O. proboscidea, O. Costei, Tissotia Tissoti*, c'est-à-dire les fossiles les plus caractéristiques du Sénonien des Etats barbaresques. Les couches à *O. Villei, O. vesicularis, Trigonoarca multidentata, Arctica Barroisi, Roudaireia* du Dj. Zeit correspondent évidemment à la partie moyenne des marnes du Draa et Tbaga, où plusieurs de ces fossiles se rencontrent. Je ne comprends pas comment BULLEN NEWTON [3] a pu les classer dans le Turonien. BLANCKENHORN a du reste déjà fait la correction. Quant au niveau à *Heteroceras polyplocum* et *Anisoceras* reconnu par BARRON et HUME au bord de la chaîne arabique, il se parallélise naturellement avec les calcaires de Souk el Djamâa, renfermant les mêmes fossiles.

Mais la partie la plus intéressante pour nous de la Craie égyptienne est l'*Overwegi-Stufe* de ZITTEL (désert libyque). La coupe donnée par cet auteur et la vue du Dj. Lifte [4] sont des plus importantes au point de vue comparatif. Nous voyons vers la base du deuxième profil (assise 19) des argiles et calcaires marneux contenant *Inoceramus Cripsii*, qui correspondent aux calcaires n° 6 de la Kalaat es Snam par exemple. Au-dessus, se dresse cette masse immense de marnes ou d'argiles riches en gypse et en pyrite, couronnée par une puissante dalle calcaire : c'est l'aspect typique des Kalaats. Mais, en Tunisie, cette dalle calcaire renferme des Nummulites et, par suite, appartient à l'Éocène. Malheureusement, en Tunisie, manquent les fossiles les plus caractéristiques de ces marnes, notamment *O. Overwegi*. Deux autres espèces importantes font aussi défaut : ce sont *Nautilus Danicus* et ce si curieux *Libycoceras Ismaelis*. Néanmoins, les fossiles que je possède suffisent à établir le parallélisme rigoureux. Ainsi, la couche 27 du profil déjà cité et 3 du profil de la page 70 (ZITTEL) correspondent, sans contredit, à la couche 13 du Draa et Tbaga, qui renferme également un *Bacu-*

(1) E. FALLOT : Le Crétacé du S.-E. de la France, p. 137.
(2) M. BLANCKENHORN : Neus z. Geol. Ægyptens, p. 38.
(3) BULLEN-NEWTON : On some cretaceous shells from Egypt. *Geol. Mag.* (4) V, p. 394.
(4) K. ZITTEL : Beitr. z. Geol. lib. Wüste, p. 65

lites voisin de *B. Faujasi* et une petite Ammonite ressemblant un peu à *A. Kambysis*, tout en restant bien distincte. Enfin, l'assise 14 de la coupe du Draa et Thaga correspond sans conteste aux argiles feuilletées (Blätterthone), riches en sel, pyrite et gypse n° 5 et contenant en abondance de petits fossiles pyriteux, parfois munis de la coquille (*Voluta, Fusus, Natica, Nucula, Cardita,* etc.). J'ai pu m'assurer par un examen rapide, lors d'un voyage à Munich, qu'ils étaient semblables à ceux de Tunisie (bien que ces derniers soient moins nombreux et moins variés), et dans un état identique. Ce sont les mêmes encore dont DELANOUE avait fait une ample moisson dans les environs de Thèbes et qui figurent dans la collection de Paléontologie du Muséum d'Histoire Naturelle. Mais le calcaire blanc à Foraminifères et Éponges qui termine le Crétacé du désert libyque se présente en Tunisie sous un facies tout différent : celui de marnes sans fossiles entièrement semblables aux précédentes.

Un fait mérite encore d'être mis en lumière : c'est la présence de dépôts de phosphate de chaux, reconnus par BEADNELL à l'oasis de Dachel au sommet des couches à *Amm. Ismaelis*. D'immenses dépôts de phosphate existent, comme on le sait, en Tunisie, mais à un niveau un peu plus élevé, vers la limite du Crétacé et du Tertiaire et probablement un peu au-dessus de cette limite restée vague en bien des points.

Une autre ressemblance importante entre l'Égypte et la Tunisie, c'est le passage insensible du Crétacé à l'Éocène, que ZITTEL a constaté dans le désert libyque ; nous avons vu que le même fait s'était produit dans le grand synclinal de la Kalaat es Snam.

Pour ce qui concerne la **Palestine** et la **Syrie,** les analogies si étroites au Cénomanien sont bien moins apparentes, mais cela tient peut-être à l'insuffisance de nos connaissances. A vrai dire, LARTET cite plusieurs espèces franchement sénoniennes, mais cela d'après les déterminations de FRAAS et de CONRAD, qui sont parfois sujettes à caution ; de même LARTET donne comme *Amm. texanus* une Ammonite que FRAAS considère comme différente. De plus, les schistes bitumineux à Poissons ne me rappellent aucun facies tunisien. En Syrie, je retiendrai seulement la mention faite par BLANCKENHORN [1] de *Schlœnbachia* aff. *Blanfordiana* STOL., espèce indienne connue en Tunisie, tout en constatant que l'état de l'exemplaire figuré peut laisser subsister quelque doute sur cette attribution.

Les Échinides sénoniens rapportés de **Perse** par DE MORGAN et étudiés par COTTEAU et GAUTHIER témoignent d'un lien de parenté non douteux avec ceux d'Algérie et de Tunisie, quoique bien moindre que celui qui unissait les Échinides cénomaniens. Du reste, pour être mieux fixé sur le caractère de la faune de Perse, il convient d'attendre la publication de ce qui a trait aux Céphalopodes.

Mais l'accord avec la faune tunisienne se manifeste surtout quand on la compare à celle du **Sud de l'Inde,** particulièrement de Pondichéry et de Trichinopoly, laquelle a été l'objet des beaux travaux de FORBES, BLANFORD, STOLICZKA, KOSSMAT. J'ai déjà insisté sur cette analogie pour les étages précédents : elle n'est pas moindre pour le Sénonien. Le résumé stratigraphique donné par KOSSMAT à la fin de son mé-

(1) M. BLANCKENHORN : Beitr. z. Geol. Syriens, p. 121.

moire ([1]) permet de se rendre compte que, si le facies pétrographique est différent, un grand nombre d'espèces sont communes aux deux pays, surtout pour le Sénonien supérieur. Ainsi, à n'envisager que les Ammonites, toutes celles que j'ai recueillies au Dj. Selbia et à Sidi Abd el Kerim se rapportent à des espèces indiennes, de deux niveaux légèrement différents. Les unes (*Lytoceras epigonum, Pachydiscus Cricki, Puzosia gaudama, Hauericeras Gardeni*) se rencontrent dans le Trichinopoly group, qui, d'après DE GROSSOUVRE, appartient au Santonien, tandis que les autres (*Phylloceras Nera, Lytoceras Kayei*) proviennent des Valudayoor beds (Arriyaloor group). Parmi les autres Ammonites de Tunisie, je relève encore *Schlœnbachia Blanfordiana* STOL., de l'Arriyaloor group. Enfin, il n'est peut-être pas inutile de rappeler le grand développement des *Hamites* (*Anisoceras*) dans les Valudayoor beds, qui paraissent bien correspondre au niveau à *Bostrychoceras polyplocum* et *Anisoceras* de la Tunisie centrale.

Extension de la mer du Crétacé supérieur. — Ces relations très étroites entre le Crétacé de l'Inde et celui de Tunisie m'ont amené, il y a quelques années ([2]), à conclure qu'il y avait eu une communication marine directe entre ces deux pays, conclusion qui a été confirmée par DE GROSSOUVRE ([3]) et BLANCKENHORN ([4]) et adoptée par DE LAPPARENT ([5]). KOSSMAT, au contraire, dans deux travaux récents ([6]), a émis l'opinion qu'une barrière terrestre avait dû séparer les mers du Sud de l'Inde (district de Trichinopoly et de Pondichéry) de la Méditerranée. Cela lui paraît découler du fait que la faune crétacée du Sud de l'Inde diffère entièrement de celle du Béloutchistan et du Nerbadda, tandis que cette dernière est alliée à celle de l'Algérie et même des Pyrénées, comme il résulte des études de DUNCAN ([7]) et de NOETLING ([8]). KOSSMAT note en plus l'absence dans l'Inde des espèces qu'il considère comme les plus caractéristiques des régions méditerranéennes (*Tissotia, Neolobites*) et conclut que ce fait parle déjà tout seul contre une communication directe entre l'Inde méridionale et la Méditerranée. Cet auteur reconnaît du reste que plusieurs espèces connues dans l'Inde se retrouvent en Europe et dans l'Afrique du Nord ; mais, considérant que des dépôts crétacés sont connus à Madagascar, au Natal, aux îles Elobi, à Angola, etc., il estime que ces espèces indiennes ont dû parvenir en Europe en passant au Sud de l'Afrique. Il ajoute, comme confirmation, que ces espèces deviennent de plus en plus rares quand on s'avance de France ou de Gibraltar vers la partie orientale de la Méditerranée, cons-

(1) F. KOSSMAT : Untersuchungen etc., p. 198.

(2) L. PERVINQUIÈRE : Sur un facies particulier, p. 790.

(3) DE GROSSOUVRE : Sur l'Ammonites peramplus et quelques autres fossiles turoniens, *B.S.G.F.* (3), XXVI, p. 335.

(4) M. BLANCKENHORN : Neues zur Geol. und Pal. Ægyptens, p. 42.

(5) DE LAPPARENT : Traité de Géol., 4e édition, carte p. 1376.

(6) F. KOSSMAT : Ueber die Bedeutung der Südindischen Kreideformation, *Jahrb. K. Geol. Reichsanstalt*, XLIV, p. 459 et Untersuchungen über die Südindische Kreideformation, p. 204.

(7) P. M. DUNCAN : On the Echinoidea of the cretaceous strata of the Lower Narbada region, *Quart. Journ.* XLIII, 1887, p. 154.

(8) Fr. NOETLING : Fauna of the upper cretaceous beds of the Mari Hills. *Mem. G. S. of India*, ser. XVI, vol. 1, part. 3, p. 7.

tatation à laquelle il m'est impossible de souscrire. Depuis l'apparition de ma première note sur ce sujet, DE GROSSOUVRE a montré l'identité de *Neoptychites telinga* et *cephalotus* et signalé la présence de *Pachyceras superstes* en Aquitaine, mais c'est un fait isolé, tandis que j'ai trouvé ces espèces dans presque tous les gisements turoniens que j'ai explorés. D'ailleurs, cette étroite liaison qui se manifeste entre l'Inde et la Tunisie n'est pas limitée au Turonien. Nous l'avons déjà vue très marquée au début du Cénomanien (Vraconnien) et même pendant tout l'étage, comme GAUTHIER l'avait déjà constaté après examen des Échinides cénomaniens. Dans un travail plus récent (1), cet auteur insiste sur l'analogie frappante des Échinides cénomaniens de Perse avec ceux de l'Algérie, analogie qui persiste au Sénonien, quoique moins nette et conclut que les dépôts ont dû se faire dans une mer réunissant les deux pays. Par contre, tout en signalant des ressemblances avec le Sud de l'Inde, il les déclare peu importantes et moindres que celles qui existent avec l'Algérie et la Tunisie. Nous savons en outre que *Ac. Newboldi* n'est point rare en Syrie, de même qu'en Tunisie et dans l'Inde. Pour le Sénonien, j'ai montré qu'une proportion notable des Ammonites tunisiennes est connue dans l'Inde et que plusieurs d'entre elles ne sont connues que là. En Égypte, BLANCKENHORN (2) rapproche les couches à *Anisoceras* et à *Trigonoarca* de celles de l'Inde. Antérieurement, il avait signalé en Syrie (3) la présence de *Schlœnbachia Blanfordiana* STOL. ; KOSSMAT déclare qu'il a revu l'échantillon et que son état ne permet pas une détermination rigoureuse. Il n'en est pas moins remarquable que j'aie rencontré en Tunisie une espèce au moins très voisine, et que FALLOT l'ait citée en Provence.

Ces ressemblances se continuent du reste au début du Tertiaire. LOCARD a déjà fait observer qu'il y a plus d'affinité entre les faunes éocènes de la Tunisie et de l'Inde qu'entre celles de la Tunisie et de l'Algérie, malgré la proximité de ces deux pays. Et cette analogie est peut-être encore plus grande que ne le supposait LOCARD ; en effet, ce Nautile à cloisons très sinueuses qui a été signalé plusieurs fois dans les phosphates et qu'on a rapproché, d'une façon assez inexacte du reste, de *N. Forbesi*, est presque identique au *N. tamulicus* KOSSMAT du Ninnyoor de Pondichéry.

En résumé, les affinités fauniques entre la Tunisie et l'Inde me paraissent trop étroites et trop nombreuses pour ne pas résulter d'une communication directe. Je ne nie pas la communication par le Sud de l'Afrique, mais je crois que, dans le cas présent, elle a eu bien peu d'effet. J'admets également, si l'on veut, une barrière terrestre entre l'Inde méridionale et le Béloutchistan, tout en constatant que des différences de facies et de conditions bathymétriques pourraient suffire à expliquer la différence des faunes entre ces deux provinces. Mais je persiste à croire qu'il y a eu pendant tout le Crétacé supérieur une communication directe entre l'Inde méridionale et l'Afrique du Nord. Nous savons, par les recherches de BLANFORD, que le plateau de Shillong possède des dépôts crétacés tout à fait semblables à ceux de Trichinopoly ; c'est donc de ce côté que nous rechercherons la relation entre la mer indienne et la

(1) V. GAUTHIER et COTTEAU: Echinides de Perse.
(2) M. BLANCKENHORN : Beit. z. Geol. Syriens, p. 42.
(3) M. BLANCKENHORN : Id., p. 43.

Méditerranée crétacée, laquelle prenait en écharpe toute l'Asie. Par ce détroit, les espèces indiennes ont pu se disperser et se diriger soit vers le Japon et le Pacifique, soit vers la Perse, la Syrie, l'Égypte, les États barbaresques et la France, où elles ne sont parvenues qu'exceptionnellement, tandis qu'elles sont arrivées en nombre en Tunisie et déjà moins fréquemment en Algérie ; leurs proportions relatives sont donc inverses de celles indiquées par Kossmat. Réciproquement, des espèces européennes, telles que les *Hemipneustes* par exemple, ont pu émigrer dans l'Inde, et sont arrivées jusque dans le Béloutchistan, sans pénétrer dans l'Inde méridionale, soit qu'il leur eût fallu faire un détour, soit que les conditions de vie ne leur aient pas convenu.

LISTE DES FOSSILES DU SÉNONIEN

Pentacrinus Peroni de Loriol, Maïza, Tajrouine, Klt. es Snam, Si Djaber.

Balanocrinus africanus de Loriol, Maïza, Bled ech Chems, Jama, Selbia, Si Djaber.

Cyphosoma Maresi Cotteau, Bireno.

Cyphosoma indét., Marfeg, Bireno, Sif.

Holectypus turonensis Desor, bou Driès.

— *Julieni* Peron et Gauthier, Mrhila, Bireno.

Holectypus indét., Rebeiba.

Discoidea aff. *D. Archiaci* Cotteau O. Faouar.

Adelopneustes Lamberti Thomas et Gauthier, Maïza, Zelles, Bled ech Chems.

Echinobrissus cf. *djelfensis* Gauthier, bou Driès.

Echinobrissus cf. *Julieni* Coquand, Mrhila.

Echinobrissus, plusieurs espèces indét., Semmama, Douleb, Mrhila.

Stenonia cf. *tuberculata* Desor, Pont du Fahs, Selbia.

Holaster gr. *planus*, Rebeiba.

Holastéridés indét., Sbeitla, Bireno, bou Driès.

Pseudoholaster Meslei Thomas et Gauthier, bou Driès.

Galeaster aff. *G. Bertrandi* Seunes, Dj. Si Abd el Kerim.

Entomaster Rousseli Gauthier, Trozza, Massouge, Maïza, Bled ech Chems, Fedj et Tmer.

Guettaria Angladei Gauthier, Massouge, Ellez.

Micraster (*Plesiaster*) *Peini* Coquand, tous les gisements du Nord et du Centre; exceptionnel au Sud (cas cités).

Micraster Cotteaui Thomas et Gauthier, Trozza, Mrhila, Semmama.

Micraster Heinzi Gauthier, Mrhila, Tiouacha, Semmama, Thala, Medarga, Klt. es Snam, Klt. es Senoubrine.

Micraster cf. *Meunieri* Lambert, Tbaga.

— cf. *latiporus* Cotteau, Sbeitla.

— cf. *numidicus* Gauthier, Barbrou.

Brissopneustes, Kt. el Maidheur.

Hemiaster latigrunda Peron et Gauthier, Bireno, Thala, Medarga, Sif, Ajered, Kt. Si Mabrouk, O. Faouar, Si ben Habbess.

Hemiaster Fourneli Deshayes, Oum Delel, bou Driès.

Hemiaster aff. *Rollandi* Thomas et Gauthier, bou Driès, Tiouaach, Mrhila.

Hemiaster cf. *Messai* Peron et Gauthier, bou Driès.

Hemiaster cf. *Ksabensis* Peron et Gauthier, bou Driès.

Hemiaster cf. *Bibansensis* Peron et Gauthier, bou Driès.

Hemiaster cf. *verrucosus* Coquand, Klt. es Snam, Houd.

Periaster Durandi Peron et Gauthier, bou Driès, Mrhila.

Periaster indét., Bireno, bou Driès.

Membranipora Ficheuri Thomas et Peron, Kt. Si Mabrouk, Sif.

Membranipora cf. *perisparsa* Novak, Medarga.

Terebratula carnea Sowerby, Rebeiba, El Kef, Maïza, Maktar.

Terebratula cf. *semiglobosa* Sowerby, O. el Balloul, Maktar, K. Mnara.

Terebratulina chrysalis Schlotheim, Si Ahmor, Maïza, Si Djaber, Tbaga.

Rhynchonella plicatilis Sowerby, var. *Woodwardi* Davidson, Trozza, Maktar, Si ben Habbess, Thala, Medarga, Oum Delel, Tiouacha, Kt. Si Mabrouk, Klt. es Snam.

Serpula umbonata Sowerby, Maïza, Zelles, Bled ech Chems, Tajrouine.

Arca Maresi Coquand, Tbaga, Semmama, Bireno, bou Driès.

Avicula gravida Coquand, Ajered, Sif, bou Driès.

Avicula atra Coquand, Bireno.

Inoceramus Cripsii Mantell, tous les gisements, en compagnie d'une ou deux espèces indét.

Pecten virgatus Nilsson, Bireno.

Janira regularis Schlotheim, Mrhila.

Janira indét., Bireno, Semmama.

Lima subsimplex Thomas et Peron, Semmama, Tbaga, bou Driès.

Modiola, Bireno, bou Driès.

Plicatula Ferryi Coquand, Medarga, Oum Delel, Kt. Saïd, Bireno, bou Driès, Sif, Semmama, Mrhila.

Chalmasia turonensis Dujardin, Thala.

Ostrea dichotoma Bayle, Bireno, Ajered, Thala, Sif, Tbaga, Semmama, Zebbes (Chaâmbi), bou Driès.

Ostrea Boucheroni Coquand, Mrhila, bou Driès, Sif, Bireno, Kt. Saïd, Thala, Tiouacha, El Kef.

Ostrea semiplana Sowerby, Bireno.

— *vesicularis* Lamarck, Mrhila, Semmama, bou Driès, Sif., Bireno, Thala, Kt. Saïd, Oum Delel, Klt. es Snam, Maktar, O. Messemerh, El Ksour, Ellez, Si ben Habbess, El Kef.

Ostrea Costei Coquand, Si. ben Habbess, Semmama; Tbaga, bou Driès.

Exogyra Langloisi Coquand, Thala, Tbaga, Bireno, Semmama, Mrhila.

Trigonia scabra Lamarck, Tbaga.

Trigonia indét., Semmama, Bireno.

Cardita, Bireno.

Lucina, Rebaa Siliana.

Cardium hillanum Sowerby, Klt. es Snam, Oum Delel, Medarga, Kt. Saïd, Bireno, Ajered, Sif.

Cardium Pauli Coquand, Semmama, Bireno, bou Driès.

Cardium cf. *productum* Sowerby, bou Driès.

Roudaireia Forbesiana Stoliczka, Kt. Saïd, Bireno, Tbaga, bou Driès.

Cyprina (Arctica) Barroisi Coquand, Kt. Saïd, Medarga, Tbaga, bou Driès, Zebbes (Chaâmbi), Semmama.

Cyprina Nicaisei Coquand, Kt. Saïd, bou Driès.

Pholadomya Royana d'Orbigny, Bireno, bou Driès.

Radiolites angeiodes Lamarck, O. Messemerh, Souk el Djemâa, Kt. Saïd, Medarga, Thala, El Kef, Siliana, Pont du Fahs, Ksour, Hond. — Fragments paraissant se rapporter à l'espèce précédente : tous les gisements du Centre.

Lapeirouseia indét., O. bou Sbiha.

Globiconcha incerta Thomas et Peron, Semmama.

Cerithium indét., Kt. Si Mabrouk, Bireno, bou Driès.

Nerinæa, Semmama, bou Driès.

Harpagodes cf. *Cotteaui* Thomas et Peron, Semmama.

Rostellaria indét., Mhrila, Bireno.

Natica cf. *subexcavata* Thomas et Peron, Klt. es Snam.

Ampullina bulbiformis Sowerby (= *Natica Gervaisi* Coquand), Mrhila, Medarga, Bireno, bou Driès.

Scalaria, Rebaa Siliana.

Fusus Bleicheri Thomas et Peron, Bireno, bou Driès.

Fusus Assaillyi Thomas et Peron, Bireno, Medarga.

Fusus cf. *Fleuriausianus* d'Orbigny, Bireno.

Fusus cf. *Requienianus* d'Orbigny, Bireno.

— *thevestensis* Coquand, Medarga.

Voluta Baylei Coquand, Bireno, bou Driès.

— cf. *algira* Coquand, Klt. Fragha.

Nautilus gr. de *N. lævigatus* d'Orbigny, Kt. Si Mabrouk, Bireno, Medarga, Thala, Tiouacha, Si ben Habbess, O. bou Sbiha, Zelles.

Phylloceras aff. *Nera* Forbes, Selbia.

— indét. Selbia, Pont du Fahs.

Lytoceras gr. *quadrisulcatum*, Selbia.

— (*Tetragonites*) *epigonum* Kossmat, Selbia.

Lytoceras (*Gaudryceras*) *Kayei* Forbes, Selbia.

Schlœnbachia aff. *S. Blanfordiana* Stoliczka, Rebeiba.

Mortoniceras texanum Rœmer, Maktar, Zelles, Medarga, bled Zaafrane, El Kef.

Mortoniceras serratomarginatum Redtenbacher, El Kef, Thala, Klt. es Senoubrine.

Mortoniceras Emscheris Schlüter, Trozza.

— cf. *Bourgeoisi* d'Orbigny, Barbrou, Bireno, Mrhila.

Mortoniceras cf. *campaniense* de Grossouvre, Sbeitla, Semmama.

Gauthiericeras cf. *Margæ* Schlüter, Bireno, Medarga, Ayata.

Peroniceras subtricarinatum d'Orbigny, E. Kef, Bled Zaafrane.

Peroniceras Czörnigi Redtenbacher, Barbrou, Maktar, K. Mnara.

Acanthoceras indét., Bireno, bou Driès.

Barroisiceras Haberfellneri v. Hauer, Semmama, bou Driès.

Barroisiceras indét., bou Driès.

Tissotia Tissoti Bayle, var. *lævigata* Peron, Semmama.

Tissotia Ficheuri de Grossouvre Thala.

Tissotia Ewaldi de Buch, var. *africana* Peron, Kt. Zebbes (Chaâmbi).

Tissotia aff. *T. Fourneli* (fig. in Peron), Tbaga, Kt. Saïd.

Tissotia cf. *haplophylla* Redtenbacher, Semmama, Kt. Saïd.

Tissotia indét., Kt. Zebbes (Chaâmbi).

Hemitissotia Morreni Coquand, Kt. Saïd, bou Driès.

Hemitissotia Morreni, var. *Coquandi* Peron, Kt. Saïd.

Hemitissotia Morreni, var. *tissotiæformis* Peron, bou Driès.

Bostrychoceras polyplocum Rœmer, Kt. Si Mabrouk, Klt. es Snam, O. bou Sbiha, Bireno, Mzita, Souk el Djemâa, Fedj et Tmer, Houd, Sra Ouertane, El Kef.

Hamites (*Anisoceras*), Souk el Djemâa, O. bou Sbiha, Tiouacha.

Desmoceras indét., Selbia.

Puzosia aff. *P. Gaudama* Sowerby, Selbia.

Hauericeras aff. *H. Gardeni* Baily, Selbia.

Pachydiscus cf. *Cricki* Kossmat, Selbia.

Pachydiscus colligatus Binkhorst, Mrhila, Kt. Si Mabrouk, Souk el Djemâa.

Baculites Faujasi Lamarck, Selbia, Tbaga.

Scaphites indét., Mrhila.

— Tbaga. (?)

Lamna appendiculata Agassiz, Rebaa Siliana.

Scapanorhynchus rhaphiodon Agassiz, Thala, Souk el Djemâa.

Scapanorhynchus (?) *subulatus* Agassiz, Maïza.

Ptychodus latissimus Agassiz, Barbrou.

Osmeroides (?) Maktar.

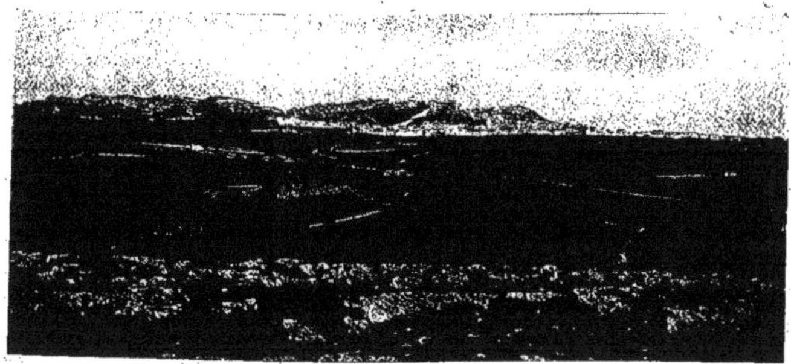

II. — Le Dyr el Kef (vu du Sud-Ouest) CLICHÉ FLICK

SYSTÈME ÉOGÈNE

SÉRIE ÉOCÈNE

HISTORIQUE

COQUAND, à propos de Tébessa (1), a écrit cette phrase : « Calaa en Tunisie, Djebel-Dir et Kodiat Tasbent sont trois jalons nummulitiques placés sur une même ligne droite. » La chose est exacte, et la Kalaat es Snam appartient bien à l'Éocène, mais la démonstration pourra paraître insuffisante. De même TISSOT dit incidemment (2) que la formation suessonienne se poursuit en Tunisie, mais sans préciser davantage. Lors de mon passage au Kef, j'appris que TISSOT y était venu plusieurs années auparavant, qu'il avait recueilli des notes et matériaux et même dressé une carte des environs ; j'ignore ce que sont devenus les uns et les autres, mais je ne crois pas qu'ils aient jamais été publiés.

MARÈS, qui visita le Kef en 1884, en rapporta des fragments de calcaire à Nummulites et établit ainsi, de façon indiscutable, la présence de l'Éocène en Tunisie (3). HÉBERT, qui présenta quelques observations au sujet de la communication

(1) H. COQUAND : Géol. S. prov. Constantine, p. 113.
(2) J. TISSOT : Texte explic. carte géol. Constantine, p. 72.
(3) P. MARÈS : Sur la géol. des environs du Keff, p. 207.

de Marès, estima que ces calcaires nummulitiques devaient être attribués à l'Éocène moyen, ce qui est inexact.

L'année suivante parut la note de Thomas *Sur la découverte de gisements de phosphate de chaux dans le Sud de la Tunisie*, note capitale, et dont les résultats pratiques furent immenses, bien qu'ils se soient faits longtemps attendre. Une deuxième note du même auteur, intitulée *Sur la découverte de nouveaux gisements de phosphate de chaux*, fit connaître l'existence de ces précieux dépôts dans la région centrale, qui seule fait l'objet de cette étude, en particulier au Dyr el Kef et à la Kalaat es Snam. Des renseignements plus précis et plus complets furent ensuite présentés à la Société géologique (1).

Rolland, qui visita aussi le Kef, a donné le résumé de ses observations dans deux notes (2) qui sont presque la répétition l'une de l'autre ; cependant, la deuxième comprend de plus une coupe qui aide à saisir la pensée de l'auteur (2). Il distingue deux niveaux à Nummulites, appartenant l'un à l'Éocène inférieur, l'autre à l'Éocène moyen, séparés par des calcaires marneux ; malheureusement, il n'a pas remarqué qu'il y avait une faille entre les deux, comme Pomel l'a déjà fait observer (3). Je suis pleinement d'accord avec ce dernier, quand il affirme qu'il n'y a qu'un seul niveau de calcaires compacts à Nummulites ; le niveau *Ni* n'est qu'un éboulis en masse de *Nm* et les calcaires à *Pseudopygaulus* et *Ostrea* ne sont pas différents des calcaires grossiers à *Thagastea* situés au-dessus de *Nm*. Dès lors, Pomel, appliquant la classification qu'il avait établie en Algérie, rangea toutes les couches tertiaires du Kef dans l'Éocène inférieur, manière de voir qui fut adoptée par Aubert.

Le Mesle (4) donna ensuite une coupe du Djebel Trozza sensiblement exacte, mais il ne sut pas l'interpréter. Il reconnut en outre sous les Kalaats du Centre un niveau phosphaté, qu'il assimila à celui que Thomas venait de découvrir dans le Sud, assimilation qui a été généralement adoptée, bien qu'elle ne soit peut-être pas suffisamment établie ; comme je l'ai déjà indiqué dans une note antérieure (5), il n'est pas prouvé que tous les gisements phosphatés éocènes soient bien au même niveau.

Peu après, la carte géologique d'Aubert fit connaître l'extension considérable qu'affecte le terrain Éocène ; mais, à vrai dire, quelques attributions faites par cet auteur ne sont pas à l'abri de la critique. Il divisa l'Éocène en inférieur et supérieur et admit une lacune entre les deux ; néanmoins, la carte porte la mention e^1, e^2 : Éocène moyen ; e^3, e^4 : Éocène supérieur, sans qu'il soit fait mention de l'Éocène inférieur ; mais, comme il est aisé de s'en rendre compte, cela résulte d'une faute de gravure, car le texte dit formellement que l'Éocène moyen manque en Tunisie (6). De même quand Gauthier écrit « Éocène moyen » à la

(1) Ph. Thomas : Gisements de phosphate de chaux des Hauts Plateaux de Tunisie, p. 373, 398.
(2) G. Rolland : Sur la géol. de la Tun. cent. du Kef à Kairouan, *C. R.* et *A. F. A. S.*
(3) A. Pomel : Aperçus rétrospectifs géol. Tun., p. 108, et Expl. carte géol. Algérie, p. 118.
(4) Le Mesle : Géol. de la Tun., p. 213.
(5) L. Pervinquière : Sur l'Éocène de Tunisie et d'Algérie, *B. S. G. F.*, p. 40.
(6) F. Aubert : Explication carte géol., p. 37.

fin de la description de l'*Orthechinus tunetanus*, et cette fois seulement, je me demande si ce n'est pas un lapsus, cette indication de gisement étant faite, comme toutes les autres, d'après les notes de THOMAS, qui classe dans le Suessonien supérieur les calcaires gréseux à *Nummulites*, *Euspatangus Meslei*, *E. Cossoni*, etc., suivant la manière de voir de POMEL [1].

Antérieurement déjà, E. FUCHS [2] avait parallélisé avec le Calcaire Grossier certaines formations des environs de Gabès, qui sont en réalité beaucoup plus récentes (pleistocènes). D'autre part, ERRINGTON DE LA CROIX [3] avait attribué à l'Éocène moyen les marnes bariolées gypsifères du Cherichira, qui sont triasiques, comme on l'a déjà vu.

Dans les deux notes déjà citées [4], j'ai admis une classification notablement différente de celle qui avait cours jusqu'alors. J'ai attribué au Crétacé la presque totalité des marnes noirâtres situées entre les calcaires à Inocérames et le niveau à phosphate de chaux, qui constitue l'Éocène inférieur, avec l'horizon unique de calcaires cristallins à Nummulites du Kef, la Kessera, etc., et leur équivalent du N de l'Ousselat. J'ai limité l'Éocène inférieur à ces couches, me séparant en cela des géologues algériens, et placé dans l'Éocène moyen les calcaires grossiers (au moins en grande partie) et les marnes qui, suivant les points, surmontent les précédents en concordance, ou bien reposent en transgression sur le Crétacé; j'ai insisté sur l'importance de cette transgression et montré sa généralité dans tout le pays au S de Maktar. ROLLAND [5] avait déjà parlé d'une transgression de l'Éocène moyen par rapport à l'Éocène inférieur en certaines parties du bassin méditerranéen, parmi lesquelles il semble comprendre la Tunisie; mais, comme nous l'avons vu, les calcaires à Nummulites, qu'il attribuait à l'Éocène moyen, ne sont pas distincts de ceux de l'Éocène inférieur; il devient, par suite, difficile de savoir ce qu'il a voulu exprimer. Du reste, ses deux notes, surtout la première, manquent de précision, en ce qui concerne l'Éocène; on ne voit pas bien la place qui revient aux marnes et lumachelles à *Ostrea stricticostata* et *O. Clot Beyi*, largement étalées entre la Kessera et Kairouan. Dans sa dernière note, cet auteur place ces couches sur l'horizon des calcaires à Nummulites, ce qui est inexact. On verra, par la suite, que ces formations existent dans toute la région des Hamadas et occupent un niveau bien défini au-dessus des calcaires à Nummulites. Je crois donc avoir été le premier à nettement distinguer l'Éocène moyen en Tunisie et à montrer sa transgressivité dans tout le pays au S de Maktar.

Entre temps, le C[t] FLICK [6] avait signalé l'existence de ce terrain au Dj. Batene. Du reste, dès 1894, dans le Supplément aux Échinides éocènes, COTTEAU [7] a décrit un *Schizaster trozzensis* et un *Opissaster thebensis* et fait suivre leur étude de ces mots :

(1) Ph. THOMAS : Étage miocène, p. 6.
(2) E. FUCHS : Note sur l'isthme de Ghabès, p. 248.
(3) E. DE LA CROIX : La géol. de Chérichira, p. 323.
(4) L. PERVINQUIÈRE : Sur l'Éocène de Tunisie et d'Algérie, *C. R.* p. 564 et *B. S. G. F.*, p. 40.
(5) G. ROLLAND : Sur la géol. de la Tun. centrale, p. 472.
(6) FLICK : Sur la présence du Priabonien en Tunisie, p. 148.
(7) COTTEAU : Paléontologie française, vol. II, p. 700.

« Éocène moyen, Dj. Trozza », indication d'âge exacte, déduite évidemment des affinités paléontologiques ; je n'ai pu savoir de qui provenaient ces échantillons.

En ce qui concerne l'Éocène supérieur, POMEL (1), en 1884, attribua au Ligurien une partie des grès des environs de Tunis, se fiant à leur facies et sans citer un seul fossile. Par contre, ROLLAND (2) montra l'existence de l'Éocène supérieur en s'appuyant sur les travaux d'ERRINGTON DE LA CROIX et de THOMAS. Le premier de ces auteurs avait rapporté du Cherichira toute une série de fossiles exactement déterminés par FISCHER, mais n'avait pas précisé leur âge. D'autre part, THOMAS, qui avait relevé de bonnes coupes du Cherichira et du Nasser Allah et recueilli beaucoup de fossiles, avait très justement mis ces formations en parallèle avec celles du Kef Ighoud (3) et du Kef Lakhdar (Boghari), mais, à l'exemple de POMEL, il avait classé le tout dans le Suessonien. AUBERT, au contraire, distingua sur sa carte les grès roux et les rangea dans l'Éocène supérieur ; mais les fossiles qu'il cite sont peu nombreux et ne sont pas tous caractéristiques, ce qui n'empêche pas l'attribution d'être exacte. Une note récente du Ct FLICK (4) vint justifier cette attribution des grès roux au Priabonien ; son opinion était basée sur l'examen d'un grand nombre de fossiles, dont quelques-uns seulement ont été cités. Au cours de ses campagnes, comme chef de brigade topographique, cet éminent officier a en effet constitué une superbe collection qu'il a mise entièrement à ma disposition, avec une libéralité dont je ne saurais assez le remercier. Mais telle est l'abondance des matériaux, que j'ai dû me limiter aux plus importants ; les autres trouveront place dans une monographie spéciale, comprise dans la partie paléontologique de ce travail.

J'ai revu moi-même les gisements explorés par le Ct FLICK et constaté qu'ils l'avaient été fort soigneusement ; néanmoins, j'en ai rapporté un nombre de fossiles amplement suffisant pour fixer tous les niveaux. J'ai, en outre, reconnu l'extension de ce terrain Priabonien en divers points de la Tunisie centrale, où il n'avait pas encore été signalé.

(1) A. POMEL : Miss. scient. en Tun., p. 12 et 101.
(2) G. ROLLAND : Sur la géol. de la Tun. centrale, p. 477.
(3) Ph. THOMAS : Gisements de phosphate de chaux, p. 394.
(4) FLICK : Sur la présence du Priabonien en Tunisie, p. 148.

ÉOCÈNE INFÉRIEUR

L'Éocène inférieur acquiert un intérêt économique tout spécial par suite de la présence d'un niveau à phosphate de chaux très constant, mais de richesse assez variable. Des affleurements de ce terrain existent sur les deux tiers N-W de la surface embrassée par la carte, tandis qu'au S ils font complètement défaut, l'Éocène moyen reposant alors en transgression sur les divers termes du Crétacé. Deux facies différents et juxtaposés presque sans transition concourent à la constitution de cet Éocène inférieur, qui se compose néanmoins toujours de marnes argileuses, surmontées par des calcaires plus ou moins développés: mais dans un cas (région des Kalaats et des Hamadats) ces calcaires sont massifs, presque sans stratification, et les Nummulites y pullulent, tandis que dans l'autre (région N-E), ces Foraminifères font défaut et les calcaires sont disposés en bancs minces, bien réguliers et flexibles, qui se sont comportés tout autrement que les premiers sous les efforts orogéniques.

Facies des calcaires à Nummulites. — Nous étudierons d'abord le premier cas, et pour cela nous choisirons un endroit où la succession soit complète : le grand synclinal de la Kalaat es Snam (Pl. I, fig. 10). Nous avons vu que, dans ce synclinal, le Crétacé se terminait par une immense accumulation de marnes argileuses assez foncées, lamelleuses, dont l'épaisseur atteint près de 300 m. et passait à l'Éocène d'une manière insensible; les fossiles faisant défaut, il n'a pas été possible de fixer une limite précise. Dans la partie supérieure de ces marnes (*a*), quelques lits se montrent plus calcaires et par suite plus durs. Puis, apparaissent de faibles intercalations phosphatées, devenant rapidement plus épaisses et alternant irrégulièrement, soit avec des marnes, soit avec des calcaires tendres, qui renferment vers le haut quelques silex. Ce niveau à Phosphate de chaux (*ph*) (situé peu au-dessus du point où se trouve l'âne sur la photographie), où on ne rencontre guère comme fossiles que *Nautilus* aff. *tamulicus* Kossmat, est surmonté par des calcaires blancs (*b*), épais d'une trentaine de mètres, disposés en lits assez minces et bien réguliers. Les silex chocolat y abondent, généralement en rognons, parfois en véritables lames ; je n'y ai pas trouvé de fossiles. Comme le montre la photographie, ces calcaires forment un talus assez raide, au-dessus duquel se dresse la masse formidable des calcaires supérieurs (*c*). Ceux-ci sont d'un blanc un peu gris ou rosé, subcristallins, compacts, très rigides et incapables de supporter aucun plissement sans se briser. Aussi n'en subsiste-t-il que des lambeaux dans l'axe du synclinal, où l'effort a été maximum. De part et d'autre de cet axe, s'élèvent la majestueuse Kalaat es Snam et le Kef er Rebib. La première présente, de quelque côté qu'on l'aborde, une muraille verticale haute de 50 m. sous le signal trigonométrique (1271) et paraissant même encore plus élevée au N-W. La roche est formée en très grande partie de tests de Nummulites, dont la proportion peut atteindre

Klt. es Snam

assurément 90 %. M. MUNIER-CHALMAS a reconnu dans les échantillons que j'ai rapportés

Nummulites Rollandi MUNIER-CHALMAS.
— *Gizehensis Ehrenbergi* DE LA HARPE
— aff. *irregularis* DESHAYES,

mais n'a malheureusement pas encore eu le loisir d'en faire une étude détaillée. Dans la partie supérieure de la table, les Ostracés (*O. bogharensis* NICAISE) et divers autres Lamellibranches ne sont point rares, mais impossibles à extraire. Ces calcaires forment tout le sol de la Kalaat ; aussi la végétation y est-elle presque nulle. Pour rencontrer les termes supérieurs, il faut aller à quelques kilomètres au N-E, au Kef bou Kechria, ou encore au-dessus de Majouba, où l'Éocène moyen, plus ou moins démoli, recouvre l'étage inférieur.

Mais avant de quitter la Klt. es Snam, il importe d'examiner de plus près la constitution du niveau phosphaté. Pour cela, je ne saurais mieux faire que de reproduire un extrait d'un rapport technique sur les gisements de phosphate de chaux de cette région, dont je dois communication à M. P. JORDAN, Ingénieur des Mines, Chef du Service de la Régence à l'époque de mes voyages.

La galerie Prost a permis de relever la coupe suivante :

		Épaisseur des couches	Teneur % en phosphate tribasique (1)
	Calcaire blanc à silex		
	Marnes du toit (passage insensible)		
	Marnes légèrement phosphatées	0,15	
	Marnes phosphatées	0,30	26,84
	Calcaire phosphaté	0,25	29,32
A	Phosphate dur (aspect miroitant dû probablement à la présence d'une certaine quantité de calcite)	0,25	49,50
A	Phosphate	0,50	55,99
A	Calcaire phosphaté marneux empâtant de nombreux rognons de phosphate dur à contours irréguliers	0,20	46,63
	Calcaire phosphaté	0,15	17,59 *
B	Phosphate	1,10	47,75
	Calcaire phosphaté	0,10	16,47 *
C	Phosphate	0,60	48,31
D	Calcaire blanc contenant à la base un lit de silex noirs, et à la partie supérieure de très nombreuses inclusions de grès phosphaté	0,50	
E	Phosphate	1,25	59-60
	Phosphate siliceux dur à rognons de silex	0,10	

(1) Les chiffres donnés ici, sauf les quatre marqués d'une *, résultent d'analyses faites sur des échantillons prélevés méthodiquement, au moyen de saignées pratiquées sur toute l'épaisseur des couches.

	Épaisseur des couches	Teneur °/° en phosphate tribasique
F Phosphate	0,32	58-60
Filet de marnes	0,05	
G Phosphate noduleux	0,20	42-43
H Marnes	1,10	
L Phosphate	1,70	39,97
Marnes noires	0,35	
Marnes noires phosphatées	0,80	15,19*
Phosphate marneux	0,60	27,78
Marnes noires phosphatées	0,70	12,28*
Marnes noires du mur devenant de moins en moins phosphatées à mesure que l'on descend et renfermant çà et là de petits lits de calcaire marneux		

On voit par là que les couches E et F, dont l'épaisseur totale est de 1 m. 57 et la teneur de 58 à 60 °/°, sont susceptibles d'exploitation. Les recherches faites tout autour de la Kalaat montrent que la constitution de ces couches est assez constante dans ce périmètre ; au puits Vieuxvignon, sur le versant S. on a cependant relevé la présence d'une couche supplémentaire de phosphate, épaisse de 20 cm. et titrant 44,82. Mais il n'est pas besoin d'aller bien loin pour remarquer des différences : ainsi, la tranchée d'Aïn Della montre la couche de phosphate E un peu moins riche et subdivisée par deux lits calcaires. Par contre, la couche A du groupe supérieur est notablement plus puissante et plus riche (1^m40 à 59,18 °/°).

Plusieurs coupes relevées autour du Kef er Rebib attestent la variabilité extrême de ces formations. Ainsi, l'une des galeries a rencontré les mêmes couches qu'à la galerie Prost, mais avec des épaisseurs et des teneurs en phosphate moindres. Non loin de là, un puits a donné des résultats tout différents : aucune couche ne dépasse 52,46 °/° et n'est exploitable. Un autre puits situé au N a permis de relever une succession qui ne s'accorde pas plus avec la précédente qu'avec celle de la Kalaat es Snam ; deux couches de la partie supérieure ont une épaisseur totale de 1^m60, avec une teneur moyenne de 59,30 °/°, pouvant s'élever jusqu'à 66,60 °/°, c'est-à-dire présentent un intérêt industriel notable. Si l'on remarque que ce petit Kef n'a guère plus d'un kilomètre dans sa plus grande dimension, on se rendra compte combien les variations peuvent être rapides.

En résumé, d'après le rapport de M. Jordan, il y aurait, tant à la Kalaat es Snam qu'au Kef er Rebib, environ 6 millions de tonnes de phosphate marchand. Une faible partie de ce phosphate (partie E de la Klt. es Snam et du K. er Rebib) aurait une teneur d'environ 58 °/°, mais la plus grande part serait du phosphate à 60 °/°. A l'extrémité W des gisements, cette teneur serait même vraisemblablement dépassée.

Au Kef bou Kechria, à 8 Km. N-E de la Kalaat es Snam, la modification est encore plus profonde qu'au K. er Rebib. D'après un rapport de M. l'Ingénieur Prost, on compte 8 couches de phosphate séparées par des marnes et dont la teneur oscille entre 18 et 50 °/₀. Au-dessus de Majouba, le petit îlot éocène, en contact par faille avec le Sénonien, renferme encore cinq couches de phosphate, mais leur teneur maximum est de 39 °/₀, c'est dire qu'elles ne sont pas utilisables actuellement.

Au microscope, le phosphate apparaît sous deux aspects : en grains jaunâtres et à l'état de ciment épigénisant la calcite souvent bien cristallisée. Les grains de glauconie sont très communs, de même que, parfois, mais plus rarement, ceux de quartz. M. Cayeux, qui a bien voulu examiner mes préparations, a constaté que les grains de phosphate contenaient des *Diatomées*, lesquelles font entièrement défaut dans le ciment. Il estime donc que les grains de phosphate n'ont pas été formés en place, mais dérivent d'une *boue à Diatomées*.

A. Massa — L'Éocène inférieur existe également dans le synclinal le Kouif-Haïdra-Kalaat el Djerda. Au voisinage immédiat de la frontière, près d'Aïn Massa et d'Henchir Resgui, a été entreprise une exploitation de phosphate dans des couches fortement brisées, où j'ai pu relever la coupe suivante :

a) A la base, marnes bleues assez foncées, devenant brunes à l'air et grises quand elles sont desséchées ; ces marnes, fortement lamelleuses, contiennent beaucoup de gypse, et parfois des lits légèrement calcaires, où se voient quelques Foraminifères (Lituoles). Ce sont les marnes n° 14 de la coupe du Draa et Tbaga ; elles appartiennent au moins en partie au Crétacé, sans que je puisse fixer une limite, pas plus qu'à la Kalaat es Snam (au moins 30 m.);

b) Banc de phosphate gris, pulvérulent, épais de 2 m., renfermant de très nombreux nodules de phosphate, dont plusieurs sont des moules de Lamellibranches ; on y voit quelques dents de Squales. La teneur moyenne est de 66 °/₀, et même s'élève parfois à 69 °/₀ au dire de l'exploitant ; malheureusement, le gisement est assez réduit et les nombreuses failles qui l'affectent gêneront considérablement l'exploitation ;

c) Banc de silex noir continu, épais de 20 cm., qu'on retrouve dans toute l'exploitation et jusqu'au Kouif ;

d) Phosphate (15 cm.) ;

e) Deuxième banc de silex noir (10 cm.) ;

f) Calcaire marneux jaunâtre, en lits minces de 5 cm., contenant des lames irrégulières de silex gris, jaune ou orangé, interstratifiées (50 cm.) ;

g) Phosphate (15 cm.) ;

h) Calcaire jaune tendre semblable à (*f*), mais sans silex (75 cm.);

i) Calcaire jaune assez dur, en lits de 50 cm., légèrement phosphaté, contenant quelques gros rognons de silex noirs. Il n'en subsiste que 3 m.

Tout ce qui est au-dessus a disparu, notamment les calcaires cristallins à Nummulites, mais on les retrouve intacts au Kouif. Les couches coupées en biseau sont recouvertes par le Pliocène sableux ou gréseux.

Kalaat el Djerda — La Kalaat el Djerda est sur le prolongement du même synclinal. Le niveau phosphaté qui y est contenu l'a rendue célèbre par sa richesse (60 °/₀), mais surtout par les innombrables contestations auxquelles a donné lieu la question de propriété. L'ensemble du dôme est formé par le Sénonien, dont la surface est jonchée par les débris de l'Éocène. Celui-ci se trouve à peu près en place au sommet. Les marnes de la fin du Crétacé et du début de l'Éocène ont encore une trentaine de mètres et sont fortement gypseuses. Le niveau phosphaté qui les surmonte consiste en une roche grise pulvérulente, avec rognons de calcaire et de phosphate ; les dents de Poissons y sont abondantes. Parmi celles que j'ai recueillies, M. Priem a reconnu :

Otodus macrotus Ag.
Odontaspis elegans Ag.
Odontaspis cuspidata Ag.

Les couches phosphatées ne sont que la suite des marnes et occupent une hauteur de 3 à 4 m., souvent réduite à 1 m. La teneur moyenne est supérieure à 60 %. Au-dessus, se dressent les calcaires à silex chocolat et les calcaires à *Nummulites Rollandi*, dont l'ensemble mesure 20 m. à peu près, mais le gîte est très brisé par de nombreuses cassures, sans parler de la faille qui a isolé le Dj. Sif, dont les couches ont été cisaillées.

Houd

Le synclinal de la Kalaat es Snam se prolonge vers le N-E par les petits Koudiats alignés au S du Kt. Maïzila. Le phosphate y forme 4 couches, dont l'une, épaisse de 2 m. 10, a une teneur variant de 46 à 49 %, mais présente, d'après un rapport de M. l'Ingénieur Prost, cette particularité intéressante, qu'il existe à sa base des poches ou lentilles enrichies, où la teneur en phosphate tribasique s'élève à 67,86 %. Sur le même alignement, se dispose la remarquable cuvette du Dj. el Houd et du Kef es Slougui, dont les bords coupés à pic sont formés par les calcaires à Nummulites, puissants d'une quarantaine de mètres, surmontant les calcaires à silex et un niveau phosphaté qui semble peu important.

Garn Halfaya

Dans le synclinal du Dj. Garn Halfaya, parallèle au précédent, au-dessus des calcaires sénoniens, se développent des marnes dont l'épaisseur est supérieure à 150 m., en grande partie crétacées, mais dont la fin appartient sans doute à l'Éocène; on n'y trouve aucun fossile, pas plus que dans les autres points similaires. Ces marnes sont assez argileuses, de couleur bleu foncé, lamelleuses et très gypseuses. Le niveau à phosphate de chaux situé à leur partie supérieure paraît négligeable. Quarante mètres de calcaires blancs, en lits minces, viennent ensuite; la partie inférieure en est un peu grise, glauconieuse, et renferme encore quelques mouches de phosphate, tandis que la partie moyenne se distingue par la présence de silex chocolat ou blancs, devenant orangés un peu plus haut. Ce calcaire contient quelques petites *Nummulites* indéterminées, du reste très rares ; en outre, un des rognons de silex, qui en provient, est rempli d'*Assilines*. Quant à la partie supérieure des calcaires, elle ne contient plus de silex, bien que notablement siliceuse. Enfin, le sommet de la montagne est couronné par une table très cassée de calcaires à *Nummulites Rollandi*, puissante d'une quarantaine de mètres, qui simule une ruine gigantesque et possède du côté du soleil une teinte orangée ; ses débris couvrent toutes les pentes, surtout au N-E.

Dyr el Kef

Le synclinal du Kef renferme également des dépôts éocènes. Nous avons étudié le début de la coupe du Dyr (Pl. II, fig. 1, 2) au sujet du Crétacé et vu que celui-ci se termine par des marnes foncées, lamelleuses, gypsifères et salifères. A la partie supérieure de celles-ci, qui dépend sans doute de l'Éocène (*a*), on rencontre quelques lits de calcaires marneux blanchâtres, légèrement glauconieux et phosphatés. Puis vient le niveau phosphaté proprement dit (*ph*), épais de 3 m. environ, dont voici le détail (de haut en bas), d'après un rapport de M. l'Ingénieur PROST :

		Pour cent
Phosphate gréseux	0,90	19,27
Gros boulets de calcaire phosphaté dans les marnes phosphatées	1,30	
Le ciment qui empâte les blocs titre		19,54
Phosphate avec petits lits calcaires un peu marneux à la partie supérieure	1,30	19,50
Calcaire phosphaté	0,30	

Les fossiles sont peu abondants dans cet ensemble; j'y ai cependant rencontré plusieurs exemplaires de *Nautilus* cf. *tamulicus* KOSSM. (signalé antérieurement par POMEL sous le nom de *N.* cf. *Forbesi* D'ARCH.) et des dents de Poisson (*Pycnodus*, *Lamna*) au Sfaiet Asfour.

Les dernières pentes et le pied de la falaise sont formés par 20 m. de calcaire blanc (*b*) en lits minces, avec filets de marnes jaunâtres, un peu sableuses, où je n'ai pas vu de fossiles. Ces couches, faciles à atteindre au Sfaiet Asfour, renferment quelques silex blancs ou gris surtout à la base et sont l'équivalent des calcaires à silex si constants dans cette contrée. La falaise est due, pour sa plus grande partie, à un calcaire gris (*c*), subcristallin, assez compact, où la division en bancs est encore bien nette ; l'un de ceux-ci, situé à la base, renferme, outre de petits nodules de calcaires, des mouches de glauconie et de phosphates. L'examen au microscope a montré à M. CAYEUX des granules atteignant souvent 2 à 3 millimètres et consistant en un calcaire à éléments bien plus fins que le ciment cristallisé en rhomboèdres très nets. Les grains de quartz, très communs, impriment en plus à cette roche un caractère clastique bien marqué. On observe aussi des débris de coquilles souvent transformés en calcédoine et des grains de glauconie et de phosphate. Il importe de noter que ce dernier n'est pas en relation avec les organismes, du reste assez rares. Une petite *Terebratulina*, difficile à séparer de celles du Sénonien, est si répandue et si constante dans toute la partie supérieure qu'on pourrait désigner ces calcaires sous le nom de niveau à Térébratulines; il y a du reste quelques rares Nummulites (les mêmes que plus haut), des Ostracés (*O. boghqrensis* NIC. et une grande Huître impossible à dégager entièrement, qui doit être *O. gigantea* DUBOIS) (10 m.). Ce calcaire passe insensiblement à une autre roche analogue, qui forme le sommet de l'abrupt et tout le fond de la cuvette du Dyr. Le calcaire y est compact, presque cristallin en certains points, sans stratification distincte, d'un très beau blanc, à part quelques moucheture glauconieuses ; en profondeur il est légèrement bleuâtre. Les Nummulites y abondent et se montrent libres en divers points de la surface du Dyr. M. MUNIER-CHALMAS a constaté que la *Nummulites Rollandi* MUN.-CH. (formes A et B) y était extrêmement abondante. FICHEUR, qui a déjà fait une étude détaillée des Nummulites du Kef (1), mentionne :

Nummulites Rollandi MUN.-CH.
— *irregularis algira* DESH. var.
— *Pomeli Minaensis* FICHEUR
Nummulites biarritzensis D'ARCH.
— *Gizehensis Zitteli* DE LA H.

Indépendamment de ces Nummulites, on rencontre quelques *Ostrea* (*O. bogharensis* et *O. gigantea* ?) et des dents de Poisson.

Dans le fond de la cuvette, au voisinage de la Zaouia de Sidi Mansour, et entre celle-ci et la ville, on voit un ensemble de calcaires grossiers et de marnes très brisés par de nombreuses cassures et dont la succession est difficile à établir ; elle est, je crois, la suivante : *a*) Un mètre de calcaire blanc jaunâtre friable à *O. bogharensis*. — *b*) Grès jaune (1 m.) contenant quelques *O. bogharensis* très gryphoïdes et dont le test est siliceux. — *c*) Calcaire marneux semblable à *a* (3 m.) renfermant quelques Nummulites que FICHEUR a déjà reconnues identiques à *N. Rollandi* (2). L'existence dans ces calcaires de *Numm. Rollandi* nous engage donc à les mettre dans l'Éocène inférieur ; mais la présence de *Thagastea Wetterlei*, Échinide qui appartient habituellement à l'Éocène moyen, atteste que nous sommes à la limite des deux étages. Ces calcaires contiennent d'assez nombreuses dents de Poissons et sont encore notablement phosphatés ; il semble donc y avoir ici la même chose qu'au Degma. Une petite lumachelle (0,15) à *O. bogharensis* et à Mollusques divers sépare ces dépôts d'autres assez analogues, dont il reste 5 à 6 m. et qui appartiennent à l'Éocène moyen ; on y trouve en abondance cette Huître, voisine de *Ostrea crassissima*, qui a fait croire à l'existence du Miocène au Kef.

La coupe que je viens de donner est bien constante et peut être vérifiée tout autour du Dyr, aussi bien que dans les massifs nummulitiques voisins. Elle diffère notablement de celles de LE MESLE, ainsi que de ROLLAND, lequel a étudié un point où une faille, dissimulée par des éboulis, a doublé certaines couches ; mais je crois que la comparaison avec les autres affleurements éocènes ne peut laisser aucun doute sur l'unité du niveau des calcaires à Nummulites (mettant à part les petites *N. Rollandi* du fond de la cuvette du Dyr, qui ne sont pas en cause ici).

Cet Éocène inférieur se retrouve en fragments plus ou moins importants au Dj. Kebouch, près du Pont romain, à el Gossâ et au Kef Beroum, au Kt. Barhela, etc.

De plus, il recouvre presque tout le plateau des Ouertane, débutant par des marnes argileuses foncées, lamelleuses, visibles en divers endroits, notamment près de Si Barcat. Au-dessus viennent, sur 30 m. environ, des alternances maintes fois répétées de phosphate plus ou moins marneux et de marnes ou de calcaires ; je crois inutile de reproduire la coupe que j'avais relevée, car je vais en donner une bien plus complète, concernant un point voisin. Je constaterai seulement que la teneur varie de 22 à 47 % et que nombre de nodules phosphatés sont des fossiles (*Cytherea*, *Venus*, *Cardita*, etc.). Sra Ouertane

(1) E. FICHEUR : Géol. de la Kabylie et du Djurjura, p. 441.
(2) Je ferai observer que la plupart de celles qu'on trouve à la surface du Dyr proviennent non de ces couches, mais des calcaires qui forment la masse principale de la montagne.

On y trouve aussi des dents de Poissons : *Otodus, Odontaspis elegans* Ag. On passe ensuite par des alternances de calcaires sableux et de marnes un peu phosphatées, à des calcaires francs en lits minces, compacts, à apparence parfois zonée, contenant quelques silex bruns et noirs ; ceux-ci sont bien plus abondants à la partie supérieure, où ils ont une tendance très nette à se grouper en lits (12 m.). Les calcaires qui leur font suite sont gris jaunâtre, notablement siliceux (grains de quartz), et se subdivisent un peu irrégulièrement en strates de 50 cm. en moyenne. C'est l'équivalent du niveau à Térébratulines du Kef, mais celles-ci font presque entièrement défaut dans le cas présent ; par contre, on observe quelques Nummulites à spire lâche. Le tout est surmonté par les calcaires à Nummulites, quand l'érosion ne les a pas fait disparaître ; ceux-ci sont blancs ou rosés et très riches en *Nummulites Rollandi* Mun.-Ch. On y remarque aussi quelques *Ostrea bogharensis* Nic. et *O. gigantea* Dubois. Mais ces dernières sont plus fréquentes dans les calcaires grossiers situés en dessus, et que, pour cette raison encore, je tendrais à rattacher, au moins en partie, à l'Éocène inférieur.

La même formation s'étend dans tout le Dj. Ayata jusqu'au Kt. el Gonnara (où la roche phosphatée titre 49 °/₀), au Kt. bou Habeul (46 à 53 °/₀), ainsi qu'au pied du bou el Hanèche, où se voit un lambeau vertical (43 à 57 °/₀).

Des recherches de phosphate ont été entreprises en plusieurs de ces localités avec des succès divers. Je crois donc intéressant de reproduire une coupe détaillée, qui m'a été remise à cet effet par M. Prost, coupe relevée dans une tranchée à environ 2 Km. à l'W de Sidi Barcat :

	Calcaire à petits bancs.			
A	Phosphate marneux	0,10	39,096 °/₀	
B	Ph. noduleux	1,00	49,429	
	Calcaire à ciment phosphaté	0,40		
C	Ph. en 2 bancs de 0,50 chacun	1,00	41,809-51,663	Echantillonnage méthodique
	Calcaire marneux noir	0,55		
D	Ph. marneux	0,30		
E	Ph.	1,70	48,871	»
	Marnes noires mêlées de Ph.	3,00		
F	Ph.	2,00	39,934	Echantillonnage au marteau
G	Ph.	0,50	24,435	»
H	Ph.	1,85	17,873	»
	Marnes phosphatées (Épaisseur incertaine, raccordement un peu confus des deux coupes, descenderie et tranchée).			
16	Ph.	0,30	17,593	»
	Marnes	0,40		
15	Ph.	1,40	18,700	»
	Marnes	0,20		

			Échantillonnage au marteau
14 Ph.	0,60	20,945	
Marnes	0,35		
13 Ph.	2,15	23,458	»
Marnes phosphatées	0,30		
12 Ph.	0,40	25,143	»
Marnes phosphatées	0,30		
Calcaire	0,25		
Marnes phosphatées	0,50		
11 Ph.	0,65	25,133	»
Marnes à rognons calcaires	0,20		
10 Ph.	1,70	29,881	
Marnes phosphatées	0,70		
9 Ph.	3,20	30,719	»
Calcaire phosphaté	0,30		
8 Ph.	1,70	30,439	»
Calcaire	0,40		
7 Ph. noir (subdivisé par trois lits de rognons calcaires)	3,10	32,673	»
Calcaire	0,20		
6 Ph. noir et jaune	1,40	37,141-41,889	»
Calcaire	0,15		
5 Ph. noir	2,30	41,517-42,727	»
Calcaire	0,20		»
4 Ph. noir et jaune	0,70	38,537-42,727	»
3 Ph. (divisé au tiers sup^r par un lit de nodules de Ph.)	2,80	50,266 (moyenne)	»
		1/3 sup^r : 48,591	»
		milieu : 56,969	»
		1/3 inf^r : 53,617	»
2 Marnes phosphatées	0,50	31,836	»
1 Ph.	1,60	40,213-45,240	
Calcaire	0,20		
Marnes phosphatées à lits de calcaire.			
Marnes phosphatées.			
Marnes du mur.			

C'est encore l'Éocène inférieur qui couronne toutes les Kalaats des Ouled Ayar et Ouled Aoun. L'une des plus remarquables est la Kalaat el Harrat, au S de Souk el Djemâa, dont il a déjà été question à propos du Sénonien. Les marnes par lesquelles commence l'Éocène sont assez foncées, pyriteuses, mais non gypseuses. Puis viennent des alternances souvent répétées de phosphate et de calcaire en bancs généralement peu épais; le phosphate y est souvent noirâtre et probablement mêlé de sub- Klt. el Harrat stances bitumineuses, qui lui communiquent une odeur désagréable bien connue. Un rapport de M. le Contrôleur des Mines ROBERT n'indique pas moins de 14 couches de phosphate, dont la teneur varie de 6,143 à 33,231 %. Mais le banc le plus riche est intercalé dans des calcaires en petits lits (50 cm.), renfermant dans ce cas peu de silex (15 m.). On y trouve quelques dents de Poissons, notamment *Scapanorhynchus rhaphiodon* AG.

Le microscope montre des grains de phosphate riches en *Diatomées*, qui font défaut dans le ciment, lequel est calcaire et non phosphaté. Les grains de quartz sont fréquents et sensiblement de même diamètre que ceux de phosphate. La glauconie est aussi assez abondante, sans relations avec les Foraminifères assez nombreux dans ce cas (*Orbulines, Globigérines, Textulaires*, etc.).

Vient ensuite un calcaire dur, grisâtre (7 à 8 m.), ayant tendance à se diviser en grosses boules ; c'est le niveau à *Térébratulines*, communes en ce point, tandis que les Nummulites sont encore très rares. Le tout est couronné par une table de calcaire cristallin blanc ou rose, riche en *Nummulites Rollandi* MUN.-CH., contenant en outre quelques *Ostrea multicostata* DESH. ou *O. bogharensis* NIC. (qui apparaissent peut-être déjà au niveau inférieur) et formant sous le signal un pittoresque abrupt d'une vingtaine de mètres au moins. Vers le S, les couches sont coupées en biseau et permettent de monter sur la Kalaat, qui ne supporte aucune formation plus récente. Il en est de même pour le Kef Bdiri, ainsi que pour les petites Kalaats voisines (Klt. Ouled Salah, Klt. es Souk (Pl. II, fig. 9), Dyr el Attaf, etc., situés dans le même synclinal peu accentué et dont la constitution est analogue.

Kalaats des Ouled Aoun — Le niveau à phosphate de chaux existe en dessous des diverses Kalaats des Ouled Aoun, en général assez réduit et peu riche. Au Kef el Mnara et au K. ech Cheib, il se présente sous forme de rognons calcaires à ciment phosphaté titrant 27,64 % dans le premier cas et 46,35 dans le deuxième, d'après un rapport de M. ROBERT. Les marnes inférieures sont très réduites (2 à 3 m.), mais non absentes. Le niveau à phosphate est lié à des calcaires gris, parfois noirâtres à l'intérieur et presque blancs en surface, qui dégagent généralement sous le choc cette odeur fétide habituelle aux substances bitumineuses. La séparation des bancs minces est très irrégulière ; de gros rognons de silex bruns y sont fréquents (15 m.). Les fossiles consistent en quelques petites Nummulites, Polypiers et moules internes de Mollusques. Dans le haut, ils passent insensiblement à des calcaires compacts (10 m. au K. ech Cheib), où les Nummulites sont rares dans les 5 ou 7 premiers mètres et deviennent très abondantes plus haut. La partie terminale de ces calcaires renferme, surtout dans l'îlot d'El Ksour, de nombreux exemplaires d'*Ostrea gigantea* DUBOIS, plus ou moins silicifiées. Les marnes de l'Éocène moyen peuvent reposer normalement sur eux, ou, en des points très rapprochés, être en transgression sur le Sénonien.

Sekarna — Les marnes inférieures de l'Éocène, très réduites dans le cas précédent, le sont encore davantage aux Dj. Sekarna, Reu Kaba et à la Kessera, où, précisément, le Sénonien paraît incomplet. Dans la première de ces montagnes, au Dj. el Guelah (souvent désigné sous le nom de Kef Ghzaai) (fig. 25), sur la grande masse des calcaires sénoniens, repose un lit de marne noire n'ayant guère plus d'un mètre, passant à la partie supérieure à un calcaire foncé très glauconieux et phosphaté (*ph.*), noduleux, titrant 43-48 % (ROBERT). D'autres calcaires viennent ensuite, sans ligne de démarcation nette, offrant encore des grains et nodules de phosphate, et ayant une tendance à se débiter en grosses boules sur les affleurements. La partie supérieure des calcaires (*c*), vaguement divisée en grandes dalles très dures renferme d'assez nombreuses *Ostrea bogharensis* et de gros Gastropodes : *Thersitées* (*Th. ponderosa* ?) et *Turritelles*, très difficiles à détacher. Les *Nummulites* ne sont un peu communes qu'à la partie terminale, sous le signal. A l'aplomb de celui-ci, les calcaires forment un imposant abrupt de 35 à 40 m., séparé de celui du Sénonien par un léger ressaut, dû aux marnes et calcaires phosphatés. A l'extrémité méridionale, les calcaires ont une épaisseur moitié moindre, en partie par suite de l'érosion ; mais il semble en outre que les sédiments ont toujours dû être plus minces en cet endroit.

Au bord S-W du Sekarna, au Kef er Raï, le tiers supérieur de l'abrupt est séparé du reste par un ressaut, bien visible sur la photographie, correspondant aux marnes dures, très réduites et au niveau phosphaté titrant 31-49 % (ROBERT). Les couches semblent légèrement plus épaisses ici que sous le grand signal.

La même réduction des termes inférieurs s'observe encore au Dj. Ben Kaba et aux Guessat, qui font face au Kef er Raï, de l'autre côté de la vallée de l'O. Sguiffa. En dessous du Ras Sidi Ali ben Oum ez Zine (vue n° XXVIII), l'horizon à phosphate de chaux, d'aspect assez spécial, repose directement sur les dolomies sénoniennes sans interposition de marnes ; mais je dois ajouter que les éboulis auraient pu me cacher celles-ci, qui, en tout cas, sont au moins très réduites. Le niveau phosphaté, épais de 10 à 15 m. sous le Ras, consiste en une roche assez dure d'un brun foncé, bien différente des autres phosphates tunisiens et ayant une vague analogie avec ceux de Tocqueville. Cet amas phosphaté passe pour très riche, mais je manque de renseignements précis à son sujet. La Notice sur le Service des Mines dit seulement (p. 53) : « Les échantillons recueillis jusqu'à ce jour ont donné des teneurs assez variables, quelques-uns plus de 60 % ». Ras Si Ali

L'examen microscopique de la roche a permis à M. CAYEUX de reconnaître que le phosphate avait été formé en deux temps. On voit en effet des grains de phosphate avec *Diatomées* incluses, de la glauconie environnant quelques grains de quartz, de la calcite en rhomboèdres très nets et enfin du phosphate de chaux à l'état de ciment assurément postérieur à la calcite. Fait notable, ce ciment phosphaté ne contient pas de Diatomées, communes au contraire dans les grains ; d'autre part, les Foraminifères paraissent manquer dans cette roche.

Ce niveau phosphaté existe dans tout le massif avec des épaisseurs et sans doute des teneurs différentes ; on le voit en particulier dans le pittoresque défilé de l'O. Djedeliane. Il est couronné par une masse de calcaire grisâtre subcristallin et très dur, qui a 40 m. de puissance sous le Ras Si Ali. Les Nummulites se trouvaient seulement à la partie terminale ; mais, en outre, toute trace d'organisation a disparu et il ne reste que d'innombrables petits trous reconnaissables à leur forme.

A la Kessera (fig. 27 et 29), la succession est peu différente de la précédente. Le La Kessera

Sénonien, probablement incomplet, se termine par des bancs calcaires percés de tubulures d'Annélides ultérieurement remplies par des grains de calcite, de glauconie et de phosphate. L'Éocène débute alors par 4 à 5 m. de marnes noirâtres (*a*), lamelleuses, renfermant des rognons de pyrite de fer, qui, presque tous, sont des Polypiers plus ou moins déformés, ou des Mollusques (*Cérithes*, etc.). Elles supportent un niveau à phosphate de chaux (*ph*), sous la forme d'une roche grisâtre (1^m50) qui, d'après M. Robert, a une teneur de 24 à 30 °/. de phosphate tricalcique. Au microscope, cette roche apparaît comme un calcaire phosphaté riche en Foraminifères, dont quelques-uns sont remplis par le phosphate. Certains grains de phosphate renferment des *Diatomées*. On aperçoit enfin des particules de quartz assez anguleuses et des filonets de phosphate de chaux concrétionné. Ce calcaire phosphaté est l'horizon du *Nautilus* cf. *ramulicus* Kossm., qui y est extrêmement abondant, particulièrement à l'W du village.

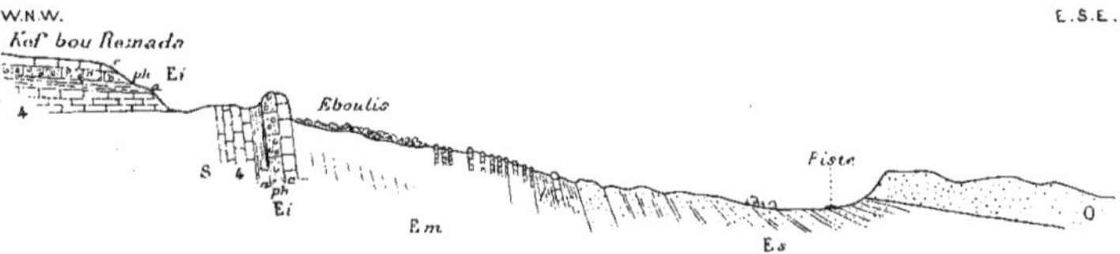

Fig. 29. — Bord oriental de la Kessera, 1/10.000 (h. et l.).

La partie supérieure (1^m50 à 2 m.) consiste en grosses boules calcaires réunies par un ciment phosphaté (11 °/. E. Robert). La falaise est produite par une table de calcaire franc un peu grisâtre (*c*), dont il ne reste que 7 à 10 m. au-dessus de la Decherat, mais qui, au signal du N, atteint près de 20 m. Les *Nummulites Rollandi* s'y montrent en quantité en compagnie d'une autre espèce indéterminée. Ce sont, du reste, presque les seuls fossiles, à part quelques petits Mollusques, qui se détachent parfois en saillie sur les parois (*Cardita*, *Turitella*, etc.) et quelques *Ostrea gigantea* Dubois. Ce calcaire forme tout le plateau, coupé par de nombreuses cassures, hérissé par places d'innombrables lapiez et parsemé de dolmens, dont les strates calcaires ont fourni tous les éléments. Quelques lambeaux marneux de l'Éocène moyen se voient çà et là sur le plateau.

Maktar

Enfin, dans la région de Maktar, il y a sans doute lieu de rattacher à l'Éocène inférieur les premiers mètres des marnes brunes en transgression sur le Sénonien. Près l'O. Ousafa, on voit en effet le Sénonien incomplet, recouvert directement par des marnes brunes, sans interposition des formations que je viens de décrire. Tout à fait au début de ces marnes apparaissent deux bancs de calcaire un peu sableux, riches en *Nummulites Rollandi* Mun.-Ch. et une autre *Nummulites* aff. *N. irregularis* Desh., qui existent aussi dans les marnes intercalaires, en compagnie de nombreuses *Ostrea gigantea* Dubois (Bivalves).

La même chose s'observe au S-E d'El Guerria, où les marnes, qui flanquent en discordance la muraille nummulitique verticale, contiennent encore deux bancs à

Numm. Rollandi, tandis qu'à 1 Km. de là, elles reposent en transgression sur le Sénonien. Dans l'un des bancs, j'ai trouvé une dent d'*Otodus macrotus* Ag.

De l'autre côté de Maktar, à 1500 m. de Ras el Oued, ces deux bancs à Nummulites sont réunis en un seul, épais de 1m50.

Primitivement, j'avais placé ces couches dans l'Éocène moyen et considéré que la transgression correspondait à la limite des deux étages, ce qui n'est évidemment qu'approché, car la transgression ne s'est sans doute pas fait sentir en même temps en tous les points de la région centrale, mais a été progressive. Je pense que les espèces citées (*Numm. Rollandi* et *O. gigantea*) existant en grande abondance dans les calcaires à Nummulites sous-jacents et disparaissant ensuite, il y a lieu de réunir encore à l'Éocène inférieur les premiers mètres des marnes brunes en transgression sur le Sénonien, où persistent ces fossiles. Les tracés de la carte ont été faits dans la première hypothèse et je crois préférable de ne pas les modifier après coup (du reste, la limite serait à peine déplacée dans la plupart des cas); mais il demeure entendu que les premiers mètres de ces marnes, qu'ils reposent sur les calcaires nummulitiques ou qu'ils soient en transgression sur le Sénonien, doivent être rattachés à l'Éocène inférieur.

Avant de quitter cette région de Maktar, je dois ajouter que, près d'El Ksour Abd el Melek, un lit notablement phosphaté (probablement l'analogue de celui du Kef et du Dcgma) s'intercale dans les marnes, peu au-dessus des calcaires à *Numm. Rollandi*. J'y ai recueilli quelques échantillons d'une Huître très voisine de la véritable *O. multicostata* Desh., ce qui corrobore l'opinion énoncée précédemment et engage à rattacher encore ces assises à l'Éocène inférieur.

B. **Facies des calcaires à Globigérines, sans Nummulites.** — Voyons maintenant l'autre type de l'Éocène inférieur. Le synclinal d'Ellez (Pl, II, fig. 9) est fort intéressant à ce point de vue, car il nous montre le passage de l'un à l'autre type : son flanc E appartient au facies des Kalaats ; son flanc W, au contraire, au facies des calcaires blancs, qui s'étendent dans toute la région septentrionale aux dépens de la formation précédemment décrite. Ellez

Le bord S-E montre d'abord, à l'endroit où l'O. Zaroura coupe le Dj. bou Roufa pour pénétrer dans le synclinal, des marnes foncées, dont je rattache les derniers mètres à l'Éocène (*a*), en accord avec ce que j'ai fait précédemment, puis un niveau phosphaté (*ph*), constitué par des alternances de calcaires ou marnes et de phosphate en lits assez minces, dont la teneur ne s'élève pas au-dessus de 38 °/ₒ (Robert). Le talus devient ensuite plus raide, par suite de la présence de calcaires blancs en lits minces (*c*), épais d'une vingtaine de mètres, dont la moitié supérieure est assez riche en silex. Enfin, la crête de la montagne est formée par des calcaires compacts, percés de grottes ayant pu servir d'abris, et qui correspondent au niveau à *Térébratulines* et à celui à *Numm. Rollandi* (*d-g*). Dans le synclinal, on trouve en outre quelques bancs (50 cm.) reliés aux précédents, renfermant ces mêmes Foraminifères et recouverts par l'Éocène moyen. C'est, on le voit, tout à fait la composition de l'Éocène inférieur des Kalaats.

Sur le versant N-W, la coupe est tout autre. Au-dessus du Danien, caractérisé par la petite faune pyriteuse dont il a été question, l'Éocène débute par des marnes foncées (*a*), dont les trois premiers mètres sont littéralement bourrés de glauconie et de pyrite, tandis que plus haut s'intercalent des lits de calcaire marneux (30 m.). Au pied des fortes pentes, se voit le niveau phosphaté très pauvre ici représenté par des calcaires sableux, glauconieux, et des marnes jaunâtres assez dures (*b*) (5 à 6 m.). Cet ensemble, au-dessus duquel s'étale une étroite terrasse, supporte des calcaires marneux (*c*) jaunâtres, avec parties plus dures en saillie, alternant avec des marnes dures en plaquettes. Des silex bruns, rares dans le bas, sont au contraire fréquents dans la moitié supérieure et tendent à se grouper en lames interstratifiées. Les calcaires sont alors assez homogènes, très blancs, et se débitent en grandes dalles, qui ont été utilisées pour la construction des monuments mégalithiques d'Ellez, lesquels reposent en partie sur ces couches (25 m. environ). La crête du Dj. Madkour est constituée par un gros banc de calcaire gris, siliceux (*d*), qui répond au niveau à Térébratulines, du reste peu communes (5 à 6 m.). Immédiatement en arrière de cette crête, vient le représentant du calcaire nummulitique, qui n'a plus sa constitution habituelle. Il consiste en 5 à 6 m. de calcaire grisâtre (*e*), assez irrégulier, tantôt grossier, tantôt subcristallin, où les Nummulites sont rares, et est recouvert par des calcaires (*f*) plus épais (15 à 20 m.), de dureté très inégale, parfois blanchâtres, marneux et tendres, parfois grisâtres, subcristallins et compacts, ayant, comme les précédents, l'apparence de certaines couches sénoniennes, ce qui a égaré Le Mesle. Les fossiles y sont rares : quelques Nummulites, Térébratulines et moules de Lamellibranches peu déterminables (*Cardita*), deux Nautiles brisés sont tout ce que j'ai pu en obtenir. Immédiatement en dessus, vient un banc (*g*) de calcaire grossier, sableux et un peu glauconieux, épais de 50 cm., riche en petites Nummulites non granulées à spire lâche. Sur lui reposent des marnes (*h*), avec deux bancs de calcaire sableux intercalés ; dans les uns et dans les autres, existe en abondance *Numm. Rollandi,* associée à une autre grosse espèce indéterminée (aff. *N. perforata*). Ces deux bancs correspondent évidemment à ceux que j'ai indiqués près de Maktar. Au-delà, se développent les marnes de l'Éocène moyen.

On le voit, la différence est bien tranchée entre les deux flancs du synclinal, quoiqu'ils ne soient pas distants de plus de 2 ou 3 Km. Evidemment les diverses couches du flanc N-W sont soudées et confondues sur le flanc S-E et un peu plus réduites comme épaisseur. Les Nummulites sont réparties tout autrement, bien plus nombreuses dans les calcaires du Dj. bou Roufa (S-E).

Le contraste entre les deux bords du synclinal courbe d'Ellez se poursuit jusqu'à son extrémité N-E. Tandis que les calcaires à *Numm. Rollandi*, reliés à ceux des Kalaats, bordent son flanc S-E, le Massouge montre un Éocène inférieur bien différent.

Massouge

Celui-ci débute par quelques mètres de marnes foncées, contenant des lits phosphatés peu importants (6,143 °/₀, Robert) ; un filet phosphaté rempli de dents de Squales doit cependant être assez riche, mais il n'a guère plus de 2 à 3 cm. Au-dessus s'élèvent les calcaires en bancs minces, répondant sans doute aux calcaires à silex (15 m.), puis une série de bancs calcaires un peu irréguliers de composition, les uns tendres, marneux et très blancs, d'autres un peu plus durs et grisâtres, tous néanmoins beaucoup plus flexibles que les calcaires cristallins à *Numm. Rollandi*; leur épaisseur atteint 40 m. On n'y voit plus une seule Nummulite, mais seulement des Térébratulines et de mauvais moules de Bivalves. Au microscope, on y reconnaît de nombreux Foraminifères, en particulier des *Globigérines*, mais aucune Nummulite. En somme, la roche est une boue calcaire à Globigérines à éléments clastiques très fins, dans laquelle quelques grains de phosphate se trouvent inclus.

Cette même formation couvre une partie notable de la Rebaa Siliana, limitée à l'W par plusieurs failles, tandis que, du côté oriental, elle descend en pente douce vers la vallée et d'autre part se redresse de façon à former le synclinal de l'O. el Kebir. On la suit sans interruption le long du Bargou (fig. 36) et jusqu'au Dj. Selbia, contrairement à ce qu'indique la coupe d'AUBERT [1]. Les sédiments sont d'ailleurs bien moins épais ici qu'au Massouge et n'excèdent pas quelques mètres. Les calcaires supérieurs sont assez tendres, grisâtres, et présentent de nombreux grains de glauconie. Les fossiles y sont abondants, mais à l'état de moules internes en phosphate de chaux : Polypiers, Térébratulines, Lamellibranches (*Cardita*), Gastropodes. Au microscope, on reconnaît un calcaire à phosphate de chaux, qui a pénétré dans le test de quelques Foraminifères et les a partiellement encroutés, manière d'être habituelle des grains de phosphate de chaux dans le bassin de Paris. Ces Foraminifères possèdent d'ailleurs un test très épais, ce qui est incompatible avec un dépôt de grande profondeur. Les mêmes calcaires forment un liseré à l'E du Serdj et c'est au voisinage du Foum el Afrit (Ksar Krima) que se fait la transition des calcaires tendres à Polypiers aux calcaires subcristallins à *Numm. Rollandi*.

Siliana

Bargou

Serdj

Mais ce passage d'un type à l'autre est bien plus évident encore au flanc W du Dj. Ousselat, où la limite marquée par une ligne verticale est située un peu au N du Kef Guitoun et partage la montagne en deux parties très différentes. Au S de cette ligne, le calcaire est pétri de Nummulites, subcristallin, en grandes masses où les strates se distinguent à peine ; par suite de leur rigidité, ces calcaires, de même que ceux des Kalaats, n'ont pu se plier et il en est résulté une faille, qui au S-W, met l'Éocène supérieur en contact avec l'Éocène inférieur. Il s'est ainsi produit une paroi verticale qui a acquis au soleil une belle teinte orangée. Au N de la ligne séparative, c'est-à-dire dans la partie septentrionale du massif, la roche est blanche, tendre, divisée en strates régulières, très flexibles, et ressemble tout à fait à certains calcaires sénoniens, bien que plus tendre que la plupart de ces derniers. Les Nummulites y font presque entièrement défaut ; ce sont des raretés. Dans le Djebil, la limite est aussi très nette, quoiqu'il y ait naturellement une zone intermédiaire, où les Nummulites deviennent de moins en moins fréquentes ; on n'en voit guère au N de la Dechera ruinée qui couronne la montagne.

Ousselat

Au surplus, une coupe de l'Ousselat et du Djebil montrera mieux les particularités de l'Éocène inférieur (Pl. II, fig. 8). Au pied du Kef Taourit, on observe d'abord des marnes bleu clair, peu argileuses et notablement salées, dont l'épaisseur dépasse 200 m., qui doivent sans doute être en très grande partie attribuées au Sénonien. Sur

(1) F. AUBERT : Explic. carte géol., fig. 11, p. 48.

elles reposent des marno-calcaires (*a*) (30 m.), puis des marnes et calcaires, ceux-ci dominant et bientôt subsistant seuls (*b*) ; c'est l'horizon à silex bruns, peu abondants ici (90 m.). On passe insensiblement à des calcaires blancs ou gris (*c*), encore un peu marneux et tendres, en lits de 40 à 60 cm., qui couronnent tous les sommets (70 m.). Les Nummulites y sont infiniment rares, tandis qu'elles sont très communes au Kef Guitoun, situé à 4 Km. environ. L'Éocène inférieur possède donc ici une épaisseur inaccoutumée, d'autant qu'il faut lui rattacher encore le début des marnes brunes recouvrant les deux versants du Djebil. La fin des calcaires renferme déjà *Ostrea gigantea* Dubois, espèce qui a cependant son maximum à la base des marnes. Dans les 30 ou 40 premiers mètres de ces dernières, s'intercalent encore deux bancs calcaires à *Nummulites Rollandi*, associée à une forme rappelant *N. complanata*. Dans la moitié méridionale du Djebil, ces deux bancs paraissent se souder aux inférieurs par disparition des marnes intermédiaires. C'est à ce niveau que j'arrête l'Éocène inférieur.

Plus à l'E, les mêmes différences de facies persistent ; c'est ainsi que le Dj. Rhanzour, la partie septentrionale du Dj. es Sfeia, et aussi, d'après le Ct Flick, le Dj. Magra et le Dj. Chakeur possèdent le facies des calcaires blancs sans Nummulites, où abondent les moules internes de Lamellibranches et de Gastropodes (en phosphate de chaux) tandis que, dans le S du Dj. es Sfeia et au Dj. ech Cherichira (et Tengoucha) (Pl. II, fig. 14), les Nummulites sont très abondantes et réunies par un calcaire cristallin.

Il importe de remarquer que dans les dernières localités citées, le niveau phosphaté est négligeable ; le phosphate ne se traduit guère que par la présence des moules déjà mentionnés. J'ai été frappé de ce fait que, dans le Centre, un niveau phosphaté quelque peu riche existe seulement en dessous des calcaires cristallins à *Nummulites Rollandi* ; chaque fois que disparaissent les Nummulites, le dépôt phosphaté est très réduit. Par conséquent, toute explication du mode de formation des phosphates devra tenir compte de cette circonstance.

COMPARAISON AVEC LES PAYS VOISINS

En **Algérie**, l'Éocène inférieur présente, au moins en quelques localités que je connais, une constitution très analogue à celle qui vient d'être décrite. Le Dyr de Tébessa ne diffère que bien peu de la Kalaat es Snam, ce qui ne surprendra nullement, si on se rappelle que l'un et l'autre dépendent du même synclinal. L'aspect du calcaire est le même, les Nummulites appartiennent aux mêmes espèces et, si je n'ai pas vu à la Kalaat les grosses Thersitées signalées par Coquand au Dyr, c'est peut-être parce que les flancs de celle-ci sont absolument inabordables, en dehors de l'escalier qui permet l'ascension et dont les marches, de même que les parois, sont polies par des frottements séculaires. En outre, pas plus au Dyr de Tébessa qu'ailleurs, je n'ai pu trouver *O. multicostata* dans les marnes inférieures, bien que ce fossile y ait été cité. D'autre part, au S de Boghari, j'ai pu constater la présence de l'Éocène inférieur sous les deux mêmes facies qu'en Tunisie : le

Dj. Oum el Adam correspond aux calcaires à Nummulites des Kalaats, tandis que les calcaires blancs du Draa el Abiod sont l'équivalent des dépôts analogues du N de l'Ousselat, du Massouge, etc.

Il est intéressant de rappeler que ces deux facies de l'Éocène inférieur ont été décrits dans le **Vicentin** par Munier-Chalmas ([1]). Je ne saurais mieux faire que de citer ses propres expressions : « Cette première division... présente deux facies. Le premier correspond aux *calcaires à silex et à Brachiopodes de Bertholdi, avec Globigérines et Orbulines,* mais *sans Nummulites, ni Orthophragmina.* Ces calcaires, par leurs caractères pétrographiques et par les Foraminifères qui s'y trouvent, ressemblent à s'y méprendre à ceux de la Scaglia. Le second facies est représenté par les *calcaires à Nummulites et à Orthophragmina de Spilecco,* qui renferment encore les mêmes Brachiopodes et les mêmes silex. On aurait pu, comme on l'a fait pour la Scaglia, attribuer ces changements de faune à des changements de profondeur ; il n'en est rien, car à Monte-Postale, on trouve rigoureusement au même niveau, et sur des points très rapprochés, les deux facies juxtaposés ; à leur limite, on voit de petits lits de Nummulites et d'Orthophragmina envahir les calcaires compacts et indiquer la présence de courants bien manifestes.

« Les Orbulines et les Globigérines des calcaires de Monte Spilecco rappellent par la structure de leur test, les formes qui habitent les mers relativement peu profondes. Les espèces abyssales sont caractérisées chez les individus adultes, par un test très épais présentant souvent des modifications particulières, comme l'a si justement fait remarquer Brady. Ces observations concordent parfaitement avec les données stratigraphiques ; elles permettent, ainsi que ces dernières, de démontrer que les dépôts de Monte Spilecco ne sont pas formés dans des mers profondes. »

M. Munier-Chalmas a bien voulu me donner à ce sujet des explications complémentaires. En Italie, entre Belluno et Santa Croce, le passage latéral des calcaires à grains très fins de la Scaglia aux calcaires clastiques à gros éléments provenant de la zone côtière se fait par une zone d'alternance très étroite, correspondant à la limite du pouvoir de transport des courants partant de la côte.

La même explication s'applique aux calcaires tertiaires de Spilecco et permet aussi de se rendre compte de ce qu'on observe en Tunisie. Les calcaires à Nummulites à éléments moyens ont pour équivalent latéral, comme je l'ai dit, les calcaires à Globigérines, qui sont constitués par des éléments beaucoup plus fins. Il existe entre ces deux facies une zone d'alternance, qui correspond également à la limite de transport des courants côtiers entraînant des Nummulites vers la haute mer. La zone nummulitique est par conséquent comprise entre le rivage de la mer de l'Éocène inférieur situé dans le S et S-W de la Tunisie (cf. carte des facies, p. 175) et la zone des calcaires à Globigérines.

Il en est de même pour les phosphates riches ; la partie de la Tunisie centrale où ils sont accumulés répond, au point de vue de leur extension géographique, à la zone des calcaires à Nummulites, tandis que les calcaires phosphatés pauvres corres-

(1) Munier-Chalmas : Etude du Tithonique, du Crétacé et du Tertiaire du Vicentin, p. 82.

pondent à la zone des calcaires à Globigérines. Il en résulte que les calcaires nummulitiques se trouvent toujours superposés aux phosphates riches. Il y a donc encore là des relations de transport semblables à celles qui ont déterminé l'aire de répartition des calcaires à Nummulites.

A un autre point de vue, je noterai qu'en **Égypte**, tout au moins dans le désert libyque, il n'y a aucune ligne de démarcation entre le Crétacé et le Tertiaire, fait sur lequel Zittel a fortement insisté. Outre ce point de ressemblance avec la Tunisie, il en est un autre, consistant dans la présence d'importants gisements de phosphate de chaux près de la limite des deux terrains. De plus, dans le N-E du désert arabique, en particulier au Dj. Ataka (1), la transgression a commencé un peu avant l'Éocène moyen ; sur les assises campaniennes, reposent les couches les plus supérieures de l'Éocène inférieur (Suessonien), tout à fait comme au S de Maktar.

Poursuivre plus loin la comparaison serait, je crois, inutile, en l'absence de fossiles typiques et exposerait à des méprises. Aussi je préfère me borner à ces quelques considérations.

RÉSUMÉ

En résumé, l'Éocène inférieur possède deux facies assez différents, qui ont fort embarrassé ceux qui n'avaient pas vu le passage latéral, comme j'ai pu le faire ; cependant ce dernier est très net et il ne peut subsister aucun doute sur la contemporanéité des deux termes. Chercher à y établir des subdivisions et surtout vouloir retrouver celles qui ont été admises dans le bassin de Paris, me paraît tout à fait illusoire et même impossible. A part les *Nummulites*, les fossiles sont peu nombreux et surtout peu variés, presque tous à l'état de moules internes, sauf la *Térébratuline*, laquelle diffère fort peu de l'espèce crétacée. Restent donc les Nummulites, qui pourront peut-être fournir quelques renseignements, quand leur étude sera plus avancée. On observera que toutes celles que j'ai citées appartiennent au groupe des *Nummulites non granulées à filets cloisonnaires simples*. On notera également qu'elles n'apparaissent pas avant les calcaires à silex, où elles sont encore très rares. Au niveau phosphaté et dans les marnes inférieures, je n'en ai jamais vu un seul exemplaire. Les quelques Foraminifères qu'on y distingue au microscope rappellent, d'après Le Mesle, des espèces crétacées, mais, ajoutait-il, « on y aurait trouvé des Nummulites ». Or, Le Mesle, dont les coupes sont souvent par trop schématiques, était un collectionneur passionné ; et cependant, pas plus que moi, il n'a réussi à obtenir de Nummulites du niveau phosphaté, ni des assises inférieures ; aussi, je suis fort porté à croire que les citations qu'on en a faites demandent confirmation. Il ne faut pas oublier en effet, qu'il existe un peu plus haut (calcaires grossiers de la fin de l'Éocène inférieur ou du début

(1) Blanckenhorn : Neues z. Geol. Ægyptens, II, p. 401.

de l'Éocène moyen) des couches légèrement phosphatées, contenant des Nummulites; la confusion a bien pu être faite, d'autant que souvent, les fossiles cités ont été recueillis par des géologues occasionnels.

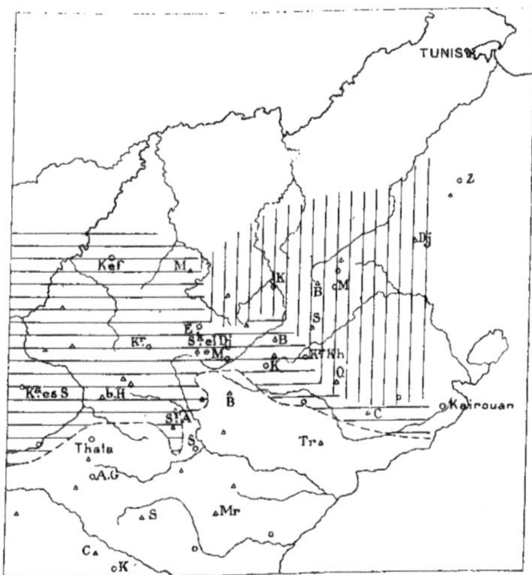

Fig. 30. — Carte montrant l'extension des deux facies de l'Éocène inférieur

≡ Facies des calcaires à Nummulites.

||| Facies des calcaires à Globigérines sans Nummulites.

La ligne pointillée marque la limite de l'extension de l'Éocène inférieur.

Origine des phosphates de chaux. — J'aurais voulu placer ici un chapitre sur l'origine des phosphates de chaux tunisiens, mais malheureusement leur étude est trop peu avancée, pour qu'on puisse en tirer des conclusions précises. Et, personnellement, je n'ai ajouté que bien peu de choses à ce qui était déjà connu. Je crois néanmoins utile de dire quelques mots de la question et d'indiquer la théorie qui me paraît la plus probable, sans dissimuler ni les lacunes qu'elle offre, ni les difficultés auxquelles elle se heurte.

Presque tout le monde est d'accord sur ce point que le phosphate de chaux dérive originairement de l'apatite des roches éruptives. Mais, par quel processus est-il venu former des amas dans divers terrains, spécialement dans l'Éocène? Sans doute par l'intervention d'organismes divers. On a considéré généralement que les phosphates tunisiens avaient une origine animale, et la chose paraît admissible. Mais l'explication, telle qu'elle a été présentée, est incomplète et demande à être précisée. Je vais essayer de le faire dans une certaine mesure.

A l'appui de cette origine animale, on a invoqué l'abondance des débris d'os, des dents, des coprolithes, mais au total il paraît y avoir eu là quelque exagération : les débris d'ossements sont, à tout prendre, assez rares et la plupart des plaques minces n'en montrent pas trace. Les dents sont un peu plus fréquentes, parce que l'émail les a protégées contre la destruction, mais elles ne forment néanmoins qu'une portion infime de la masse phosphatée. Enfin, la plupart des nodules noirâtres disséminés dans les marnes n'ont rien à faire avec les coprolithes.

A un autre point de vue, l'esprit demeure tout d'abord effrayé de la quantité prodigieuse d'organismes nécessaires pour donner ces amas phosphatés évalués à des millions de tonnes. Cependant, à la réflexion, la chose apparaît possible, d'autant que le phosphate peut provenir de diverses sources, auxquelles on n'avait primitivement pas songé.

En effet, on a surtout mis en cause les ossements de Vertébrés ; assurément leur rôle a été considérable, mais peut-être pas prépondérant. Un os de Vertébré actuel contient à l'état frais environ de 50 à 60 °/₀ de phosphate de chaux ; après calcination, destinée à faire disparaître la matière organique, 80-90 °/₀ [1]. Les dents renferment moins de substance organique, mais plus de phosphate de chaux que les os. Les coprolithes offrent une teneur considérable, quoique un peu variable (jusqu'à 85 °/₀), mais on s'est, je crois, exagéré leur fréquence ; on a bien souvent désigné sous ce nom de simples nodules calcaires revêtus d'un enduit phosphaté, ce qui ne les empêche pas d'être parfois très riches.

Mais les parties squelettiques et les coprolithes ne sont pas seuls à fournir du phosphate de chaux, ainsi qu'Armand Gautier l'a établi d'une manière très nette dans un article de la plus haute importance pour le sujet, quoique bien rarement cité, sinon jamais [2]. Ce savant avait d'ailleurs déjà montré antérieurement, en collaboration avec Étard [3], que le nitre, les sulfates et les phosphates sont les résidus ultimes des fermentations successives, qui font peu à peu disparaître la matière organique sous l'influence des bactéries anaérobies. Il faut, du reste, faire observer immédiatement que les phosphates de K, Mg, Ca, existent dans toutes les cellules ; ils demeurent donc en nature à côté du phosphate du squelette après putréfaction. Mais en outre, les tissus mous renferment du phosphore à l'état de phosphines et divers composés organiques normaux, qui se transforment, lors de la décomposition, en phosphate d'ammoniaque, suivant une série de réactions que je n'ai pas à rapporter ici. La quantité d'anhydride phosphorique ainsi produite n'est point négligeable, comme le montrent les analyses de Gautier résumées, en quelque sorte, dans la phrase suivante : « Ainsi, en dehors de l'acide phosphorique préexistant à l'état de

(1) Mais les analyses ainsi faites ne nous donnent que des résultats incomplets pour l'étude actuelle, puisque la matière organique contient elle-même des substances phosphorées.

(2) A. Gautier : Sur un gisement de phosphates de chaux et d'alumine contenant des espèces rares ou nouvelles, et sur la genèse des phosphates ou nitres naturels. *Ann. Mines* (9) V, 1894, p. 5-53.

(3) *C. R. Ac. Sc.* XCIV, p. 1357.

phosphate dans nos tissus. chaque kilogramme de viande de bœuf contient à l'état conjugué ou organique assez de phosphore pour donner, s'il est complètement transformé en acide phosphorique, 1 gr. 5 d'anhydride phosphorique répondant à 3 gr. 27 de phosphate de chaux. Les tissus d'un bœuf entier ainsi transformé produiraient donc au moins 1200 gr. de phosphate tribasique, provenant uniquement de son phosphore organique » ([1]). Or, le squelette d'un bœuf de dimension moyenne pèse environ 100 Kg., contenant 50 Kg. de phosphate; ce qui donnerait environ 51-52 Kg. de phosphate tricalcique pour l'animal entier.

Mais il faut considérer que dans la mer où se déposait le phosphate, les Vertébrés devaient être relativement rares, tandis que les Invertébrés, particulièrement les Mollusques, y pullulaient, puisqu'à Gafsa les bancs calcaires intercalés en contiennent à profusion. Or, à la mort de ces derniers, tous les tissus mous ont abandonné une certaine quantité de phosphore, ultérieurement transformé en phosphate d'ammoniaque.

Mais il est une autre source immédiate de phosphate de chaux, ce sont les plantes, particulièrement les Algues. Ces dépôts phosphatés se sont faits dans des mers très peu profondes, comme l'atteste le caractère de la faune. Il est donc tout à fait vraisemblable que ces bas-fonds devaient porter de vastes prairies sous-marines fréquentées par tout un peuple d'animaux herbivores et, par suite, d'animaux carnivores. Or, on sait que les Algues sont susceptibles d'extraire de l'eau les sels qui y sont dissous : les cendres de Fucus donnent en effet à l'analyse 1, 2 à 4 %, celles de Laminaria jusqu'à 5 % d'acide phospohrique (Schweitzer). Mais ces chiffres se rapportent uniquement au phosphate préexistant dans les cellules ; il faut donc y ajouter celui qui dérive des tissus mous. Ces plantes, enracinées dans le sol, devaient ainsi accumuler au même point des quantités de phosphate qui sont loin d'être négligeables. Mais il y a peut-être plus encore, quoique la chose demeure hypothétique. Cayeux a reconnu depuis plusieurs années que les phosphates de Gafsa étaient extraordinairement riches en Diatomées. La même chose se constate sur les échantillons que j'ai rapportés du Centre. Dès lors, on peut se demander quelles sont leurs relations vis-à-vis des grains de phosphate qui les renferment. On sait, en effet, quelle part prépondérante prennent fréquemment les infiniment petits à l'extraction et la fixation des matières salines en dissolution dans l'eau. Que s'est-il passé ici ? Nous l'ignorons encore.

Quoi qu'il en soit de ce dernier point, les eaux de la lagune contenaient une certaine quantité de phosphate tribasique de chaux, qui se déposait, et du phosphate d'ammoniaque en dissolution. Les expériences de Gautier établissent que ce dernier, au contact du calcaire, donne du phosphate bi- et tricalcique, suivant les conditions. Le phosphate tricalcique peu soluble devait se précipiter rapidement. Par contre, le phosphate bibasique très soluble dans l'eau pouvait être entraîné plus ou moins loin, pénétrer dans les fissures de la roche calcaire incomplètement consolidée, et au contact de celle-ci se transformer en phosphate tricalcique. Ceci nous explique

(1) A. Gautier : Sur un gisement de phosphates de chaux, p. 38.

donc très clairement la formation des granules et des nodules calcaires à patine noire luisante, si fréquents à Gafsa et dans le Centre. Ceux-ci sont des fragments calcaires dont l'extérieur seul a été phosphatisé; au contraire, dans les granules, beaucoup plus réduits, la transformation a pu être complète. J'ajouterai incidemment que la même explication s'applique fort bien à ces enduits phosphatés étendus parfois sur d'assez vastes surfaces, que l'on considérait comme dus à l'action de guanos abandonnés sur une plage par des oiseaux de mer. L'interprétation de Gautier me paraît infiniment plus vraisemblable.

Ces réactions ne sont sans doute pas les seules qui se soient produites. Carnot, dans un travail postérieur de deux ans à celui de Gautier (1), en a indiqué quelques autres et a fait remarquer l'influence du chlorure d'ammonium et du carbonate d'ammonium sur la solubilité du phosphate de calcium. Il a en outre attiré l'attention sur ce fait que le fluorure de calcium devait exister dans les eaux de la lagune et se fixer sur les débris d'os, les écailles, les grains phosphatés, pour les transformer en fluophosphates plus ou moins voisins des apatites.

Ces amas phosphatés se sont produits dans une lagune (que Carnot compare à une sebkra) fréquemment à sec, ce qui explique la formation des couches de gypse qui, à Gafsa, se voient au milieu des marnes phosphatées, mais surtout au-dessus d'elles. Dans le Centre, il n'y a rien de tel ; les argiles foncées, lamelleuses, sont souvent salées et renferment des cristaux de gypse, mais jamais de bancs interstratifiés. Dans le Sud, il y a donc eu des lagunes d'évaporation. Or, nous savons, grâce aux recherches de Dieulafait, que « les boues qui se déposent dans les marais salants contiennent des quantités d'acide phosphorique très supérieures à celles qui existent dans les boues de rivières et des fleuves. La moyenne de nombreuses analyses a donné 7 pour les boues des marais salants de Berre, celle des boues de la Durance étant 1 (2) ».

La vie devait donc être exubérante dans cette lagune et en particulier les Diatomées y pullulaient; des forêts d'Algues donnaient asile à une multitude d'animaux inférieurs; en outre, quand la quantité d'eau le permettait, les Poissons, particulièrement des Squales, y vivaient en grand nombre, tandis que divers Reptiles (Chéloniens et Sauriens) fréquentaient ses bords. Mais la profondeur était assurément très faible. Aussi, sous l'influence des vagues et des remous, la boue calcaire, riche en Diatomées et non encore consolidée, pouvait être remaniée et divisée en granules bientôt transformés en phosphate, suivant le processus indiqué plus haut. En même temps se déposaient des argiles et, quand celles-ci prédominaient, le lit devenait pauvre en phosphate. D'autres fois le calcaire l'emportait, la phosphatisation n'avait pas le temps de se faire, et alors nous avons un banc calcaire rempli de fossiles. Ceux-ci sont au contraire rares dans les couches de phosphate franc, où tout a été transformé, sauf les dents de Squales, qui ont résisté grâce à leur émail, mais qui consistent elles-mêmes

(1) A. Carnot : Sur les variations dans la composition des apatites, p. 84.

(2) Dieulafait : Origine de certains phosphates de chaux en amas dans les calcaires de la série secondaire, *C. R. Ac. Sc.*, XCVIII, 1884, p. 841.

en phosphate de chaux. A d'autres moments, où la lagune contenait peu d'eau et où l'acide phosphorique était abondant (phosphate d'ammoniaque et ph. bicalcique), la couche de boue non encore consolidée a pu être imprégnée complètement et les parties calcaires entièrement phosphatisées, tandis que les parties argileuses restaient intactes, ce qui explique l'aspect grenu et un peu sabieux de la roche. Enfin, la lagune a pu être entièrement desséchée et alors le gypse s'est déposé. La mer, revenant ultérieurement, a abandonné un nouveau banc d'argile ou de calcaire et ainsi de suite.

Voilà donc, en résumé, l'idée que nous pouvons nous faire de ces immenses amas de phosphate de chaux, qui sont une des richesses de la Tunisie. Au total, elle semble probable ; divers faits la corroborent ; plusieurs auteurs sont arrivés à des résultats peu différents, que j'ai essayé de grouper ici. Est-ce à dire pour cela que l'explication soit parfaite ? assurément non. Elle laisse encore des faits inexpliqués. L'un d'eux, et non des moins embarrassants, est la constatation faite par M. Cayeux dans plusieurs de mes préparations de grains de phosphate emprisonnant des Diatomées, qui sont complètement absentes dans le ciment phosphaté réunissant la calcite et les grains. Aussi cet auteur estime-t-il que ces roches phosphatées du Centre tunisien se sont formées en deux temps. Il s'est d'abord déposé en un point indéterminé, une boue à Diatomées, ultérieurement phosphatisée et remaniée, qui a fourni les grains. Ceux-ci, transportés par les courants, ont ensuite été cimentés par un calcaire plus ou moins complètement phosphatisé, ou parfois recristallisé. Cette explication a l'avantage de rendre compte de l'absence de Diatomées dans le ciment, mais rencontre, elle aussi, quelques difficultés. Nous n'avons aucune notion de cette boue à Diatomées primitive, objection assurément peu importante, vu l'imperfection de nos connaissances sur la Tunisie. Cette solution paraît nécessiter un mouvement du sol. Or, nous savons qu'à la Kalaat es Snam, où le cas se présente (Diatomées dans les grains, mais non dans le ciment), la sédimentation a été continue du Crétacé au Tertiaire; il n'y a donc eu là aucune émersion. Mais il faut remarquer qu'une telle émersion n'est pas nécessaire ; il suffit d'un haut fond pouvant être démantelé par les courants superficiels.

D'ailleurs j'ai été amené à conclure que tout le pays au S de Maktar et de Haïdra était émergé pendant l'Éocène inférieur ; le rivage devait donc être voisin de la ligne joignant ces deux localités. C'est là que se serait déposée la boue phosphatée que les courants marins, se dirigeant vers le N et le N-E, ont étalée sur une partie de la contrée (marquée sur la carte par des hachures horizontales). On remarque en effet que les teneurs en phosphate de chaux décroissent quand on s'avance vers le N et le N-E ; au-delà d'une certaine limite, la richesse en phosphate est très faible. C'est que les courants n'avaient plus la force de charrier les grains de phosphate, pas plus que les Nummulites et ne pouvaient rouler que des particules boueuses très fines, qui ont donné naissance aux calcaires blancs à Globigérines.

Sur la minute de ma carte, j'ai soigneusement isolé le niveau phosphaté, tandis que, sur l'édition définitive, je n'ai pas consacré à ce dernier une teinte spéciale, ce qui pourra sembler surprenant, étant donnée son importance économique. Mais, après réflexion, je me suis rendu compte de ce qu'il était suffisamment indiqué et, par suite, j'ai supprimé la teinte afin d'alléger la carte. En effet, quand on classait dans l'Éocène toutes les marnes noires sous-jacentes aux calcaires à *Nummulites Rollandi*, le besoin d'une spécification pouvait se faire sentir pour l'horizon phosphaté ; mais j'ai montré que ces marnes appartiennent, pour leur plus forte part, au Crétacé et que, seuls, les derniers mètres peuvent être éocènes. Par suite, le niveau phosphaté se trouvera, partout où il existe, à la base des calcaires à Nummulites, généralement au pied d'abrupts. Je n'aurais donc pu le marquer qu'en empiétant sur les couches voisines, et cela sans utilité, puisqu'il est toujours sensiblement à la limite du vert (Sénonien) et du brun foncé (Éocène inférieur). J'ai dit « quand il existe », car en effet, si ce niveau persiste dans la majeure partie de la Tunisie centrale, il est loin d'avoir partout la même valeur. En fait, il n'a d'intérêt que dans les régions où prévaut le facies nummulitique. La carte de la page 175 qui indique l'extension de chaque facies, donne donc aussi, par le fait, celle des gisements de phosphate de chaux de l'Éocène inférieur. Cette suppression rend à la carte plus d'homogénéité ; puisque j'ai englobé tout le Sénonien sous une seule teinte, il n'était pas logique d'en avoir deux ou même trois pour les horizons et les facies de l'Éocène inférieur, comme je l'avais fait tout d'abord.

ÉOCÈNE MOYEN

Contrairement à l'opinion qui prévalait jusqu'alors, l'Éocène moyen existe dans toute la Tunisie centrale et y occupe même une surface plus considérable que l'Éocène inférieur. Sa composition est assez uniforme ; dans l'ensemble, il consiste en marnes très puissantes, pouvant être remplacées partiellement à la partie inférieure par des calcaires grossiers. Dans les synclinaux, il est en concordance avec l'Éocène inférieur, tandis que, sur le vaste dôme des Ouled Aoun et des Ouled Ayar et dans tout le pays au S de Maktar, il est en transgression sur les divers termes du Crétacé. J'avais même d'abord fait coïncider avec cette transgression la limite des deux étages (et la carte a été établie d'après cette opinion), mais, comme on vient de le voir, la transgression a dû commencer à la fin de l'Éocène inférieur.

Pour établir l'existence de l'Éocène moyen, j'ai d'abord été guidé par la constatation de ce qu'en divers endroits la sédimentation avait été continue depuis l'Éocène inférieur jusqu'à la fin de l'Éocène supérieur au moins ; l'Éocène moyen devait donc exister, et la détermination des fossiles m'a montré l'exactitude de cette vue. D'autre part, la transgression si nette de ces couches établit leur indépendance.

DESCRIPTION

Deux coupes voisines, prises à l'Ousselat et au Trozza, nous offriront les deux cas opposés : continuité avec l'Éocène inférieur et indépendance vis-à-vis de ce dernier.

Au Dj. Ousselat et au Djebil (Pl. II, fig. 8), nous avons déjà vu un Éocène inférieur très développé, sous forme de calcaires blancs, plongeant de 10° suivant la coupe. Sur eux reposent, en concordance, des marnes brunes en surface, d'un bleu foncé en profondeur, contenant çà et là des bancs de calcaires grossiers, blancs ou jaunâtres, à moules internes de Mollusques, ou parfois des lits de rognons de calcaire jaune assez dur. Les 40 premiers mètres de ces marnes environ renferment encore *Nummulites Rollandi* et *Ostrea gigantea*, et, par suite, se relient à l'Éocène inférieur. Aucune différence ne s'observe, du reste, entre ces marnes et celles qui leur font suite. Dans ces dernières s'intercalent assez souvent de ces lits de rognons calcaires, mais les fossiles sont peu abondants ; toutefois, un banc de calcaire marneux (*a*) épais de 3 m., situé à 100 m. environ au-dessus du début des marnes, est rempli de fossiles dont le test cristallisé ne permet pas un dégagement complet ; on reconnaît cependant *Cytherea* cf. *promeca* Loc. très abondante et une grande *Thersitea* (?) remarquable par ses nombreuses pointes. Environ 100 m. plus haut, les bancs calcaires (*b*) sont plus nombreux et plus épais ; on y rencontre *Ostrea punica* Thomas et de nombreuses *O. bogharensis* Nicaise, généralement petites et très épaisses, formant presque des lumachelles (*b*). Au voisinage, les marnes assez gypseuses contiennent en abondance

Ousselat

Thersitea Contejani Coq., qui existe aussi dans plusieurs bancs situés au-dessus. Un peu au-delà de l'oued, apparaissent 5 à 6 bancs (20 à 50 cm.) de calcaires lumachelles (*c*) à *Ostrea bogharensis* Nic., *O. Clot Beyi* Bellardi et *O.* aff. *crassissima.* En règle générale, les deux premières formes s'excluent l'une l'autre, c'est-à-dire qu'un banc renferme presque uniquement *O. bogharensis*, un autre uniquement *O. Clot Beyi*, quoique les unes et les autres alternent irrégulièrement ; les deux espèces sont rarement ensemble dans le même banc, bien que ce soit le cas ici. A un niveau plus élevé, 8 à 10 lumachelles un peu gréseuses (*d*) contiennent les mêmes Huîtres, généralement de petite taille ; au contraire, les 5 ou 6 lumachelles suivantes (*e*) sont formées presque uniquement d'*O. Clot Beyi* Bell. Les marnes sont alors un peu moins jaunes et plus grises ; quelques lits sableux à *O. Clot Beyi* s'y intercalent. Un banc calcaire (*f*), épais de 50 cm., est riche en fossiles, parmi lesquels :

Echinolampas
Pectunculus
Ostrea bogharensis Nic. (rare)
Cardita amygdaloides Loc.
Crassatella
Cardium
Cytherea cf. *promeca* Loc.
Turritella cf. *avita* Loc.

Puis les marnes deviennent plus sableuses ; les quelques bancs intercalés (*g*) sont très gréseux et roux ; les fossiles sont les mêmes que précédemment et plusieurs d'entre eux persistent dans l'Éocène supérieur, auquel ces couches pourraient peut-être déjà être rattachées. Près de là, on trouve, en effet, à ce niveau, une Plicatule qui peut se rapporter à *Plicatula polymorpha* Bellardi, aussi bien qu'à *P. bovensis* de Gregorio, deux formes bien difficiles à séparer, dont la première appartient au Lutétien (Mokattam) et la deuxième au Priabonien.

Après quelques mètres d'argiles bleues, lamelleuses, on atteint l'Éocène supérieur.

Là s'arrête l'Éocène moyen. J'avais évalué son épaisseur à 600 m. et c'est également le nombre que donne le calcul, d'après la largeur de l'affleurement et la pente (10° en moyenne) ; sur l'autre versant du Djebil, avec des pentes différentes, je suis arrivé à un résultat analogue ; on peut donc, je crois, adopter ce chiffre comme peu éloigné de la réalité.

Trozza

Au Trozza, il est possible de relever une fort belle coupe (Pl. II, fig. 15), qui a déjà été publiée par Le Mesle (1), avec lequel je suis d'accord, quant à la succession, mais non en ce qui concerne l'attribution aux étages. La carte montre immédiatement qu'au Trozza, l'Éocène moyen est en transgression sur l'Aptien, le Cénomanien, le Turonien et le Sénonien. Une coupe partant du coin N-E du massif (un peu à l'W du Hammam) et se dirigeant sur le signal de l'Argoub ez Zebbas, rencontre d'abord les terrains crétacés de l'Aptien au Sénonien supérieur.

Sur les derniers bancs calcaires à *Entomaster Rousseli*, reposent 50 m. de marnes bleues, lamelleuses, à rognons de pyrite, renfermant quelques bancs calcaires et des lames de calcite ; c'est, soit la fin du Crétacé, soit plutôt le début de l'Éocène, mais, en l'absence de tout fossile, il m'est impossible de le savoir. Sur elles vient un

(1) Le Mesle : Sur la géol. de Tun., p. 213.

banc de calcaire siliceux (1), produisant un léger escarpement (4 m.), riche en *Thersitea ponderosa* Coq. brisées (fait assez général, car ce fossile est rarement entier). Dans les 10 m. de calcaire (2) qui font suite, j'ai recueilli *Ostrea bogharensis, Lucina Mavusi* Coq., *Venus Matheroni* Coq. et les mêmes Thersitées que précédemment. Le Mesle cite en outre *Rostellaria* aff. *macroptera* Lamk. Un banc de grès (3) de 50 cm. sépare cette formation de 20 m. de calcaires (4) très analogues aux précédents, et où se rencontrent *O. bogharensis* et cette fameuse *Ostrea* aff. *O. crassissima*, qui a été cause de tant de confusions, en faisant attribuer au Miocène tous les dépôts où elle est contenue [1]. Un banc de calcaire cristallin grisâtre (5) (1 m.) recèle un certain nombre de Nummulites. Les calcaires blancs (6) reprennent ensuite sur une épaisseur de 50 m., assez tendres et un peu irréguliers. Leur partie inférieure présente des *Carolia placunoides* Cantraine, mais surtout une grande quantité d'*O. bogharensis* et d'*O.* aff. *crassissima*, tandis que le haut des calcaires constitue un niveau fossilifère des plus intéressants ; j'y ai, en effet, recueilli :

Conoclypeus (voisin de *C. Delanouei* de Loriol et de *C. conoideus* Leske (Ag.)

Harionia cf. *Damesi* Bittner

Echinolampas Goujoni Pomel (très commun)

Euspatangus.

Un banc (7) (1 m.) de grès roux, qu'on voit ensuite, englobe de gros rognons de silex bruns et des Nummulites assez abondantes. Viennent alors 40 m. de calcaires blancs (8), peu différents des précédents, offrant une foule de petits Mollusques difficilement déterminables et des Échinides (surtout à la partie supérieure) appartenant à deux espèces :

Thagastea Wetterlei Pomel
Echinolampas Goujoni Pomel.

Alors seulement commencent les marnes jaunes ou brunes en surface et bleues en profondeur, avec intercalations de bancs calcaires à *O. bogharensis*. A l'endroit où passe la coupe, ces marnes ne sont que peu gypseuses, tandis que dans la moitié ou le tiers S du massif, elles renferment, vers leur base, une masse de gypse, puissante de plusieurs mètres, régulièrement interstratifiée. Dans ces marnes s'intercalent une dizaine de lumachelles à *O. bogharensis* (diverses variétés, principalement vers la base) et surtout à *O. Clot Beyi*, dont quelques spécimens atteignent de très grandes tailles dans les lumachelles les plus inférieures (9), tandis qu'elles demeurent très petites dans les supérieures (10). En outre, dans certains bancs (11), abonde *Carolia placunoides* Cant. Au point où la piste de Kairouan à el Ala coupe les lumachelles, celles-ci sont exploitées en profondeur pour faire des meules de moulins. En continuant la coupe, on observe 5 ou 6 lits de grès roux (12) à peu près stériles, séparés par des marnes, puis quelques bancs minces de calcaire gréseux (13) également roux, assez fossilifères, où on remarque :

(1) Cette espèce pourrait bien être celle que Blanckenhorn (Neues z. Geol. Æg. II, p. 44) a désignée récemment sous le nom d'*O. Enak* ; mais comme la diagnose est assez brève et non accompagnée de figure, je n'ai pas osé assimiler les deux formes, et m'en tiens à ce terme un peu vague de *O.* aff. *crassissima*. Certains exemplaires dépassent 30 cm. de longueur.

Carolia placunoides Cant.
Ostrea bogharensis Nic.
— *Clot Beyi* Bell.
Lithodomus (moulages de trous)
Thersitea strombiformis Pomel (très commune et possédant encore son test).

Le Mesle a cité, de ce niveau, divers fossiles, parmi lesquels je relève :

Echinolampas Goujoni Pomel
Anisaster gibberulus Michelin (Pomel)
Schizaster africanus de Loriol.

Des argiles lamelleuses, gris jaunâtre en surface et bleues en profondeur, semblables à celles de la coupe précédente et à celles de Maktar, séparent les dépôts sous-jacents des grès dorés de l'Éocène supérieur, dont elles forment le début. L'épaisseur totale des marnes avec leurs lumachelles est de 300 m. environ, tandis que les calcaires inférieurs mesurent de 150 à 200 m., ce qui fait à peu près 500 m. de puissance pour l'Éocène moyen du Trozza.

Celui-ci se différencie donc de son contemporain de l'Ousselat, non seulement par le fait d'être en transgression sur le Crétacé, mais aussi par le grand développement des calcaires grossiers blanchâtres. Nous verrons par la suite que ces calcaires sont plus ou moins importants suivant les points, parfois infiniment réduits, comme à l'Ousselat, sans que pour cela il y ait une lacune ; c'est simplement un facies latéral du début des marnes, comme on peut s'en assurer par une étude d'ensemble de la région. Du reste il existe une sorte de balancement : quand les calcaires grossiers sont très développés, les marnes le sont beaucoup moins, mais le total est sensiblement constant.

Cherichira

Les coupes du Cherichira nous montrent les divers termes de l'Éocène isolés et il serait difficile d'établir leur succession, si on ne procédait par comparaison avec les régions voisines. J'ai déjà parlé de l'Éocène inférieur, dont les calcaires à *Numm. Rollandi* forment le sommet d'et Tengoucha. Au-dessus de lui, l'Éocène moyen ne subsiste qu'en lambeaux affaissés (Pl. II, fig. 14), mais il s'observe plus loin dans le Dj. Ouled Kredija (Pl. II, fig. 12), où il est pris entre plusieurs failles et en partie au contact des marnes bariolées du Trias. Quand on suit le sentier allant de l'O. Cherichira à l'O. bou Mourra, on a, au N-W, les marnes et les calcaires gréseux de l'Éocène supérieur et, au S-E, des calcaires blancs, limités par un pli-faille, que le chemin suit quelque temps. La formation débute ici par quelques mètres de calcaires très durs (*a*), affectant la disposition en chevrons. Au-dessus, se développent des calcaires blancs, tendres (*b*), un peu irréguliers comme texture, parfois en rognons et assez fossilifères, surtout vers la base, où on remarque :

Plicatula polymorpha Bellardi
Ostrea cf. *bellovacina* Deshayes
— *punica* Thomas
Ostrea bogharensis Nicaise
Cytherea cf. *promeca* Loc.
Venus, etc.

et un peu plus haut :

Echinolampas Goujoni Pomel
Euspatangus cf. *Desgrangei* Cott.

La présence d'*O.* cf. *bellovacina* à la base de la formation tendrait encore à faire ranger le début de celle-ci dans l'Éocène inférieur, ce qui concorde avec ce qui a été dit précédemment. Une barre calcaire grisâtre, dure (*c*), contenant quelques Nummulites, sépare cette première masse calcaire d'une deuxième assez analogue (*d*), riche en *O. bogharensis* et divers Mollusques en mauvais état. Une seconde barre de calcaire brun à Nummulites (*e*) (qui répond, ainsi que la première, aux strates analogues du Trozza) surmonte ce calcaire et supporte encore quelques mètres de calcaire blanc (*f*) en dalles, où l'on recueille :

Thagastea Wetterlei POMEL (très abondant)	*Ostrea bogharensis* NICAISE
Echinolampas Goujoni POMEL	— aff. *crassissima*.
Carolia placunoides CANTRAINE	

Une faille fait alors buter ces calcaires contre des grès blancs probablement miocènes. Cet ensemble calcaire, dont la pente est un peu inférieure à 45°, possède une épaisseur de 200 m., ou un peu moins.

La collection FLICK renferme en outre plusieurs fossiles intéressants provenant des calcaires blancs, mais je ne puis préciser leur niveau ; ce sont :

Orthechinus Pegoti COTT.	*Cassidulus*
Thagastea Wetterlei POMEL	*Schizaster Meslei* P. et GR.
Echinolampas Goujoni POMEL	*Callianassa*.
Plesiolampas cf. *elongata* DUNCAN et SLADEN	

Pour retrouver la suite des couches, il faut aller sur la rive gauche de l'O. Cherichira, où se voit la retombée de l'anticlinal, encore légèrement atteint par des failles. On peut reconnaître les deux bancs à Nummulites, qui fournissent un point de repère suffisant. Ces calcaires supportent des marnes jaunes ou brunes, à peu près stériles, avec intercalations de lits calcaires riches en *Carolia placunoides*, *Ostrea bogharensis* et divers moules de Lamellibranches. Puis paraissent, au milieu des marnes, les lumachelles à *O. bogharensis* et à *O. Clot Beyi*, assez gréseuses à la partie supérieure. La formation passe alors aux calcaires gréseux roux à petites Nummulites de l'Éocène supérieur.

Cet Éocène moyen se voit aussi sur le Dj. Sféia, reposant régulièrement sur les calcaires à *Numm. Rollandi*, mais il a disparu en très grande partie par suite de l'érosion.

Le Dj. Batene, situé entre le Cherichira et Kairouan, est un petit massif très compliqué, qui comprend, entre autres, l'Éocène moyen (Pl. II, fig. 25-27). Du côté E. le Batene
Sif el Abiod, qui émerge de la plaine, présente à sa base des marnes brunes (*a*), avec plaquettes gréseuses à Mollusques peu reconnaissables. Un peu en dessus de la crête, les marnes alternent avec des calcaires blancs (*b*) assez fossilifères. J'y ai recueilli :

Echinolampas Goujoni POMEL
Cassidulus amygdala DESOR
Ostrea bogharensis NICAISE

et d'assez nombreux moules de Lamellibranches associés à des Thersitées, ayant partiellement conservé leur test. La crête même est constituée par un gros banc (*c*) (1 m. 50) de calcaire dur, suivi de 10 m. de calcaires plus tendres (*d*), où les moules internes de Mollusques sont fort communs. Dans cet ensemble de couches, le Cᵗ FLICK a recueilli :

Orthechinus Pegoti COTT.
Anisaster gibberulus MICHELIN (POMEL)
Schizaster Meslei P. et GH.
Pecten
Plicatula
Cardita
Cardium
Turritella obruta LOC.
Natica.

La suite consiste en marnes brunes très puissantes (au moins 300 m.), assez mal visibles et desquelles émergent, çà et là, un banc calcaire ou une lumachelle à *O. bogharensis*.

Ces couches se retrouvent dans deux autres points du massif, dans des conditions qui ne sont guère plus favorables ; on peut néanmoins constater dans le haut des marnes la présence fréquente de lits calcaires à *Carolia placunoides* CANT., *Ostrea bogharensis* NICAISE, *O. punica* THOMAS et de nombreux moules internes de Lamellibranches et de Gastropodes. Je n'ai point vu *O. Clot Beyi* BELL. qui, cependant, doit exister. L'ensemble de cette formation a une puissance de 400 m. environ et encore n'en atteint-on pas la base ; elle est recouverte normalement par les grès et argiles de l'Éocène supérieur.

Rebeiba-Daala

Si, repartant du Dj. Trozza, après cette digression vers Kairouan, nous nous acheminons vers l'W, nous reconnaissons que l'Éocène inférieur fait généralement défaut chez les Ouled Sendassen et les Ouled Ayar Guebala ; mais la transgression de l'Éocène moyen est particulièrement remarquable chez les Habbabsa. La coupe du Rebeiba (Pl. II, fig. 3) montre que le Sénonien est surmonté directement par les calcaires grossiers blanc jaunâtre (*c*) de l'Éocène moyen, dont l'épaisseur atteint 40 à 50 m. ; ils renferment en abondance *Ostrea bogharensis*, *O.* aff. *crassissima*, *O. punica*, des *Carolia* et, dans la partie supérieure, de nombreux moules de Bivalves (*Cytherea*, *Venus*, etc.). Ils sont suivis de marnes jaune brun, avec intercalations irrégulières de lits calcaires et enfin, assez loin en arrière de la crête, de lumachelles à *O. Clot Beyi* (*l*). L'épaisseur de ces couches semble un peu variable suivant les points ; tandis qu'à l'E du Rebeiba, les calcaires grossiers n'ont guère plus de 20 m. et que les marnes inférieures aux lumachelles à *O. Clot Beyi* semblent peu excéder 50 ou 60 m., au-dessus de Si ben Habbess, les calcaires grossiers atteignent 60 m. de puissance (occasionnant une série de Ragoubats alignés en arrière de la crête) et les marnes 150 m. Mais, outre cela, le facies se modifie légèrement. Ainsi, à l'endroit où cette crête E—W tourne pour devenir N—S, à ez Zerissia, on observe une modification intéressante et rare (fig. 31). L'Éocène moyen débute alors par un banc de calcaire grossier à *O. bogharensis*, immédiatement suivi de 3 ou 4 lits de poudingues, dont les éléments mesurant de 5 à 6 cm. sont des calcaires et des silex sénoniens en tout semblables à ceux du Rebeiba. Le calcaire qui cimente ces blocs englobe quelques *O. bogharensis*. Au-dessus s'élèvent les calcaires grossiers habituels supportant le petit signal. C'est un des très rares cas où j'aie vu des poudingues, les formations détritiques étant tout à fait rares en Tunisie centrale avant l'Éocène supérieur. Mais, en outre, ces couches reposent ici sur le Cénomanien qui plonge de 40° N-N-W, tandis que l'Éocène moyen a seulement une pente de 15° N; il y a donc ici discordance transgressive. En effet, quand on part de l'extrémité W du Djildjil et qu'on suit la crête du Dj. ben Habbess vers l'E, on constate que les assises crétacées sont coupées en biseau. Au signal de Chouchet es Sid (fig. 33), l'Éocène moyen repose sur les calcaires supérieurs du Sénonien, puis sur des couches de plus en plus anciennes, mais appartenant encore à cet étage (niveau à *Bostrychoceras polyplocum* au Kranguat de l'O. Della), puis sur le Turonien, et enfin sur le Cénomanien.

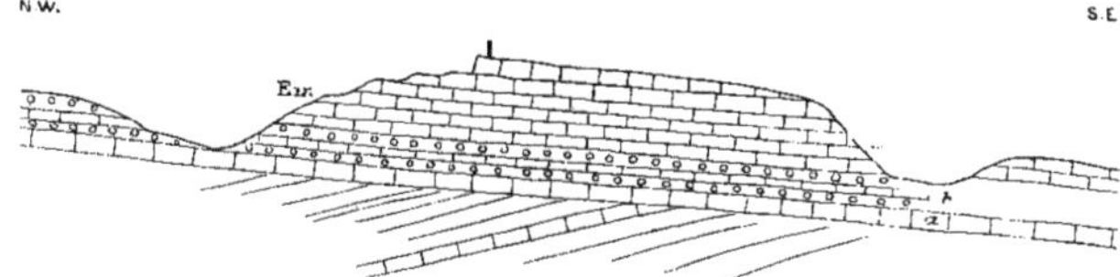

Fig. 31. — Ez Zerissia (C, *Cénomanien*. Em, *Eocène moyen*).

Cet Éocène moyen occupe presque toute la cuvette située au N du Si ben Habbess et constitue le socle du Barbrou. Le bord N de cet affleurement présente quelque chose d'analogue à ce qui vient d'être indiqué pour le Dj. Si ben Habbess. A el Guerria, l'Éocène inférieur existe et s'interpose entre le Sénonien et les marnes de l'Éocène moyen. Les calcaires grossiers sont alors peu développés et, dès la base, apparaissent des marnes avec intercalations calcaires, dont le début appartient encore à l'Éocène inférieur, comme je l'ai déjà dit. A la coupure de l'O. el Balloul, il n'y a plus d'Éocène inférieur, mais tous les niveaux du Sénonien sont présents. La falaise limitant la dépression de l'oued est due aux calcaires supérieurs du Sénonien, mais, au pied S du Barbrou, l'érosion a été plus intense avant le dépôt de l'Éocène moyen et celui-ci repose sur la fin des marnes sénoniennes (n° 3) en discordance très manifeste (Pl II, fig. 7). Barbrou

Il débute par un banc calcaire (*a*) (1 m.) à *Ostrea bogharensis* et à *O.* aff. *crassissima*, suivi de plusieurs autres semblables, séparés par des marnes. Outre ces Ostracés, on trouve en abondance : *Carolia placunoides* Cant. et des moules internes de Bivalves (*Cardita*, *Lucina*, *Venus Julieni* Coq.). Un autre banc (*b*), situé environ à 60 m. au-dessus du commencement des marnes, est riche en *Echinolampas* cf. *Goujoni* Pomel, tandis que, dans les deux ou trois bancs voisins (*c*), abondent les *O. bogharensis* et *O.* cf. *bellovacina*, ainsi que des moules de Lamellibranches et Gastropodes, entre autres *Thersitea Coquandi* Loc., l'un des fossiles les plus communs de tout le pays des Ouled Ayar et Ouled Aoun. Dans la partie supérieure des marnes, dont la puissance atteint 250 m., les bancs calcaires sont moins nombreux (un banc de 30 à 50 cm. tous les 8 ou 10 m.) et les marnes un peu moins foncées renferment les mêmes fossiles dans le même état défectueux. Alors apparaît une petite lumachelle calcaréo-gréseuse (*d*) à *O. bogharensis* et à *O. Clot Beyi* (de petite taille) ; puis, après 10 m. de marnes, un gros banc (*e*) (1,20) d'un calcaire bréchoïde, où des blocs un peu arrondis (10 à 20 cm.) d'un calcaire coquillier gris sont réunis par un ciment calcaire cristallin miroitant, d'un beau jaune doré ; on y trouve en quantité *O. Clot Beyi* (grande taille). Après avoir dépassé 2 ou 3 lumachelles de ces mêmes Huîtres (*f*), séparées par des marnes, on atteint des grès tendres jaunes dorés (*g*) (50 m.), remplis de tubes d'Annélides et divisés en minces lits de 10 cm., séparés par quelques centimètres de marnes grises, les bancs étant un peu plus épais et plus rigides dans le haut. D'après l'aspect de ces grès, on serait tenté de les rapporter à l'Éocène supérieur, mais, au-dessus d'eux, on voit encore, en alternance avec des marnes, quelques lumachelles (*h*) calcaréo-gréseuses à *O. bogharensis* et *O. Clot Beyi*, ce qui les fait rattacher à l'Éocène moyen. Ces assises (15 à 20 m.), inclinées de 5 à 6° vers le S-S-E, supportent le grand signal et sont encore surmontées par des bancs (*i*) de 50 cm. de grès tendres, dorés ou roux, séparés par 2 ou 3 m. de marnes grises, qui ont tout à fait l'aspect de l'Éocène supérieur. Cependant j'y ai encore trouvé, au début, quelques grandes *Carolia* et des *Ostrea bogharensis* siliceuses, qui tendraient à faire réunir le commencement des grès à l'Éocène moyen. Toutefois, je pense que la plus grande partie doit être attribuée à l'Éocène supérieur.

Ksaïra Au S du Barbrou, les choses se passent de façon analogue ; la coupe du Dj. Djildjil (fig. 26) montre également le Sénonien couronné par l'Éocène moyen. L'érosion qui a eu lieu avant le dépôt de ce dernier est bien manifeste, puisque l'une des coupes présente des lambeaux des calcaires sénoniens, qui ne figurent pas sur la deuxième, relevée seulement 3 Km. plus au N ; dans ce dernier cas, l'Éocène moyen recouvre l'horizon à *Peroniceras Czœrnigi*. Sous le Kef Ksaïra (fig. 32), ce terrain débute par 3 ou 4 m. d'une marne grisâtre (1), terreuse, friable et notablement phosphatée, surmontée par un gros banc (2) (1 m. 50) de calcaire blanc assez dur, parfois un peu bréchoïde, qui contient beaucoup de *Thersitea ponderosa* Coq., munies de leur test. Au contraire, les nombreux rognons, qui se voient dans les 2 m. de calcaire (3) situés au dessus, ne sont que des moules de la même espèce, tous les péristomes étant brisés et le test ayant disparu. Ensuite vient un calcaire grossier (4) assez tendre, avec des intercalations marneuses (40 m.). La base de ces calcaires est l'horizon d'*Ostrea* aff. *crassissima*, associée à de nombreuses *O. bogharensis*, *O. punica*, *O.* cf. *bellovacina* et *Carolia placunoides*. Sous le Kef Ksaïra on trouve ensuite des marnes bleues en profondeur, jaunes ou brunes en surface (5), très gypseuses, avec lits calcaires

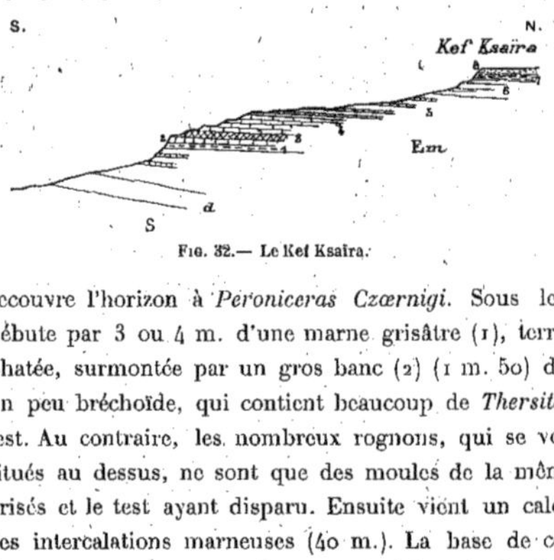

Fig. 32.— Le Kef Ksaïra.

où abondent les moules internes de Lamellibranches : *Lucina Mœvusi* Coq., *Venus Julieni* Coq., *Venus Matheroni* Coq., *Cytherea*, et des Gastropodes : *Thersitea Coquandi* Loc. On passe insensiblement à des marnes plus claires, grises ou verdâtres, assez gypseuses, avec lits sableux (40 m.) et où sont intercalées des lumachelles très ferrugineuses (6) à *O. Clot Beyi* : cette Huître y pullule au point de former presque entièrement la roche. Cinq à six mètres de marnes verdâtres ou violacées, sableuses et très gypseuses (7), séparent les dernières lumachelles d'une masse de grès blancs ou dorés, (8) très fins et tendres, disposés en lits minces, alternant avec des filets d'argile ; on y voit de nombreux tubes d'Annélides. Ce sont les grès déjà observés sous le signal N du Barbrou, où ils sont encore surmontés par d'autres lumachelles à *O. Clot Beyi* et que, par suite, il y a lieu de rattacher à l'Éocène moyen. Les assises inférieures aux grès revêtent une partie notable du plateau et en divers endroits, par exemple près de Sidi Chadah, on y exploite le gypse.

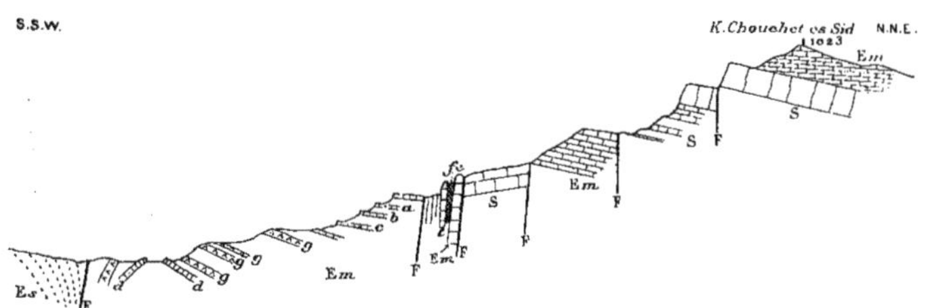

Fig. 33. — Le Kef Chouchet es Sid (Dj. Djildjil).

Mais, si du plateau nous descendons dans la vallée, nous constatons une modification importante. Le Dj. Djildjil est limité à son extrémité S-W par une série de failles, faciles à constater, quand on descend par les abrupts en dessous du Kef Chouchet es Sid (fig. 33). On voit un lambeau des calcaires inférieurs de l'Éocène moyen (les mêmes qui portent le signal) pris entre deux bandes sénoniennes, et un peu plus bas, un calcaire lumachelle (*l*) à *Ostrea bogharensis*, vertical, fortement rubéfié, et séparé d'une autre lumachelle à *O. Clot Beyi* par une lame d'oxyde de fer (*fe*), épaisse de plusieurs mètres. Un peu plus bas encore, on foule les lumachelles à *O. Clot Beyi* peu inclinées (*a-c*), alternant avec des marnes fortement gypseuses, puis, quand on arrive au pied des fortes pentes, un banc de gypse d'un mètre, suivi de plusieurs autres, séparés par des marnes sableuses grises, parfois avec petits lits d'argiles gréseuses dures, offrant de nombreuses pistes. Cette constatation m'embarrassa tout d'abord, étant donné le voisinage du Trias du Kt. el Halfa ; mais je reconnus bientôt que ces gypses étaient supportés par un banc de calcaire compact (*d*), renfermant des *O. bogharensis* (très gryphoïdes). Plus au N-W, j'ai retrouvé cette même Huître associée aux Bivalves habituels de l'Éocène moyen dans des bancs de calcaires en rognons, alternant plusieurs fois avec les marnes et les gypses ; et enfin, je les revis au

Chouchet es Sid

Sekarna couronnés régulièrement par une lumachelle à *O. Clot Beyi*. La succession est donc bien constante et il n'est pas douteux que ces gypses n'appartiennent à l'Éocène moyen.

Sekarna

Ce facies gypseux persiste dans toute la moitié méridionale du Dj. Sekarna jusqu'au Fondouk Debbich et se modifie plus au N, pour passer bientôt au faciès habituel. En allant du Fondouk au Bordj Debbich, on constate aisément la transgression de l'Éocène moyen sur le Sénonien (fig. 25) et on voit qu'il est entièrement formé par les marnes jaune brun à nodules calcaires, où abondent *O. bogharensis* et *Thersitea Contejani* Coq. L'épaisseur de ces marnes dépasse 200 m.

Cette transgression de l'Éocène moyen, souvent accompagnée de discordance, est encore facile à constater entre Bordj Debbich et Maktar. Ainsi, la crête qui borde la vallée de l'O. Messemerh est constituée par des calcaires sénoniens inclinés à 45°, tandis que les bancs calcaires intercalés dans les marnes de l'Éocène moyen ont seulement une pente de 25°. Près de là, à un kilomètre S-W de Kraïm et Tella, les marnes à Gastropodes font complètement défaut et les lumachelles à *O. Clot Beyi* sont en contact immédiat avec le Sénonien, ce qui ferait croire que la transgression s'est accentuée à la fin de l'Éocène moyen, mais je crains fort que ce ne soit une illusion. Bien qu'il n'y ait guère plus d'un mètre entre la fin du Sénonien et le début des lumachelles, une faille doit exister, qui m'aura échappé : en effet, le Sénonien a une pente de 25° et les lumachelles de 50°, ce qui paraît tout à fait anormal ; ce point est d'ailleurs unique.

Maktar

Dans les environs de Maktar, la transgression de l'Éocène moyen est bien nette, mais il est difficile de relever une coupe continue. Quand on va de la Kessera à Maktar, on voit, au N de la route, les marnes de l'Éocène moyen reposer sur les calcaires supérieurs du Sénonien très réduits, tandis qu'un peu au S, au point coté 861, les marnes et calcaires (3) du Sénonien sont recouverts par ce même terrain débutant alors, comme il a déjà été dit, par un banc de calcaire sableux, suivi bientôt d'un deuxième assez riche en *Nummulites Rollandi, N.* aff. *irregularis, O. gigantea,* ce qui me les a fait ranger dans l'Éocène inférieur. Ces marnes, dont la majeure partie dépend de l'Éocène moyen, sont entrecoupées de bancs calcaires de 30 à 80 cm., assez peu cohérents et riches en fossiles, trop souvent indéterminables. Dans l'un d'eux cependant, ils ont conservé leur test, au moins en partie ; on peut alors reconnaître :

Carolia placunoides CANT.
Ostrea bogharensis NIC.
Diplodonta
Cythera cf. *promeca* LOC.
Thersitea Coquandi LOC. (bien voisin de *T. Contejani* COQ.)

Ce dernier fossile est très abondant dans cette formation, dont il est presque caractéristique, bien que presque toujours à l'état de moule interne ; il est associé à une autre espèce à grandes pointes.

Peu au-dessus apparaissent les lumachelles à *Ostrea Clot Beyi* ; mais, pour bien les étudier, il faut aller sur la rive gauche de l'O. Ousafa, soit en descendant l'O. Saboun, soit un peu plus au N, par exemple à l'W de la haouta de Si Ali ben Nasseur.

Les marnes de l'Éocène moyen, où abondent les moules de Thersitées, recouvrent la majeure partie du plateau et lui communiquent une grande fertilité, grâce à une faible proportion de phosphate de chaux. Au-dessus d'elles apparaissent les lumachelles à *O. Clot Beyi*, puis des marnes très sableuses alternent avec des lits gréseux minces (5 à 10 m.) : deux bancs de grès roux, épais d'un mètre et séparés par 20 m. de marnes, sont riches en grains de glauconie et émettent au choc la même odeur que les roches phosphatées et bitumineuses ; ils sont assez riches en fossiles : *Carolia*, *Ostrea bogharensis*, *Turritella*, malheureusement en mauvais état. Puis, après 5 à 6 m. de marnes gris-verdâtre, revient un banc gréseux (0,50), rempli uniquement d'*O. Clot Beyi*, tandis que d'autres, un peu plus élevés, ne recèlent que *O. bogharensis*, très épaisse et très gryphoïde ; cette séparation des deux formes est un fait assez fréquent. Quelques mètres de grès et marnes terminent cet ensemble, qui mesure environ 150 m. depuis l'apparition de l'*Ostrea Clot Beyi*. Au-dessus viennent des grès blancs de l'Éocène supérieur. J'avais d'abord attribué toutes ces couches gréseuses à l'Éocène supérieur, et les grès blancs, qui leur font suite, à l'Oligocène, dont ils ont le facies ; je crois maintenant préférable de ranger dans l'Éocène moyen toutes les couches renfermant *Carolia placunoides*, *Ostrea bogharensis* et *O. Clot Beyi*, et de faire commencer l'Éocène supérieur seulement après la disparition de ces espèces.

En d'autres points voisins, et notamment tout autour du massif des Ouled Aoun, l'Éocène moyen fait suite normalement à l'Éocène inférieur ; nous les étudierons tout à l'heure, mais il est sans doute préférable d'envisager d'abord les autres cas où se manifeste la transgression de l'Éocène moyen, et pour cela, nous nous acheminerons vers le S-W.

Le Kt. Chaïr en est un exemple : c'est un petit dôme extrêmement compliqué où l'Éocène moyen surmonte l'Éocène inférieur du côté N, tandis qu'à l'E il est en discordance sur le Sénonien très incomplet. K. ech Chaïr

A l'E du Reu Kaba, de la Kalaat el Fragha, et du Tiouacha, la transgression s'observe sans particularité notable. Dans la cuvette séparant l'Oum Delel du bou Adjer (Pl. II, fig. 4), les calcaires supérieurs du Sénonien supportent des calcaires grossiers gris-jaunâtre, assez durs, quoique vacuolaires (les vacuoles sont en partie remplies par de la calcite), avec rognons de silex et de petits cristaux de quartz ; la partie supérieure est plus tendre et marneuse (10 m.). L'ensemble ne paraît discorder que faiblement avec le Sénonien. Les marnes, avec intercalations irrégulières de calcaires, qui font suite, sont le gisement de l'*Ostrea* aff. *crassissima*, associée à *O. bogharensis* et *O. punica* (30 à 40 m.), tandis qu'une petite butte est produite par des calcaires tendres, avec bancs plus durs et un peu gréseux, contenant encore ces *O. bogharensis* et de mauvais Gastropodes ; les couches plus récentes ont disparu par érosion. Oum Delel

En un point voisin, entre le Dj. Medarga et A. Hamedna, les calcaires supérieurs du Sénonien sont recouverts par des marnes bleu foncé à rares lits calcaires (40 m.), où je n'ai vu aucun fossile et qui semblent en concordance avec le Crétacé. On y a fait en vain des recherches de phosphate. Ces marnes supportent quelques mètres de calcaires grossiers avec rognons de silex, puis une série de marnes et calcaires grossiers (50 à 60 m.) remplis de débris de Bivalves. Les seuls qu'on puisse reconnaître sont l'*Ostrea bogharensis* (à profusion) et l'*O. punica*. Un des bancs, beaucoup plus épais (5 m.), produit une petite falaise au-dessus d'A. Hamedna ; il est remarquable par la présence de grosses Nummulites voisines de *N. perforata*. Les dernières couches sont assez relevées (50°) et surmontées par un conglomérat à gros blocs fortement cimenté, accusant une pente de 30°, probablement beaucoup plus récent.

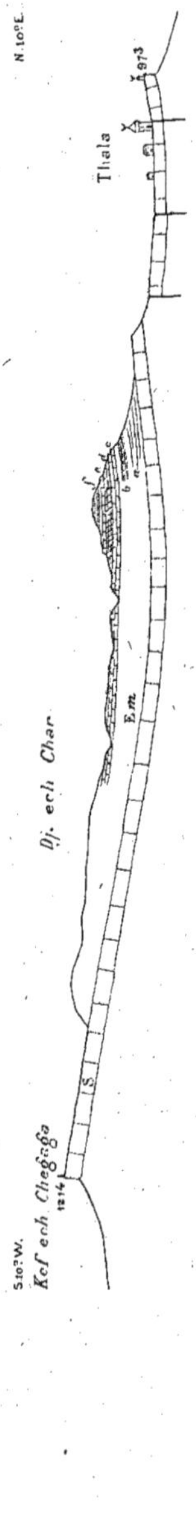

Fig. 34. — Dj. ech Char (l. 1/40.000 — h. 1/10.000).

Char

Cet affleurement éocène est à peine séparé de celui qui recouvre tout le centre du Dj. ech Char, dont les bords sont formés par les calcaires sénoniens bourrés de silex bruns ou gris à patine blanchâtre, qui jonchent le sol au Kef ech Chegaga. La rangée de buttes, situées à 50 à 200 mètres en retrait, appartient à l'Éocène. Au-dessus de Thala, plusieurs failles peu importantes affectent le Sénonien, qui affleure largement et supporte des collines comprenant à leur base 30 à 40 m. de marnes argileuses (*a*), d'un bleu assez foncé, différant d'aspect des marnes sénoniennes. On y a fait quelques tranchées pour rechercher le phosphate de chaux, sans résultat d'ailleurs ; on n'était pas à son niveau. Il y a plusieurs années déjà, M. l'Ingénieur Prost, dans un rapport resté inédit, signalait la différence qui existe entre l'Éocène de Thala et celui des régions phosphatifères voisines, mais sans l'expliquer ; c'est qu'en réalité nous avons affaire ici à l'Éocène moyen. Vers le haut, quelques bancs (*b*) de calcaires tendres et des lits de gros rognons calcaires fournissent des Bivalves peu déterminables. La petite crête du signal est due à un banc de calcaire (*c*) vacuolaire, blanc-jaunâtre, dont les fossiles sont indéterminables ; les quelques silex qui s'y trouvent ne sont probablement autres que ceux du Sénonien. Légèrement en retrait, viennent des calcaires grossiers jaunâtres (*d*), alternant avec des marnes et causant une série de gradins irréguliers. Les fossiles principaux de ce niveau sont :

Echinolampas Goujoni Pomel
Carolia placunoides Cantraine
Ostrea bogharensis Nicaise (souvent très épaisse et gryphoïde)
Ostrea punica Thomas
— aff. *crassissima*.

En outre, 15 m. environ après le début de cette formation, un banc épais de 1m20 (*e*), occasionnant une nouvelle crête, se fait remarquer par de nombreux vides, qu'on reconnaît être des traces de Nummulites, dont l'organisation a disparu. Au-dessus de lui, les calcaires (*f*) reprennent, semblables aux premiers, avec intercalations marneuses. L'ensemble de ces calcaires a une épaisseur de 60 m. environ du côté N, tandis qu'au S elle semble beaucoup moindre, non seulement par suite de l'érosion, mais aussi parce que les couches sont plus réduites. Elles sont subdivisées par de petits ravins en une multitude de mamelons.

Plus au S. nous ne trouvons plus du tout d'Éocène. Remontons donc vers le N. Au voisinage du Dj. bou Habeul, nous voyons l'Éocène moyen reposer tantôt sur l'Éocène inférieur, tantôt sur le Sénonien, tandis que dans le massif des Ouertane, où cette transgression n'existe plus, toutes les couches éocènes sont présentes.

Ayata

Entre le Dj. Ayata et Sidi Barcat, se voient quelques lambeaux d'Éocène moyen, remarquables seulement par l'aspect spécial de leur base. Directement au-dessus des calcaires blancs ou roses à *Nummulites Rollandi*, on trouve des calcaires jaune clair, à patine rouge, siliceux et très durs, se débitant en petits parallélipipèdes de quelques centimètres, où la silice s'isole parfois en silex jaunes ou bruns à patine blanchâtre. Ces calcaires, très peu épais, sont suivis des calcaires habituels à *O. bogharensis* et *O.* aff. *crassissima*, *Turritella*. Il en reste une douzaine de mètres, affectant un double plongement, qui dessine un léger synclinal. Au voisinage, apparaissent les marnes brunes à Gastropodes, parfois en contact avec celles de l'Éocène inférieur, par suite d'une faille tout à fait locale.

Ellez
Massouge

Nous voici revenus au synclinal d'Ellez, dont j'ai étudié les deux flancs à propos de l'Éocène inférieur, limité au-dessus des niveaux à *Numm. Rollandi* (Pl. II, fig. 9). Alors, apparaissent des marnes jaunes, un peu brunes (Em. *a*), puissantes de plus de 50 m. et présentant vers leur milieu de nombreux lits de calcaires marneux jaunes, divisés en gros blocs à angles arrondis. On n'y trouve guère que *Ostrea bogharensis*, *O. punica* et l'*O.* aff. *crassissima*. Aux deux tiers de la hauteur du monticule qui supporte Si Mahameur, s'aperçoit un banc de calcaire (*b*) d'un mètre, formant une barre et renfermant *O. bogharensis*, avec *Cardita* et *Cytherea* cf. *promeca* Loc. La coupe prolongée rigoureusement dans la même direction ne rencontrerait plus rien ; aussi l'ai-je un peu déviée vers le N, me rapprochant de Si Mahameur, pour reprendre ensuite ma direction première. On retrouve alors des marnes (*c*) semblables aux précédentes, avec bancs calcaires littéralement pétris d'*O. bogharensis*, dont le détail serait fastidieux. Il ne subsiste aucune couche plus récente et, par suite, une forte proportion des marnes à Gastropodes et les lumachelles à *O. Clot Beyi* ont disparu. On en retrouve une partie dans le prolongement du même synclinal, entre la Hamadat des Ouled Aoun et le Massouge. Elles ne présentent, du reste, rien de bien particulier. Je me bornerai donc à signaler le fait que, dans les couches les plus élevées, l'*O. bogharensis* devient notablement plus gryphoïde et souvent plus épaisse.

Houd

Le grand synclinal du Houd a aussi conservé des dépôts de l'Éocène moyen, sous forme de calcaires grossiers un peu irréguliers, dont la puissance approche de 100 m. en quelques points. Certains bancs sont notablement gréseux, d'autres, plus marneux ; mais la faune y est peu variée. Aussi, je crois opportun de supprimer toutes les divisions que j'y avais d'abord établies. Je dirai seulement que la base, renfermant encore *O. gigantea* et *O.* cf. *bellovacina*, est sans doute à placer dans l'Éocène inférieur. La suite de cette formation m'a fourni :

Thagasea Wetterlei Pomel	*Ostrea punica* Thomas
Carolia placunoides Cant.	— aff. *crassissima*
Ostrea bogharensis Nicaise	*Cytherea* cf. *promeca* Loc.

Enfin, un banc renferme de petites Nummulites granulées encore indéterminées.

K. Beroum La cuvette d'el Gossa et du Kef Beroum, située sur le prolongement du même synclinal, présente une légère particularité. Après quelques bancs de calcaires grossiers viennent des marnes vertes (15 à 20 m.), avec deux ou trois barres de calcaires grossiers marneux et un banc de grès jaune doré, très riches en Nummulites, qui toutes, malheureusement, sont siliceuses et indéterminables. On distingue cependant deux formes, l'une plane et grande, l'autre petite, bombée et possédant des granulations très nettes. C'est probablement la même que celle à laquelle il a été fait allusion précédemment (Houd). Les 20 à 25 m. de calcaires blancs, qui viennent au-dessus, laissent çà et là quelques intercalations marneuses et contiennent *Thagastea Wetterlei* Pomel et *O. bogharensis* (abondante à tous les niveaux).

Dyr el Kef Enfin, je ne puis négliger l'affleurement du Kef (Pl. II, fig. 1), car il a été l'objet de nombreuses controverses, quoique bien peu important. Au-dessus des calcaires cristallins formant les bords du Dyr et des calcaires grossiers renfermant encore *Nummulites Rollandi*, et par suite appartenant encore à l'Éocène inférieur, il ne reste plus que quelques mètres de calcaires très semblables aux précédents, avec marnes intercalées (une dizaine de mètres au maximum), divisés en lambeaux. Les fossiles qu'on y rencontre sont : *Thagastea Wetterlei* Pomel, *Ostrea bogharensis* et cette fameuse pseudo *Ostrea crassissima*, qui a donné lieu à tant de discussions ; il faut reconnaître que certains exemplaires fortement allongés, provenant de ce gisement, ont une ressemblance marquée avec la véritable *O. crassissima* ; néanmoins, ils sont toujours plus plats, moins épais, et la largeur du ligament est proportionnellement moindre, comme la remarque en a déjà été faite. Son gisement principal est sur l'extrémité S-W du Dyr, un peu au-dessus de la Kasba.

Enfin, je ne dois pas oublier un lambeau de l'Éocène moyen, sous forme d'un calcaire gris rempli de Bivalves, visible dans l'O. Kohol, pris entre le Trias et le Miocène (Pl. II, fig. 19-23) ; bien que tout à fait isolé et en cette position anormale, les fossiles qu'il contient ne laissent aucun doute sur cette attribution. Ce sont :

Orthechinus Pegoti Cott.	*Ostrea bogharensis* Nic.
Echinolampas Goujoni Pomel	*Balanus*.

J'ajouterai enfin que l'Éocène moyen doit exister, bien qu'il ne soit pas marqué sur la carte, au point où la piste de Sidi Youssef coupe l'O. er Remel, puisque j'en ai rapporté quelques exemplaires d'*Ostrea Clot Beyi*, mais je ne suis pas à même de dire quelle situation il occupe. Cette constatation présente l'intérêt suivant : cet endroit est le gisement extrême vers l'W de l'*O. Clot Beyi*. Cette espèce, décrite pour la première fois par Bellardi, d'après les échantillons d'Égypte, où elle abonde, est également fort commune dans la Tunisie centrale ; elle devient très rare au voisinage de la frontière (peut-être parce qu'il ne reste plus de couches assez récentes) et n'a encore jamais été signalée en Algérie.

RÉSUMÉ

Conditions de dépôt. — Les descriptions locales des pages précédentes ont surabondamment montré l'extrême uniformité des sédiments de l'Éocène moyen : à la base, des calcaires plus ou moins développés suivant les points (20 à 200 m.), puis des marnes jaunes, dont la puissance atteint souvent 400 m., offrant çà et là un banc calcaire ou une lumachelle. Les fossiles dominants sont assurément les Huîtres, qui pullulent dans certains cas. Nous avons donc affaire à un facies marneux à Ostracés, ce qui indique des dépôts de mer peu profonde, bien qu'ils s'étendent à une portion considérable de la Tunisie centrale sans variation notable. En un point (Dâala), j'ai même reconnu l'existence d'un poudingue, c'est-à-dire d'une formation littorale. Et, en effet, le rivage devait être très peu éloigné, puisque le Mrhila, le Semmama et une partie du Tiouacha étaient exondés pendant l'Éocène. C'est le seul cas où il soit possible de préciser la position de la côte. Mais nous sommes assurés néanmoins, que, dans toute la région s'étendant jusqu'au Trozza, la mer devait être très peu profonde, comme l'attestent les nombreux trous de Lithodomes qui s'observent au N de cette dernière montagne.

La mer était même si peu profonde qu'en certains endroits (Trozza, Chouchet es Sid), des lagunes d'évaporation ont pu s'établir et donner naissance aux bancs de gypse intercalés dans les marnes à divers niveaux, à vrai dire peu éloignés les uns des autres.

Comme ces conditions ont dû se reproduire plusieurs fois, et que l'épaisseur des dépôts est considérable, on est conduit à admettre qu'il y a eu ici un approfondissement progressif du bassin, suivant un processus sur lequel M. Munier-Chalmas a fortement insisté dans son cours pendant ces dernières années.

Limites de l'étage et fossiles caractéristiques. — Les dépôts que j'attribue à l'Éocène moyen sont, comme on le voit, très monotones ; ils sont parfois d'une extrême richesse en fossiles, toujours peu variés comme espèces et mal conservés. A part les Ostracés, presque tous sont à l'état de moules internes et leur détermination devient aléatoire ; aussi ai-je souvent négligé de les mentionner. Ces Ostracés, étant spéciaux aux régions barbaresques, ne nous fournissent que peu d'indications sur l'âge précis de ces couches. Il n'en est pas de même des Oursins, parmi lesquels je citerai : *Orthechinus Pegoti*, *Conoclypeus* aff. *conoideus*, *Thagastea Wetterlei*, *Fibularia Lorioli* (cité par Gauthier), *Ilarionia* cf. *Damesi*, *Echinolampas Goujoni*, *Cassidulus amygdala*, *Anisaster gibberulus*, *Schizaster Desgrangei*. Ces formes, dont plusieurs sont connues au N de la Méditerranée, où elles caractérisent l'Éocène moyen, confirment pleinement l'attribution que j'ai faite, contrairement à l'opinon de mes devanciers. Un autre argument en faveur de cette manière de voir, réside dans la concomitance de cette grande transgression, qui s'est fait sentir sur tout le pourtour de la Méditerranée.

Cette question de classement général hors de doute, reste celle des limites et des subdivisions à établir. Le début de la transgression ne marque pas la limite inférieure, comme je l'avais cru tout d'abord, puisque les premières assises de calcaire grossier ou de marnes renferment encore quelques fossiles de l'Éocène inférieur, lesquels disparaissent bientôt, ce qui entraîne à placer la limite inférieure au point de leur disparition. Le choix de la limite supérieure m'a également embarrassé. Les lumachelles à *Ostrea Clot Beyi* doivent-elles être classées dans l'Éocène supérieur, comme l'a fait Aubert, ou dans l'Éocène moyen? C'est à cette dernière solution que je me suis arrêté. Les *O. Clot Beyi* apparaissent dans les marnes à Gastropodes (peut-être quelques très rares exemplaires un peu plus bas, dans les calcaires blancs du Cherichira) et ont leur maximum au sommet de ces marnes auxquelles les lumachelles se relient naturellement, dans la plupart des cas. Cependant, en quelques endroits (Maktar, etc.), ces *O. Clot Beyi* forment des bancs au milieu de grès, ayant le facies de l'Éocène supérieur des régions voisines. Mais j'estime qu'il y a là une simple variation de facies ; les grès ont commencé à se déposer en cet endroit un peu plus tôt qu'ailleurs, ce dont il n'y a pas lieu de s'étonner. Il vaut évidemment mieux tenir compte de la transformation de la faune. Or, je remarque d'abord qu'au Trozza, *au-dessus* des couches à *Ostrea Clot Beyi* et *Carolia placunoides*, on recueille *Anisaster gibberulus*, Échinide bien caractéristique de l'Éocène moyen. C'est donc à cet étage qu'il faut encore rattacher les lumachelles à *O. Clot Beyi*. Je constate, en outre, que dans les dépôts franchement priaboniens du Batene et du Cherichira, dont il sera bientôt question, on ne trouve plus ni *O. Clot Beyi*, ni *O. bogharensis*, et que les *Carolia placunoides* sont tout au moins très rares, si même elles existent encore. Je placerai donc la limite supérieure de l'Éocène moyen au-dessus des dernières couches à *Carolia placunoides*, *O. Clot Beyi* et *O. bogharensis* ; cette dernière espèce disparaît en même temps que les précédentes, après avoir acquis une forme fortement gryphoïde. Ces trois fossiles sont donc nettement caractéristiques de l'Éocène moyen.

J'ajouterai que la limite ainsi fixée correspond à celle qui a été admise par les géologues qui se sont récemment occupés de l'Égypte, où des matériaux abondants et bien conservés permettaient une précision qui m'était interdite (1).

Quant aux subdivisions, nous pouvons en admettre deux :

I. — Calcaires grossiers d'épaisseur variable et marnes riches en *Ostrea bogharensis* et *Thersitea*, correspondant approximativement au **Lutétien** ;

II. — Lumachelles alternantes à *Ostrea Clot Beyi* et à *Ostrea bogharensis* (souvent gryphoïde), répondant au **Bartonien** ;

mais il est fort probable que la limite de ces deux subdivisions ne coïncide pas avec

(1) M. Blanckenhorn : Neues z. Geol. Ægyptens, Das Eocen, p. 418, sqq.

celle qui a été admise en Europe. Aussi, ces questions de parallélisme étant très délicates, j'ai préféré me restreindre à l'emploi des termes Éocène *inférieur*, moyen, supérieur, et indiquer les coupures locales qui peuvent être faites.

COMPARAISON AVEC LES PAYS VOISINS

L'Éocène moyen est très répandu en **Algérie** sous le même facies qu'en Tunisie, comme je l'ai déjà montré (1), mais il a été attribué à l'Éocène inférieur. Ce sont les assises que POMEL a désignées sur la carte d'Algérie sous l'indice e_{IV} (2). J'en ai vu des lambeaux en montant au Dyr de Tébessa, près d'A. el Kissa, mais j'ai surtout pu les étudier à Boghari, où NICAISE a pris le type de son *O. bogharensis*. Les marnes brunes, très développées entre la route et le Ksar de Boghari, où commencent les grès de l'Éocène supérieur, ont tout à fait le même facies qu'en Tunisie; elles reposent en concordance sur les calcaires de l'Éocène inférieur, ou en discordance transgressive sur le Sénonien, ainsi que FICHEUR l'a reconnu au S-E de Boghari (3). En outre, une partie des couches du Dekma, près de Souk-Ahras (d'où provient précisément le type du *Thagastea Wetterlei*) se rattache certainement à l'Éocène moyen, comme BLAYAC (4) l'a reconnu récemment.

(1) L. PERVINQUIÈRE : Sur l'Éocène d'Algérie et de Tunisie. *C. R.*, p. 564, et *B. S. G. F.*, p. 40

(2) A. POMEL : Explic. carte géol. Algérie, p. 110.

(3) E. FICHEUR : Études géol. sur les terrains à phosphates de la région de Boghari, *Ann. Mines* 1895, p. 7.

(4) J. BLAYAC : Sur la présence de l'Éocène moyen dans la région de Souk-Ahras. *B. S. G. F.* (4) II, p. 43.

ÉOCÈNE SUPÉRIEUR

L'Éocène supérieur occupe en Tunisie une surface bien moindre que les termes précédents ; presque partout l'érosion l'a fait disparaître, mais il a dû jadis couvrir une portion notable de la Régence. Il est essentiellement gréseux, bien qu'il admette des intercalations argileuses. Ses représentants les plus typiques affleurent dans les environs de Kairouan, notamment au Dj. Batene el Guern, et au Dj. ech Cherichira, mais malheureusement, en ces localités, on ne peut saisir entièrement les relations stratigraphiques de ce terrain.

Djebil

Aussi envisagerons-nous d'abord la coupe du Dj. Djebil (Pl. II, fig. 8), dont il a déjà été fait mention à propos des étages inférieurs. Comme on s'en souvient, j'ai placé la limite de l'Éocène moyen au-dessus des dernières alternances de grès et marnes, renfermant encore quelques *Ostrea bogharensis* et *O. Clot Beyi*. Les 20 m. d'argiles grises (Es, *a*), plus claires que les précédentes, mais également stériles, forment la transition à l'Éocène supérieur et peuvent indifféremment être classées dans l'un ou l'autre terme ; grâce à leur aspect un peu spécial, elles peuvent servir de repère en l'absence de fossiles, dans les quelques points où elles affleurent (notamment à l'E de Maktar). Au-dessus d'elles s'élève en pente douce une importante masse de grès blancs (*b*), un peu jaunâtres, sans stratification bien nette, dont l'épaisseur est de 80 m. environ ; ils sont du reste dénués de tout fossile. Au contraire, dans les 30 ou 40 m. suivants, des grès roux et durs (*c*) alternent régulièrement avec des grès blancs et tendres et contiennent divers fossiles, au nombre desquels :

Echinolampas cherichirensis GH. (1)
Pecten biarritzensis D'ARCHIAC et plusieurs autres *Pecten*.

En arrière de la petite crête causée par ces assises, s'étalent des argiles grises (*d*) (25 m.), avec petits filets gréseux, suivies de toute une série de bancs gréseux (*e*) de 50 cm. à 2 m., séparés les uns des autres par 4 à 5 m. d'argile. Ces grès sont assez irréguliers de composition ; les uns sont ferrugineux et très roux, les autres plus clairs et fortement calcaires ; tous renferment des fossiles trop souvent déformés. L'un de ces bancs (e_1), situé près de la base et produisant une petite crête, consiste en un grès grossier, ferrugineux, où se retrouvent divers Mollusques (*Pectunculus, Cytherea*, etc.), apparus dans les dernières couches de l'Éocène moyen. Vers le milieu de la masse, un autre banc (e_2) m'a fourni d'assez nombreux fossiles, parmi lesquels je citerai :

(1) Parmi les Échinides rapportés par THOMAS, un certain nombre avaient d'abord été attribués par GAUTHIER à *Echinolampas Perrieri* DE LORIOL ; mais récemment ce savant échinologiste a reconnu qu'il y avait lieu d'en faire une espèce nouvelle, à laquelle il a imposé le nom d'*E. cherichirensis* GH., in FOURTAU : Révision des Échinides fossiles de l'Égypte. *Mém. de l'Inst. Égyptien*, 1899, p. 732.

Scutella striatula Marcel de Serres
Euspatangus Meslei Th. et Gr.
Pectunculus
Janira arcuata Brocchi
Pecten tunetanus Th. et Loc.
Pecten
Cytherea (aff. *C. incrassata*).

Plus haut les fossiles deviennent rares. Cet ensemble argilo-gréseux possède une puissance de 100 m. environ et une inclinaison de 15° suivant la coupe. La pente du terrain devient ensuite plus raide, grâce à la présence de bancs gréseux plus épais, plus serrés, très ferrugineux et très durs, ne laissant subsister que de faibles intercalations argileuses. Les fossiles, peu fréquents, consistent en petites Nummulites et débris de Pectens. Cependant, au Kef el Agoub, la tranche de ces mêmes couches montre de nombreuses Scutelles qu'il est impossible de dégager. On atteint ainsi le bord de la cuvette, limitée par des grès blancs qui représentent l'Oligocène.

En somme, si cette localité n'est pas très fossilifère, elle m'a néanmoins fourni tous les fossiles principaux que nous retrouverons ailleurs et, surtout, elle m'a permis d'établir les relations stratigraphiques de l'Éocène supérieur, puisque nous avons entre l'Ousselat et le Bled el Kaoub une coupe continue du Sénonien au Miocène.

Batene

Revenons maintenant vers l'E et examinons le gisement du Dj. Batene el Guern, découvert par le Ct Flick, qui a amassé de superbes matériaux, surtout en ce qui concerne l'Éocène supérieur, dont il a pu ainsi démontrer l'existence d'une façon indiscutable. J'ai visité moi-même le Dj. Batene et reconnu son extrême complexité, ainsi que la carte en témoigne. Parmi les coupes intéressant les terrains tertiaires, que j'y ai relevées (Pl. II, fig. 25-28), celle qui passe par le Sif el Abiod, à 7 ou 800 m. au S du grand signal, montre le contact de l'Éocène moyen et de l'Éocène supérieur. Celui-ci débute par 30 m. de grès blancs tendres (g), suivis par une série de grès durs (S_1, S_2...), alternant assez régulièrement avec des argiles (a_1, a_2...). Les couches étant verticales, les grès durs sont restés en saillie, produisant ainsi une suite de petits murs que les Arabes ont comparés à des lames de sabre, d'où le nom de *sif* (pl. *siouf*). Ces grès sont inconstants dans leur grain et leur composition ; leur couleur passe brusquement du jaune au rouge brique, et il est fréquent de voir ces deux teintes côte à côte sur le même fragment. De plus, certains bancs sont fortement calcaires et alors les fossiles y sont localisés, presque à l'exclusion des argiles. Celles-ci sont en général gris-verdâtre ou violacées, parfois rouges ; elles sont très chargées de cristaux de gypse de formation secondaire, résidu de la transformation des pyrites.

La faune, d'une extrême richesse, paraît peu variable dans toute la hauteur de la formation, qui n'est guère inférieure à 300 m. Le premier sif (S_1) est rempli de *Scutelles* et de *Clypéastres* fort difficiles à dégager ; les quelques exemplaires isolés permettent de reconnaître des espèces au moins très voisines de :

Scutella striatula M. de Serres
Clypeaster biarritzensis Cotteau.

Les 2 ou 3 siouf suivants contiennent en abondance de petites Nummulites striées, qui paraissent très voisines de :

Nummulites Bouillei DE LA HARPE
associées à :
Echinolampas cherichirensis GH.
Euspatangus Meslei TH. et GH.
Schizaster

Janira arcuata BROCCHI
Pecten tunetanus TH. et LOC.
— *biarritzensis* D'ARCHIAC.
— (plusieurs espèces indét.)

Les mêmes fossiles persistent dans les bancs suivants en compagnie d'*Ostrea Brongniarti* BRONN, mais les derniers siouf sont beaucoup moins riches. Cet ensemble gréseux répond donc au **Priabonien ;** la fin peut déjà correspondre à l'Oligocène.

Un peu plus au S, au point coté 104, on observe un remarquable synclinal dont le C[t] FLICK a donné une bonne vue photographique [1] (Pl. II, fig. 27). Les couches plongent de 50° de part et d'autre, et si la pente semble un peu moindre sur la photographie, c'est parce que la ligne axiale du synclinal s'abaisse légèrement du N au S vers le spectateur. En cet endroit encore, l'Éocène supérieur débute par 30 m. de grès jaune clair assez friable et sans fossiles (g). Le premier banc (S_1) de grès calcaire dur et roux est, comme dans le cas précédent, riche en *Scutelles*. Après 15 ou 20 m. d'argiles (a_1) apparaît le deuxième sif (S_2), également fossilifère. On peut y recueillir :

Echinolampas cherichirensis GH.
Schizaster africanus DE LORIOL
Euspatangus Meslei GH.

Pectunculus
Janira arcuata BROCCHI.
Pecten tunetanus TH. et LOC.

Le troisième sif (S_3) renferme la même faune ; les Échinides y dominent. Il en est à peu près de même pour le quatrième, où j'ai en outre à signaler l'abondance de :

Nummulites cf. *Bouillei* DE LA HARPE
Turritella obruta TH. et LOC.

et diverses autres Turritelles.

Entre le cinquième et le sixième sif gisait un *Nautile* indéterminé ; la faune de ces deux assises ne paraît pas différer de celle des couches voisines. Enfin, le septième sif — qui est ici le dernier — contient toujours la même Nummulite et de rares Bivalves. En ce point, il n'y a pas de couches plus récentes, mais, pour rencontrer celles-ci, il suffit de s'acheminer un peu vers le N, où on atteint le Miocène.

Enfin, parmi les fossiles de la collection FLICK, dont le niveau précis demeure incertain, on remarque *Sarsella*, *Aturia* et une foule de Lamellibranches et Gastropodes, dont une notable partie en excellent état.

Cherichira — La même formation existe au Dj. ech Cherichira, où elle a déjà été étudiée par

(1) Cahiers du Serv. géog. n° 14, vue n° 8.

THOMAS et LE MESLE. Le premier de ces savants l'a décrite d'une façon exacte, mais sans donner de coupe, et celle publiée par LE MESLE est insuffisante, aussi je crois utile de reproduire quelques-uns des profils que j'ai relevés (Pl II, fig. 12, 13). Ici encore le Ct FLICK a fait de superbes trouvailles, et bon nombre des fossiles que je vais citer proviennent de sa collection.

Le petit sentier qui va de l'O. Cherichira à l'O. bou Mourra suit à peu près le trajet d'une faille ou plutôt d'un pli-faille. D'une part, les strates de l'Éocène moyen plongent de 45° vers le S 30° E, celles de l'Éocène supérieur d'autre part de 70° au N 30° W. La formation débute ici par des marnes gypsifères, grises, un peu brunes, dans lesquelles passe la faille : on ne peut donc savoir exactement si l'on est à la base de la formation, mais néanmoins il doit peu en manquer. Dans l'ensemble, la constitution est la même qu'au Dj. Batene : mêmes grès souvent très calcarifères, à taches rouges, alternant, soit avec des grès blancs et tendres, soit avec des argiles grises ou brunes à cristaux de gypse, presque sans fossiles. Ceux-ci, par contre, abondent dans les grès calcarifères, fortement redressés et décharnés, produisant ainsi toute une série de siouf. Dans le premier sif, on rencontre :

Nummulites cf. *Bouillei* DE LA HARPE (1)
Echinolampas cherichirensis GR.
Pecten tunetanus TH. et LOC. (et autres espèces)
Pectunculus
Crassatella
Turritella (plusieurs espèces).

Le deuxième sif est également très fossilifère ; on y remarque :

Sertularia
Echinolampas cherichirensis GR.
Euspatangus Meslei TH. et GR.
Hemiaster
Pecten tunetanus TH. et LOC.
Pecten
Cardium
Venus
Ampullaria
Chenopus
Turritella obruta TH. et LOC. (et diverses autres espèces)
Xenophorus
Natica
Scalaria
Pyrula
Nassa Caronis BRONGNIART
Pleurotoma
Conus
Callianassa.

Du troisième sif proviennent :

Lunulites et nombreux Polypiers indéterminés
Pecten tunetanus TH. et LOC.
— *biarritzensis* D'ARCHIAC
Clavagella
Calyptraea
Turritella
Natica
Solarium
Scalaria
Pyrula antiqua TH. et LOC.
Fusus
Voluta
Callianassa.

(1) C'est très probablement la Nummulite qui a été citée par THOMAS et LE MESLE sous le nom de *N. lucasana* ; mais il est aisé de se rendre compte que l'attribution est inexacte. *N. lucasana* est en effet une espèce granulée, tandis que la Nummulite des grès roux du Batene, Cherichira, etc., est une forme striée sans granulations.

Le quatrième sif a fourni :

Nummulites cf. *Bouillei* DE LA HARPE
Nombreux Polypiers indéterminés
Scutella
Pectunculus
Janira arcuata BROCCHI
Pecten
Cardium
Cytherea
Clavagella
Turritella obruta TH. et LOC.
Turritella Bourguignati TH. et LOC.
Xenophorus
Solarium
Scalaria
Nassa Caronis BRONGNIART
Voluta jugosa J. DE C. SOWERBY
Balanus
Callianassa
Lamna.

Le cinquième et le sixième siouf sont peu différents ; dans ce dernier on remarque :

Euspatangus
Janira arcuata BROCCHI
Pecten tunetanus TH. et LOC.
Ostrea
Scalaria
Balanus.

Le septième sif est riche en fossiles, particulièrement en Échinides ; ce sont :

Nummulites cf. *Bouillei* DE LA HARPE
Clypeaster
Echinolampas cherichirensis GH.
Schizaster africanus DE LORIOL
Euspatangus Meslei TH. et GH.
Avicula
Janira arcuata BROCCHI
Pecten biarritzensis D'ARCHIAC (et 3 autres espèces)
Turritella obruta TH. et LOC. (et autres espèces)
Pyrula antiqua TH. et LOC.
Ancillaria
Nautilus
Balanus.

Enfin la collection FLICK renferme encore, comme provenant du Cherichira, un fossile important :

Pholadomya Puschi GOLDF.

dont je ne suis pas à même de préciser le gisement ; toutefois la gangue est exactement la même que celle des échantillons précédemment cités.

Les 4 ou 5 siouf suivants, qui sont les derniers, ont le même aspect que les précédents, mais ne contiennent presque plus de fossiles ; leur pente est un peu moindre et ne dépasse guère 50° ; cette diminution est d'ailleurs progressive. L'épaisseur totale des couches qui viennent d'être énumérées est de 250 m. environ.

Les grès qui se placent à la suite doivent, je crois, être attribués à l'Oligocène, qui pourrait peut-être déjà revendiquer les derniers siouf.

Ces mêmes grès roux de l'Éocène supérieur se rencontrent en divers points du Cherichira, soit au Sif el Djadj, soit sur la rive droite de l'O. Cherichira, mais moins faciles à étudier ; le carton spécial montre leur extension dans le massif.

Sur la route du Trozza, on les aperçoit fortement redressés dans le Dj. el Krib, à El Guitesse, puis au N et à l'W du Trozza. En ce point (Pl. II, fig. 15), nous avons déjà constaté la présence d'un Éocène moyen très développé, dont nous avons placé la limite supérieure au-dessus des derniers bancs à *Carolia placunoides*, *Ostrea Clot Beyi* et *Thersitea strombiformis*. L'Éocène supérieur commence alors par quelques mètres d'argiles lamelleuses bleu foncé (*a*), suivies de 100 m. de grès jaune clair, fins et tendres, non fossilifères (*b*). Une grande partie des sables qui recouvrent la plaine et supportent les plantations d'oliviers et de cactus d'el Ala en provient. Au pied du signal (457) de l'Argoub ez Zebbas affleure, au bord même de la piste, un banc de grès ferrugineux dur (*c*), accusant une pente de 35° N-W, comme les précédents, mais s'en distinguant par la présence de fossiles. Parmi ceux-ci on remarque : Trozza

Scutella striatula M. DE SERRES (assez commune)

avec des Échinides fort voisins des *Amphiope*, mais s'en différenciant par des lunules toujours incomplètement fermées, ainsi qu'un certain nombre de Mollusques très difficiles à extraire. La majeure partie de la butte (20 à 25 m.) est formée par des grès tendres, jaunâtres (*d*), riches en bois silicifiés et ferrugineux, tandis que le signal est porté par une masse de grès très ferrugineux (*e*), à grain extrêmement fin et serré, par conséquent très dur, débité en gros quartiers, qui jonchent les pentes. Les formations détritiques récentes (Pliocène ou Pleistocène) empêchent de voir la suite.

L'Éocène supérieur se continue sur presque tout le versant occidental du Trozza, puis, après une faible interruption, reparaît sur la rive droite de l'O. el Hatob au Dj. el Abeïd, dont il constitue la partie axiale, et au petit Koudiat es Siouf, où j'ai observé les mêmes grès jaunes avec larges taches rouges, présentant en ce point quelques fossiles (*Janira arcuata*). Abeïd

Ils existent également dans le bled el Ala, formant tout le bord de la cuvette aplatie sous les noms de Kroumt el Arbi, Kroumt el Guellala, Kroumt el Kalaa, etc. L'O. Marguellil les a profondément entamés, creusant à leurs dépens un vaste cirque bordé par l'imposante falaise d'Er Rehiate. Kroumt el Arbi

Ils couronnent aussi le Dj. Barbrou (Pl. II, fig. 7). En ce point, j'avais d'abord placé tous les grès jaunes dans l'Éocène supérieur, qui s'étendait ainsi au S jusqu'au signal du Ksaïra ; mais j'ai été amené à modifier ma limite et à laisser dans l'Éocène moyen les grès jaunes, tendres à tubes d'Annélides, si développés au voisinage de Si Djellab. L'Éocène supérieur comprend alors la fin de ces grès roux, où on ne voit que quelques Turritelles, rappelant les formes de l'Éocène supérieur et deux masses de grès blancs entièrement stériles. Ces grès, à grains siliceux arrondis, présentent une stratification assez confuse ; deux grands abrupts séparés par un léger palier, qui peut même disparaître, les limitent sur tout leur pourtour, sauf au N. Au-dessus de la deuxième masse, se voient encore des argiles feuilletées violacées, alternant avec de petits lits gréseux, surmontées elles-mêmes de quelques mètres de grès massifs. Cet ensemble qui mesure 130 à 150 m. correspond à tout l'Éocène supérieur et vraisemblablement aussi à une partie de l'Oligocène, sans qu'il soit possible de fixer la limite des deux étages. Barbrou

A Hir Meded, on retrouve les mêmes grès alternant avec des argiles sans fossiles, et ne présentant aucune particularité notable. Enfin, les points les plus méridionaux où subsistent des témoins de cette formation sont le N-E du Dj. Tiouacha et Si Amor ben Mansourah, à l'E de Thala, bien que, dans ce dernier cas, il s'agisse peut-être des grès supérieurs de l'Éocène moyen.

Maktar

Dans le Centre, ces grès réapparaissent près de Maktar, dans la vallée de l'O. Ousafa. Là encore j'avais primitivement placé toute la masse gréseuse dans l'Éocène supérieur, mais je crois préférable de faire commencer celui-ci seulement avec les argiles bleu foncé, très gypseuses, dont on aperçoit au moins 20 m. dans un petit affluent de gauche de l'O. Ousafa, non loin de la route. Nous avons constaté, au Dj. Djebil, un dépôt analogue, à la base de la formation. Sur ces argiles, reposent des grès fins, généralement blancs, parfois roux ou bruns, dont il peut subsister environ 80 m., soit en cet endroit même, soit un peu plus au N. Les fossiles y font entièrement défaut, si on excepte les bois silicifiés et ferrugineux, très nombreux au sommet de ces assises notamment à l'endroit où la piste de la Kessera coupe celles-ci. Cependant, un peu en amont, près du Kef el Abassi, j'ai trouvé les mêmes fossiles qu'au Djebil (*Pectunculus, Cytherea*, etc.), en assez mauvais état, mais cependant très reconnaissables. J'ai fait observer que ces espèces apparaissent au Djebil, au sommet de l'Éocène moyen, auquel il faut peut-être encore attribuer les couches dont il s'agit ici.

Belouta

Par contre, les grès qui se trouvent dans la même vallée à une quinzaine de kilomètres en aval, au N du Belouta, appartiennent incontestablement à l'Éocène supérieur, puisqu'ils renferment des *Echinolampas* (très probablement *E. cherichirensis*), *Janira arcuata* et un *Pecten* à grosses côtes commun au Batene. Du côté du N, ces grès calcarifères roux surmontent les marnes et lumachelles de l'Éocène moyen, tandis qu'au S ils butent par faille contre l'Aptien. Malheureusement, un cailloutis de pente très développé gêne considérablement les observations et empêche de suivre la succession ; aussi, je ne saurais affirmer que ces couches soient supérieures aux grès de Maktar.

Srasif bel Hajem

L'Éocène supérieur concourt également à former le Srasif bel Hajem, dont le nom indique précisément l'existence d'une série de siouf ; mais la base de l'étage est mal visible. Il consiste en grès roux plus ou moins calcaires, en bancs de 50 cm. ou 1 m. chacun, séparés les uns des autres par 3 à 10 m. d'argiles verdâtres en profondeur, tandis qu'en surface elles sont d'un brun plus foncé que celles de l'Éocène moyen. Les siouf, dont on peut compter une trentaine, plongent de 40° vers le S-E. Le 13e et le 15e m'ont paru particulièrement fossilifères ; mais il est fort difficile d'extraire des échantillons en bon état, à cause de la dureté de la roche. J'ai pu obtenir cependant :

Nummulites aff. *Bouillei* DE LA HARPE
Echinolampas cherichirensis GH.
Pectunculus
Janira arcuata BROCCHI
Pecten tunetanus TH. et LOC. (et diverses autres espèces)
Cytherea (1).

(1) Dans la même boîte que ces fossiles étaient quelques *Ostrea bogharensis*. J'ai bien peur qu'il y ait eu ici un mélange. Je rappelle que j'ai pris précisément pour limite de l'Éocène moyen et de

Enfin, un lambeau d'Éocène supérieur existe près du Massouge à el Messen, un autre au Dj. Zaafrane assez douteux ; dans l'Ouest, on n'en voit plus trace.

Cependant, quoique le Priabonien ne soit pas représenté dans la partie occidentale de la Tunisie, il semble fort probable que toute la Régence a été recouverte par la mer de l'Éocène supérieur (au moins jusqu'à la latitude la plus méridionale que j'aie atteinte), mais ses sédiments ont été enlevés par l'érosion dans la plupart des cas.

Un fait très remarquable, c'est que, dans toute la région centrale, les dépôts de l'Éocène supérieur reposent régulièrement sur l'Éocène moyen. La grande transgression qui, dans beaucoup de pays, se manifeste au début de l'Éocène supérieur, ne s'est donc pas fait sentir ici. Mais il ne semble pas en être de même dans le Nord de la Tunisie, où les grès numidiens paraissent bien être en transgression, comme on peut en juger par la carte d'ALBERT.

COMPARAISON AVEC LES PAYS VOISINS

L'Éocène supérieur se poursuit en **Algérie** sous le même facies qu'en Tunisie, ainsi que j'ai pu le constater à Boghari. En effet, dans les grès jaunes situés au-dessus du Ksar, dans la direction du Dj. Lakhdar, j'ai recueilli : *Janira arcuata* et *Ostrea Brongniarti*, deux formes qui apparaissent dans le Priabonien, mais ont leur maximum au début de l'Oligocène. Du reste, THOMAS avait signalé, depuis plusieurs années, la grande analogie entre les grès roux à petites Nummulites du Cherichira et les grès du Kef Ighoud, ce qui l'avait entraîné à placer ceux-là dans le Suessonien, auquel POMEL rapportait les dépôts du Kef Ighoud. Nous savons maintenant que les fossiles qui en proviennent, notamment les Échinides, ont les plus grandes affinités avec ceux de Biarritz par exemple et, par suite, indiquent l'Éocène supérieur, comme cela a déjà été admis par COTTEAU et plusieurs autres géologues.

Je rappellerai en outre que les grès numidiens occupent une vaste surface en Algérie. Leur partie inférieure (le Medjanien) paraît répondre exactement aux grès du Batene qui se prolongent au N jusqu'au flanc du Zaghouan ; FICHEUR, qui les a vus en ce point, déclare qu'ils possèdent le facies typique de son Medjanien (1). Il ne peut donc plus subsister aucun doute sur la contemporanéité de toutes ces formations.

Si on envisage dans son ensemble la faune des grès roux de Tunisie, on reconnaît immédiatement qu'elle offre les plus grandes ressemblances avec celles de **Biarritz** et du **Nord de l'Italie**, comme FLICK l'a déjà indiqué dans sa note. Plusieurs espèces sont identiques à celles de Biarritz (*Scutella striatula*, *Janira arcuata*, *Ostrea Brongniarti*, *Pholadomya Puschi*, etc.) ; d'autres sont fort voisines (*A.* cf. *Bouillei*, *Cly-*

l'Éocène supérieur la disparition de deux Huîtres (*O. bogharensis* et *O. Clot Beyi*) qui pullulent dans l'Éocène moyen. La persistance de l'une de ces formes à un niveau où je ne l'ai jamais trouvée ailleurs, n'a assurément rien d'impossible, mais, en tous cas, c'est un fait exceptionnel.

(1) FICHEUR et HAUG : Sur les dômes du Zaghouan, p. 355.

peaster cf. *biarritzensis*, *Euspatangus*, *Schizaster*, divers *Pecten*, dont l'un se rapproche beaucoup de *P. Thorenti* D'ARCHIAC). Je ne puis les citer tous et me vois obligé de renvoyer aux travaux spéciaux de D'ARCHIAC, PELLAT, CAREZ, etc. D'ailleurs, la similitude des faunes se manifestera surtout quand j'aurai publié et figuré la riche faune du Batene et du Cherichira.

D'autre part, en ce qui concerne l'Italie septentrionale, le lecteur ne saurait mieux faire que de se référer au beau Mémoire d'OPPENHEIM [1], ce qui, au surplus, me dispensera entièrement d'entrer dans de longues comparaisons avec les pays voisins.

RÉSUMÉ

Limites de l'étage. — En résumé, l'Éocène supérieur de la Tunisie centrale comprend des alternances d'argiles et de grès, renfermant en diverses localités, une faune très riche et très caractéristique. OPPENHEIM, qui a pu voir nos collections à la Sorbonne, attribue comme nous au **Priabonien** les grès du Batene, Cherichira, etc. [2].

On est cependant en droit de se demander si nous n'avons pas vieilli cette faune et si une partie des couches au moins ne représenterait pas l'Oligocène. En effet, un certain nombre des espèces citées précédemment, telles que : *Janira arcuata*, *Ostrea Brongniarti*, *Pholadomya Puschi*, *Nassa Caronis*, se trouvent de préférence dans les couches de Laverda et San Gonini, c'est dire à la base de l'Oligocène. Toutefois, il importe de rappeler que des formes identiques se rencontrent dans le *Priabonien typique*, ainsi qu'il résulte du travail d'OPPENHEIM. Ce savant a tout particulièrement insisté sur le caractère mixte de la faune priabonienne, où subsistent quelques espèces anciennes et apparaissent de nouvelles, qui persisteront pendant tout l'Oligocène [3]. C'est pourquoi j'ai cru devoir conserver la limite précédemment adoptée et laisser dans le Priabonien tous les grès roux du Batene, Cherichira, etc.

(1) P. OPPENHEIM : Die Priabonaschichten und ihre Fauna, im Zusammenhange mit gleichalterigen und analogen Ablagerungen, *Palæontographica*, XLVII, 1900-1901.

(2) Id., p. 321.

(3) « Es geht also aus diesem zusammenfassenden Ueberblick über die Fauna der Schichten von Priabona das eine Resultat mit Sicherheit hervor, dass diese sich zusammensetzte aus älteren Typen des Grobkalks und der mittleren Sande, resp. ihrer Æquivalente im alpinem Europa, in Mischung mit jugendlicheren Formen der Schichten von Fontainebleau, Weinheim, Castelgomberto und Gaas ».
Id., p. 292.

OLIGOCÈNE

L'Oligocène ne paraît pas avoir jamais été signalé en Tunisie, bien qu'il existe certainement.

D'abord, les dernières couches de l'Éocène supérieur, tel qu'il vient d'être défini pourraient à la rigueur être rapportées à l'Oligocène. De plus, la coupe du Dj. Djebil (Pl. II, fig. 8) montre, au-dessus des grès roux priaboniens et, en concordance avec eux, d'autres grès blancs assez tendres, à grain fin (50 à 60 m.) qui supportent l'Hir el Ksiba, tandis qu'un peu plus au S, au Koudiat 535, ils sont couronnés par des grès blancs grossiers à stratification peu nette, contenant un certain nombre de fossiles, parmi lesquels des Scutelles au moins fort voisines de *Sc. subrodunta*, ce qui indique manifestement le *Burdigalien*. Comme il ne semble pas y avoir de lacune, on est conduit à admettre que les grès blancs fins (O) sont l'équivalent de l'Oligocène, bien qu'il n'y ait aucun fossile pour en témoigner. Cette succession est, du reste, très constante et peut s'observer entre ce même Koudiat 535 et la Kessera (Fig. 29), ainsi qu'au Cherichira, au Dj. Abeïd, etc. Bel el Kaoub

Au Dj. Cherichira, une vallée transversale, que THOMAS estime être un ancien lit de l'O. bou Mourra, s'est creusée aux dépens de grès analogues (O) au pied de la crête burdigalienne du Dj. es Sfah. Les grès sont ici blancs et très friables ; aussi leur désagrégation a-t-elle donné une épaisse couche de sable, qui ne laisse apercevoir la roche mère qu'en de rares points. Les bois ferrugineux et silicifiés y abondent, d'ailleurs tous brisés. Outre ceux-ci, je n'ai trouvé qu'un débris de molaire trop incomplet pour être déterminable. La formation a ici une centaine de mètres de puissance. Cherichira

Les mêmes sédiments se montrent çà et là, à l'W du Trozza, perçant les sables rouges du Pliocène et sur les bords de la cuvette du bled el Ala. Ce sont eux encore que l'on voit au Dj. el Abeïd, entre l'Éocène supérieur et le Miocène inférieur. Ils forment le sommet du Barbrou (Pl. II, fig. 87), toujours aussi stériles, et occupent le fond du synclinal d'Hir Meded et de l'O. Ousafa, notamment au N du Belouta. Abeïd

J'ajouterai enfin qu'une bonne partie des grès, qui couvrent de si larges surfaces dans le Nord de la Tunisie, rentre très probablement aussi dans l'Oligocène.

SYSTÈME NÉOGÈNE

SÉRIE MIOCÈNE

HISTORIQUE

En 1884, Marès [1] ramassa sur le Dyr du Kef de grandes Huîtres, qu'il attribua à l'*Ostrea crassissima*, et annonça alors la présence du Miocène dans la Tunisie centrale. Cette opinion fut partagée par Rolland, Le Mesle, Thomas. Pomel soupçonna une erreur, mais évita de se prononcer [2]. Le Mesle, dans une communication ultérieure [3], fut plus précis ; il établit qu'au Trozza une grande Huître, fort voisine de l'*O. crassissima* et analogue à celle du Kef, gisait dans des couches franchement éocènes. Thomas [4] reprit la question, montra les erreurs qui avaient été commises du fait de cette fausse détermination, et raya le Kef de la liste des affleurements miocènes.

Par contre, l'attribution au Miocène, faite par Rolland [5], de certaines formations gréseuses du Nord-Est de la Tunisie, fondée sur la reconnaissance de fossiles bien typiques, est indiscutable.

Ce terrain miocène fut alors observé en divers points, notamment au Cherichira par Thomas, Le Mesle, Errington de la Croix. C'est de ce gisement, que provient la mâchoire de Mastodonte décrite par Gaudry [6]. Thomas [7] considéra tous ces dépôts miocènes comme d'une seule époque : l'Helvétien, et repoussa la subdivision en deux étages : Cartennien et Helvétien, comme ne reposant sur aucun fait paléontologique ou stratigraphique. Aubert signala encore plusieurs affleurements miocènes [8], surtout dans la région orientale, et distingua deux termes, désignés par les indices m^1, m^2. Le premier paraît répondre, dans la pensée de l'auteur, à l'Helvétien, bien qu'il dise incidemment que les grès de Takrouna sont sans doute l'équi-

(1) P. Marès : Géol. environs Keff, p. 207.
(2) A. Pomel : Expl. carte géol. Algérie, p. 118.
(3) Le Mesle : Géol. de la Tun., p. 214.
(4) Thomas : Étage Miocène, p. 3.
(5) G. Rolland : Sur la montagne du Zaghouan, p. 4 et Sur la géol. du lac Kelbia *C. R.*, p. 2 et *B. S. G. F.*, p. 196.
(6) A. Gaudry : Quelques remarques sur les Mastodontes, p. 1.
(7) Thomas : Étage Miocène, p. 10.
(8) Aubert : Expl. carte géol. de Tunisie, p. 59.

valent du Cartennien, du reste sans citer de fossiles ; le terme supérieur correspondrait au Sahélien de Pomel.

J'ai moi-même retrouvé, dans la région centrale, les gisements qui avaient été indiqués et en ai découvert plusieurs autres. Chose curieuse, le Miocène existe bien aux environs du Kef, mais est tout différent des couches dont il a été question au début de ce chapitre. Dans toute la Tunisie centrale, il est aisé de discerner les deux étages méditerranéens, contrairement à ce que l'on croyait précédemment. Quant au Miocène supérieur, il est peut-être représenté par la fin des argiles miocènes du Dj. Harraba et les poudingues des Dj. Lorbeus et Zaafrane.

MIOCÈNE INFÉRIEUR

(BURDIGALIEN)

Le Dj. ech Cherichira, dont il a déjà été plusieurs fois question, a été visité par divers géologues ; tous y ont reconnu le Miocène, mais tous aussi s'accordent pour y voir uniquement le représentant de l'Helvétien, c'est-à-dire du Miocène moyen. THOMAS (1) et ROLLAND (2) sont très nets à ce sujet. En réalité, les choses sont plus complexes : les deux étages méditerranéens existent concurremment. Cherichira

La crête du Dj. es Sfah (Pl. II, fig. 12) (aussi appelé Sfah Nahal), qui se dresse au-dessus d'une légère dépression occupée par les grès fins et tendres de l'Oligocène (O), est formée par d'autres grès très grossiers (*Mi*), blancs ou jaunâtres. Au point où passe la coupe, ils plongent de 35° vers le N 15° W, ce qui semblerait indiquer une discordance avec les siouf de l'Éocène supérieur ; en réalité ce n'est qu'une illusion. En effet, ces siouf sont plus ou moins redressés suivant les points et s'incurvent pour entourer le massif triasique, affectant une pente de moins en moins forte à mesure qu'ils s'éloignent du Trias. Les grès miocènes ont suivi ce mouvement, mais avec moins de facilité, et c'est à cela qu'est due l'apparence de discordance. Aussi, je ne pense point qu'il y ait de lacune ici. Ces grès, dont l'épaisseur est de 90 à 100 m., doivent donc représenter le Burdigalien. On trouve dans toute la masse des Oursins plats, des Pecten et divers autres Lamellibranches, ainsi que beaucoup de débris végétaux ; mais, comme ceux-ci ne sont pas silicifiés (contrairement à ceux de l'Oligocène), ils se brisent dès qu'on cherche à les dégager. Parmi les fossiles de ces grès on peut reconnaître :

Scutella cf. *subrotunda* LAMK.
Amphiope
Pecten convexior ALMERA et BOFILL.

Je n'ai pas pu obtenir un grand nombre de fossiles en bon état, le gisement étant le plus visité de toute la Tunisie, mais ceux que je viens de citer et qui sont représentés par de multiples exemplaires sont tout à fait caractéristiques du **Burdigalien**, dont l'existence me semble bien démontrée.

Les fossiles découverts par THOMAS, comme *Scutella Bleicheri, Amphiope cherichirensis*, proviennent-ils de ce niveau ? Je l'ignore, bien que je sois assez porté à le croire. A vrai dire, THOMAS les attribuait à l'Helvétien, mais il considérait que cet étage existait seul au Cherichira. Aussi la mention « molasse miocène » est-elle un peu insuffisante, puisque la majeure partie de celle-ci est nettement burdigalienne, comme je viens de le montrer, tandis que la fin doit bien réellement appartenir à l'Helvétien.

(1) Ph. THOMAS : Étage Miocène, p. 16.
(2) G. ROLLAND : Lac Kelbia et littoral de la Tunisie, p. 199.

Batene — Ce Miocène inférieur s'observe aussi sur les deux versants du Dj. Batene el Guern (Pl. II, fig. 25-28) sous forme de grès grossiers, parfois presque de poudingues blancs ou jaunes, redressés jusqu'à la verticale. Je n'y ai recueilli que des débris de *Pecten* et quelques *Balanes*, mais le C[t] Flick a été plus heureux et sa collection renferme de cette localité.

Scutella subrotunda Lamk. var. *maxima* Michelin

et des *Pecten* du groupe de *Pecten præscabriusculus* Font.

C'est donc bien le Burdigalien. Celui-ci semble plus épais qu'au Cherichira (300 m.), mais il est fort possible que les couches soient repliées en synclinal, ce dont il est difficile de s'assurer à cause de leur verticalité.

Chendouba — Plus à l'W, entre le Dj. Djebil et la Kessera, le Koudiat coté 535 (bled Chendouba) appartient également au Burdigalien. Les grès grossiers contiennent en cet endroit de nombreux débris végétaux, des *Scutelles*, des *Pecten*, parmi lesquels on peut reconnaître le *Pecten convexior* Alm. et Bof. et de nombreux *Balanes*.

Trozza — Ces mêmes grès existent probablement au Trozza, non pas au N (les grès qu'Aubert marque m^1 en ce point appartiennent en réalité au Priabonien), mais vers le S-W, assez mal caractérisés et promptement recouverts par le Pliocène.

Abeïd — Ils sont beaucoup plus étendus au Dj. el Abeïd, dont ils constituent les deux versants, très redressés (70°) du côté N, tandis qu'au S, ils descendent sous une pente qui n'excède pas 20°, bientôt réduite de moitié. Ils s'étalent ainsi dans la plaine sur plusieurs Km. et supportent de vastes plantations d'oliviers et de figuiers de Barbarie. Au centre du massif, sous le signal, se voient les grès de l'Éocène supérieur et de l'Oligocène, suivis du Miocène, qui, sur le versant S, débute par 15 m. de marnes jaunâtres. Des grès blancs ou bruns, de dureté assez irrégulière, leur font suite (70 m.) ; l'un des bancs, mêlé d'une notable proportion d'argile, possède une teinte rouge brique qui tranche vivement sur la blancheur du reste et permet de le suivre tout le long du massif et jusqu'au flanc du Mhrila. Un autre banc, situé à la partie supérieure de cet ensemble, est riche en *Amphiope* du groupe d'*A. arcuata* Fuchs ; il contient aussi quelques Lamellibranches et un certain nombre d'ossements (côtes d'*Halitherium*, etc.). Il supporte 30 à 35 m. d'argiles jaunâtres, très gypseuses, où se voient des débris d'*O. crassissima* Lamk., puis une nouvelle masse de grès blancs assez durs, dont il ne subsiste que 40 m. sous le signal de l'W, mais dont l'épaisseur totale est de plusieurs centaines de mètres, peut-être un kilomètre ; toute la plaine au S de la montagne est couverte de grosses roches mamelonnées formées par ces grès.

A l'extrémité orientale du massif, la composition du Miocène est un peu différente. Il y a là un îlot triasique, coupé par l'O. el Hatob, et limité d'autre part au S par une muraille d'Éocène supérieur, suivi de l'Oligocène peu net et du Miocène. Celui-ci comprend d'abord les mêmes couches qu'à l'autre extrémité de la montagne, puis, après 250 m. de grès environ, apparaissent des argiles rouges avec lits de gypse interstratifiés, à peu près verticaux. Cette bande gypseuse, qui s'étend sur 500 m. de largeur, est coupée à l'E par l'O. el Hatob et recouverte par les alluvions de cette rivière ; à l'W, on la suit jusqu'à 1500 m. de la piste d'Hadjeb el Aioun à el Ala, puis elle disparaît dans les grès pour reparaître un peu plus loin, sous forme de couches de gypse irrégulières, intercalées dans les grès. Ces argiles gypsifères sont bordées au S par un banc épais d'un mètre, relevé à 70° et rempli d'*Ostrea crassissima* Lamk. Nous sommes donc là à la limite du Miocène inférieur et du Miocène moyen, si même nous ne sommes déjà dans ce dernier.

Ces mêmes grès miocènes s'observent sur les deux flancs du Dj. Mrhila (Pl. I, fig. 6), où ils reposent en concordance apparente sur les termes successifs du Crétacé. A Foum el Guelta (fig. 14), par exemple, le Turonien est surmonté par des grès blancs assez grossiers, contenant çà et là des dragées quartzeuses et des filets rouges argileux et ferrugineux, qui permettent de reconnaître la stratification. On constate ainsi que ces couches ont en ce point une pente de 55° environ, qui est également celle du Turonien. Au N du massif, où les strates crétacées sont verticales, les grès le sont aussi, tandis qu'au S ils ne plongent que de 20 à 25°, de même que le Sénonien qu'ils surmontent. Après une trentaine de mètres de ces grès, on remarque une couche de grès mêlé de beaucoup d'argile et de nodules calcaires, que sa teinte rouge brique permet de suivre depuis le Dj. el Abeïd tout autour du Mrhila. Ces grès se continuent ainsi sur une grande épaisseur, plus ou moins fins ou grossiers, montrant çà et là des intercalations d'argile ou même (au N-E) de gypse rose. Bien qu'ils soient recouverts par les dépôts pliocènes, les nombreux oueds ayant raviné ceux-ci permettent de constater que les grès miocènes s'étendent sur une largeur d'un Km. et, comme au N-E ils sont verticaux, ce serait l'épaisseur de la formation. Du reste, par analogie avec l'Abeïd, nous sommes conduits à admettre qu'une partie appartient à l'Helvétien, bien qu'on n'y trouve que des fragments d'*O. crassissima*, dont il est impossible de connaître le gisement exact et des bois ferrugineux. Les nombreux échantillons de végétaux que j'ai rapportés sont restés indéterminés ; mais ils ne diffèrent sans doute pas de ceux que Thomas [1] avait recueillis dans le Pliocène. On rencontre en effet souvent à la surface de ce dernier terrain des végétaux fossiles, qui proviennent pour la plupart des grès miocènes sous-jacents.

Mrbila

Les mêmes grès existent aussi entre le Semmama et le Tiouacha, en concordance apparente avec le Sénonien, ainsi que le montre la coupe du Dj. Marfeg (fig. 21). Ce sont assurément les mêmes qu'au Mrbila, car il est aisé de constater leur présence dans de nombreux oueds et à la base des buttes, dont est parsemée la plaine située entre les trois montagnes qui viennent d'être citées ; on peut donc dire qu'il y a continuité. Ils ont du reste la même constitution et offrent, à leur début, le même lit de sable argileux rouge à nodules calcaires.

Semmama

Dès lors, je serais fort tenté d'attribuer au Miocène la puissante formation gréseuse qui occupe tout l'espace entre les Dj. Semmama, Gourine, Tiouacha, bou Rhanem (bled Zelfane), pour ne laisser au Pliocène que les sables superficiels et, çà et

Bled Zelfane

(1) Ph. Thomas : Description de quelques fossiles nouveaux, etc., p. 2.

là, quelques lambeaux de grès assez ferrugineux, tel que l'Adjer srira es saouda. Outre que c'est le même faciès de grès grossiers, la coupe d'A. el Glaa au Sif Kraled (Pl. II, fig. 5) montre à leur base une couche rouge d'argile sableuse, épaisse ici d'une vingtaine de mètres, qui semble être l'analogue de celle du Mrhila et de l'A-beïd. J'ai néanmoins laissé le tout dans le Pliocène sur la foi de THOMAS, qui a spécialement étudié ces formations pendant ses séjours en Algérie. Je dois du reste ajouter que, dans le cas présent, les grès sont peu inclinés et en discordance sérieuse avec le Sénonien.

Slata — Il faut ensuite se transporter beaucoup plus au N, au pied du Dj. Slata, pour retrouver un lambeau de Miocène pris entre failles ; il n'a du reste d'autre intérêt que d'être un témoin de l'extension de la mer miocène.

Saadine — Par contre, cet étage est largement développé à l'E du Kef, ainsi que j'ai pu le reconnaître. Un des plus beaux affleurements est celui du Dj. Saadine, qui est également limité par des failles presque de tous côtés. Une coupe allant de l'oued el Melah au Kt. 542 permet de constater une suite d'assises très intéressantes. Le contact avec le Sénonien, qui se trouve tout près de là, sur la rive droite de l'oued, n'est malheureusement pas visible, à cause des alluvions de la rivière. Celle-ci entame, sur 5 ou 6 m., des grès tendres peu fossilifères. Par contre, un banc de grès blanc très dur, qui domine l'oued en certains points, contient des fossiles en grand nombre (*Scutella, Conus, Turritella*), mais il est presque impossible d'en rien extraire. Après 20 m. d'une formation analogue, quoique plus friable, on rencontre un lit gréseux d'un mètre rempli de *Turritella terebralis* LAMK., surmonté de 3 m. d'argiles. Dans les 30 m. de grès suivants, on aperçoit quelques fossiles, particulièrement abondants dans le dernier mètre, où pullule

Scutella cf. *subrotunda* LAMK. (1)

Plus haut, des grès jaunes assez tendres (50 m.), sans fossiles, supportent 30 m. de marnes ou argiles également stériles. Par contre, dans 4 ou 5 bancs de grès roux séparés par des argiles très gypseuses (en tout 40 m.), les fossiles sont très abondants. Parmi eux, il faut citer :

Pecten convexior ALM. ET BOF.	*Pecten* cf. *numidus* COQ.
— gr. de *P. opercularis*	*Turritella terebralis* LAMK.

ce qui indique nettement la présence du **Burdigalien** : mais, de plus, la rencontre d'Huîtres voisines d'*Ostrea crassissima* et de quelques *O. digitalina* DUBOIS DE MONTPÉREUX prouve que nous sommes à la limite supérieure de cet étage. Peu après, une faille interrompt brusquement les strates et les redresse jusqu'à la verticale, un peu avant le Kt. 542, formé en grande partie par l'Helvétien.

Garn Halfaya — Le Miocène existe encore au N-W du Dj. Garn Halfaya (Pl. II, fig. 11), où il forme le Dj. es Sif. Au contact du Trias, on rencontre d'abord 2 à 3 bancs verticaux (*a*) d'un

(1) Cet Échinide a les principaux caractères de l'espèce citée, mais se différencie par des zones interporifères très étroites; il rappelle en cela la variété signalée en Sardaigne par COTTEAU (G. COTTEAU : Description des Échinides miocènes de la Sardaigne, *Mém. S. G. F.* n° 13, p. 15).

conglomérat dont les éléments, variant de 1 à 10 cm. de diamètre, ont été empruntés au Sénonien et au calcaire nummulitique. Puis viennent 40 m. de grès (*b*) assez tendres, couronnés par un banc d'une roche calcaire (*c*) grise ou rosée, assez spéciale, où on distingue des débris de coquilles et quelques Foraminifères. Au-dessus se développe, sur 200 m. d'épaisseur, une série de grès (*d*) irréguliers comme composition, jaunes, très tendres et admettant quelques intercalations argileuses, passant vers le haut à un petit poudingue. Un banc de grès roux (*e*), situé dans les précédents à 500 m. au N ou N-E de l'H[ir] er Ressass, contient des débris de *Scutella, Pecten, Cytherea, Turritella terebralis* (en abondance), *Calyptræa, Balanus*, etc. Ces grès représentent donc le Miocène inférieur, et sans doute aussi en partie le Miocène moyen, comme on le verra plus loin.

Enfin, le Burdigalien s'observe également au S du Kef, au bled Zaafrane. Ainsi, au bord du sentier qui longe au N-E le Kt. el Mra, on voit 2 m. d'argiles sableuses, grises ou vertes, suivies de grès jaunes (50 m.), entièrement siliceux, très fins et friables, ce qui a permis l'établissement d'un profond ravin entre les couches fortement redressées (501). La base de ces grès est littéralement pétrie de *Scutella subrotunda* Lamk. (de la variété à aires interporifères étroites). Un lit de grès brun très dur les surmonte et constitue un bon point de repère. Il supporte lui-même 50 m. de grès jaunes, tendres, après quoi tout disparaît sous le Pliocène. **Zaafrane**

Outre ces Scutelles, qui suffiraient à établir l'âge burdigalien de cette formation, je possède quelques autres fossiles non moins typiques, qui m'ont été remis par le C[t] Flick ; ce sont des *Pecten præscabriusculus* Font., se rapprochant de la variété *catalaunicus* Alm. et Bof. par le nombre plus grand des côtes (18-20 au lieu de 15).

MIOCÈNE MOYEN

(HELVÉTIEN)

A la place de ce terme, il serait peut-être préférable d'employer celui de « *deuxième étage méditerranéen* », qui embrasse à la fois l'Helvétien et le Tortonien, ce dernier pouvant exister sans être susceptible de séparation. L'Helvétien est connu depuis longtemps en Tunisie et même, comme je l'ai dit précédemment, on lui attribuait toutes les formations miocènes de la Tunisie centrale. J'ai montré qu'une certaine part de ces couches revenait au Burdigalien.

Cherichira

Au Cherichira, par exemple, une partie importante des grès qui forment le Dj. es Sfah (Pl. II, fig. 12-13) est burdigalienne ; mais la fin de ceux-ci (*Mm a*) est helvétienne, car on y trouve deux fossiles très typiques :

Pecten Fuchsi Font.
— *Gentoni* Font.

associés à de nombreux *Balanes*. Au surplus, ces grès ne diffèrent point par leur aspect des précédents et une étude détaillée serait nécessaire pour fixer sur le terrain la limite précise des deux étages. Si les Échinides découverts par Thomas (*Scutella Bleicheri* Th. et Gr. et *Amphiope cherichirensis* Th. et Gr.) sont bien réellement helvétiens, ils doivent provenir des dernières couches ; on voit en effet des Oursins plats dans toute la masse. Au N de la crête, surtout au bas de la pente, on observe sur ces grès de 20 à 30 m. d'argiles brunes un peu sableuses (*b*), contenant *Ostrea crassissima* Lamk., associée, dans un banc gréseux intercalé, à *O. cherichirensis* Th. (bien proche de *O. digitalina*, avec passage à *O. granensis*, comme l'auteur le fait observer lui-même), et à une grande espèce voisine d'*O. Velaini* Kil., mais s'en distinguant par le fait que son crochet est très pincé. Puis les grès reprennent (*c*), fins et tendres, blancs ou rosés. On les voit assez mal, car ils sont le plus souvent recouverts par le Pliocène rouge ; on peut affirmer néanmoins que leur épaisseur dépasse 100 m. J'y ai trouvé une défense et quelques ossements de *Mastodonte*. C'est donc bien probablement de ce niveau que provient la belle tête de *Mastodon angustidens* Cuvier, décrite par Gaudry (1), dont le gisement précis était resté indéterminé, car, d'après Le Mesle (2), aussi bien le Colonel Fixot que M. de la Croix avaient acquis des ouvriers les ossements qu'ils ont rapportés. La suite des couches disparaît entièrement sous les limons rouges du Pliocène.

Trozza

L'Helvétien existe également au S du Trozza, près de Si Mohammed ben Zitoune,

(1) A. Gaudry : Quelques réflexions sur les Mastodontes, p. 1.
(2) Le Mesle : Journal de voyage en 88, p. 22.

sous forme d'argiles très riches en *O. crassissima* Lamk. et de grès plongeant de 25° à l'W, recouverts en discordance par un poudingue pliocène.

Au Dj. el Abeïd, nous avons vu que les argiles rouges gypseuses étaient bordées par un banc formé presque entièrement d'*Ostrea crassissima*; nous atteignons donc ici le *deuxième étage méditerranéen*. Il existe à un niveau un peu plus élevé deux autres bancs semblables, intercalés dans les argiles que coupe la piste d'Hadjeb el Aioun. De même que les argiles à gypse, ces bancs se perdent à l'W dans la masse des grès, dont, par suite, une bonne partie doit être rapportée à l'Helvétien. Du reste, le sol est, par places, jonché de débris d'*O. crassissima* et de bois silicifiés. En certains points, ces grès fort irréguliers passent à de véritables poudingues, dont les éléments, pouvant atteindre 40 cm. de diamètre, consistent en grès roux et divers calcaires, parmi lesquels des calcaires cristallins à grandes Nummulites, dont il ne subsiste plus aucun affleurement dans la région. Abeïd

Les mêmes couches gréseuses se continuent sans interruption sur le versant E du Mrhila. Il y a donc là encore nécessité de faire une coupure dans les grès miocènes, et d'attribuer la partie inférieure au 1er étage méditerranéen et le reste au 2me étage, sans qu'il soit possible d'en préciser la limite. Au-dessus de ces grès, j'ai pu parfois constater la présence d'argiles à *O. crassissima*, notamment au S-E de Foum el Guelta, près de l'Henchir Abd el Djebbar, et au passage de l'oued Telidjane, non loin d'une tombe hemicylindrique. Mrhila

Au S du Kef, au Dj. Zaafrane, il y a lieu sans doute de rattacher à l'Helvétien une partie des grès voisins du Trias. Le Miocène (Pl. II, fig. 16, 17) commence ici par 10 m. de grès jaunes, fins, inclinés à 45°, c'est-à-dire en discordance (peut-être mécanique) avec le lambeau de Sénonien qui borde le Trias. Puis viennent quelques mètres d'argiles vertes ou un peu brunes, où abondent les *O. crassissima* et enfin des grès irréguliers, les uns durs, les autres tendres, avec quelques lits argileux subordonnés, dont l'épaisseur est de 100 m. au moins et qui sont coupés brusquement par une faille au pied du Kt. et Touila. Je n'ai pu établir avec certitude les relations de ces couches avec les grès burdigaliens voisins du Kef el Mra ; toutefois au Dj. Arkebat, où se retrouvent les mêmes dépôts à *O. crassissima* et à *Balanes* qu'au Kt. et Touila, ils semblent passer au-dessus des grès à *Scutella subrotunda*. Zaafrane

Faut-il encore rattacher au 2me étage les grès et les poudingues situés au S du Kt. et Touila en discordance très nette avec les précédents, ainsi que les poudingues du Dj. Lorbeus ? Je ne le sais trop, car les seuls fossiles reconnaissables que j'y aie recueillis étaient engagés dans des blocs et par suite hors de leur gisement primitif (*Scutella subrotunda*, etc.). Il me semble plus probable que ces conglomérats représentent le Miocène supérieur, mais, n'en ayant pas la preuve, je les ai laissés sous la même teinte que le Miocène moyen, tout en leur affectant un indice spécial (*Ms.*?)

L'affleurement miocène du Dj. Saadine nous montre à la partie supérieure quelques bancs gréseux intercalés dans les argiles, qui renferment *Ostrea digitalina* Dubois de Montp. et par suite appartiennent déjà à l'Helvétien. Malheureusement une faille vient interrompre la succession des assises. Saadine

Tout près de là, au Kt. Zag et Tir (517) (Pl. II, fig. 19-22), le Miocène moyen apparaît encore, mais en contact anormal avec l'Éocène moyen. Ce dernier est représenté par une strate de calcaire gris sensiblement verticale, immédiatement flanquée par des argiles (1) contenant diverses Huîtres, entres autres *O. crassissima*. Fait remarquable, ces argiles sont très gypseuses et en certains points bariolées comme celles du Trias, qui leur sont contiguës, et même, sans la présence des Huîtres, j'aurais à peine hésité à les rapporter au Trias. Sur elles reposent des grès (2), puis quelques bancs de poudingues (10 m.) (3), redressés à 70-80°, parmi les éléments desquels on reconnaît des calcaires sénoniens et éocènes, ainsi que des dolomies bleuâtres, qui sont bien probablement triasiques, car il n'y a pas d'autres roches analogues dans les environs. Puis viennent des grès jaunes ou rougeâtres non fossilifères (4), avec quelques intercalations argileuses (50 m.). Un lit de poudingue (5) situé vers la fin des grès et dont les éléments consistent en calcaires (Sénonien et Éocène inf.) et en grès roux (probablement Éocène sup.) renferme *O. crassissima*. Ensuite, après quelques mètres d'argiles brunes (6), et de grès jaunâtres (7), on atteint trois bancs de travertin (8), séparés par des calcaires grenus et bien plus friables (25 m. en tout). Ces calcaires offrent de nombreuses empreintes végétales, mal conservées pour la plupart. Dans l'O. Ras el Oglat, on peut voir encore 5 à 6 bancs de conglomérats (9) épais de 1 à 4 m., séparés par des grès tendres et des argiles. Ils sont fort redressés (60 à 70°) et surmontés en discordance par des sables gris et des argiles, recouverts eux-mêmes par une épaisse carapace (1 m. 50). Cette carapace consiste en un calcaire peu différent du travertin miocène et englobe également des débris végétaux. Aussi me suis-je demandé si ces trois lits de travertin n'étaient pas d'anciennes carapaces. Il est plus probable, cependant, que c'est un dépôt lacustre ; à la fin du Miocène moyen ou du Miocène supérieur, le bras de mer, où s'étaient déposés les sédiments décrits précédemment, se sera trouvé comblé et aura été transformé en lac.

Garn Halfaya

Au Dj. es Sif (Pl. II, fig. 11), la fin des grès renfermant en grand nombre *O. crassissima* doit encore être attribuée à l'Helvétien. Ces grès ont sensiblement le même plongement que le Cénomanien du Dj. Garn Halfaya et paraissent au premier abord plonger sous lui ; il y a donc une faille entre les deux.

Djerfen

Enfin, le deuxième étage méditerranéen est très bien développé au Kt. ed Dibban, près du Dj. Harraba, dans tout l'espace situé entre el Djerfen et le Kt. es Senouber. L'extrémité N de ce dernier est formée par les calcaires aptiens fortement brisés, au contact desquels s'observent d'abord des argiles assez gypseuses, grises, rouges ou même bariolées, des fragments de grès, une brèche à éléments aptiens, ensemble de couches (50 m.) auquel il est malaisé d'assigner un âge précis. Au-delà viennent des argiles probablement miocènes, des grès jaunes et quelques lumachelles à petits Bivalves peu reconnaissables. Un peu plus au S-W, ces couches sont en contact immédiat avec le Trias. Des argiles brunes assez gypseuses avec lits de grès, qui viennent ensuite, contiennent de nombreux Polypiers et Huîtres. On remarque en particulier un banc calcaréo-gréseux d'un mètre, très riche en *O. crassissima* Lamk. et *O. digitalina* Dubois de Mont. C'est donc de l'Helvétien bien caractérisé. Des grès jaunes ou roux forment ensuite plusieurs bancs, séparés par des argiles ; enfin celles-ci demeurent presque seules, ne laissant subsister que quelques lits gréseux. Ces argiles brunes ou verdâtres, parfois rouges, recèlent du gypse en grande quantité, soit en lames, soit en lits régulièrement interstratifiés. La pente de ces couches, d'abord considérable (70°), diminue rapidement, puis change de sens ; néanmoins leur épaisseur doit atteindre plusieurs centaines de mètres. Il est assez probable qu'une partie notable appartient au Miocène supérieur. Elles sont du reste extrêmement ravinées et entamées par deux grands oueds, qui forment un inextricable chevelu et rendent la circulation très difficile.

MIOCÈNE SUPÉRIEUR

Les recherches de ROLLAND et d'AUBERT nous ont fait connaître sur la côte tunisienne un Miocène supérieur fort bien développé, qui n'a jamais été signalé dans le Centre, où son existence demeure quelque peu hypothétique.

Djerfen

Il est possible que la fin des argiles du Djerfen, près du Harraba, appartienne à cet étage, mais je ne saurais l'affirmer, n'y ayant trouvé aucun fossile ; il est vrai que je n'ai pu y consacrer beaucoup de temps. Il y aurait donc lieu de faire de nouvelles recherches sur ce point ; mais il faut convenir que ce bled est assurément l'un des moins hospitaliers. Dans le doute, j'ai cru préférable de laisser ces assises réunies sous la même teinte que l'Helvétien, auquel appartient certainement la partie inférieure des argiles, en ajoutant seulement un indice spécial (*Ms ?*).

Bled ech Chems

Au S du Kef, dans le bled ech Chems (Pl. II, fig. 16-17), le Miocène supérieur pourrait être représenté par une série de conglomérats puissants (*d*) en discordance sur l'Helvétien. J'ai rattaché à ce dernier étage les argiles à *Ostrea crassissima* et les grès situés entre l'îlot triasique et le Kt. et Touila, au pied duquel les couches sont redressées verticalement par suite d'une faille très manifeste ; celles-ci sont recouvertes par des poudingues inclinés à 45° S-S-E, c'est-à-dire en discordance très nette. Ces conglomérats sont disposés en bancs de 2 m. au maximum, séparés par des grès très tendres ou des sables, rarement des argiles. Les éléments (dont le diamètre moyen est de 10 à 20 cm., mais s'élève parfois jusqu'à 50 cm.) ont été fournis en très grande partie par les grès burdigaliens ; il n'est pas rare d'y trouver des Scutelles presque entières (*Sc. subrotunda*), des Pecten (*P. præscabrisculus*), mais aussi des *O. crassissima*, des *O. bogharensis* etc. Outre ces fossiles, on voit parfois des fragments de Pecten très brisés, mais ne paraissant pas roulés. On reconnaît aussi des blocs calcaires de l'Éocène inférieur et des grès roux ayant vraisemblablement appartenu à l'Éocène supérieur. Dans la moitié supérieure de ces dépôts, dont l'épaisseur atteint 350 m., les poudingues deviennent l'exception, et les grès, en bancs de 20 à 30 cm. (*e*), alternent régulièrement avec des argiles sableuses fortement rubéfiées, surtout à la surface et à la partie supérieure, ce qui est peut-être dû au lavage du Pliocène voisin. On passe ainsi progressivement à des argiles bleu noirâtre, devenant très rouges en surface et recélant encore çà et là quelques lits gréseux, redressés à 45° comme les précédents. Ces couches paraissent déjà appartenir au Pliocène.

Ces poudingues et les grès rouges existent à l'E de la route du Kef à Ksour, au Kt. es Sejera, par exemple, très fortement entamés par l'Oued er Ressil et ses affluents. Ils se poursuivent jusqu'au-delà de Sidi bou Salem et reparaissent entre le Kt. el Moumem et le Kt. el Melah, recouvrant le Trias. Je n'ai pu réussir à y découvrir un seul fossile.

Lorbeus

D'autre part, au S-W du Dj. Lorbeus, près de l'Argoub er Reiss, on remarque des conglomérats analogues aux précédents, alternant avec des grès et des limons sableux et reposant sur le Trias avec une pente de 25° S-E. On y reconnait des débris de calcaire nummulitique, de Sénonien et de Trias ; certains blocs sont très arrondis, tandis que d'autres sont encore anguleux, ce qui semble indiquer que le transport n'a pas été très lointain.

J'ai été assez embarrassé pour le classement de ces assises. Elles reposent en discordance sur des couches helvétiennes et sont, par suite, postérieures. Mais faut-il les rattacher à la fin du Miocène moyen, au Miocène supérieur ou au Pliocène ? Aucun fossile pour décider. Finalement je suis enclin à les ranger dans le Miocène supérieur. Ces grès et poudingues sont en effet très régulièrement stratifiés et ne semblent pas être des dépôts torrentiels (sauf peut-être le petit îlot voisin de l'Argoub er Reiss). Je n'y ai rencontré aucun Mollusque terrestre, tandis que les *Helix* ne sont pas rares dans le Pliocène susjacent. Mais, d'autre part, il ne faut pas perdre de vue que ces sédiments se relient par les grès et sables rouges aux limons sableux fortement rubéfiés qui constituent le Pliocène.

Le peu d'importance des sédiments pouvant appartenir au Miocène supérieur et le doute qui règne sur leur âge exact m'ont déterminé à ne pas leur affecter une teinte spéciale sur la carte. J'ai employé celle du Miocène moyen, auquel ils se relient et me suis borné à leur mettre un indice particulier (*Ms.* ?). Mais, en tout cas, je tenais à signaler leur présence et les suppositions mêmes qu'il ont fait naître.

Quelle que soit l'incertitude qui subsiste quant au classement de certaines assises, un fait se dégage de l'étude précédente : c'est que la mer miocène n'a pas été limitée au voisinage immédiat des côtes actuelles, mais a recouvert toute la Tunisie. De ses sédiments, il ne reste assurément que des lambeaux, dont quelques-uns, assez importants, suffisent pour permettre de relier les affleurements miocènes de l'Est tunisien à ceux de la province de Constantine, qui paraissaient isolés.

SÉRIE PLIOCÈNE

HISTORIQUE

STACHE, le premier, a reconnu [1] à Mehdia et aux Kerkennah l'existence du Pliocène marin, dont les molasses ont été utilisées pour la construction du colossal amphithéâtre d'El Djem. Ce terrain fut ensuite bien étudié par POMEL [2], puis par ROLLAND, LE MESLE, et enfin AUBERT, qui a précisé les limites de son extension.

Dans tout le Centre, on ne rencontre aucun dépôt pliocène franchement marin, mais très fréquemment de ces formations détritiques qui ont été considérées comme d'eau douce. A la fin de sa note sur la géologie de la Tunisie centrale, ROLLAND signale l'existence au Zaafrane et au Lorbeus du « terrain d'eau douce des environs de Constantine, Miocène supérieur ou Pliocène ». Dans plusieurs travaux ultérieurs, il assimila ces mêmes formations aux atterrissements du Sahara algérien, mais sans entrer dans beaucoup de détails. Peu après, THOMAS leur consacra une note spéciale [3] et établit leur liaison directe avec ce que TISSOT avait désigné par la lettre Σ sur la carte du département de Constantine. Enfin, la carte d'AUBERT nous fit connaître la surface occupée par ce terrain, dont la Notice énuméra les principaux aspects.

J'ai vu moi-même un grand nombre de ces affleurements — et j'en décrirai plusieurs pour montrer leur grande diversité, — mais je dois avouer que, pas plus que mes devanciers, je n'ai apporté de preuve décisive quant à l'âge de la formation ; j'en ai néanmoins resserré les limites. De plus, j'ai éliminé de ce Pliocène divers dépôts qui lui avaient été indûment attribués (par exemple le Trias et le Miocène du Lorbeus et du Zaafrane), mais il est à craindre qu'il ne soit encore hétérogène et qu'il ne faille continuer les éliminations.

DESCRIPTION

Les dépôts considérés comme pliocènes sont extrêmement variables dans leur constitution ; les exemples qui suivent en donnent la preuve. Ils occupent de vastes surfaces dans la Tunisie centrale et atteignent parfois des épaisseurs considérables.

Comme on le sait, THOMAS a relié les grès de l'O. Mamoura, près de Feriana, à ceux que TISSOT avait notés Σ sur sa carte de Constantine. Aussi, est-ce de la frontière que nous allons partir pour nous diriger ensuite vers le N et l'E.

Sur la frontière même, au col de Bekkaria, nous voyons le Pliocène recouvrir le Turonien et, de là, s'étendre vers l'E sous forme de grès blancs ou jaunâtres, un

(1) G. STACHE : Geol. Touren, p. 37.
(2) POMEL : Mission en Tunisie, p. 15, 101.
(3) PH. THOMAS : Formation pliocène à troncs d'arbres silicifiés p. 567.

peu irréguliers, où apparaissent nettement les fausses stratifications dues aux courants rapides. Dans la masse, sont épars des troncs d'arbres ferrugineux et silicifiés et le sol est jonché de leurs débris. Jamais on ne trouve d'arbres entiers, mais seulement des fragments dépourvus d'écorce et de racines, comme THOMAS l'a déjà fait observer. Ce sont évidemment des bois flottés et silicifiés ultérieurement. Ceux que j'ai rapportés n'ont pas encore été déterminés, mais ils doivent différer bien peu de ceux cités par THOMAS (1) dans la même formation :

Araucarioxylon ægyptiacum KRAUSS
Bambusites Thomasi FLICHE
Palmoxylon Cossoni FLICHE
Ficoxylon cretaceum SCHENK
Acacioxylon antiquum SCHENK
Jordania tunetana FLICHE
Nicolia ægyptiaca (?) UNGER.

Au contact des grès et des marnes sénoniennes émerge toute une série de sources, à tel point que, tout autour du plateau de bou Driès, la limite des deux terrains peut être tracée sur la carte, simplement en reliant les sources par un trait continu. Le Pliocène occupe là une vaste surface couverte de halfa, mais sans aucun arbre, et ne laisse apparaître le Crétacé que dans les oueds un peu profonds. Sur le plateau, les grès sont plus grossiers que dans la vallée et souvent ferrugineux. Ils contiennent beaucoup de dragées de quartz, dont j'ignore l'origine et de nombreux silex bruns ou noirs provenant surtout du Sénonien, jamais de galets calcaires. Parfois, quelques argiles verdâtres s'y intercalent. Près de l'O. ed Drinn, en dessous d'A. el Akba, sur les marnes sénoniennes fortement ravinées, repose, suivant une ligne sinueuse dont l'inclinaison générale est très notable, tantôt un grès blanc friable, tantôt un vrai poudingue, dont l'épaisseur atteint 2 m. et dont les éléments sont uniquement des silex noirs, gris ou rouges, à patine rousse (de 1 à 20 m.) ; le ciment est siliceux et ferrugineux, tellement qu'il y a même par places des lames d'oxyde de fer. Les grès surmontent ce poudingue. Bou Driès

Le Pliocène se retrouve également à un niveau bien moins élevé dans l'Oued er Riah. La différence de hauteur entre les deux bandes est de 200 m. environ. Dans ce dernier cas, ce sont des grès fins assez durs, où la stratification est peu manifeste, mais qui semblent presque horizontaux. Ils reposent indifféremment sur n'importe quelle zone du Crétacé, ce qui prouve que la vallée était creusée avant leur dépôt. On en voit des lambeaux à diverses hauteurs jusque sur le plateau, ce qui tendrait à prouver qu'ils ont rempli toute la vallée.

La plaine de l'O. el Hatob vient interrompre cette bande gréseuse, dont on retrouve la suite sur la rive gauche de l'oued, dans la large cuvette du bled Zelfane, comprise entre le bou Rhanem et le Semmama. J'ai émis quelques doutes au sujet de l'attribution de ces grès au Pliocène, car ils semblent se relier à ceux du Semmama, puis du Mrhila (qui sont miocènes) et comprennent comme eux, à leur début, une couche d'argile sableuse rouge brique. Cependant, THOMAS considère ces grès comme pliocènes et, en l'absence d'arguments décisifs, je crois devoir me ranger à son opi- Bled Zelfane

(1) Ph. THOMAS : Description de quelques fossiles, p. 2.

nion. Du reste, dans ce cas, il n'y a plus cette concordance apparente avec le Crétacé que présentent les grès miocènes du Mrhila et du Semmama. Les grès sont ici très puissants, généralement blancs et assez tendres, parfois ferrugineux et, en outre, de grain très irrégulier.

Chaâmbi Entre le Semmama et le Chaâmbi, au bord de la piste, le Pliocène se présente sous un aspect déjà notablement différent. Au contact d'un lambeau de Sénonien, on voit des alternances irrégulières d'argiles et de grès rouges verticaux. Un peu plus loin, la pente se réduit à 45° et les argiles prédominent, remplies de gypse en lames, mais jamais en bancs réguliers. Ces argiles offrent une série de bandes grises, vertes, terre de Sienne ou rouge brique, disposées suivant la stratification. Elles forment la petite crête qui porte la koubba de Si Embarek et possèdent une inclinaison de 25° N-W, ainsi qu'il est aisé de s'en rendre compte par les quelques lits gréseux intercalés. En plusieurs points, cette crête est couronnée par un conglomérat.

Les grès voisins, sur lesquels est établie Kasserine et sur lesquels coule l'oued, sont également pliocènes. Ils font suite latéralement à ceux de Feriana et de l'oued Mamoura, auxquels ils se relient par les îlots, qui parsèment la plaine et ont laissé sur le Sénonien une couche sableuse continue, grâce à laquelle la halfa peut prospérer.

Mrhila Sur le flanc E du Mrhila, le Pliocène est bien développé, mais assez variable dans sa constitution. Néanmoins, la coupe d'A. bou Rhelem (Pl. I, fig. 6) en offre un bon type. Cette coupe nous montre, sur les grès miocènes verticaux et fortement ravinés, d'autres grès jaunes, friables (*a*), se divisant en pavés, presque horizontaux, suivis d'argiles (*b*) bleues ou lie de vin, qui, en certains endroits, contiennent du gypse en grande quantité. Au-dessus d'elles, des lits gréseux (*c*), jaunes et tendres, séparés par des filets argileux, constituent une partie notable des buttes et sont surmontés par des cailloutis (*d*) plus ou moins cimentés, englobés à leur surface par le travertin, dont il sera question dans le prochain chapitre. Les blocs de ce conglomérat mesurent parfois 40 cm. ; ce sont surtout des calcaires siliceux et dolomitiques de l'Aptien, des calcaires gréseux roux du Cénomanien et des calcaires blancs du Sénonien ; on y trouve fréquemment des fossiles remaniés, en particulier des Huîtres du Cénomanien. Au point où passe la coupe, cet ensemble est entamé par l'oued sur une épaisseur de 70 m. Il recouvre presque partout le Miocène, qui, le plus souvent, n'est visible que dans les oueds; néanmoins, vu l'échelle de la carte, j'ai marqué une bande miocène continue et n'ai fait commencer le Pliocène qu'au point où il cache définitivement les assises antérieures. Évidemment, il formait primitivement une nappe continue, maintenant découpée en une infinité de *gour*, c'est-à-dire de petites buttes (témoins d'érosion), qui, dans ce cas, sont alignées perpendiculairement à la direction de la montagne (suivant les oueds). En nombre d'endroits on observe une pente notable, quoique de direction un peu variable ; néanmoins, elle dépasse rarement 10° et il y a toujours une discordance très nette entre ces formations et le Miocène.

Dans ces grès, particulièrement sur le versant W, on rencontre de très nombreux végétaux silicifiés, mais toujours en fragments. Je pense que la plupart d'entre eux proviennent des couches sous-jacentes, particulièrement des grès miocènes et oligocènes, qui en renferment d'analogues en quantité.

Au N du Mrhila, dans la vallée de l'O. el Hatob, où ce Pliocène occupe une large surface, il se présente sous l'aspect de grès et de cailloutis, dont les galets sont parfois réunis par des argiles éocènes remaniées et contenant encore des *Ostrea Clot Beyi* roulées.

Ce Pliocène couvre en partie la plaine située entre le Kroumt el Arbi et le Trozza, où il consiste en sables, sables argileux et conglomérats alternant irrégulièrement. Ces alternances permettent de constater que la pente des couches est de 45° au voisinage du Trias et de 15 à 20°, en moyenne, sur toute la bande coupée par la piste d'Hadjeb el Aioun. Dans la grande plaine d'el Ala, à l'W du Trozza, le Pliocène forme également de petites buttes, telles que le Kt. Messiouta (fig. 35). Sur les grès blancs de l'Oligocène à bois fossiles (O), reposent d'abord 5 m. de Bled el Ala

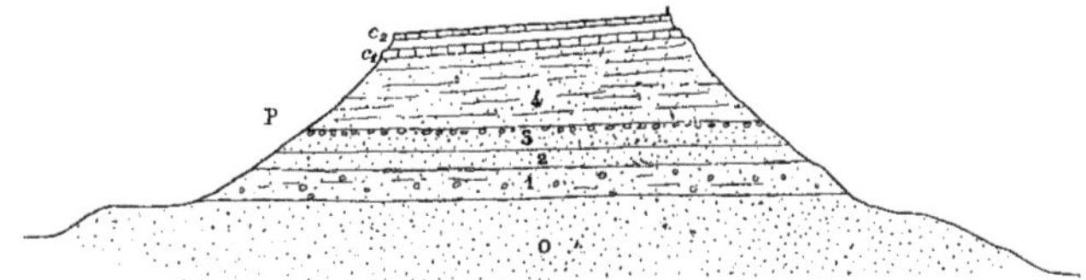

Fig. 35. — Kt. Messiouta.

grès rose (1), assez friable, à grain fin et légèrement argileux; il renferme de petites billes de grès dur, parfois soudées les unes aux autres. Au-dessus, pendant 3 m., il n'y a plus d'argile et les grès sont presque blancs (2). Les 5 m. suivants sont de nouveau rosés et se terminent par un lit de billes gréseuses qui jonchent les pentes (3). Un sable très argileux (4), rouge brique, avec nodules calcaires, surtout en haut (15 m.), termine la butte couronnée par deux carapaces; il appartient peut-être déjà au Pleistocène. Cette colline est évidemment un témoin d'érosion, une *garat*; il existe en outre dans le voisinage d'autres *gour* de moindre importance.

Au N du Trozza, au Ktifet el Hamrane, le Pliocène consiste en sables et grès tendres jaunâtres (15 m.), surmontés par un sable argileux rouge brique, avec mouchetures vertes, très friable et boulant, renfermant des grumeaux et nodules calcaires de plus en plus nombreux dans le haut. Près de là, la piste de Kairouan à Maktar coupe des argiles sableuses très rouges, avec taches vertes, probablement la suite des précédentes. On y voit de petits filets (5 cm.) de calcaire friable et des lits de gypse blanc. Cet ensemble se poursuit jusqu'à l'O. Zebbas, qui lui doit son nom; il peut être aussi bien rattaché au Pleistocène qu'au Pliocène.

Ce dernier forme une large bande de cailloutis plus ou moins cimentés au Dj. Krib, entre l'O. Marguellil, le Dj. Ousselat et le Dj. Cherichira, laissant paraître çà et là les étages antérieurs. Près d'A. er Rhorab, au voisinage de l'Éocène Krib supérieur, très redressé, il est lui-même presque vertical, ainsi qu'AUBERT l'a déjà indiqué (1).

Cherichira

Au Cherichira, on retrouve les mêmes poudingues, mal cimentés, formés surtout de blocs de calcaire nummulitique, atteignant exceptionnellement 40 cm. de diamètre ; quelques bancs sont cimentés par un grès et sont très durs. Dans les Dj. el Halfa, et Dkricla, la pente peut s'élever jusqu'à 50°.

Mais, de plus, le Pliocène se présente au Chérichira sous un tout autre aspect. La coupe (Pl. II, fig. 12) montre, en effet, les grès à *Mastodon angustidens* recouverts en discordance par des limons sableux d'un rouge vif, comprenant aussi quelques agglomérats en assises sensiblement horizontales. J'ignore les relations précises de ces couches avec les poudingues précédents, mais elles leur sont probablement inférieures. Dans ces limons on aperçoit assez rarement des *Helix* ; j'ai essayé d'en extraire quelques-uns, mais en vain ; tous se sont brisés. THOMAS a été plus heureux et a obtenu *Helix* cf. *Semperiana* CROSSE. D'autre part, le Commandant FLICK y a recueilli *Helix Desoudini* CROSSE et une *Paludina* indéterminée. D'après PALLARY, ces fossiles indiqueraient que ces limons sont d'âge helvétien, ce qui me paraît difficilement admissible, puisqu'ils reposent en discordance sur les couches à *Mastodon* déjà helvétiennes, sinon même tortoniennes ; peut-être correspondent-ils au Miocène supérieur. En tout cas, un fait est certain, c'est leur superposition au Miocène moyen, comme la photographie (vue IV) permet aisément de le constater ; ils ne sauraient donc être ici attribués à l'Oligocène.

Zaafrane

Un autre gisement fort important est celui du bled Zaafrane et Dj. Lorbeus, au S du Kef. Il a été découvert par ROLLAND, qui a rapporté tous les grès et poudingues au Pliocène, opinion qui a été suivie par AUBERT. J'ai montré qu'une partie de ces grès est assurément burdigalienne, une autre helvétienne et que les poudingues de l'O. Safsaf, très régulièrement stratifiés, représentent probablement le Miocène supérieur ; il serait néanmoins possible que ces derniers fussent pliocènes. Nous avons vu qu'au-dessus de ces conglomérats (Pl. II, fig. 17) venaient des grès rouges intimement liés aux couches précédentes, suivis d'argiles bleu foncé en profondeur, mais affectant en surface une teinte rouge très accentuée ; quelques lits gréseux intercalés indiquent une pente de 45°. L'épaisseur de ces argiles est assurément considérable, car elles forment le Tell ech Chegra et descendent jusqu'à l'H^{ir} Lorbeus, mais souvent elles ne sont qu'en placage sur les grès miocènes. Bien qu'entamées par de profonds ravins, il est difficile de fixer de manière précise la succession des assises. J'y ai trouvé çà et là quelques *Helix* d'une déplorable fragilité (*Helix* dont je n'ai jamais vu un seul exemplaire dans les grès rouges sous-jacents et liés aux poudingues, que j'ai attribués au Miocène) et un débris d'ossement peu déterminable. Ces argiles passent à leur sommet à des limons sableux très rubéfiés, avec nombreuses concrétions calcaires, qu'il est bien difficile de séparer du Pleistocène.

Lorbeus

Sur le flanc N-W du Lorbeus, la succession est plus nette ; c'est ainsi que l'O. Mzid permet de relever la coupe suivante (fig. 38, *f*). Le Trias est flanqué immédiate-

(1) AUBERT : Expl. carte géol. Tunisie, p. 68, fig. 13.

ment par le Sénonien très redressé, quelquefois même un peu déjeté, dont les derniers bancs verticaux font faire à l'oued une cascade de quelques mètres. Cet oued coupe ensuite des grès grossiers, parfois presque des conglomérats relevés à 70°. Je n'y ai pas trouvé de fossiles, mais, d'après leur aspect, je les rapporte à la partie supérieure du Miocène. Ils sont surmontés par deux ou trois mètres de calcaire terreux (*c*), d'un gris assez foncé en dedans, presque blanc en surface, rempli de petits Mollusques d'eau douce : *Helix, Limnæa, Planorbis, Succinea, Pseudamnicola*, etc. M. Pallary, qui les a examinés, trouve que quelques-uns d'entre eux rappellent *Limnæa corvus* et *Planorbis Thomasi* Tournouër et que la roche ressemble beaucoup à certains calcaires du Pliocène algérien. Au-dessus se développent des argiles bleu foncé (*ag*), comprenant quelques grès friables, gris ou verdâtres, encore très redressés (50°), quoique un peu moins que les premiers grès. Ces argiles contiennent du gypse en assez grande quantité et sont recouvertes, après une quarantaine de mètres, par les dépôts pleistocènes.

A 2 à 3 Km. au N-E, au flanc du même massif, dans un petit oued descendant du Kt. el Genoua, ces argiles sont visibles sur plus de 150 m. d'épaisseur (fig. 28, *c*); leur base est fortement gypseuse (gypse en lames et en cristaux) et renferme d'assez nombreux *Helix* ; leur surface est d'un rouge un peu brunâtre. Deux bancs de calcaire rose, très durs (50 cm.), y sont intercalés. Dans les 2/3 supérieurs se montrent d'assez nombreux lits gréseux, indiquant un pendage de 45° au N-W. Vers la fin, on remarque 2 ou 3 bancs de poudingues, épais d'un mètre, dont les blocs (20 à 25 cm.) ont les angles seulement émoussés et sont réunis par un ciment assez tendre, qui, en quelques endroits, semble être du plâtre. Dans un petit oued voisin, ces poudingues en supportent d'autres parfaitement horizontaux.

Au S-W du Lorbeus, des argiles analogues forment tout l'Argoug Reiss, dont les pentes sont couvertes de gros blocs roulés (souvent de 50 cm.) et surmontent les poudingues régulièrement stratifiés, que j'ai rapportés au Miocène supérieur.

Le Pliocène s'étale en outre sur une vaste surface à l'W du Lorbeus et couvre l'Araguib Kammra. Les oueds, qui ont si fortement entamé ce dos d'âne, permettent souvent d'atteindre — à l'Argoub es Sejera, par exemple — les sables argileux rouges et les grès tendres qui constitueraient la fin du Miocène. Ces sédiments, dans lesquels je n'ai trouvé aucun fossile, supportent 20 ou 30 m. de limons sableux rouge brun, avec de nombreux nodules de calcaire, puis des cailloutis à peine cimentés, qui forment le Kt. el Moumen et affectent parfois une pente de 10 à 15°.

Sur le prolongement du même synclinal du Lorbeus-Zaafrane, au point où il est coupé par l'O. Sarrath, on trouve des conglomérats fortement cimentés, alternant très irrégulièrement avec des grès grossiers et des argiles. Les blocs de ce cailloutis proviennent de l'Aptien, mais surtout du Sénonien et de l'Éocène inférieur. Au S-E du Kt. 578, ils sont absolument verticaux ; quand on remonte l'O. Sarrath, la pente diminue progressivement, devient nulle, puis change de sens, en sorte que, à 1 Km. du point de départ, le plongement est N-W, au lieu de S-E. En outre, dans la vallée du même O. Sarrath, entre le défilé du Slata et l'O. Slata

Mellègue, plusieurs petits plateaux sont surmontés par un conglomérat analogue, mais sensiblement horizontal, encroûté superficiellement par la carapace.

Kebouch Bou Khaïl — J'ajouterai enfin que, dans la région du Kef, ce Pliocène se retrouve en nombre de localités, sous forme de puissants limons sableux rouges, de sables, de cailloutis, etc. (près de Nébeur, au Dj. Kebouch, bou Khaïl, etc.).

Serdj — Ce terrain est bien moins répandu chez les Ouled Ayar et les Ouled Aoun; cependant la petite colline située entre D^{ra} Guennara et le Dj. Oust du Bargou est entièrement constituée par les atterrissements pliocènes. En allant d'H[ir] Soudga vers la plaine, on trouve d'abord des cailloutis mal cimentés, dont les blocs (5 à 6 cm.) ont les angles fortement émoussés, mais ne sont pas complètement arrondis; ils proviennent de toutes les roches antérieures, y compris les grès roux de l'Éocène supérieur. Plus loin, ce sont des grès grossiers à dragées quartzeuses, puis des sables et argiles sableuses rouges, et enfin, dans la plaine, des limons rouges à nodules calcaires probablement pleistocènes. Ces couches sont assez bien stratifiées, mais sans présenter d'assises rigoureusement définies, comme les poudingues du Zaafrane (Miocène supérieur) et ont une pente moyenne de 25° W. Celle-ci diminue progressivement en même temps que décroît le volume des éléments, ce qui laisse à supposer que ces dépôts sont dus à des courants rapides venant du N-E.

Ousafa — Le Pliocène occupe aussi une place importante dans la vallée de l'O. Ousafa, comme le montre la coupe du Dj. Belouta (Pl. I, fig. 3). Sur l'Éocène moyen, qui couvre en partie la rive droite, reposent des grès jaunes, dont la fin répond déjà sans doute à l'Éocène supérieur et qui forment falaise au bord de l'oued. Le sommet de celle-ci est couronné par des poudingues plus ou moins cimentés, affectant sensiblement la même pente que l'Éocène, c'est-à-dire 15° S-E environ. Les éléments (10 à 40 cm.) appartiennent à toutes les formations précédentes: Aptien, Sénonien, mais surtout Éocène inférieur. On y voit aussi beaucoup de fossiles roulés, en particulier des *Ostrea bogharensis* et *O. Clot Beyi* qui, étant assez épaisses, ont pu subir un long transport et des moules de *Thersitea Coquandi*. On constate, en outre, que la grosseur des éléments diminue avec la pente des couches, au fur et à mesure que l'on s'élève; ainsi, en haut des collines, on ne trouve plus que des limons sableux rougeâtres, très peu inclinés, dont la surface se confond avec les marnes éocènes remaniées et qui, d'autre part, viennent toucher le Sénonien.

Ce fait de la diminution progressive de la pente et du diamètre des éléments paraît indiquer que ces dépôts ont été formés par des courants rapides sur un plan incliné. Lorsque la faille du Belouta a brisé le vaste dôme des Ouled Aoun et Ouled Ayar, les calcaires de l'Éocène inférieur se sont effondrés, créant ainsi au pied de cette montagne une vaste fosse, dont la vallée actuelle est le reste. Un fleuve ou plutôt une nappe d'eau descendant des Hamadats a bientôt comblé cette dépression, grâce aux sédiments qu'elle y entraînait. La profondeur et la pente devenant moindres, la vitesse de l'eau et, par suite, le volume des blocs décrût au point que, finalement, il ne se déposa plus que des limons. La dépression fut alors remplie et l'Oued Ousafa dut ultérieurement s'y recreuser un lit.

Quelque chose d'analogue a dû se passer dans le synclinal du Zaafrane-Lorbeus, où nous voyons de même les éléments décroître depuis les poudingues du Tell ech Chegra (Miocène supérieur ?) jusqu'aux limons rouges, qui revêtent les pentes et ne sont plus guère que des produits de ruissellement. Peut-être ceux-ci ont-ils jadis rempli toute la vallée, que l'oued aura en partie déblayée, abandonnant lui-même çà et là quelques dépôts. Mais, en outre, il y a eu certainement, en cette localité, des mouvements du sol post-pliocènes, qui ont redressé les couches.

Conditions de dépôt. — Quand on a parcouru une partie de la Tunisie et vu les immenses amas détritiques du Trozza et du Mrhila par exemple, on se demande si des fleuves ont pu suffire à charrier tous ces déblais et s'il ne s'agit pas là de produits de l'action marine. Néanmoins, quand on songe à l'importance de l'érosion, on reconnaît qu'il a fallu pour la produire un climat d'une humidité extrême et des précipitations aqueuses d'une violence inouie ; par suite, il a dû exister des fleuves dont nous avons peine à nous faire une idée. Ce n'étaient même pas des fleuves, mais de véritables nappes d'eau, qui ont dû remplir entièrement certaines vallées, et dont le régime torrentiel est attesté par la présence de blocs roulés dont le diamètre dépasse parfois 50 cm. Cependant une remarque s'impose : presque toujours ces blocs ont une origine prochaine et proviennent de l'un des étages existant aux environs ; dans quelques cas cependant, ils appartiennent à des formations ayant disparu ou à peu près, comme, par exemple, les calcaires nummulitiques de l'Éocène inférieur au S de Maktar. D'un autre côté, les variations dans la puissance de la nappe et la vitesse du courant expliquent les changements parfois brusques de ces formations, aussi bien dans le temps que dans l'espace.

Dans certains cas, ces nappes d'eau devaient avoir une épaisseur considérable. Ainsi, elles remplissaient entièrement la vallée de l'Oued er Riah, qui a plus de 200 m. de profondeur, puisqu'on trouve leurs dépôts depuis le fond de la vallée jusque sur le plateau de bou Drìès (1). Mais, le plus souvent, il n'y avait, au contraire, qu'une mince lame d'eau insuffisante pour protéger du contact de l'air les éléments ferrugineux, qui alors se sont fortement oxydés, en donnant ces teintes rouges si habituelles à la formation.

Quant à la présence du gypse et accidentellement du sel, elle n'implique pas non plus une intervention marine, car ces substances existent dans divers terrains. Ainsi, dans le cas du Zaafrane et du Lorbeus, nous savons que le Trias affleure à quelques centaines de mètres et qu'il était déjà au jour à l'époque pliocène, puisque j'ai ramassé des grès micacés à oligiste, certainement triasiques, dans les poudingues pliocènes.

Nous pouvons donc conclure que, dans la Tunisie centrale, l'étage Pliocène est essentiellement représenté par des dépôts détritiques, ayant nécessité l'intervention d'eaux courantes. Exceptionnellement, au Dj. Lorbeus, s'était établi un petit lac dans

(1) Il faut observer à ce sujet que le sol avait déjà acquis sa configuration actuelle, au moins dans ses traits essentiels, puisque, dans l'O. er Riah, les grès pliocènes se trouvent sensiblement horizontaux, depuis le fond de la vallée jusque sur le plateau.

lequel ont pris naissance des calcaires tendres. Enfin dans le Sud de la région considérée, certaines formations ont peut-être une origine mixte. Thomas, à propos des grès de Feriana, parle de sédiments fluvio-marins. La chose ne me semble nullement impossible, et je serais porté à admettre que les grès du Foussana (Oued er Riah, K. Adjar Teïr, etc.), de Feriana, etc. se sont déposés dans une mer peu profonde, ou une sorte de lagune, dans laquelle débouchaient de grands fleuves. Cela expliquerait leur plus grande régularité dans la sédimentation et leur ressemblance avec les grès miocènes franchement marins, auxquels j'ai hésité à assimiler certains d'entre eux (bled Zelfane etc.).

Age de ces dépôts. — Reste donc la question d'âge. J'ai constamment employé le terme Pliocène, sans montrer sur quoi il était basé. Jusqu'à présent, on n'a pu, en aucun endroit de l'Afrique du Nord, établir les relations stratigraphiques du Pliocène marin et de ces formations détritiques. Aubert déclare dans son Explication « qu'en aucun point, cette formation ne se trouve en contact avec le Pliocène marin » [1] ; il a néanmoins tracé une limite p^1-p^2 à l'W de Sousse. Je n'ai fait que traverser la région et n'ai pu observer ce contact, mais ce point serait à revoir et, quand on voudra reprendre l'étude de ces formations pliocènes, il y aura lieu de rechercher le passage de l'un à l'autre facies (ou leur superposition) au voisinage de la côte et notamment à l'endroit marqué par Aubert.

Mais, si on n'a pu constater le passage du Pliocène marin aux dépôts continentaux considérés comme de même âge, il est aisé d'établir que ceux-ci sont post-helvétiens. Ficheur [2] a exprimé l'avis qu'en Algérie, les limons rouges devaient être attribués à l'Oligocène et il incline à penser qu'il en est de même en Tunisie, opinion que je ne saurais partager. Plusieurs coupes prouvent en effet de façon nette, que ces couches rouges reposent en discordance sur le Miocène, fait également visible sur la photographie du Cherichira (vue IV). Ce cas est le plus fréquent, mais peut-être n'est-il pas absolu ; il peut y avoir eu des points émergés depuis l'Éocène, où les dépôts continentaux auraient commencé à se produire dès l'Oligocène, pour se poursuivre pendant le Miocène, le Pliocène et même le Pleistocène. C'est, je crois, l'opinion de Ritter pour le Sud algérien. Mais il n'en est pas ainsi, si nous nous restreignons à la superficie embrassée par ma carte, car alors nous trouvons le Miocène indiscutable à la base de tous les grands affleurements que j'ai notés Pliocène : Cherichira, Mrhila, Zaafrane, etc. Tout au plus, les couches rouges peuvent-elles englober la fin du Miocène, ce à quoi je ne contredis nullement ; mais la plus grande part doit être attribuée au Pliocène, peut-être aussi au Pleistocène.

En Algérie, on a longuement discuté sur l'âge des formations sahariennes que Rolland considère comme analogues à celles du Lorbeus et classe dans le Pliocène, tandis que Pomel voulait en faire un Quaternaire ancien. Rolland base son appréciation sur la présence dans un sondage de Mraier de quelques *Helix* appartenant

(1) F. Aubert : Explic., carte géol. Tunisie, p. 67.

(2) E. Ficheur : Le bassin lacustre de Constantine et les formations oligocènes de l'Algérie, *C. R. Ac. Sc.*, 7 mai 1894.

à une variété d'*H. Semperiana*, qui existe également dans le Pliocène inférieur de Constantine. Comme, d'autre part, les dépôts du Zaafrane et du Lorbeus sont, pour cet auteur, les équivalents du terrain d'eau douce de Biskra, ils sont également pliocènes. A vrai dire, cette assimilation à quelques centaines de kilomètres n'était pas absolument probante. THOMAS a resserré la chaîne, en reliant les grès de Feriana à ceux du S de Tebessa et ceux-ci au terrain d'eau douce de Biskra. Il fit plus encore en recueillant au Cherichira des *Helix* voisins d'*H. Semperiana*. Enfin, j'ai moi-même rapporté du Lorbeus des fossiles auxquels PALLARY a reconnu des affinités pliocènes très nettes.

D'après cet auteur (1), les spécimens rapportés par THOMAS, de Tunisie, et ayant pu être déterminés spécifiquement (*Helix* [*Leuchochroa*] cf. *Semperiana*, *H.* [*Macularia*] *Desoudini*, *Planorbis* aff. *Thomasi*), indiqueraient plutôt le Miocène et même le Miocène moyen. J'ai déjà expliqué que cela n'était point possible, puisque les couches renfermant ces Mollusques reposent en discordance sur le Miocène moyen.

Je suis donc conduit à admettre l'âge **Pliocène**, et même **Pliocène inférieur**, d'une partie d'entre elles, notamment celles du Cherichira et du Lorbeus. Dans ce dernier cas, nous avons manifestement affaire à une formation lacustre, qui paraît bien être l'équivalent du Pliocène inférieur lacustre de Constantine, de Biskra, et de l'Oued Rhir, ce qui confirme la thèse soutenue par ROLLAND (2). Et cette confirmation serait encore plus manifeste, si les poudingues que j'ai rapportés au Miocène supérieur devaient être rattachés eux aussi au Pliocène inférieur. L'on aurait ainsi les termes t_1 et l de ROLLAND ; mais je crois préférable de laisser ces poudingues dans le Miocène. D'autre part, au Zaafrane, rien ne correspond exactement au terme t_2, du moins sous son facies détritique, car les argiles, dont l'épaisseur dépasse 150 m., embrassent vraisemblablement tout le **Pliocène supérieur**.

Mais on voit combien sont incertaines ces attributions : pas un fossile typique pour nous guider, pas un ossement, à part quelques débris informes.

Quoi qu'il en soit, deux choses me paraissent acquises : d'abord ces dépôts sont probablement post-miocènes, assurément **post-helvétiens** ; et, d'autre part, ils sont antérieurs au Pleistocène. Nous les voyons affecter des plongements considérables, allant jusqu'à la verticale, alors qu'il ne semble pas que des mouvements de quelque importance se soient produits pendant l'époque pleistocène, en dehors du voisinage immédiat des côtes. Ce fait m'a guidé bien souvent pour la délimitation du Pliocène, dans lequel j'ai classé toutes les assises présentant une inclinaison notable (3). La séparation du Pliocène et du Pleistocène est donc facile dans les cas où il existe une discordance nette, comme au Lorbeus ; mais ces cas sont tout à fait l'exception et on est souvent fort embarrassé pour établir une limite. Aussi ne suis-je pas bien sûr d'avoir toujours placé celle-ci au même niveau. C'est ainsi que les li-

(1) P. PALLARY : Sur les Mollusques fossiles, terrestres, fluviatiles et saumâtres de l'Algérie. *Mém. S. G. F.* n° 22, p. 190.
(2) G. ROLLAND : Géol. Sahara algérien, p. 161, sqq.
(3) Je ne parle pas, bien entendu, de la carapace calcaire qui s'est formée parfois sur les pentes, qu'elle a épousées ; son origine est très particulière et sera étudiée dans le chapitre suivant.

mons rouges très sableux du bled el Ala, inférieurs à la carapace, que j'ai attribués au Pleistocène, pourraient fort bien être pliocènes ; de même, les limons et cailloutis situés au S-E du Koudiat el Azza (Dj. Saadine) ; de même encore les formidables éboulis de pentes, qui se voient au flanc des montagnes importantes (Slata, Serdj, etc.) et qui ont pu commencer au Pliocène.

Nous ne pourrons être fixés sur ces diverses questions qu'après de longues et persévérantes recherches et la classification ne sera certaine que quand on aura pu recueillir une faune de Vertébrés : les Invertébrés, notamment les *Helix*, ne paraissant pas aptes actuellement à nous donner des indications suffisantes.

SÉRIE PLEISTOCÈNE

HISTORIQUE

Une note d'OVERWEG (1), parue en 1851, fait mention entre Hammamet et Sousse de dépôts calcaires de la fin du Tertiaire ou début du Quaternaire, ne renfermant que des espèces encore vivantes, à l'exception du *Strombus mediterraneus* ; ce sont d'anciennes plages soulevées. Plusieurs années après (1874), VÉLAIN (2) reconnut sur la côte N de la Tunisie et en particulier à la Galite des tufs d'origine récente et des sédiments arénacés quaternaires, riches en *Helix*, bien différents des types vivant actuellement dans l'île. Du reste, quelques-uns d'entre eux avaient été signalés, dès 1848, à la Galite, par RENOU (3), qui ne précisa pas leur âge. Plus tard STACHE (4) étudia les dépôts pleistocènes de l'embouchure de l'O. Akerit et de l'O. Melah, près de Gabès. Il distingua une série de couches argileuses, parfois avec gypse et concrétions calcaires, contenant uniquement des fossiles terrestres ou d'eau douce (*Helix*, *Alexia*, *Hydrobia*) et formant des collines qui s'élèvent jusqu'à 300 pieds au-dessus de la mer. Ses observations furent complétées par POMEL, dont la courte excursion nous valut une foule d'observations intéressantes sur le littoral tunisien ; c'est à ce savant que revient le mérite d'avoir expliqué le mode de formation de la croûte calcaire, si développée dans les pays barbaresques (5). Enfin, comme dans les cas précédents, la carte d'AUBERT vint nous apprendre quelle est la surface occupée par des dépôts de cet âge.

Ici, je devrais peut-être citer les nombreux auteurs qui se sont occupés de la *mer intérieure* à l'époque pleistocène ou même historique, mais je crois superflu de revenir sur la question, qui est jugée. On trouvera dans l'index bibliographique la liste des principaux mémoires sur ce sujet, en ce qu'il a de géologique et pour ce qui concerne la Tunisie. Au surplus je renvoie le lecteur insuffisamment renseigné à l'excellent résumé donné par ROLLAND (6).

Pour ce qui est des mouvements du sol à l'époque récente, voire historique, je ne saurais passer sous silence les travaux de PARTSCH et de TH. FISCHER (7), qui ont étudié la question d'une manière complète.

(1) OVERWEG : Geol. Bemerkungen, p. 103.
(2) Ch. VÉLAIN : Const. géol. Iles voisines Afrique, p. 77.
(3) RENOU : Description géol. Algérie, p. 62.
(4) G. STACHE : Geol. Touren, p. 37 et Die quartären Binnenablagerungen, p. 121.
(5) A. POMEL : Miss. géol. en Tunisie, p. 82.
(6) G. ROLLAND : Géol. Sahara algérien, p. 187-201.
(7) Voir l'index bibliographique.

DESCRIPTION

AUBERT [1] a distingué sur sa carte un Quaternaire ancien q_1 et un Quaternaire récent q_2, séparés l'un de l'autre par le travertin d'eau douce si développé en Tunisie. Cette distinction ne va pas sans quelques difficultés et la principale est peut-être, qu'en certains endroits, ce travertin est multiple. Lequel prendre comme limite? En outre, POMEL, en établissant le mode de formation de ce dernier, a prouvé qu'il n'a pas d'âge défini et se forme encore. A ce sujet je ne saurais mieux faire que de reproduire les termes mêmes dont s'est servi POMEL.

Mode de formation de la carapace. — « On observe, en bien des points de la surface du sol, des croûtes concrétionnées qui forment comme une vaste carapace rocheuse et que l'on a considérées comme une formation travertineuse. Je pense bien que telle est, en effet, leur origine, mais pas à la manière dont on comprend d'habitude ce genre de formation. Ce ne sont pas des eaux de surface qui les ont constituées comme des revêtements superposés. Elles font, au contraire, corps avec le terrain sous-jacent qu'elles imprègnent et dont elles cimentent tous les éléments. Leur accroissement se fait par la face inférieure, ce que l'on peut reconnaître au degré de durcissement des zones concentriques de moins en moins avancé, selon qu'elles sont plus profondes.

Ce sont les eaux plus ou moins salines, remontant par capillarité avec leurs sels qui s'effleurissent, dont l'évaporation laisse les éléments calcaires ou gypseux qu'elles contenaient en dissolution, comme un ciment qui durcit la couche superficielle et augmente son épaisseur par des zones successivement profondes. C'est un phénomène qui continue à se produire en bien des points encore ; mais il a eu une période d'intensité plus grande, car il a produit des encroûtements sur les surfaces dénudées de l'atterrissement ancien avant que ces dénudations aient été recouvertes par les dépôts alluvionnaires à mélanies et à silex taillés. Ce qui indique, du reste, qu'un temps considérable s'était écoulé entre le phénomène de dénudation des dépôts anciens et leur recouvrement par les dépôts plus récents [2]. »

Il suit de là qu'en des points divers cette carapace peut être d'âge différent et ne saurait servir de limite. Assurément, comme le dit POMEL, elle a eu son maximum à une certaine époque, correspondant à la première partie de la période pleistocène, qui, dans le Nord de l'Afrique, a été caractérisée par une très grande sécheresse, faisant suite à une très grande humidité; mais nous n'avons aucun critérium pour distinguer la carapace formée à ce moment d'une autre plus récente. Je crois, avec POMEL, qu'elle se forme encore de nos jours et j'ai vérifié maintes fois que la partie inférieure est toujours plus friable que la supérieure et se relie à la formation sous-jacente qu'elle empâte. Elle recouvre tous les corps pouvant

(1) F. AUBERT : Explic. carte géol., p. 75.
(2) A. POMEL : Miss. géol. Tun., p. 82.

se trouver à son voisinage et en particulier les racines ou les coquilles. Près de Sbeitla, par exemple, j'ai vu un bon exemple de carapace en formation, englobant des débris végétaux encore incomplètement décomposés et des *Helix*.

L'âge de cette carapace en un point donné reste donc très indécis; de plus, il peut en exister deux, même trois, ou aucune. Elle ne peut donc pas nous servir de guide et, jusqu'à présent, nous n'en avons pas d'autre pour établir une coupure dans le Pleistocène; en effet, les Mollusques que j'ai recueillis en-dessous de la carapace, dans celle-ci ou sur elle, appartiennent aux mêmes espèces, pour la plupart encore vivantes. Plusieurs d'entre elles avaient apparu dès le Pliocène et l'une même (*Rumina decollata*) dès l'Oligocène, d'après PALLARY. Ces coquilles fossiles ou subfossiles ne peuvent donc, dans ce cas, nous être d'aucune utilité.

Pour ces raisons, tout en reconnaissant l'effort fait par AUBERT pour subdiviser le Quaternaire, j'ai cru préférable d'adopter une teinte unique pour tous les sédiments post-pliocènes. Assurément, il y a des dépôts pleistocènes anciens et d'autres plus récents, mais, dans nombre de cas, je me déclare incapable de choisir entre l'un ou l'autre terme. Déjà la limite entre le Pliocène et le Pleistocène présente une grande incertitude; une coupure dans le Pleistocène serait, le plus souvent, tout à fait approximative et semblerait indiquer une précision que l'état actuel des recherches ne comporte pas. Aussi, je me suis borné à isoler, çà et là, par un pointillé quelques formations me paraissant un peu spéciales et probablement plus anciennes que d'autres.

Formations diverses. — Il a déjà été question de la *carapace calcaire*; terminons-en avec elle. Elle occupe des surfaces considérables et fait le désespoir aussi bien de l'agriculteur que du géologue : de l'agriculteur, parce qu'elle retient l'eau à la surface, l'empêche de pénétrer en profondeur et la voue à une évaporation rapide, et, en outre, s'oppose à la progression des racines, de sorte que toute plantation arborescente nécessite un défoncement profond; — du géologue, parce qu'elle recouvre tout de son manteau gris ou rougeâtre, empâte tous les contacts et est le principal obstacle aux observations. Elle s'étend, en effet, sur les atterrissements anciens, aussi bien que sur tous les autres terrains, principalement les terrains crétacés. Les marnes sénoniennes, en particulier, sont sans cesse revêtues d'une croûte rouge mamelonnée, qui suit et arrondit toutes les aspérités et empêche de voir quoi que ce soit sur des kilomètres. Elle s'élève souvent jusqu'au tiers de la hauteur des montagnes et empâte les éboulis de son manteau uniforme.

Dans le Sud, elle est non moins développée, mais un peu différente comme composition, très fortement gypseuse et souvent salée, ce qui est dû au lavage des terrains voisins. Les eaux de ruissellement ne trouvant pas d'écoulement vers la mer, n'ont pas tardé à s'évaporer en abandonnant les matières en dissolution; en même temps se produisait par la base un accroissement, suivant le processus indiqué par POMEL.

Dans le Centre, la carapace forme habituellement un banc de calcaire de 40 à 60 cm., parfois 1 m., blanc ou grisâtre, tendre et grumeleux à la partie infé- Ktifet el Hamrane rieure, dur et compact au sommet. Accidentellement, cette partie supérieure s'imprègne de calcédoine, laquelle peut s'isoler en rognons. Ainsi le Ktifet el Hamrane, situé au N du Trozza, est formé par les sables et limons rouges du Pliocène à grumeaux ou nodules de calcaire concrétionné ; à la partie supérieure, ces nodules sont bien plus gros et plus nombreux et, un mètre avant la fin des sables, arrivent presque à former un banc. Le tout est couronné par une carapace (1 m.) de calcaire concrétionné, noduleux et carié, blanc rosé, suivi de 50 cm. d'un calcaire gris très compact, qui s'y relie insensiblement. La partie terminale est extrêmement dure et montre de nombreux silex gris ou noirâtres à patine blanche, ayant jusqu'à 20 cm. de diamètre. J'avais d'abord pensé que c'étaient des silex de la Craie roulés et empâtés, mais il n'en est probablement pas ainsi, car de nombreuses fissures sont également tapissées de calcédoine. Cette carapace forme une dalle inclinée à 15-20°, pente qui n'est pas due à un mouvement postérieur du sol, mais simplement au fait que la carapace s'est constituée sur le versant d'une colline ayant précisément cette inclinaison ; en effet, le Pliocène ne plonge que de 5 à 6°. La carapace est surmontée encore, au bas de la pente, par des limons sableux, rouges ou brunâtres (mais d'un rouge moins vif que le Pliocène), que l'O. Marguellil a entamés, déposant par contre, çà et là, quelques alluvions récentes.

Un peu plus à l'E, les limons de l'O. Cherichira ont été remaniés en partie à l'époque pleistocène, car, dans les parties supérieures, on trouve *Leucochroa candidissima* DRAPARNAUD, *Helix melanostoma* DRAP., *H. Constantinæ* FORBES.

Au N-W et à l'W du Trozza, le sol est recouvert d'une terre rouge très sableuse, mêlée de nombreux galets quartzeux, formée aux dépens des grès éocènes, miocènes et pliocènes, et dont l'origine est en partie éolienne. C'est la terre d'élection pour le cactus et l'olivier.

Kt. Messiouta Le petit Koudiat Messiouta (fig. 35), qui s'élève à quelques kilomètres à l'W du Trozza, présente cette particularité de posséder une double carapace. Sur les grès et sables rouges pliocènes, repose un mètre de calcaire très dur (c_1), puis la même épaisseur de calcaire friable, et enfin la deuxième carapace (c_2), réduite à 50 cm. et bien moins dure que la précédente, laquelle correspond peut-être à l'époque du maximum de sécheresse.

Cette carapace englobe souvent des débris végétaux ou des coquilles terrestres. J'en ai recueilli un certain nombre dans des conditions très diverses. Je me bornerai à quelques exemples. Sur les bords de l'O. Mahrouf (Serdj), la carapace m'a livré divers Mollusques terrestres, parmi lesquels M. PALLARY a reconnu : *Leucochroa candidissima* DRAP., *Helix Constantinæ* FORBES, *H. melanostoma* DRAP., *H. leucophora*, *Rumina decollata* L. Un peu au S, à Ksar Krima, la carapace étalée sur le Sénonien remanié m'a fourni les mêmes espèces, moins le dernier *Helix*, et à el Ksour, *Leuc. candidissima* DRAP., *Helix halia* BERTHIER, *H. Barattei*. La carapace cimentant les éboulis du Dj. Si ben Habbes renfermait : *Helix melanostoma* DRAP., *H. Constantinæ* FORBES, *R. decollata* L. A l'E du Mrhila, j'ai extrait de cette même carapace *Leucochroa candidissima* DRAP., *Helix melanostoma* DRAP., *H. Constantinæ* FORBES. Toutes ces espèces, d'ailleurs peu variées, vivent encore dans le pays.

Lorbeus

Le Dj. Lorbeus nous fournit un bon exemple des dépôts pleistocènes anciens. Les poudingues très redressés du Pliocène supportent d'autres poudingues horizontaux, formés des mêmes éléments (Sénonien et calcaire nummulitique), surmontés eux-mêmes de cailloutis et de terre rougeâtre, ainsi qu'on peut le voir dans les oueds au N du Kt. el Genoua.

La coupe de Sidi Mzid (fig. 38, *f*) montre encore cette discordance. Les argiles pliocènes sont flanquées de dépôts pleistocènes horizontaux. Dans le fond de l'oued, on aperçoit 1 m. de conglomérats grossiers (*a*), suivis de 1 m. de grès tendres (*b*), puis de 3 à 4 m. de limons rouges (*c*) un peu sableux, à granules de calcaire blanc friable, et enfin de 2 m. de conglomérats (*d*) très bien cimentés, dont les blocs arrondis atteignent 15 à 20 cm., et comprennent, entre autres, toutes les roches dures du Trias (dolomies, grès, etc.). Cette formation est très variable, et dans l'O. Lorbeus, on aperçoit des limons sableux, contenant de façon très irrégulière des poches de cailloutis. Ceux-ci sont recouverts par une carapace calcaire (40 cm.), qu'un mètre de limons sableux rouges sépare d'une deuxième carapace de même importance que la première, revêtue elle-même de 50 cm. d'une terre rougeâtre légère, pauvre en humus.

Djorf-Rohia

L'O. Sguiffa, qui coule du Djorf vers Sbiba pour y devenir l'O. el Hatob, a fortement entamé (parfois sur plus de 10 m.) des limons sableux plus ou moins rougeâtres, à nodules calcaires ; on y voit, çà et là, quelques galets et des *Helix*. Ainsi, auprès de Si Ahmed ez Zaïre, j'ai extrait de ces limons en dessous de la carapace : *Leucochroa candidissima*, *Helix melanostoma*, *H. Barattei* (?), *H. candefacta* (?), *H.* gr. de *cespitum*.

Ces limons qui rappellent d'une façon frappante, le *lœss*, occupent en Tunisie d'assez vastes surfaces. Ce sont, en très grande partie, des produits de ruissellement et leur teinte rouge ou brune, due à l'oxydation des sels de fer, en est une preuve. Les oueds y découpent des gorges profondes et étroites, se terminant de façon brusque par un demi-cylindre vertical. Parfois, à la base de ce dernier, se creuse une faible cavité, qui s'agrandit bientôt ; il se forme alors une sorte de pont ou d'arche qui ne tarde pas à s'ébouler ; la gorge s'est accrue de quelques mètres. Souvent, plusieurs bifurcations se terminent ainsi par une paroi verticale, et on ne peut en sortir qu'en redescendant l'oued vers l'aval, jusqu'au point par lequel on était arrivé. Immédiatement en amont de cette profonde gorge, l'oued est souvent à peine indiqué, il se perd dans la plaine ; puis, quelques kilomètres plus bas, se voit une nouvelle gorge fermée en amont. Ce fait est bien visible sur les nouvelles cartes de Tunisie ; j'engage le lecteur à considérer à ce point de vue les environs de Ksour, où on distingue des cas typiques de ces oueds extrêmement encaissés, qui disparaissent brusquement. Je puis affirmer que les choses n'ont pas été exagérées ; les ravinements ont bien l'importance que leur attribue la carte.

O. el Hatob

Un peu en aval, au N du Kt. el Halfa, j'ai relevé une autre coupe, dont voici le résumé : dans le fond de l'oued, des grès grossiers, peut-être pliocènes, puis des argiles bleuâtres très irrégulières, des sables argileux rouges, très grossiers, parfois avec graviers ou même galets ; ces sables atteignent 10 m. d'épaisseur et forment toute la berge de l'oued, que couronne une carapace fortement gypseuse. Dans les sables, on trouve : *Leucochroa candidissima, Helix Constantinæ* var. *major*, *H. melanostoma, Rumina decollata.*

Mrhila

Tandis que le Pliocène est très développé sur le versant oriental du Mrhila, il se confond à l'W avec le Pleistocène. Ainsi, au voisinage du Ksar Kradem, sur les grès blancs à bois silicifiés du Miocène, reposent des limons sableux rouges (2 m. en ce point), avec nodules calcaires de 2 à 3 cm., renfermant un certain nombre de Mollusques terrestres : *Leucochroa candidissima, Helix Constantinæ, H. zitounica, H. melanostoma, Rumina decollata.* Ces limons sont surmontés par des cailloutis, empâtés à leur partie supérieure par la carapace travertineuse (les cailloutis peuvent manquer et le travertin reposer sur les limons rouges). L'épaisseur de cette dernière peut atteindre 4 m. ; toute la partie inférieure est blanche et très friable, ce n'est en somme qu'une exagération de la production des nodules calcaires ; la partie supérieure, au contraire, est dure. Cette carapace contient (à l'E du massif) : *Leucochroa candidissima, Helix melanostoma* et *H. Constantinæ.* Elle est elle-même surmontée, à l'W du Mrhila, par des sables rouges un peu argileux, provenant sans doute en partie du remaniement des assises précédentes ; j'y ai trouvé : *Leucochroa candidissima, Helix melanostoma, H. Constantinæ, H. punica, H. zitounica, H. Doumeti, H. massylæa, Rumina decollata.* On se rendra aisément compte de ce que les espèces de ces trois niveaux ne diffèrent que par suite des hasards de la récolte, car toutes sont contemporaines.

Saadine

Presque à l'autre extrémité de la Tunisie, au voisinage de l'O. Mellègue et du Dj. Saadine, on voit quelque chose d'un peu analogue. Au N de l'O. bou Egoum, des sables et argiles sableuses rouge brique, mêlés de cailloux roulés et de graviers de toutes dimensions, renferment des nodules calcaires gros comme une noisette et sont empâtés à la surface par un calcaire tendre, homologue de la carapace. Ces dépôts constitués en grande partie aux dépens des grès miocènes, qu'on aperçoit sous eux dans divers oueds, forment des collines arrondies de teinte rouge. Ils ont un cachet plus ancien que les limons bruns de l'O. bou Egoum, bien que tous deux soient recouverts indistinctement par la carapace.

Kt. el Hamra

Près de là, dans le ravin séparant le Kt. el Hamra du Kt. en Nemra, le Trias est revêtu par un calcaire bréchoïde assez dur, épais de deux mètres. On y trouve tous les éléments du Trias et, dans le ciment calcaire, de nombreux exemplaires d'*Helix Constantinæ*. Ce dépôt forme une bande continue, large de 15 à 20 m, qui s'étend jusqu'à l'O. ez Zerga.

Il y a lieu encore d'assigner au Pleistocène ancien la majeure partie des *éboulis de pentes* et *cônes de déblais*, qui s'étalent parfois en véritables nappes au pied des montagnes, cimentés superficiellement par la carapace. C'est le cas, par exemple, près du Zaghouan, du Djoukkar, du Serdj (côté de la faille), du Ras Si Ali, du bou el Hanèche, du Slata, de la Kalaat es Snam (N-W). Sur une carte détaillée il faudrait assurément les distinguer sous une teinte spéciale ; je n'ai pas cru devoir le faire dans le cas présent, car cela eût caché, sans utilité, les terrains sous-jacents, qu'on atteint dans tous les oueds un peu profonds.

C'est encore au Pleistocène qu'il faut attribuer des limons rubéfiés, résultat du remaniement sur place des terrains sous-jacents, en particulier des marnes crétacées ; j'en ai toujours fait abstraction sur la carte. On y trouve souvent des coquilles terrestres, par exemple à Bordj Debbich : *Leucochroa candidissima, Helix melanostoma. H.* cf. *Barattei, H. kirghizensis*.

Je dois encore faire mention des alluvions qui occupent les plaines de la région centrale et qui consistent en général en limons brunâtres, parfois presque noirs, par suite de l'abondance de l'humus, particulièrement dans le fond des *garaats*. Ce sont à la fois des produits d'alluvionnement et de ruissellement, dont l'épaisseur dépasse souvent 5 ou 6 m. Ainsi se sont produites des terres très profondes, qui comptent parmi les plus fertiles de la Tunisie. Elles ont rempli un certain nombre de cuvettes et formé des plaines très riches, parmi lesquelles je citerai celles du Sers, des Zouarines, El Adissi, El Merdja (au S du Kef), le Bahiret Foussana.

Sers Zouarines

Quant aux alluvions récentes des oueds actuels, elles sont bien peu importantes, dans les limites de la carte ; elles se bornent à quelques dépôts laissés çà et là par l'O. Mellègue et l'O. Marguellil ; mais il en serait tout autrement si on envisageait le Nord de la Tunisie, où coule la Medjerdah, dont les alluvions ne sont point négligeables, puisqu'elles ont comblé le golfe d'Utique depuis l'époque romaine.

Travertins. — Enfin certaines sources ont commencé, dès le début de l'époque pleistocène, à déposer des travertins qui s'accroissent encore aujourd'hui. C'est le cas, par exemple, pour une des sources de l'O. Mrhila, qui a plaqué sur l'Aptien un manteau calcaire de plus de 100 m. de long, dont l'épaisseur est inconnue. Ce travertin, en partie recouvert par de gros cailloutis, est léger et très terreux ; il a englobé de nombreux débris végétaux, parmi lesquels domine le laurier rose, qui vit encore en abondance au bord de la source. Les *Helix* n'y sont pas rares; parmi eux M. Pallary a reconnu : *Leucochroa candidissima, Helix melanostoma. H. Constantinæ*, ainsi que *Rumina decollata*, tous actuels.

D'autre part, entre le Semmama et le Chaâmbi, près de Aïn el Hammam, on trouve sur le Pliocène un travertin extrêmement dur, pouvant atteindre 7 à 8 m. et riche en végétaux. Il forme le mamelon portant le bordj de l'ancien caïd et deux ou trois autres buttes voisines. Si on considère que ces travertins se trouvent uniquement entre la source et l'O. el Hatob, on ne doutera pas qu'ils n'aient été abandonnés par celle-ci, dont l'eau est très manifestement chaude.

ROCHES ÉRUPTIVES D'AGE INDÉTERMINÉ

J'ai découvert en divers points de Tunisie des roches éruptives rentrant toutes dans la catégorie des *ophites*, dont l'âge demeure indéterminé. En effet, elles se présentent le plus souvent en blocs plus ou moins considérables, emballés dans les marnes triasiques, et il est impossible de voir comment elles se comportent en profondeur. Cependant, au Dj. Batene, on peut acquérir un renseignement un peu plus précis. Les coupes (Pl. II, fig. 23-24) montrent en effet ces roches ophitiques perçant le calcaire sénonien du Koudiat situé au S du signal ; on est donc certain, dans ce cas, que la roche est post-crétacée. Elle apparaît en outre un peu au S, dans une faille séparant le Sénonien de l'Aptien, sous forme d'un dyke épais d'un mètre et bien visible sur une dizaine de mètres ; plus loin la faille est remplie par une brèche. A son contact, les marnes sont durcies, mais la transformation ne semble pas s'être propagée au-delà de quelques mètres.

M. Gentil, qui a bien voulu examiner cette roche et les quelques autres dont il sera question ici, a constaté qu'elle était fortement altérée, bien que la structure ophitique fût encore visible. Les feldspaths sont transformés en micas blancs hydratés ; le pyroxène a disparu ; mais, par contre, il s'est formé du quartz secondaire, de la calcédoine, de la calcite et de la chlorite. L'aspect variolé, que présente la roche à l'œil nu, est dû précisément à de la chlorite localisée en certains points. On voit aussi de beaux cristaux de pyrite. Cette roche, assez dure, est exploitée au Batene pour l'empierrement et il est à craindre qu'elle n'ait déjà entièrement disparu.

Au pied du Dj. Saadine, du côté de l'E, pointent deux pitons ophitiques (fig. 5). La roche est très altérée, chargée d'épidote, de chlorite, de magnétite, d'ilménite et de sphène. Des roches analogues, également très modifiées, apparaissent au Kt. es Senouber, près du Dj. Harraba, et au Dj. Debadib, sur le sentier du Kt. el Mrira. J'ai en outre ramassé des blocs isolés le long de la piste de Sidi Youssef, à Medjez el Krarrouba, et enfin au Zebbes el Houfia (Chérichira). Toutes ces roches, peu différentes les unes des autres, semblent bien voisines de celles qui ont été étudiées par Gentil dans le bassin de la Tafna [1], mais leur état de conservation défectueux ne permet pas une détermination précise.

(1) L. Gentil : Esquisse stratigraphique et pétrographique du bassin de la Tafna, Alger 1902, p. 210-273.

CLICHÉ FLICK

III et IV — Le Djebel ech Cherichira.
Vues prises des deux côtés de la crête du Dj. es Sfah montrant le sommet d'et Tengoucha. (La première vue se place à l'Est et à gauche de

DEUXIÈME PARTIE

TECTONIQUE

HISTORIQUE

La constitution architectonique de la Tunisie n'a encore été l'objet que d'études brèves et rares, remontant à quelques années tout au plus. Des ouvrages de grande importance, tels que la *Géographie Universelle* de RECLUS, ne donnent que des indications vagues ; il n'en va pas différemment pour la Notice géographique de l'ouvrage sur la Tunisie (4 volumes, sans nom d'auteur), qui se borne à énumérer les principales montagnes, rivières, etc. Aussi l'article de BALTZER (¹) est-il le premier travail fait à ce point de vue, mais il traite surtout d'un cas particulier. La note de HAUG (²), quoique très brève, a une portée plus générale. Plus récemment, en 1900, j'ai donné (³) une esquisse de géographie physique, qui est probablement la première étude d'ensemble sur ce sujet. L'année suivante, MONCHICOURT (⁴) publia un travail « Sur le massif de Mactar », dans lequel il voulut bien reproduire les indications géologiques que je lui avais données au cours de diverses excursions faites en son aimable compagnie. Enfin, je n'aurai garde d'oublier les trois fascicules des « Matériaux d'Étude topologique pour l'Algérie et la Tunisie (⁵) », dus à la collaboration de tous les officiers topographes. Ceux-ci furent invités à recueillir, lors des levés, tous les renseignements concernant la nature du sol, l'affleurement des couches, leur plongement, etc. Il en est résulté un ensemble, peut-être un peu inégal, mais contenant une foule de documents qu'on ne saurait trouver ailleurs. Quelques coupes schématiques, — où des données précises ont parfois été unies à d'autres moins certaines — et de brèves notices complètent et expliquent les cartes. Au total, cette publication constitue un progrès très notable vers une connaissance plus complète de nos possessions Nord-Africaines. J'avais songé à fondre les indications fournies par ces Cahiers avec le résultat de mes observations personnelles, mais finalement j'ai cru préférable de laisser les deux choses distinctes et de ne marquer que ce que j'avais vu moi-même.

J'ai donné, dans l'article déjà cité, de rapides indications sur les contrées sep-

(1) A. BALTZER : Beiträge zur Kenntniss des tunisischen Atlas.
(2) E. HAUG : Sur quelques points théoriques de la Géologie de la Tunisie.
(3) L. PERVINQUIÈRE : La Tunisie centrale, Esquisse de géographie physique.
(4) Ch. MONCHICOURT : Le massif de Mactar.
(5) Cahiers du Service géographique, nᵒ 10, 14 et 16.

tentrionale et méridionale de la Régence, entre lesquelles la région centrale est encadrée ; j'y renvoie le lecteur. Cette deuxième partie de mon ouvrage sera donc consacrée uniquement à la description de la Tunisie centrale. Pour cela, je vais passer en revue les principaux massifs, en partant de l'E (de Kairouan), pour me diriger vers le N-W, redescendre vers le S, puis revenir à mon point de départ. Ensuite je m'efforcerai de grouper en un chapitre d'ensemble les principaux résultats, auxquels m'aura amené cette étude et d'esquisser l'histoire géologique de la Tunisie. Mais. avant tout, il importe d'envisager les différents terrains au point de vue de leur rôle orotectonique.

ROLE OROTECTONIQUE DES DIFFÉRENTS TERRAINS

Le **Trias** consiste principalement en argiles, qui ont offert à l'érosion une proie facile ; aussi sont-elles le plus souvent nivelées ; seuls, les calcaires dolomitiques produisent quelques saillies (Kt. el Halfa, etc.). En outre, le Trias paraît avoir joué un certain rôle dans la constitution de diverses montagnes compliquées, en favorisant les glissements. Sauf dans l'extrême Sud, il n'apparait que dans les massifs très disloqués, en dessous de terrains bien plus récents ; en particulier, je n'ai jamais pu observer son contact avec le Lias, qui doit cependant être visible au Dj. Reçass. (Vue IX) (1).

Le **Lias** comprend au contraire des calcaires massifs, sans stratification nette, atteignant plusieurs centaines de mètres d'épaisseur, et se traduit par des formes rigides, des profils d'un dessin très ferme. Aussi se prête-t-il difficilement aux plissements et les massifs liasiques sont-ils souvent limités par des failles (Zaghouan, ben Saïdan, etc.). La végétation y est presque nulle. (Vues V-VIII.)

Le **Jurassique supérieur** n'a qu'un rôle insignifiant ; il donne des collines rougeâtres au bas des pentes liasiques.

Le **Néocomien** se comporte de deux façons bien différentes suivant les facies. Dans le Nord, ce sont des marnes schisteuses qui s'étalent dans la plaine sur de larges surfaces (Zaghouan, ben Saïdan, etc.) ; dans le Centre, des calcaires et dolomies, produisant dans le cirque N du Mrhila une série de gradins très raides, suivis d'une pente douce, qui correspond aux marnes de l'Hauterivien.

L'Aptien est assez constant : à la base, marnes schisteuses et un peu gréseuses, puis calcaires et calcaires dolomitiques très durs, laissant çà et là quelques intercalations marneuses. Il en résulte des montagnes à arêtes vives (Serdj, etc.) ;

(1) J'ai cru devoir reproduire ici quelques-uns des clichés faits au cours de mes voyages, car j'estime qu'une image, même défectueuse, n'est jamais tout à fait inutile et épargne de longues descriptions. J'ai fouillé en vain toutes les collections, sans y trouver autre chose que des vues de Tunis ou de Kairouan, ou encore de l'O. Gabès : pas un paysage du Centre Tunisien, pas même la silhouette en long du Zaghouan. D'autre part, l'illustration des divers ouvrages ayant trait à la Tunisie est tout à fait insuffisante à notre point de vue spécial. Seuls MM. Flick, Jordan et Monchicourt ont donné des vues intéressantes. C'est ce qui m'a décidé à publier les quelques photographies disséminées dans cette deuxième partie ; le lecteur voudra bien excuser leur imperfection, que je ne me dissimule en aucune façon, en songeant aux difficultés que rencontre toujours le voyageur, difficultés, qui bien souvent l'empêchent de réaliser tous ses projets.

les courbes de niveau sont souvent des lignes presque droites, brusquement interrompues par des indentations très marquées, correspondant à des ravins fortement encaissés à bords nettement limités. C'est l'aspect typique, parfaitement rendu par la carte du Serdj. (Vues x, xi, xiii, xxiv, xxxi.)

L'**Albien** compte à peine. Sa base se relie à l'Aptien ; tout le sommet va avec le Cénomanien.

Le **Cénomanien** est composé, dans le Nord, de marnes et calcaires en alternance régulière, donnant un ensemble assez résistant et formant des collines arrondies ; les calcaires, plus ou moins redressés et isolés par l'érosion, produisent souvent une série de barres, parfois de murailles. Dans tout le Centre, ce terrain ne comporte que des marnes argileuses, facilement affouillées par les eaux courantes. Enfin, au Semmama et au Chaâmbi apparaissent des dolomies puissantes, qui donnent alors à ce terme une rigidité, dont il était complètement dénué dans le cas précédent.

Le **Turonien** de la région septentrionale n'est pas distinct du Cénomanien. Dans le Sud, au contraire, il comprend des marnes bleutées, intercalées entre deux masses calcaires, souvent très dures, qui couronnent diverses montagnes. Quand les strates sont assez redressées, les marnes disparaissent aisément et il reste deux barres calcaires, deux murailles, séparées par une vallée longitudinale. C'est l'aspect caractéristique des deux barres de Foum el Guelta (Vues xxxiii et xxxvi).

Le **Sénonien** est toujours marneux à la base, ou même argileux (dans le Sud) ; aussi est-il affouillé d'une façon effrayante, au point que certains oueds sont encaissés de 100 m. Dans le Sud, une seule masse de calcaire blanc couronne les argiles, produisant une crête unique, tandis que, dans le Centre et le Nord, il y a deux masses calcaires, séparées par des marnes bleutées, d'où une double rangée de collines blanches, de Koudiats, s'élevant au-dessus des marnes inférieures. L'étage se termine par des marnes plus ou moins argileuses, atteignant 300 m. à la Kalaat es Snam, réduites à 1 m. en d'autres endroits. Dans le premier cas, se dresse une pyramide à pente assez douce, couronnée par une dalle calcaire (Éocène) (Vue i) ; dans l'autre, le calcaire éocène fait suite presque immédiatement au calcaire sénonien. On a alors une falaise (Dj. Sekarna), dont les deux tiers inférieurs reviennent au Crétacé, tandis que la partie supérieure, à peine séparée par un léger gradin, correspondant aux marnes phosphatées, appartient à l'Éocène inférieur (Vues xvii, xxviii).

Cet **Éocène inférieur** possède deux facies bien différents au point de vue de leur rôle orotectonique. Le facies à Nummulites présente des calcaires rigides, sans stratification, limités par des abrupts ; c'est lui qui forme les Kalaats (Vues i, xiv, xxi, etc.). Au contraire, dans les endroits où règne le facies sans Nummulites, le calcaire est blanc, tendre, flexible et se conduit tout à fait comme le Sénonien, dont il a l'aspect, c'est-à-dire qu'il donne de blancs mamelons, Koudiat ou Kroumat. L'**Éocène moyen** est marneux, mais comporte des calcaires plus ou moins développés à la base ; il est par conséquent assez tendre et ne subsiste que dans les synclinaux, où il produit une terre jaune (Trab Sefra) d'une grande fertilité, surtout vis-à-vis des céréales. Toutefois, à la partie supérieure, l'introduction des lumachelles à *Ostrea Clot Beyi* apporte au terrain une certaine résistance, et il peut alors engendrer une série de collines parallèles à celles de l'Éocène supérieur (el Krim et Toual). L'**Éocène supérieur** n'est qu'alternances d'argiles bleu foncé et de grès calcarifères d'un jaune doré. Les argiles enlevées, il reste une série de murs parallèles, de « *siouf* » (Vue III). L'**Oligocène**, assez peu important, est constitué par des grès fins et tendres, par suite facilement érodés.

Le **Miocène** est toujours gréseux à la base ; les grès, plus grossiers et un peu plus durs que ceux de l'Oligocène, ont en général mieux résisté, mais, au total, ils ne forment jamais de sommets bien importants, seulement quelques crêtes ou quelques mamelons. Plus haut, s'intercalent des argiles très affouillables, puis des poudingues fort résistants, mais restreints comme étendue (Vues III, IV).

Le **Pliocène**, au contraire, occupe de vastes surfaces et se montre fort variable de constitution. Des grès fins couvrent tout le plateau de bou Driès (donnant lieu à une multitude de sources au contact du Crétacé) et remplissent la cuvette du Bled Zelfane, dans l'ensemble assez plane ; quelques parties plus dures et ferrugineuses seules font saillie çà et là. Près de Kasserine, ils sont assez résistants et ont dû occuper une assez grande étendue (Vue XXXII). Mais, en outre, ce terrain comprend souvent de vastes accumulations de cailloutis, grès, argiles, en général peu consistantes. Aussi, la nappe primitive de débris est-elle maintenant découpée en une infinité de *gour*, c'est-à-dire de collines isolées par l'érosion, dont les sommets sont presque tous à la même hauteur.

Enfin, au **Pleistocène** se rapportent les alluvions, qui remplissent un grand nombre de cuvettes. Ce terrain occupe une surface infiniment plus considérable que tout autre, particulièrement dans le S-E, où il couvre plus des trois quarts du pays ; il est un peu moins développé dans le Centre.

ASPECT DE LA VÉGÉTATION ET RÉPARTITION DE QUELQUES ESPÈCES CARACTÉRISTIQUES

La nature de la végétation est avant tout fonction des conditions climatériques et géologiques. Je n'ai pas à m'occuper des premières, mais je dois dire deux mots des secondes. Dans le Sud, le Trias est absolument dénudé, mais cela tient sans doute à la sécheresse de l'air, puisque, dans le Nord, il nourrit des pins et des genévriers. Les calcaires liasiques portent également quelques plantes ou arbrisseaux très clairsemés. Du reste, en Tunisie, le plus souvent la montagne est nue, bien que parfois elle se couvre d'arbres ou d'arbustes. L'essence dominante est assurément le pin d'Alep (*senouber*), qui arrive à former des forêts, toujours clairsemées ; il n'est, du reste, en quelque abondance, que sur les marnes et calcaires du Crétacé supérieur, au point que souvent la lisière de la forêt marque la limite de l'affleurement. Cet arbre est presque toujours associé à divers genévriers et thuyas confondus sous le nom d'*ârar*. Ces mêmes essences se trouvent en petit nombre sur le Crétacé inférieur, mais le chêne vert (*bellouta*) vient s'y ajouter. Ce dernier a aussi réussi à s'installer sur les calcaires nummulitiques du Kef et de la Kessera, où il forme une brousse résistante, haute d'un mètre ou deux. En outre, quelques beaux chênes se voient au Bargou, au Belouta et au Mrhila, mais ils sont rares. Dans quelques ravins (Trozza, Mrhila), se rencontrent encore des arbousiers (*lendj*) et, au bas des pentes, des caroubiers (*krarrouba*) ou des oliviers sauvages (*sebbouj*). Ce sont, du reste, les seuls arbres existant dans le Centre tunisien, sauf au Bargou, où les peupliers (*safsaf, sfisifa*) et nos arbres fruitiers viennent à merveille. Enfin, quelques sommets (Trozza) portent une petite brousse de palmiers nains (*doum*) entre les touffes de *halfa*. Le sous-bois des forêts de pins est formé avant tout par le romarin (*klil* ou *aklill*), les cistes (*mellih, chedjeret en nahal*), le *diss*, presque à l'exclusion de la *halfa*, et parfois, comme à Souk el Djemâa, par des bruyères (*krlendj*).

Sur les cailloutis et les éboulis, au bord de la plaine, s'est établie une brousse souvent très serrée : genévriers, romarin, calycotome et divers genêts épineux (*guendoul*), plusieurs sumacs (*soummak*), azerolier (*zârouï*), parfois oliviers sauvages, entre lesquels poussent des cistes, du thym (*zâter*) et de la lavande (*halhal*) ; dans les endroits où la terre est un peu moins rare, le fond de la brousse est formé par les grosses boules sombres de lentisques (*throu*) et du pistachier térébinthe (*betoum*), dont les feuilles émettent, quand on les frôle, une odeur de mastic.

Sur les marnes éocènes, la végétation est essentiellement herbacée et comprend surtout des Composées, des Légumineuses et des Crucifères. En outre, ce terrain est le lieu d'élection des scilles (*berrouag*), dont les gros bulbes bruns supportent une hampe terminée par une belle fleur bleue. Les broussailles et les arbres sont très rares sur ces marnes, qui sont par excellence des terres de culture.

Les dépôts pleistocènes, si développés en Tunisie, donnent une terre qui pourrait être fertile, mais demeure bien souvent en friche, couverte alors par la brousse comprenant les espèces déjà citées, auxquelles viennent s'en ajouter quelques autres. L'une des plus communes est le jujubier sauvage (*sder, sdra*), arbrisseau possédant de rares feuilles lancéolées d'un vert clair et muni d'épines aussi nombreuses que redoutables ; ses touffes orbiculaires, le plus souvent isolées, ne dépassent guère 1 m. ou 1 m. 50 de hauteur ; leur arrachage présente des difficultés telles que, bien souvent, on préfère les laisser. Le sable accumulé à leur pied forme rapidement une butte, presque une petite dune. Ces terres très légères et un peu sableuses provenant de la décomposition des grès de l'Éocène supérieur, de l'Oligocène et du Miocène, conviennent admirablement à l'olivier (*zitouna*) et au figuier de Barbarie (*kerma, henndi*), qui occupent de vastes surfaces dans le bled el Ala et la plaine de Kairouan. Mais celle-ci, véritable steppe, est en majeure partie couverte d'une végétation herbacée, comprenant surtout des graminées (*halfa, drinn, sfar*), des artémises en abondance (*tgouft, chihh*), quelques linaires ou erodium (*reguem*), etc. Au voisinage des sebkra, le sol, plus argileux et imprégné de sel, porte une végétation toute différente, consistant surtout en Salsolacées et Staticées (*souïda, melleh, guetof*, etc.).

Enfin, dans les Oueds la végétation devient presque luxuriante ; le laurier rose (*defla*) abonde, associé au tamarin (*tarfa*), exceptionnellement à quelques pieds de palmiers (*nakrla*).

DESCRIPTION DES PRINCIPAUX MASSIFS

PLAINE DE KAIROUAN

Kairouan est bâtie au milieu d'une immense plaine basse et monotone, possédant, surtout au S, le caractère d'une steppe. Une faible portion est cultivée en céréales (orge et blé), mais la majeure partie est simplement couverte d'une végétation herbacée (*halfa, drinn, tgouft*, etc.), au-dessus de laquelle s'élèvent des touffes de jujubier sauvage, et fréquemment entrecoupée par des plantations de cactus. En quelques endroits, par exemple entre el Haouareb et Hadjeb el Aioun, les broussailles sont plus nombreuses, plus serrées et forment une véritable brousse, où domine le lenstique (*throu*), associé au pistachier térébinthe (*betoum*), à l'olivier sauvage (*sebbouj*), et à divers sumacs. A l'E de Kairouan, l'aspect est un peu différent et le voisinage des *sebkra* (lacs salés) donne un caractère spécial à la végétation, surtout formée par des Salsolacées. Ces steppes sont par excellence des terres de parcours et par suite sont habitées par des nomades ou demi-nomades, qui appartiennent à la grande tribu des Zlass.

DJEBEL BATENE EL GUERN
(Pl. II, 24-28)

Vers le bord oriental de la plaine de Kairouan, où s'esquissent à peine de faibles ondulations, s'élève le Dj. Batene el Guern (1), dont la hauteur n'est que d'une centaine de mètres, mais qui offre au géologue un intérêt tout spécial par sa complexité. Le nom de *Batene* indique une large vallée entre deux crêtes parallèles et, d'autre part, *el Guern* rappelle sa vague analogie avec une corne posée sur le sol.

La carte montre les terrains nombreux qui prennent part à sa constitution et l'extension de chacun, mais néanmoins leur agencement nécessite quelques explications. Au N du petit sentier qui passe sous le signal du Batene, apparaissent quelques grès micacés et marnes un peu bariolées, tout à fait analogues à ceux du Trias, immédiatement recouverts par des couches aptiennes fossilifères, indiscutables, d'ailleurs assez brisées surtout à l'E ; le gros banc séparé en deux tronçons, l'un vertical, l'autre horizontal, appartient déjà à l'Aptien, de même que le flysch, situé immédiatement en dessous, mais la limite précise est douteuse ; rien ne l'indique. Une série de grès blancs et brun foncé, ces derniers plus durs et restant en saillie, constituent la plus grande partie du Touïlet ez Zerga (la colline allongée et grise), dont FLICK a donné deux vues (2). Ces grès sont disposés en anticlinal dissymétrique,

(1) Ce massif et le suivant font l'objet d'un carton spécial à l'échelle du 1/100.000, qui vient s'assembler au S-E de l'Ousselat ; le terrain qu'il représente est contigu à celui de la grande carte et même une bande étroite est commune à l'un et à l'autre : elle porte le Kt. el Bohli et la koubba de Sidi Messaoud, mais le nom de cette dernière a dû être coupé, car il dépassait les limites du carton.

(2) *Matériaux* (2), Vues 3 et 4.

dont l'axe coïncide presque avec le flanc vertical (W); sur l'autre flanc, les couches plongent de 50 à 70° N-N-E. Mais, en outre, les bancs les plus inférieurs s'affaissent un peu à l'E, englobant le Trias, comme le montre la coupe (Pl. II, fig. 24). Enfin l'érosion agissant d'une manière irrégulière a produit cet effet bizarre (vue n° 4), qui a fait croire à un pli couché. Sur la vue citée, on distingue, à droite, le talus couronné par le signal, dont la base est triasique, le sommet aptien; en avant, le flanc N-E du pli (plongeant en arrière et à gauche de la figure), flanc qui un peu plus à gauche se raccorderait avec le flanc W; ce dernier apparaît sur la photographie comme une trace horizontale (des strates verticales). Ces bancs verticaux produisent une série de barres longeant le pied de la montagne, et se poursuivent assez loin dans le S, limités à l'E par une faille, car l'anticlinal a été rompu dans le sens de la longueur. Le Koudiat au S du signal consiste en calcaire sénonien assez fracturé, mais plongeant dans l'ensemble à l'E (Pl. II, fig. 25). Dans la faille se voyaient, lors de mon passage, deux pointements d'ophite; l'un, peu étendu, dans le Koudiat situé entre les deux sentiers, au contact des marnes et calcaires sénoniens, dont le séparaient deux ou trois paquets de marnes bariolées réduites à moins d'un mètre cube. Cette roche était exploitée pour l'empierrement et il est à craindre qu'elle n'ait entièrement disparu. Un peu plus au S, la faille est jalonnée par un dyke d'ophite épais d'un mètre, visible sur 20 à 30 m. de long et se prolongeant au S par une sorte de brèche.

D'autre part, le flanc E de cet anticlinal est coupé par une faille, par suite de laquelle les grès blancs grossiers du Miocène touchent l'Aptien et le Sénonien [1].

Comme ces grès sont verticaux et très homogènes dans toute leur épaisseur, il est bien difficile de dire si les deux flancs du synclinal existent ou si un seul subsiste; il est possible que les grès soient repliés et que leur épaisseur soit moitié moindre de ce qu'elle paraît être. En tout cas, on voit ces grès s'introduire dans un synclinal d'Éocène supérieur d'une admirable régularité, comme on peut s'en rendre compte sur la coupe (Pl. II, fig. 27) ou la photographie de Flick, prise au défilé situé au S de l'Oglet ech Cheurfa (point coté 104). Fait remarquable, ce synclinal est alors sur le prolongement de l'anticlinal, ici entièrement nivelé (les débris empêchent de voir les rudiments de ce dernier qui pourraient subsister à la surface de la plaine); la vue n° 3 des *Matériaux* laisse précisément apercevoir le sommet crétacé par dessus le milieu du synclinal tertiaire. Ce synclinal si régulier se poursuit jusqu'au S de la montagne, admettant de nouveau un peu de Miocène; le Sif el Azreg (gris) et le Sif er Rjem (tas de pierres) constituent précisément ses deux versants.

A l'E, tout le long du Miocène (et de l'Oligocène peu net), s'alignent les Siouf de l'Éocène supérieur, ondulés et oscillant un peu de part et d'autre de la verticale. Une longue vallée, correspondant aux marnes supérieures de l'Éocène moyen, les sépare du Sif el Abiod (le Sif blanc), produit par la partie calcaire de ce dernier étage, et au-delà duquel quelques bancs discontinus émergent seuls de la plaine. Mais, au S de ce point, réapparaît l'Éocène supérieur flanqué du Miocène;

(1) *Matériaux* (2), Vue 3: flanc E de l'anticlinal; au niveau du signal, masse de grès aptiens; en avant, grès blancs du Miocène, visibles en plusieurs points.

l'un et l'autre sont verticaux. Évidemment un pli-faille existe entre les deux termes de l'Éocène, puisque la retombée à l'E de l'Éocène moyen fait complètement défaut. Du reste, plus au S, ce même pli-faille a supprimé l'Éocène supérieur ; le Miocène touche alors l'Éocène moyen, réduit lui-même plus loin. Ainsi, à l'extrémité méridionale du massif, le Miocène du pli oriental vient reposer sur l'Éocène du pli occidental ; l'un des plis a disparu.

Enfin, il est un point que je ne veux pas passer sous silence, car il peut avoir son importance, bien que l'explication m'échappe. Sur la route menant de Kairouan au Batene, une tranchée récente, peu profonde du reste, m'a permis de voir sur quelques mètres d'étendue des marnes versicolores, rappelant tout à fait celles du Trias, complètement invisibles dans les conditions habituelles. Elles se trouvent un peu avant le point coté « 95 » (1), sur le prolongement de la bande de l'Éocène supérieur, non loin du pli-faille séparant ce dernier de l'Éocène moyen. Est-ce bien réellement du Trias ? Je n'ose l'affirmer, mais j'ai tenu à signaler le fait.

En résumé, on peut dire que le Dj. Batene el Guern consiste en deux synclinaux (celui de l'W, très régulier au S, incomplet au N, et limité par une faille ; — celui de l'E, vertical) soudés à leur extrémité méridionale, mais séparés sur la plus grande partie de leur longueur par un anticlinal faible et flanqués, d'autre part, par un anticlinal incomplet, dissymétrique. Dans la moitié septentrionale de ce dernier, les deux flancs subsistent, quoique très différents ; l'un d'eux est absolument vertical et conserve cette disposition jusqu'au moment où il disparaît, tandis que l'autre est formé tantôt par l'Aptien, tantôt par le Sénonien, sans interposition d'autres terrains crétacés, qui cependant existent dans la région. Enfin, au centre de cet anticlinal, surgit une masse triasique fondue dans le flysch aptien.

Au S du Batene, les grès et cailloutis pliocènes, le plus souvent peu inclinés, couvrent une assez vaste surface, et forment, entre autres, la série d'ondulations du bled el Gountasso, où ils admettent des limons sableux d'un rouge vif. Ces cailloutis supportent le signal du S du Batene et constituent une partie du Dra el Mehalla (du camp). En plus, les débris de pentes probablement pleistocènes, avec sables plus ou moins argileux, produisent un talus, reliant insensiblement la plaine de Kairouan au Batene proprement dit. Enfin, à l'W, une plaine cultivée, un peu marécageuse en quelques endroits, l'Heriet el Batene, sépare celui-ci de l'Hogaf es Sfeia.

DJEBEL ECH CHERICHIRA

(Pl. II, 12, 13, 14, Vues III et IV)

Le Dj. ech Cherichira est l'une des montagnes de Tunisie qui ont été le plus étudiées au point de vue géologique et, cependant, il n'a presque rien été dit sur sa tectonique. Je vais tâcher de combler cette lacune.

(1) Les noms entre « » sont ceux de la carte au 1/50.000, qui ne figurent pas sur celle qui accompagne ce travail : je suis parfois obligé de les employer pour la clarté de l'exposition. Je prie donc le lecteur de se reporter à la feuille de Kairouan, 1/50.000.

Le Cherichira n'est que l'un des nombreux dômes qui parsèment le sol de la Tunisie centrale; le plissement offre la même direction générale S-W—N-E que les autres massifs et non pas E—W. La complication est seulement un peu plus grande, ce qui a entraîné l'apparition du Trias; enfin, l'érosion, agissant surtout sur le flanc S-E, l'a fait partiellement disparaître, tandis que l'autre est enterré sous les débris. On peut dire, en somme, que le Dj. ech Cherichira et le Dj. es Sfeia, qui l'avoisine, forment un dôme allongé ou anticlinal, rompu à peu près suivant l'axe et offrant, en outre, une dépression transversale, qui sépare ces deux montagnes. Examinons donc chacune de ces parties.

Le Trias forme la masse arrondie du « Djebes el Houlia ». Les argiles, peu bariolées et altérées superficiellement, renferment ici une grande quantité de gypse blanc, noir, rouge; çà et là, émergent des bancs de dolomie ou des plaquettes calcaires, dont l'affleurement n'est jamais très prolongé. Néanmoins, fait remarquable, les pendages de tous ces bancs sont disposés en dôme. Ce Trias dépasse à peine au N-E l'O. bou Mourra, mais, d'autre part, il pousse une ligule très loin vers le S-W, jusqu'à Si Messaoud, où il est en contact avec l'Éocène supérieur, tandis qu'un peu plus au N, s'intercale un débris de calcaire sénonien vertical, complètement broyé et imprégné de calcite, ne mesurant guère plus de 20 m. sur 100 m. et écrasé contre l'Éocène moyen. Un banc de calcaire blanc de l'Éocène moyen, vertical au S-E, moins incliné à l'E, flanque le Trias du côté de la plaine (Pl. II, fig. 13, 14). Au N-E, ce dernier est surmonté par le Sénonien, sous forme de marnes et calcaires, plongeant vers le N-E sous un angle assez considérable, qui diminue quand on s'élève et s'éloigne du Trias. A l'Éocène inférieur, sous le facies des calcaires francs à Nummulites, appartient la table « d'Et Tengoucha », qui couronne la montagne avec une inclinaison moyenne de 25° N-N-E. La coupe et la photographie montrent, en outre, une grande dalle effondrée vers le N-E, sous un angle de 70°. Les marnes et calcaires de l'Éocène moyen ont dû suivre le mouvement et on en voit des débris en divers endroits. Enfin, la série des crêtes du « Sif el Djadj » est due aux grès de l'Éocène supérieur, formant saillie au-dessus des marnes, celles du Sif el Gnateur au Miocène.

Le Dj. « Ouled Kredija » (Pl. II, fig. 12), qui forme avec le « Dj. es Sfah » le prolongement de l'anticlinal du Cherichira, consiste en calcaires blancs de l'Éocène moyen (suite de ceux qui bordent le Trias), possédant une disposition en chevrons ; mais, par suite d'un pli-faille qui suit à peu près le sentier réunissant les deux oueds, la retombée de ces couches a presque entièrement disparu au N-W et l'Éocène supérieur s'accole à l'Éocène moyen avec un plongement opposé. Cet Éocène moyen consiste en grès jaune doré, redressés à 70° environ, alternant avec des marnes facilement ravinées ; le résultat a été la création d'une série de « siouf », c'est-à-dire de petites murailles parallèles. La photographie (III) montre, à gauche du palmier, les derniers de ces siouf, dont la pente est déjà un peu plus faible. L'ensemble porte un nom qui se retrouve fréquemment en pareil cas : « es sebaa regoud » (les sept dormants). Une dépression, bien visible sur la photographie, et que M. Thomas estime être un ancien lit de l'O. bou Mourra, les sépare de la crête miocène du Dj.

es Sfah. L'une des vues (IV, due au Cᵗ FLICK) montre, en outre, derrière la maison des eaux, les dépôts rouges pliocènes, supportant de beaux oliviers, puis une petite brousse et, au premier plan, des eucalyptus d'introduction récente. C'est là que naît la belle source qui alimente Kairouan et a sans doute valu son nom à la montagne (1). Le Pliocène, très peu incliné en ce point, occupe une assez large surface et laisse seulement apparaître le Miocène du Kt. el Bohli, autre versant du synclinal du Dj. es Sfah.

Continuant notre route vers le N-E, nous constatons que le Dj. es Sfeia (plateau rocheux) constitue toujours la suite du même anticlinal, ici très fortement dissymétrique. Le flanc S-E, en effet, consiste en quelques fragments de calcaire nummulitique, assez redressés, et supportant un reste d'Éocène moyen, dont l'ensemble porte le nom de Dj. el Afaïr. L'autre versant est le Dj. es Sfeia même, dont la pente n'est que de 15°. Au pied de la falaise apparaissent les niveaux inférieurs de l'Éocène, peut-être le Sénonien. Mais en plus, l'axe de cet anticlinal s'abaisse vers le S-W, en sorte que, près de la haouta de Si Messaoud, l'Éocène inférieur disparaît sous l'Éocène moyen, qui forme à lui seul les deux flancs de l'anticlinal. C'est à cette disposition qu'est dû le synclinal transversal du « Kt. es Settara ».

A l'E, tout au bord de la plaine, se dressent des calcaires très durs, avec quelques lits de marnes rouges ou vertes subordonnées ; l'ensemble est entièrement disloqué. Je n'y ai trouvé aucun fossile, et, d'après le facies, les ai rapportés à l'Aptien, mais j'ai maintenant quelques doutes sur cette attribution et me demande si ce ne serait pas plutôt du Trias. Des cailloutis pliocènes bien cimentés et couverts d'une petite brousse les bordent et leurs strates accusent des pentes pouvant atteindre 50°, ce qui prouve combien ont été énergiques les derniers mouvements du sol.

Enfin, j'ajouterai que de la plaine, à Mers ed Damous, émerge un rocher foncé, plongeant de quelques degrés au N-W ; je ne sais à quelle formation le rapporter, ayant oublié de l'indiquer sur la carte, et ne trouvant pas de notes à son sujet. Son nom de Sif el Ahmar (le sif rouge) m'inciterait à le rattacher à l'Éocène supérieur, mais c'est une simple présomption.

Revenons maintenant au Dj. es Sfeia. Du signal, nous pourrons constater qu'il s'étend vers le N sous l'apparence d'un long plateau présentant à nos pieds une pente de 15° environ vers le N-W, et, plus au N, de quelques degrés seulement vers l'W. Une haute falaise le limite à l'E, portant les noms de Hogaf es Sfeia et de Dj. el Merabtiha. A son pied, s'aligne une série de petites éminences sortant à peine de la plaine : Regoub es Souda, Regoub el Beida, etc. C'est la retombée orientale des couches du plateau sous une pente assez considérable, comme on le reconnaît en suivant le sentier du Bled ed Djibina à l'Oglat de Si Abd er Rhamane. En passant, on constate que le sentier est à peu près à la limite des deux facies de l'Éocène inférieur : au S, calcaire à Nummulites dans le Dj. es Sfeia proprement dit ; au N, facies des calcaires blancs sans Nummulites. C'est dans ce dernier calcaire qu'est découpé le Fedj el Merabtiha, dont FLICK a donné une vue (*Mat. d'Ét. topol.*, 2ᵉ série, Vue nº 5).

(1) Probablement du verbe « *chercher* » : Laisser couler l'eau de tous côtés.

Le Sfeia se prolonge donc par un anticlinal très surbaissé, à peu près N—S. Dans le large synclinal, également très étalé, qui le sépare de l'Ousselat et du Dj. Rhanzour, subsistent quelques témoins éocènes et miocènes perçant les alluvions.

Entre le Dj. Cherichira, l'O. Marguellil et le Dj. Ousselat tout le pays est occupé par les dépôts pliocènes : argiles, sables, et surtout cailloutis en bancs souvent peu nets et peu inclinés : néanmoins au Dj. el Krib et en divers points sur les deux rives du Marguellil, ces couches ont une pente voisine de la verticale. Au Dj. Aïn er Rhorab (source du corbeau), ces dépôts laissent poindre les grès de l'Éocène supérieur, non moins redressés, dernier éperon du Cherichira. Cette surface est impropre à toute culture et par suite fort peu habitée ; une brousse épaisse de romarin, au dessus de laquelle s'élèvent des genévriers et des oliviers sauvages, revêt tout l'espace qui n'est pas occupé par la halfa, où se cachent force perdrix (Bled Aitset el Ajela).

DJEBEL OUSSELAT
(Pl. II, 8, III, I, II, III)

Le nom d'Ousselat évoque l'idée de deux choses qui sont liées ; or, fait remarquable, il se compose de deux plis soudés et à peine distincts dans la partie méridionale de la montagne (quoique reconnaissables sur la coupe), puis s'individualisant et se séparant, de manière à laisser entre eux une légère cuvette synclinale. Le pli occidental se poursuit par le Dj. Hammama et le Dj. Hannikat en deux crêtes calcaires (Éoc. inf., facies des calcaires en lits minces sans Nummulites. Cf. *Mat. Ét. topol.*, (2e) Vue n° 7) qu'une dépression semi-annulaire, creusée aux dépens des marnes terminales du Crétacé, isole du Dj. el Halfa, noyau du calcaire sénonien. Je ne suis malheureusement pas allé plus loin de ce côté et ne puis donner d'autres renseignements précis (1), mais on voit fort bien à la jumelle que le pli se prolonge par le Dj. Serdouk (du coq) et Bellouta (des chênes verts) jusqu'à l'O. el Ksob (des roseaux) et même au-delà. Le flanc W est très incliné.

L'autre pli, qui se détache de l'Ousselat, donne le Dj. Rhanzour, anticlinal dont la voûte a en partie disparu, faisant place à un cirque d'érosion. Le Dj. Chakeur, autre dôme qui fait suite au N au Rhanzour, en offre encore un plus bel exemple, comme on peut s'en rendre compte par la photographie du Ct Flick (*Mat. Ét. topol.* (2), n° 6). J'ajouterai en outre, à ce sujet, que la carte indique au Dj. bou Dabouss un cirque encore plus remarquable, établi au milieu des marnes sénoniennes, et dont les calcaires à Inocérames forment le bord.

Quant à l'Ousselat proprement dit, c'est un grand anticlinal subdivisé par une légère ondulation ; son sommet forme presque un plateau, que de profonds ravins découpent en longues arêtes, faisant apparaître les calcaires inférieurs de l'Éocène et même le Crétacé. Les deux parties N et S de l'Ousselat sont notablement différentes l'une de l'autre, comme je l'ai fait observer à propos de l'Éocène inférieur. Au S, en effet, les calcaires subcristallins à Nummulites ont, par leur rigi-

(1) La carte a été complétée sur ce point, d'après les renseignements et quelques fossiles que je dois au Ct Flick.

dité, offert une résistance insurmontable aux plissements : aussi se sont-ils brisés ; c'est ainsi qu'au S-W de la montagne, s'est produit une faille avec étirement, par suite de laquelle l'Éocène supérieur vertical vient au contact de l'Éocène inférieur, tandis que, de part et d'autre de ce point, l'Éocène moyen s'interpose régulièrement entre les termes précédents. Toute la moitié S de la montagne jusqu'au Kef Guittoun offre donc des pentes très fortes, souvent des abrupts. Dans le N, au contraire, règne le facies des calcaires blancs en bancs minces et flexibles, se comportant exactement comme le Sénonien (Cf. *Mat. Ét. topol.*, Vues 5, 6, 7). Les deux versants de l'Ousselat sont en outre bien différents, celui de l'W étant très incliné, au point que la rangée de Kroumats alignés au pied de la montagne se compose de strates presque verticales.

Le Djebil (petite montagne) qui accompagne l'Ousselat offre une disposition inverse, en ce sens que le versant oriental est bien plus rapide que le versant occidental, et atteint presque 90° dans la partie S, qui possède le facies des calcaires à Nummulites ; à l'W, au contraire, la pente n'est que de 15°. Celle-ci diminue quand on s'avance vers le N, et au défilé de l'O. Melah, elle n'est plus que de 35°, mais elle croît de nouveau jusqu'à la verticale au Kt. el Hammam. Ce pli du Djebil fort étroit se poursuit dans les mêmes conditions jusqu'au confluent de l'O. Marouf et de l'O. el Ksob, limitant à l'E un synclinal d'Éocène moyen très resserré, tandis qu'à l'W, les mêmes couches s'étalent librement jusque dans l'Argoub Grib.

Les oueds affluents du Marguellil ont eu facilement raison des marnes de l'Éocène moyen et ont isolé le Djebil ; les lumachelles à *Ostrea Clot Beyi* ont opposé plus de résistance et subsistent en un demi-cercle de collines nommé el Krim et Toual, tandis que les grès de l'Éocène supérieur constituent les gradins supérieurs du cirque, sous les noms de Kef el Agoub (des vautours), K. Mezil, er Rehiato et bordent en même temps la cuvette d'el Ala. L'O. Marguellil pénètre dans le cirque par une gorge profonde près de Sidi Rimani, et élargit brusquement sa vallée dès qu'il atteint l'Éocène moyen.

Au point de vue de la végétation, l'aspect de ces divers terrains est bien différent. La montagne (Ousselat et Djebil ; Éocène inférieur) est presque nue ; seulement quelques pins d'Alep et genévriers ; la plaine de l'Éocène moyen possède surtout une végétation herbacée, c'est la partie cultivable. Dès qu'on atteint les grès de l'Éocène supérieur, les cactus deviennent abondants ; ils couvrent de vastes surfaces près de Si Rimani et vers el Ala, mêlés alors à de nombreux oliviers ; c'est là que les tribus viennent camper les années de disette, sûres d'y trouver leur subsistance.

Au N, dans le bled el Gouazine, la carapace calcaire couvre tout, supportant une brousse intense (lentisque, etc.). Une terre noire, évidemment très riche en matières ulmiques, recouvre parfois cette carapace, mais, le plus souvent, elle serait trop peu épaisse pour permettre une culture. Çà et là elle laisse poindre les formations antérieures ; c'est ainsi qu'à l'Argoub Smida et jusqu'aux Sebaa Regoud, on retrouve le prolongement des couches du K. el Agoub.

Dans sa partie méridionale, l'Ousselat et son compagnon, le Djebil, courent parallèlement au Serdj, c'est-à-dire vers le N-E ; mais bientôt ils s'infléchissent vers le N-N-E et viennent s'écraser contre le prolongement de cette dernière montagne. Je n'ai malheureusement pas eu le loisir de suivre les plis jusque là ; il serait cependant intéressant de voir la manière dont ils s'accolent. Il semble que le pli de l'Ousselat se continue le long (et au pied) du Fkirine et du Zaghouan, séparé de ces massifs par une faille importante, puis diverge vers le Cap Bon.

Abandonnons donc ce pli, pour passer à celui auquel il vient se souder, c'est-à-dire la chaîne constituée par le bou Kournin, le Reçass, le Zaghouan, le Fkirine, etc. Je n'ai point visité les deux premiers massifs, aussi je n'en parlerai pas ; je serai en outre très bref au sujet du Zaghouan, qui a déjà été l'objet d'études antérieures et m'étendrai un peu plus sur le ben Saïdan et le Fkirine, qui n'ont pas encore été décrits. Bien que ces divers massifs soient en dehors des limites de ma carte, j'ai cru devoir en dire quelques mots, puisqu'il a été plusieurs fois question d'eux dans la première partie de cet ouvrage.

V. — Le Dj. Zaghouan (vu de la D^r ben Saïdan).

DJEBEL ZAGHOUAN

(Vues V, VI, VII)

Le Dj. Zaghouan (1295 m.) est assurément la montagne la plus visitée, grâce à sa proximité de Tunis. C'est elle qu'on aperçoit avant même d'être débarqué ; c'est elle que l'on revoit sans cesse, comme fond de tableau, dans les excursions autour de la ville. Du reste, sa silhouette hardie, sa cîme aiguë, sa crête déchiquetée ne manquent pas de pittoresque. Au surplus, sa hauteur au-dessus de la plaine (1295 m. Rass el Gassaâ - 150 m., Moghrane) est déjà assez considérable ; elle dépasse même celle du Chaâmbi, la plus haute montagne tunisienne.

Dès la sortie de Zaghouan, on commence à monter et on s'élève assez rapidement jusqu'au poste optique, auquel donne accès un bon sentier muletier. De là une longue crête, bordée par un à pic, mène au sommet, le Rass el Gassaâ. La muraille verticale qui, au S-E, limite toute la montagne, atteint ici plusieurs centaines de mètres ; les deux vues (VI, VII) la montrent partiellement, mais ne permettent pas suffisamment de se rendre compte de la hauteur. Vers l'E, en dessous du sommet, la pente est moindre quoique très rapide ; néanmoins, deux crêtes permettent de redescendre vers Si Salah bou Gabrine et l'ancienne mine. Un col bien marqué mène de cette Koubba à la Dechera de Si Médine, située à l'extrémité S du massif. Enfin, l'esplanade triangulaire du Dj. Staâ, reliée par son sommet au reste de la montagne, est limitée de deux côtés par des pentes très rapides. Au S-E, le profond ravin qui la sépare du reste de la montagne est dû à l'érosion, mais au N-W il y a peut-être une faille, comme ROLLAND l'avait indiqué. En somme, les calcaires massifs du Lias forment presque toute la montagne, à la constitution de laquelle l'Oxfordien et le Tithonique ne prennent qu'une faible part ; au pied, s'étendent sur une vaste surface les marnes schisteuses grisâtres du Néocomien, assez fortement ravinées. BALTZER (1) a donné une description du Zaghouan, à laquelle je renvoie le lecteur, et une explication tectonique qui n'est peut-être pas à l'abri de toute critique. Il y voit deux plis légèrement couchés au N-N-W, qui, seuls, seraient cause de l'élévation, sans qu'aucune faille ait eu à intervenir. Cependant, si au N et à l'E, il s'est produit des glissements suffisant à expliquer certains contacts anormaux, l'existence d'une grande faille au S-E me

VI. — La grande faille du Zaghouan.
(Éocène supérieur à gauche ; Lias à droite.)

(1) BALTZER : Beiträge zur Kennt des tun. Atlas, p. 31.

paraît difficilement contestable. Il faut noter d'ailleurs que BALTZER, qui avait d'abord adopté l'opinion de LE MESLE, a été ultérieurement amené à modifier le classement des assises jurassiques, mais il importe surtout de rappeler qu'il n'avait pu déterminer l'âge de divers sédiments, entre autres des grès priaboniens. Ainsi la lacune est bien plus considérable qu'il ne le supposait.

En somme, l'existence d'une grande faille, faisant buter le Priabonien contre le Lias, ne me paraît pas douteuse (Vues VI et VII). ROLLAND, qui a signalé son existence, estime la dénivellation à 1500 m., ce qui paraît très admissible. Cette faille a aussi été reconnue par FICHEUR et HAUG, dont la note courte, mais substantielle, constitue le meilleur résumé de la question. Aussi ne saurais-je mieux faire que d'en citer quelques lignes :

VII. — La faille de Zaghouan et le Rass el Gassaâ.

« Sur tout le versant septentrional, les couches liasiques plongent régulièrement vers le N et s'enfoncent brusquement sous le Néocomien ; à l'angle N-E, elles présentent un prolongement périclinal et, sur le versant S-E, le plongement vers l'extérieur du massif se continue jusqu'au pied S du sommet qui porte le poste optique. Ici, les couches liasiques s'enfoncent sous les argiles et les grès transgressifs de l'Éocène supérieur ; plus au S-W et sur les deux tiers de la longueur de la grande base du trapèze, elles butent par faille contre ces mêmes grès : c'est la grande faille du Zaghouan, de M. ROLLAND. Une faille analogue, faisant buter le Lias contre le Néocomien, s'observe sur le versant N-E du Djebel Staâ, sur la petite base du trapèze. De nombreux synclinaux, dans lesquels sont conservées les couches du Jurassique supérieur et même du Néocomien, divisent le dôme principal en dômes secondaires dont la surface se confond souvent avec la surface du terrain. Dans le grand axe du massif on n'observe ainsi pas moins de six dômes secondaires disposés bout à bout; ceux de l'extrémité N-E sont très réguliers ; mais ceux de la partie centrale sont poussés les uns sur les autres du S-W vers le N-E, c'est-à-dire dans le sens de l'axe du massif, de telle sorte que le Lias repose sur le Jurassique supérieur, voire même sur le Néocomien, sur le bord S-W de trois synclinaux transversaux.

» Dans le sens de la hauteur du trapèze, on compte également plusieurs dômes secondaires juxtaposés et en partie déversés vers le N-W ; le Kef el Blidah, séparé du massif principal par un synclinal oxfordien, possède aussi une certaine individualité.

» A son extrémité S-W, le massif du Zaghouan se divise en cinq ou six digitations à plongement périclinal, séparées par des synclinaux effilés de couches néocomiennes ; ce sont autant de dômes secondaires, qui ont en partie joué par failles les uns par rapport aux autres. C'est le long de ces failles, plus ou moins parallèles aux deux grandes failles N-E-S-W du pourtour, que des actions hydrothermales ont transformé les calcaires du Lias et du Jurassique supérieur en gîtes de calamine très riches et actuellement exploités sur une vaste échelle (1). »

Ce régime de dômes est le trait caractéristique de cette chaîne (et même de la Tunisie centrale). Le bou Kournin, le Reçass d'une part, le Kohol et le bou Aziz d'autre part ne sont que des dômes jurassiques, perçant au milieu des assises crétacées. Cela n'est, en somme, qu'un cas particulier d'un fait plus général, l'ondulation dans le sens vertical de l'axe de cette chaîne. Ainsi le Kohol et l'Aziz sont deux maxima, suivis d'un minimum très net, le Foum el Krarrouba (défilé du caroubier), permettant de passer de la plaine du Fahs à celle de Kairouan, et limité au S par un nouveau maximum : le ben Saïdan.

DJEBEL BEN SAIDAN ET DJEBEL FKIRINE
(Fig. 10 et 11, Vue VIII)

Le Djebel ben Saïdan (818 m.), bien souvent nommé Dj. Djoukkar, du nom de la belle source qui sort à son pied, est un immense cube de calcaire liasique dominant de 100 m. la plaine environnante, où s'étalent les marnes crétacées. La surface supérieure est presque un plateau, passablement raboteux à cause des rognons de silex restés en saillie et découpé par un certain nombre de ravins. Au total, c'est donc un dôme composé, comme une étude plus détaillée permet de s'en rendre compte. Les deux coupes (fig. 10 et 11), presque perpendiculaires l'une à l'autre, montrent cette manière d'être. Au N-W et à l'W, les calcaires liasiques gris foncé et chargés de rognons siliceux s'abaissent assez doucement vers la plaine et sont recouverts par les couches rouges du Tithonique, puis les marnes grises du Néocomien. Sur tous les autres côtés, la montagne est limitée par des pentes très fortes ; au premier abord, il semble y avoir une faille périphérique, mais ce n'est qu'une illu-

(1) E. Ficheur et E. Haug : Sur les dômes du Zaghouan, p. 1356.

sion, tenant à ce que, au N et au N-E, les couches presque horizontales au sommet s'abaissent rapidement vers la plaine ; l'érosion a fait, en grande partie, disparaître cette retombée des strates et celles-ci apparaissent par leur tranche, dessinant des lignes presque horizontales ; tout près de là se voit le Tithonique assez redressé, qui en réalité repose sur le Lias, plus ou moins enfoui sous des éboulis considérables, et qui est suivi par le Crétacé inférieur. En d'autres points voisins, ce dernier touche le Lias, par suite soit d'une transgression normale, soit de glissements.

Par contre, la faille de l'E est bien réelle ; elle est, d'ailleurs, presque sur le prolongement de celle du Zaghouan. Au pied de la falaise liasique, haute de 300 m. et montrant la tranche de strates peu inclinées, se voient des marnes grises éocènes

VIII. — La faille du Fkirine.
Éocène inférieur (*Ei*) au pied de la falaise liasique (*L*)

(e^3 de Aubert). Les choses sont encore plus nettes au Fkirine, où les calcaires blancs en lits minces de l'Éocène inférieur (les mêmes que ceux de l'Ousselat) dessinent une bande étroite au pied de la masse jurassique et semblent passer sous elle, comme le montre la photographie (Vue VIII). En ce point, la faille est manifeste ; elle est, du reste, multiple, et les mêmes assises se voient plusieurs fois, disposées en escalier. Dans quelques oueds, on atteint, sous les calcaires blancs sans Nummulites, les argiles de la base de l'Éocène et peut-être même le Sénonien. Malheureusement, la faille qui sépare le Fkirine du ben Saïdan interrompt brusquement ces assises, de sorte qu'on ne peut établir leurs relations avec les argiles précédentes (e^3 de Aubert), dont la place reste indéterminée.

Au S du ben Saïdan, les calcaires liasiques plongent notablement vers l'Oued el Assed, mais il y a en outre une faille qui suit approximativement cet Oued. En effet, les couches tithoniques, fortement broyées, ne s'appliquent que rarement sur le Lias ; souvent elles ont une pente opposée (du reste fort variable). Cette faille dépasse le ben Saïdan et intersecte la faille de l'E, arrêtant brusquement les calcaires blancs de l'Éocène inférieur, comme il vient d'être dit. A l'extrémité opposée de la vallée (W), cette même faille coupe normalement les strates du Lias et du Crétacé inférieur et les accole les unes aux autres. Cette vallée de l'O. el Assed, qui sépare le ben Saïdan du Fkirine, correspond donc à une dépression synclinale plus ou moins faillée. La plus grande partie en est occupée par le Crétacé inférieur, flanqué au N et au S par le Tithonique, puis par le Lias qui constitue la masse des deux montagnes.

Mais, en outre, on constate l'existence d'un plissement synclinal perpendiculaire à la direction de la vallée. La petite crête cotée 310 correspond, en effet, à un banc probablement aptien, presque vertical, surmontant des marnes néocomiennes (au N-W) et suivi par les marnes noirâtres de l'Albien, puis par les marnes et calcaires durs du Cénomanien, dessinant un synclinal très net entre les points cotés 310 et 423. Ce synclinal se prolonge vers le S-E, bordant le Fkirine, mais, au N-E, il est brusquement interrompu par la faille de l'O. el Assed, qui le sépare du Lias. Ce dernier terrain ne présente aucune ondulation bien accentuée sur le prolongement de ce synclinal, quoique on en distingue plusieurs dans ce bloc du ben Saïdan. Ainsi la crête de l'E (803-769) correspond à une ondulation légèrement dédoublée, comme le montre la coupe (fig. 11). En plus, à ses deux extrémités, les strates s'abaissent lentement et, au-dessus d'A. Mrhotta, le plongement périclinal est des plus nets ; en outre, une languette de terrain tithonique pénètre dans le ravin, contournant les calcaires liasiques. De même, à partir du sommet, les couches plongent presque en tous sens, mais très faiblement suivant la crête. L'autre coupe du massif (fig. 10) permet encore de discerner des plis perpendiculaires aux précédents, ainsi qu'une faible dépression (due en partie à une faille locale), où est logé un des lambeaux tithoniques. Ceux-ci sont manifestement ici en transgression sur le Lias, ce qui implique l'existence de mouvements antérieurs à leur dépôt.

Mais on discerne encore quelques plissements un peu plus compliqués. Ainsi, à l'angle N-E, près d'A. Abd es Settar, le Crétacé inférieur, sous forme de marnes avec lits gréseux, qui contourne la masse liasique, est contigu à des calcaires blancs (Éocène inférieur) ; probablement la faille de l'E passe entre eux deux. Ces calcaires sont suivis immédiatement par 7 ou 8 bancs de grès roux à petites Nummulites, dessinant un V; c'est assurément l'Éocène supérieur ; il n'y a pas trace d'Éocène moyen. Ce pli n'est visible que sur quelques centaines de mètres de longueur.

Au total, le ben Saïdan est un vaste bloc de calcaire liasique, irrégulièrement bosselé, coupé à l'E par une faille très nette, au S par une autre faille moins importante et postérieure à la précédente, et dont les autres flancs plus ou moins érodés supportent tantôt le Tithonique, tantôt le Néocomien.

Le Dj. Fkirine (985) montre également diverses ondulations. Quand on est placé sur le Dj. ben Saïdan, aux points cotés 704 ou 672, on voit les calcaires liasiques s'abaisser assez rapidement à ses pieds, disparaître sous le Tithonique et le Néocomien, puis reparaître au Fkirine. On reconnaît que le signal correspond sensiblement au sommet d'un dôme très ébréché au S-E par la faille et l'érosion. Le point 870 est situé dans une légère ondulation synclinale, bordée par un autre dôme ayant son sommet près du point 844. Les calcaires liasiques descendent ensuite rapidement vers le N-W et sont recouverts par le Tithonique, qui s'élève assez haut, puis par le Crétacé inférieur, formant le synclinal dont il a déjà été parlé. Au S-E, au contraire, les grands abrupts sont dus à une faille amenant les calcaires blancs de l'Éocène inférieur presque horizontaux au pied de la falaise (Vue VIII). Il s'agit donc encore ici d'un dôme composé, coupé par une faille.

DJEBEL BEN KLAB ET DJEBEL ROUASS
(Fig. 8 et 9)

Ce régime de dômes faillés est, en somme, le trait caractéristique de l'orographie tunisienne; il est bien rare qu'un dôme soit entier. Le Dj. ben Klab et le Dj. Rouass ne font point exception à la règle. Ce sont deux demi-dômes, dont la moitié occidentale existe seule, surgissant de la plaine du Fahs. Le premier est allongé du N au S, tandis que le deuxième s'aligne vers le N-N-E. Les coupes (fig. 8 et 9) rendent immédiatement compte de la constitution de ces massifs. Les calcaires marbres bleu foncé, veinés de vert, du Lias, entamés par plusieurs carrières romaines, sont en contact par faille avec des marnes feuilletées verticales, imprégnées de fer (Berriasien). Dans les calcaires, on voit souvent des cristaux aciculaires de quartz, mais surtout de la calcite. Naturellement, le relèvement a été variable suivant les points. Au N, les calcaires les plus supérieurs du Lias sont au contact des marnes berriasiennes, tandis que, sous le sommet, celles-ci touchent des assises un peu plus anciennes; enfin, à l'extrémité méridionale du Klab, subsiste un fragment de la retombée orientale des calcaires liasiques.

Une dépression transversale bien marquée sépare le Rouass du Klab, mais, en outre, ce dernier montre une légère ondulation dans le sens de la longueur.

DJEBEL BARGOU
(Pl. I, 1; Pl. III, 1; fig. 36; Vues X et XXIX)

Dans son ensemble, le Dj. Bargou (1226 m.) forme un grand dôme assez régulier, mais en réalité il résulte plutôt d'un ensemble de dômes plus ou moins fondus, alignés dans le sens de la longueur. C'est ainsi que le grand signal est porté par un dôme très distinct, un peu plus élevé que les autres; les rochers de Lella Zeilla appartiennent à un autre, etc. Toute la couverture consiste en calcaires aptiens, gris foncé et très durs, découpés en lapiez tranchants, qui rendent très pénible le parcours des environs du sommet.

Au bas des pentes ont subsisté des marnes et calcaires assez durs, aptiens ou albiens, s'élevant parfois jusqu'à mi-hauteur et disposés en dents de scie. Outre de nombreux ravins, deux vastes cirques ont entamé fortement la montagne, séparés seulement par une bande étroite au N du signal. Ce sont ceux d'El Rhar et d'A. Mzata, le premier plus vaste peut-être, mais bien moins régulier que le second, que reproduit la photographie, prise un peu au N de la source (Vue x). Un grand cône d'éboulis en occupe le fond, couvert par un fourré de chênes verts. Au bas, un petit Koudiat ferme l'entrée, ne laissant à l'oued qu'un étroit passage, tandis que, vers le haut, un sentier permet de franchir les parois presque partout verticales, dominant le fond du cirque de 400 m. environ. Dans l'ensemble, la montagne est très découverte et porte seulement quelques chênes verts plus ou moins rabougris, à part un certain nombre de beaux arbres, au-dessus de Dra. Belouta. Par contre, à A. Mzata, c'est un enchantement ; arbres et arbustes poussent à l'envi ; c'est que l'eau abonde. Au milieu des lauriers roses sort une belle et bonne source, qui donne la vie aux cactus, figuiers, caroubiers, même grenadiers. Sur l'autre versant, le coup d'œil n'est pas moins agréable ; les jardins, appartenant à des sédentaires, sont fort bien cultivés ; presque tous nos arbres d'Europe y figurent et les peupliers (*safsaf*) y prospèrent à merveille. Au printemps, les défilés de l'O. Bargou et de l'O. Dridja sont assurément l'une des plus jolies promenades qu'offre la Tunisie centrale. Cette végétation luxuriante est due à l'importante Aïn Bargou, qui sourd des rochers aptiens à Ras el Oued ; depuis mon passage, cette source a été captée et contribue, avec celle du Zaghouan et du Djoukkar, à l'alimentation de Tunis. Il est un peu à craindre que le pays ne s'en ressente.

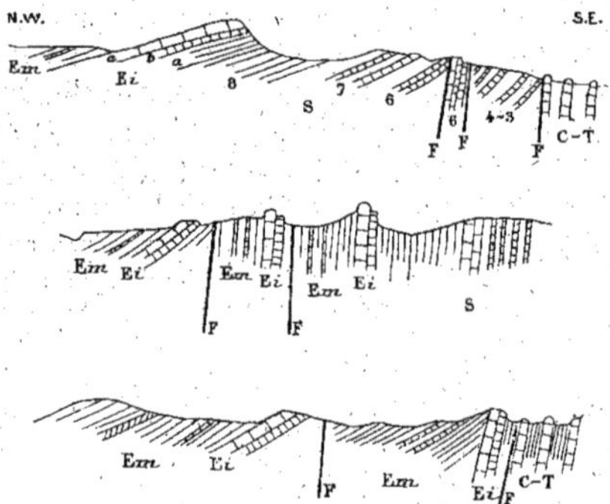

Fig. 36. — Coupes au flanc N-W du Bargou (1).

Par contre, la contrée au N de l'O. Dridja est moins agréable à parcourir, couverte par une petite brousse serrée, où les genêts épineux (*guendoul*) jouent un fâcheux rôle, mais qu'égaie un peu le romarin (*klill*) et les cistes (*mellih*). Sur le Crétacé inférieur, la végétation arborescente est faible, en dehors des pins d'Alep, qui couvrent en outre le Cénomanien et tout le Crétacé supérieur.

Le Cénomanien décrit un arc unique embrassant les deux plis du Bargou et du Serdj, arc interrompu par plusieurs failles, qui ont amené un lambeau de Sénonien presque horizontal entre les couches cénomaniennes du K. Rakrina (du vautour) et du Dj. el Touila (la montagne longue), toutes inclinées dans le même sens (vers l'E-N-E). Enfin au N-W, le synclinal de l'O. el 'Kebir longe tout le massif ; j'y reviendrai plus loin.

Un trait remarquable de la constitution du Bargou, quoiqu'il ne se traduise au

(1) L'ordre des deux premières coupes a été interverti. La 2e a été relevée à l'E d'A. el Metani, la 1re près d'A. Djenada et la 3e un peu au S d'A. Mzata.

IX. — Dôme triasique de l'O. er Remel.

X. — Cirque d'A. Mzata (Bargou).
(Les tentes arabes et les indigènes situés au premier plan tiennent lieu d'échelle de proportion).

point de vue géographique par rien de bien saillant, est la présence de petites failles parallèles à la direction du massif, qui, en un point, font paraître trois fois les mêmes couches éocènes avec une inclinaison de même sens (fig. 36), accompagnées d'autres failles perpendiculaires aux précédentes, ayant rejeté les divers terrains. Nous constaterons quelque chose d'analogue dans plusieurs massifs voisins. Ces failles paraissent, du reste, très courtes et on en perd vite la trace. La photographie (Vue XXIX) nous montre l'une d'elles ; le ravin creusé dans les marnes entre deux strates dures et dans lequel un douar est venu chercher asile, est brusquement interrompu par un mur vertical, résultant de l'un de ces rejets horizontaux ; cette muraille, qui présente un beau miroir de faille, n'est que la tranche d'un des gros bancs calcaires de l'Aptien.

Enfin, avant de quitter le Bargou, je dois signaler l'existence près de la D[ra] Bahirine d'une grotte, utilisée actuellement comme étable, mais qui a dû servir de refuge aux temps ante-historiques. Le peu de temps dont je disposais ne m'a pas permis d'entreprendre des fouilles dont le résultat eût sans doute été intéressant.

Entre le Dj. Bargou et le Dj. Serdj se voit un mamelon qui porte le nom de Dj. el Oust (montagne du milieu). C'est un petit dôme très régulier, qui semble n'avoir de prolongement ni au N ni au S ; son importance est du reste peu considérable et son seul intérêt gît dans sa situation même.

DJEBEL ES SERDJ
(Pl. I, 2, Pl. III, I, II, III, XV ; Vues XI et XII)

Le Dj. es Serdj (1357 m.), qui dans sa partie septentrionale est accolé au Dj. Bargou, est un anticlinal dont la régularité a été troublée par une grande faille ayant supprimé presque tout le flanc N-W ; aussi les deux versants sont-ils très dissymétriques. Tandis qu'au S-E et au S, les couches s'élèvent régulièrement et peuvent être aisément suivies jusqu'à la crête, au N-W de celle-ci, le terrain plonge brusquement, produisant un imposant abrupt de plus de 600 m., franchissable en quelques points seulement. De grandes masses de calcaire gris foncé et de calcaires dolomitiques roux, alternant avec des marnes, forment une série d'immenses gradins séparés par d'étroits paliers, dont la photographie (Vue XI) montre les derniers ; l'ensemble affecte des formes anguleuses que la carte a fidèlement rendues. Au pied de l'abrupt, par exemple au-dessus de la D[ra] Si Hamada, on retrouve les calcaires supérieurs effondrés, entièrement broyés et plongeant le plus souvent à l'E, mais ayant parfois une pente opposée. De là descend dans la plaine une immense nappe de cailloutis, dont les blocs souvent considérables offrent des angles à peine émoussés, cimentés en surface par la carapace et s'étalant sur une largeur de 2 Km. au moins. Une grande brousse de lentisques, pistachiers, etc. revêt le tout et en rend le parcours assez pénible. Par contre, la montagne ne présente presque pas de végétation ; à peine quelques chênes verts sur les paliers et, dans un ravin au S, une centaine de chênes liège, qui m'ont été signalés par mon ami MONCHICOURT.

Un peu au N du signal, l'érosion a fortement entamé les calcaires et produit une dépression en forme de selle arabe, ce qui a valu à la montagne son nom. Ce col très élevé n'est fréquenté que par les gens de la D[ra] el Goléa, allant à Zriba ou à Si Hamada. Un autre, bien plus bas, le Krangnet el Msireb (petit chemin) permet de passer du Bargou au bled el Gouazine. Il résulte de l'inflexion de l'axe du pli, accompagnée de cassures assez importantes (cf. la coupe en long Pl. III, xv).

La faille du Serdj se poursuit encore plus au N et a fortement démoli le K. Gueltaoui, où l'on observe des plongements très variables. Elle se manifeste encore sous forme de cassure au pied W du Regoubet ed Diba (de la chacal), séparant les deux plis, mais disparaît peu après. D'autre part, vers le S, on perd sa trace non loin

XI. — Es Serdj (côté de la faille).
(Les dernières assises de l'Aptien ; au premier plan, le niveau à *Horiopleura*.)

de D[ra] Zriba. Une autre faille, parallèle à la précédente, met en contact l'Aptien (dont les gros bancs plongent au S-E) avec le Cénomanien, le Sénonien et l'Eocène moyen (plongeant au S-W). Tout près de là, sort du Crétacé inférieur une très belle source (A. Soukra), maintenant sans utilisation, mais qui fut captée dans l'antiquité, comme en témoignent les importants travaux qui subsistent.

Des côtés S et E, le Serdj montre en somme une assez grande régularité. Cependant à l'extrémité septentrionale, le K. el Munchar est limité du côté de l'E par une faille, au delà de laquelle les assises cénomaniennes sont verticales. Les failles sont du reste si nombreuses dans cette partie, que les couches en sont toutes broyées ; aussi n'ai-je pu les indiquer que d'une manière schématique. Il en est de même aux environs du K. Menchir, qui porte les ruines de l'ancienne Drs Bouja, maintenant rebâtie dans la plaine, non loin du délicieux Ksar Lemsa, qui est bien le monument le plus remarquable de cette région. En ce point, les couches tout à fait verticales du

Crétacé supérieur et de l'Éocène inférieur (calcaire blanc sans Nummulites) font à peine saillie au-dessus de la plaine. Peu à peu, elles émergent du sol en une longue crête étroite, à laquelle a été appliqué le nom d'es Satour (le couperet) ; quelques défilés permettent de la franchir ; le plus fréquenté est celui de Foum el Afrit (la bouche du cerf-volant), encore qu'assez difficile.

Au S du Serdj, l'Éocène se prolonge en ligne droite vers le bord de la Kessera, tandis que les couches crétacées s'étalent largement et forment un pays assez malaisé à parcourir et presque stérile.

XII. — Le Kef Menchir et le Ksar Lemsa.

Les strates cénomaniennes et sénoniennes, qui contournent le Serdj, s'incurvent pour pénétrer entre celui-ci et le Belouta. Ces couches sont alors très serrées et redressées (presque verticales à l'Argoub el Harch). D'une façon générale, la ligne de changement de pente est bien plus rapprochée du Belouta que du Serdj. Au S du Kroumt es Souda, on ne distingue plus qu'une seule ondulation du Sénonien, englobant à la fois les deux plis du Serdj et du Belouta, mais, en outre, ce large bombement présente une légère dépression, où est logée l'Hamadet el Kessera.

DJEBEL BELOUTA
(Pl. II, 3 ; III, III ; Vue XIII)

Le Dj. Belouta (1200 m.) est un dôme incomplet : toute la moitié occidentale s'étant effondré, ou n'étant pas venue au jour. Le dôme proprement dit s'arrête à l'O. el Kelba (de la chienne) et pousse vers le S un éperon peu saillant. L'aspect est le même que celui du Serdj ou du Bargou, seulement un peu plus foncé (Vue XIII) ;

en outre, les dolomites cristallines y sont plus fréquentes. Presque toute la montagne est recouverte par une brousse de chênes verts (*belloula*), comme le rappelle le nom même du djebel. Certains d'entre eux atteignent la taille de grands arbres, fait plutôt rare pour le pays.

La faille du Serdj, séparant l'Aptien du Crétacé supérieur et de l'Éocène, se poursuit jusqu'au N du Belouta, où l'Éocène supérieur touche l'Aptien, puis elle se perd sous forme de cassure dans ce dernier. D'autre part, à l'W, une autre faille accole le

XIII. — Le dôme du Dj. Belouta vu du S-W.

Sénonien très redressé à l'Aptien ; vers le S, elle passe au pied du K. Merkeb (le mamelon), et se continue en une cassure, suivie par l'O. Ousafa depuis la route de Maktar à la Kessera jusqu'à bou Fatha. D'autres failles moins importantes accompagnent celle-ci ; vu l'échelle de la carte, j'ai dû les schématiser ; l'une d'elles coupe le lambeau de Sénonien et celui d'Éocène inférieur situés au N de Si Amroussi. Enfin, d'importants dépôts torrentiels occupent une partie de la vallée (dont la première esquisse doit remonter à une époque assez lointaine) et s'élèvent à une assez grande hauteur ; il en est de même pour les débris de pente, souvent encroûtés par le travertin de surface habituel.

HAMADET EL KESSERA

(Pl. III, IV et XV ; fig. 27 ; Vues XIV, XV, XVI)

C'est un vaste plateau pierreux, dont les bords légèrement relevés en cuvette sont limités par un abrupt de 5 à 10 m. (Vue XIV) ; aussi, de loin, apparaît-elle au-dessus de la forêt sous l'aspect d'une immense galette, d'où l'appellation d'El Kessera. Elle justifie, en outre, de tous points, la définition d'une Hamadat : plateau pierreux, puisque toute la surface est formée par les dalles de calcaire nummulitique, dans les fissures desquelles de misérables chênes verts ont réussi à s'établir. Ces dalles ont servi à la construction des nombreux dolmens qui parsèment la surface du plateau et sont des types les plus divers, depuis la simple pierre reposant d'un seul côté sur une cale, jusqu'aux édifices les plus perfectionnés (Vue xv). Le plus souvent, le sol de la Hamadat est découpé en d'innombrables lapiez ; en outre, vers le N, des blocs irrégulièrement entamés par l'érosion ont pris la forme de gigantesques champignons. Des lambeaux marneux de l'Éocène moyen subsistent çà et là, permettant la culture de quelques céréales. Enfin le sol de la garaat, à sec la plus grande partie de l'année, offre un humus très fertile.

XIV. — Les bords de la Kessera.

Au pied S de la muraille nummulitique, s'est établie une puissante decherat dont les maisons sont accrochées au rocher. Une source abondante (A. Soltane), qui semble être l'exutoire de la garaat, est utilisée pour les besoins de la population ; mais, en outre, une multitude de sources d'un débit plus faible ceignent la Hamadat d'un cordon continu, au niveau des argiles noires, fournissant une eau plus pure. Quoi qu'il en soit, l'A. Soltane suffit non seulement à l'alimentation, mais aussi au lavage de l'huile et à l'irrigation des jardins, car une fort belle plantation de figuiers et d'oliviers s'étend au-dessous des maisons. En un endroit, la source a déposé un travertin assez épais, qui continue sans doute à se former.

Tout autour du massif, sur les marnes bleutées du Sénonien, découpées par d'innombrables ravineaux (*djeraouil*) règne la forêt de la Kessera, ne comprenant guère que des pins d'Alep, auxquels se mêlent quelques genévriers ; entre les pieds d'arbres, poussent en assez grande abondance le *klill* et le *diss*, nourriture habituelle des troupeaux (Vue XVI). Dans quelques clairières, comme celles d'H[ir] Faroua, où un peu d'humus recouvre les marnes crétacées, apparaissent les grosses boules de *throu*, en même temps que le sol se revêt d'une herbe plus fine et de quelques fleurs. Je dois enfin signaler l'existence d'un bouquet de chênes-liège, dans un profond ravin à l'E de la Kessera. Mais au total tout ce pays est triste.

Un seul point attire l'attention, c'est la barre d'El Guerria. L'Éocène inférieur, qui, à l'Es Satour, possède le facies des calcaires blancs tendres, acquiert peu à peu celui des calcaires subcristallins à Nummulites, qui règne à la Kessera et au K. bou

XV. — Le sol de l'Hamadet el Kesséra et les dolmens.

Remada. La roche perd, par suite, sa flexibilité, et tout mouvement un peu intense la brise : c'est, en effet, ce qui a eu lieu sous l'influence de la brusque flexure qui termine la Kessera du côté de l'Orient. Au K. bou Remada, les couches descendent régulièrement vers la plaine, recouvertes par les étages les plus récents. Mais, au S, par suite d'un mouvement énergique (le même qui a fait apparaître le Cénomanien dans la cuvette de l'O. el Balloul), le calcaire nummulitique s'est rompu et s'est redressé verticalement, formant l'imposante muraille d'El Guerria. Rolland l'a comparée à la célèbre barre d'El Kantara, dont cependant elle ne semble pas présenter les dimensions grandioses ; néanmoins, l'effet est des plus pittoresques, surtout après les pluies, lorsque les oueds de la Kessera se précipitent en cascade du haut de la paroi verticale. Les calcaires sénoniens ont naturellement suivi ceux de l'Éocène, donnant plus de rigidité à la barre ; ils se poursuivent ainsi jusqu'au S de l'O. el Balloul, qui a dû y scier un étroit passage, pour sortir de la cuvette creusée dans les marnes crétacées. L'Éocène inférieur s'arrête un peu avant cette gorge, érodé avant le dépôt de l'Éocène moyen, lequel repose en transgression sur le Sénonien. Cet Éocène moyen montre d'ailleurs en cet endroit une discordance très nette avec l'Éocène inférieur, mais qui, sans doute, est d'ordre mécaniqne.

XVI. — L'érosion dans les marnes sénoniennes (*djeraouil*).
Type de végétation du Crétacé supérieur (*senouber, arar, klill, diss*).

DJEBEL BARBROU
(Pl. II, 7 ; III, VI)

Les bords de la cuvette de l'O. el Balloul sont formés par les calcaires sénoniens assez rigides, surmontés à quelque distance en arrière par des buttes arrondies (Kroumat) dues à l'Éocène moyen. Celui-ci couvre tout le pays doucement mamelonné, presque sans arbres, et constitue en même temps le socle du Dj. Barbrou.

Cette montagne, alignée sensiblement N—S, est en somme le bord d'une cuvette synclinale. Les couches s'abaissent très faiblement du N au S et en outre de l'W à l'E, d'une manière un peu plus accentuée. Cela est dû à ce qu'elles recouvrent à la fois le grand dôme de Maktar, situé au N, et l'anticlinal du Sekarna, dont l'axe est maintenant occupé par la vallée anticlinale de l'O. Messemerh. De ce côté encore, une falaise sénonienne borde la dépression et supporte une belle forêt de pins. Au-dessus, s'élève l'Éocène moyen en un talus modérément incliné, simplement revêtu d'herbe, puis l'Éocène supérieur presque uniquement gréseux ; la pente devient alors bien plus raide et même, de trois côtés, on se butte à des abrupts infranchissables. Enfin, le gradin supérieur correspond aux grès de l'Oligocène, assez durs pour se tenir à pic sur une grande hauteur. Quelques lits argileux intercalés donnent lieu à un certain nombre de sources, en général peu abondantes, et permettent diverses cultures. Quelques cactus s'accrochent aux parois sur le versant oriental et méridional, mais ne peuvent se maintenir sur le sommet, où la neige est fréquente et le froid rigoureux.

Les grès dorés de la fin de l'Éocène moyen se poursuivent jusqu'au K. Ksaïra, mais, dans tout le reste du pays (bled el Graouâ), on ne trouve que les marnes ou les calcaires grossiers de l'Éocène moyen.

DJEBEL DJILDJIL ET DJEBEL SIDI BEN HABBESS
(Pl. III, xv ; fig. 26, 32, 33)

Le Dj. Djildjil doit sa forme particulière un peu au plissement du Sekarna, mais surtout à un ensemble de failles qui le limitent au S-W.

Dans tout le cirque de l'O. Faouar affleure le Sénonien, tandis que les calcaires supérieurs en forment les bords. Ces calcaires sont coupés en biseau, comme l'indique la figure 26, et les calcaires grossiers de l'Éocène moyen reposent indistinctement sur les divers niveaux sénoniens, formant une série de buttes situées à une distance variable en arrière de la crête sénonienne, disposition particulièrement bien visible au Dj. Sidi ben Habbess (Tarfaïa, Daala).

Les calcaires du Crétacé supérieur, rigides, conservent au bord de la montagne des arêtes vives dues aux nombreuses fractures. C'est ainsi qu'en dessous du Chouchet es Sid (la crinière du lion) (fig. 33) se voit un lambeau d'Éocène moyen peu incliné, effondré entre deux bandes sénoniennes. Puis, brusquement, un banc apparaît vertical, flanqué par une couche de minerai de fer (*fe*); les strates reprennent ensuite une inclinaison régulière et forment dans la plaine un faible bombement. Il y a ainsi toute une série de failles dirigées vers le N-W, que je n'ai pu indiquer que très schématiquement. Mais il existe en outre des failles N—S bien nettes près d'A. Djildjil, où le plateau est couronné par les masses calcaires crétacées presque horizontales, tandis qu'au pied de la falaise, les bancs de l'Éocène moyen (marnes et calcaires avec lits de gypse) sont verticaux et orientés du N au S. Ces failles se perdent dans la plaine de l'O. el Hatob et je n'ai pu voir quelles relations exactes existent en ce point entre l'Éocène moyen et le Crétacé. Celui-ci est peut-être simplement en transgression, de même que dans le Dj. Sidi ben Habbess.

Quelques petites failles se voient aussi dans la falaise limitant cette dernière montagne, mais elles semblent peu importantes. Le bord de celle-ci est légèrement relevé (de même qu'au Djildjil), de façon à former une vaste cuvette peu profonde contenant l'Éocène moyen (bled el Graouâ).

De ces diverses conditions résulte une montagne à sommet déprimé, presque un plateau, limitée par deux hautes falaises formant entre elles un angle droit et s'abaissant, depuis le sommet de Chouchet es Sid, vers le N d'une part, vers l'E d'autre part. Au pied de la falaise de Sidi ben Habbess s'étend la longue plaine de l'O. el Hatob, occupée par l'Éocène moyen et le Pliocène, dont les éléments peu cohérents ont été découpés en une multitude de monticules, parmi lesquels serpente l'oued.

DJEBEL ER REBEIBA
(Pl. II, 3)

Avant de quitter cette région, je dois dire un mot du Dj. er Rebeiba. C'est, en somme, un dôme sénonien un peu cassé et érodé, en position assez singulière, isolé au milieu de la vallée. Au N, court une faille qui fait affleurer le Cénomanien, mais rien dans le paysage ne trahit son existence. De même au S, une autre faille accole les lumachelles à *Ostrea Clot Beyi*, très redressées, au Sénonien assez fracturé. C'est à ce dôme sans doute qu'est due l'inflexion de la crête éocène, qui, d'abord W—E au Daala, devient brusquement N—S à es Zrissia.

XVII. — Le sommet du Dj. el Guelah.
(Calcaires sénoniens et calcaires nummulitiques presque immédiatement superposés, par suite de la réduction extrême des marnes intermédiaires.)

DJEBEL SEKARNA
(Pl. III, VI ; fig. 25 ; Vues XVII, XVIII, XIX)

Le Sekarna est un des exemples les plus nets des plissements transversaux. Il dépend en somme d'un grand anticlinal aligné vers le N-W, dont le Barbrou constitue le versant oriental. Presque sur l'axe du pli, d'ailleurs bien plus rapproché du Sekarna que de ce dernier, l'O. Messemerh a établi son lit et, dans cette vallée anticlinale, apparaissent le Sénonien, le Turonien et le Cénomanien, revêtus de pins d'Alep et de petite brousse, tandis que l'Éocène entourant la dépression est très découvert. Ces assises crétacées sont disposées en dôme et les strates calcaires du Sénonien qui bordent la cuvette d'érosion plongent régulièrement en arrière. En effet, à son extrémité septentrionale, l'axe anticlinal s'abaisse au point d'être interrompu par le synclinal de l'O. Ousafa, et on voit très nettement les calcaires nummulitiques du K. Chouchan s'incliner vers le N-W et le N-E. De ce dernier côté, ils disparaissent très rapidement, coupés en biseau par l'érosion et alors l'Éocène moyen surmonte immédiatement le Sénonien, en discordance très manifeste (Sénonien 45°, Éocène moyen 25°).

On constate d'ailleurs, suivant l'axe du pli, diverses ondulations se traduisant parfois par des failles, par exemple au col situé sous le signal du Dj. el Guelah (fig. 25).

XVIII. — Les grands abrupts du Kef er Raï et la vallée de l'O. Sguiffa.

Ce plateau montre en outre une légère inflexion, mais la flexure brusque, qui le termine au S, est bien plus remarquable ; elle est suivie par un gondolement que j'ai représenté sur la coupe d'une manière un peu schématique. Il est à noter que le Sénonien concourt seul à former cette barre calcaire dressée au S du Dj. el Guelah ; l'Éocène inférieur en est exclu, bien que celui-ci existe sur le plateau, puisque le tiers supérieur de la falaise lui revient. Un léger ressaut, visible sur la photographie (Vue xvii), correspondant au niveau phosphaté ici assez dur, le sépare des calcaires crétacés. Du Dj. el Guelah, les couches descendent lentement à l'W vers la plaine, mais sont bientôt interrompues par un immense abrupt (Vue xviii). D'ailleurs, un peu avant d'atteindre la crête du K. er Raï, la pente des strates change de sens. En effet, cette arête appartient au début d'un pli parallèle au précédent, qui comprend presque toute la moitié méridionale du Dj. Sekarna et le Dj. Gouimes.

Une lumachelle à *Ostrea Clot Beyi* verticale, située dans le lit même de l'O. Messemerh, fait la séparation de cet anticlinal et du précédent, le synclinal intermédiaire étant très réduit. Le flanc W de ce dernier anticlinal n'est plus représenté que par quelques Koudiats émergeant de la plaine dans la moitié méridionale, tandis que, dans l'autre moitié, il ne reste, pour l'indiquer, que le bord du Kef er Raï. Dans cette partie, tout le flanc W a disparu par suite de l'érosion, aidée par diverses cassures, mais je ne pense point qu'il y ait là une grande faille, comme j'avais d'abord été enclin à le croire.

Quoi qu'il en soit, nous remarquons maintenant une falaise du plus grandiose effet (Vue XVIII). Son pied est noyé dans une nappe de débris, cachant les marnes du

XIX. — Les grès de l'Éocène supérieur, près d'H[ir] Meded.

Sénonien et ne supportant que quelques broussailles et des cactus, au-dessus de laquelle se dresse l'imposante muraille de calcaires crétacés, puis éocènes, ces derniers étant séparés par un léger gradin.

Plus au N, ce deuxième pli a complètement disparu ; seul subsiste le grand anticlinal du Sekarna, dont les calcaires nummuliques descendent régulièrement vers Si Mouella et Si bou Debbous. En ce point, les marnes de l'Éocène moyen s'élèvent assez haut sur les pentes et à leurs dépens s'est creusé un défilé bordé, d'autre part, par les lumachelles à *O. Clot Beyi*, dont l'ensemble plus résistant a produit le Draa el Bassous. Sur elles reposent les grès de l'Éocène supérieur (Vue XIX) et de l'Oligocène, affectant une disposition synclinale très nette près d'H[ir] Meded. Le Pliocène qui couronne la colline (limons sableux et poudingues), possède ici une pente de 30 ou

40°, c'est-à-dire un peu plus considérable que celle de l'Éocène supérieur. Il semble donc que ces poudingues ont été déposés sur une surface légèrement inclinée et ont ensuite été redressés avec leur support par un mouvement post-pliocène.

MASSIF DE MAKTAR

(Pl. II, 9; III, III, IV, V, VI; Vues XX et XXI)

Dans l'ensemble, le massif de Maktar paraît être un plateau inégal, profondément découpé par de multiples ravins. Si on y regarde de plus près, on constate que c'est en réalité un vaste bombement très surbaissé. On voit, en effet, les couches plonger périclinalement sur le pourtour du massif, mais il importe de faire observer immédiatement

XX. — La Kalaat el Harral, vue du S-E.

que plusieurs plissements ou ondulations viennent altérer la régularité de ce dôme. Le Sénonien entre pour une bonne part dans la constitution de celui-ci, fortement entamé par des ravins profonds, quoique n'atteignant pas la base de la formation. Çà et là se dressent quelques témoins de l'Éocène inférieur, imprimant au pays son cachet spécial; c'est, par excellence, la région des *Kalaats*. Je reproduis ci-contre quelques-unes d'entre elles ; en outre, une des planches accompagnant l'article de Monchicourt montre l'enfilade des Kalaats voisines de Souk el Djemâa ; je renvoie du reste le lecteur, pour plus de détails, à cette intéressante monographie.

Si on considère attentivement la disposition des strates (les flèches marquées sur la carte permettent de s'en faire une idée), on constate que le synclinal d'Ellez-Massouge est bordé au S-E par un anticlinal partant à peu près du Bled el Jaouf et allant jusqu'à la Siliana, au sommet duquel se trouve une légère ondulation synclinale, tout au moins dans la partie méridionale. Dans son ensemble et abstraction faite de quelques irrégularités qui seront signalées plus loin, le flanc S-E de l'anticlinal s'abaisse doucement vers l'O. Ousafa, mais, en outre, on remarque un léger affaissement en cuvette au S du K. Mnara (le Minaret) jusque vers la Garaat. Enfin, la vallée de l'O. Ousafa correspond à un synclinal très net, quoique dissymétrique, par suite de la faille du Belouta, qui se prolonge à l'état de cassure jusque vers Ksar bou Fatha. Le flanc N-W de l'anticlinal précédent est assez régulier et constitue en même temps le bord du synclinal d'Ellez; j'en reparlerai à ce sujet.

Au sommet du pli, est installé un petit synclinal, contenant plusieurs lambeaux éocènes : le Dj. Saddine, une petite Kalaat sans nom et la Kalaat el Harrat, tandis que le Kef Ouled Salah et la Kalaat Jedd ben Ali se trouvent sur le raccord du petit synclinal annexe avec le flanc du grand anticlinal. La Kalaat es Souk et le Dyr el Attaf sont situés à peu près sur le prolongement de cette dépression qui est alors à peine sensible, car les couches sont presque horizontales.

D'assez nombreux oueds, dont le cours est à peu près perpendiculaire à la direction du pli, ont dû couper les calcaires sénoniens et éocènes en un certain nombre de défilés, pour pouvoir pénétrer dans le synclinal d'Ellez et s'écouler vers le Sers ou la Siliana. Au N, au contraire, tous les oueds sont parallèles à la direction du pli (l'oued el Kebir est presque dans l'axe de l'anticlinal) et se sont creusé des lits immenses aux dépens des marnes sénoniennes. Leur direction a été déterminée par l'abaissement de l'axe vers la Siliana.

A la Kalaat el Harrat, les calcaires sénoniens marquent fort bien l'inflexion synclinale. Du côté S-E, une petite faille, qui a troublé la régularité des couches au Guern Rhezala (corne de gazelle), imprime tout à coup à ceux-ci une pente de 40 à 45°, alors que sur l'autre flanc la pente est très faible, de même que sous les Kalaats voisines ; cette faille se suit du reste jusqu'au Ksar Mdoudja.

La Kalaat el Harrat (Vue XX), dont le nom signifie sol rocailleux, est un bon type de Kalaat. A son pied N-E, l'érosion a creusé un remarquable cirque, où était établi le champ de tir de Souk el Djemâa. Grâce à une certaine humidité (suffisante même pour rendre marécageuses quelques parties), une *merdjat*, c'est-à-dire un pâturage permanent, a pu s'établir dans la dépression creusée aux dépens des marnes sénoniennes, dépression bordée presque de toutes parts par un double gradin correspondant aux deux masses calcaires du Sénonien, qui dessinent deux bandes blanches, tandis qu'un palier accuse l'emplacement des marnes intermédiaires. Puis, audessus de la deuxième marche, un cône de marnes noirâtres supporte le niveau phosphaté, suivi lui-même par une masse calcaire offrant au N un abrupt de 25 m. ; au S-W les couches sont coupées en biseau, ce qui permet de monter sur la Kalaat. La photographie rend suffisamment cet aspect. Une autre vue (XXI) montre la Kalaat es Souk (Klt. du marché) couronnée par le poste optique, aussi est-il inutile d'en rien dire de plus. Du reste, toutes ces Kalaats se ressemblent et diffèrent surtout par les dimensions. Cependant, le Dj. Saddine offre cet intérêt d'avoir servi de forteresse naturelle ; un seul côté en permettait l'accès, une muraille la rendit inaccessible.

Vers le N-E, un pli brusque a brisé les strates et, tandis que celles-ci sont presque horizontales au Kef el Lia, elles sont verticales entre ce point et le Ksar Mdoudja. Il existe, du reste, un certain nombre de failles très nettes, mais peu importantes, que je n'ai pas marquées, par exemple auprès de la source de Souk el Djemâa.

La carte montre encore un certain nombre d'îlots de l'Éocène inférieur, formant le Kef Mnara (minaret), la Kalaat es Senoubrine (des deux pins), le K. ech Cheib, etc., qui ne présentent rien de très spécial. Aussi je me bornerai à indiquer que les lambeaux situés vers l'Oued Ousafa et plongeant dans l'ensemble vers cette rivière sont extrêmement démolis et que j'ai dû schématiser leur représentation. Sur la rive droite de l'oued existe encore un débris d'Éocène inférieur, le Kef Mergueb (mamelon), dont les

XXI. — La Kaalat es Souk (vue du S).

calcaires s'inclinent vers l'oued, bientôt recouverts par les cailloutis pliocènes. Il est à remarquer que ceux-ci présentent parfois une pente très notable, mais, le plus souvent, celle-ci diminue progressivement vers le haut, ce qui laisse supposer que les dépôts se sont effectués dans une dépression, qui a été peu à peu comblée.

La carte permet de constater immédiatement un fait important ; c'est que l'Éocène moyen repose tantôt sur l'Éocène inférieur, tantôt sur le Sénonien ; il y a donc eu manifestement, après l'Éocène inférieur, un mouvement du sol suivi d'érosion, avant le retour de la mer de l'Éocène moyen. On ne saurait expliquer autrement la présence de débris d'Éocène inférieur, tel que celui qui gît entre Maktar et Souk el Djemâa ; du reste, aussi bien au Dj. Saddine qu'auprès de Maktar, l'Éocène moyen repose indifféremment sur les divers niveaux du Sénonien. Dans nombre d'endroits, les calcaires supérieurs ont disparu ; le Kef Guernita, dont MONCHICOURT a donné une vue (Pl. 35).

en est un témoin ; ce sont eux qui ont servi à la construction de presque tous les monuments de l'antique Mactaris ; on reconnaît aisément, à l'E de ce Kef, les grandes carrières, d'où les matériaux ont été extraits. En ce point, une petite faille, qui suit à peu près l'oued Saboun [1], a troublé la régularité des couches; aussi les calcaires supérieurs semblent passer au-dessous des niveaux inférieurs, qui affleurent sur la rive gauche [2].

Les différents terrains entrant dans la composition du massif de Maktar ont une valeur agronomique très variable. Le Sénonien est presque inculte ; sur les marnes existent seulement quelques pâturages, tandis que les marnes et calcaires sont nus ou couronnés d'une petite brousse de romarin, auquel se mêlent de nombreuses bruyères (*krlenj*) près de Souk el Djemâa, parfois des cistes et des pins d'Alep, surtout nombreux vers le N. La Kalaat es Senoubrine perpétue le souvenir de deux pins (*senouber*), maintenant disparus ou ne se distinguant plus des autres. La base de l'Éocène inférieur (niveau phosphaté) serait sans doute très fertile, mais les affleurements en sont trop restreints pour pouvoir entrer en ligne de compte; quant aux calcaires nummulitiques, ils sont le plus souvent complètement nus ; quelques arbres seulement peuvent s'y maintenir, quand leurs racines réussissent à atteindre le Sénonien, à travers les fissures. Par contre, les marnes de l'Éocène moyen, qui occupent une vaste superficie aux environs de Maktar, en font un des pays les plus fertiles de la Tunisie, grâce à une notable teneur en phosphate de chaux. Leur surface doucement ondulée se couvre au printemps de céréales, auxquelles se mêlent surtout des Crucifères et Composées ; les scilles et les asphodèles (*berrouag*) y abondent ; mais, par contre, il n'y a presque aucun arbre. L'Éocène supérieur du Barbrou porte quelques pieds de figuier de Barbarie, plante silicicole, qui manque dans tout le reste du pays, ce qui est dû à la fréquence des gelées autant qu'à la nature du sol. Les cailloutis pliocènes des bords de l'O. Ousafa ne produisent qu'une petite brousse, tandis que les alluvions qui entourent la Garaat au N de Maktar, participent à la fertilité de l'Éocène moyen, dont elles résultent en grande partie.

Ce pays de Maktar a en outre l'avantage d'un climat tempéré ; les pluies abondantes et les chutes de neige presque annuelles assurent aux sources un débit permanent. Parmi les plus importantes, il faut citer celle de Souk el Djemâa, qu'un aqueduc conduisait autrefois à Maktar, et celle de Maktar même. Grâce à cette humidité, les oueds importants, comme l'Oued Saboun et l'Oued Ousafa, ont de l'eau toute l'année, ce qui permet à ce dernier de nourrir quelques barbeaux. Cet oued coule dans le fond d'un synclinal et, sur une partie de son cours, a adopté le trajet de la cassure

(1) Rivière du savon, ainsi nommée à cause de la couleur laiteuse de ses eaux, qui entraînent toujours quelques particules des marnes sénoniennes.

(2) Cela n'est pas visible sur la photographie, qui montre la direction des couches, presque horizontales, et non leur ligne de pente. On voit, au pied du Kef, une dépression creusée dans les marnes sénoniennes : grâce à l'eau qui suinte toujours au contact des marnes et des calcaires a pu s'établir une prairie permanente ou *merdjat*, où les joncs (*smar*) ne sont pas rares. Au deuxième plan on aperçoit la rive gauche de l'Oued Saboun, marnes et calcaires sénoniens, formant un plateau et recouverts par une carapace tufacée blanche ou rosée bien reconnaissable ; au fond, les pentes de l'Éocène inférieur, un peu au N de Ksar Mdoudja.

du Belouta ; il arrose les jardins d'El Ksour et vient déboucher dans la plaine, au voisinage de dolmens qui portent le nom significatif de Kebeur er Roul (tombeau de l'ogre). A partir de ce point, la rivière adopte le nom d'O. Siliana.

PLAINE DE LA SILIANA
(Pl. III, XIV)

Cette plaine de la Siliana doit en partie son origine à l'érosion, mais elle n'eût sans doute jamais atteint sa grande largeur, si un phénomène plus important n'avait concouru à sa formation. Elle correspond, en réalité, à un synclinal transverse ayant interrompu (ou tout au moins fortement abaissé) les plis principaux N-E — S-W. Le Dj. Rebaa Siliana, qui la borde d'un côté, est limitée au S-W par un plissement de ce genre, se traduisant par trois failles. D'autre part, si on veut bien examiner les flèches marquées sur la carte au N et à l'E du Kef ech Cheib et au Dahret es Souda, on reconnaîtra qu'elles indiquent un plongement vers la Siliana. Il est remarquable, en outre, de constater l'apparition à Souk el Kramis (marché le jeudi) d'un lambeau d'Éocène inférieur ayant un plongement tel qu'il se raccorde précisément avec l'extrémité de l'anticlinal et s'aligne sur celui de la Rebaa Siliana.

Il y a donc là un exemple de plissement transversal avec inflexion de l'axe des plis principaux, dont nous verrons plusieurs autres cas. C'est à cela surtout que la plaine de la Siliana doit son existence. Ultérieurement, l'O. Siliana et l'O. Massouge ont démantelé les divers terrains, particulièrement l'Éocène moyen, dont les marnes étalées et à peine transformées ont communiqué à toute la plaine une remarquable fertilité, surtout vis-à-vis des céréales. Ces deux oueds réunis ont ensuite réussi à couper les calcaires éocènes et sénoniens du Massouge, au point où celui-ci est le plus bas et à s'ouvrir un défilé près de Sidi Djaber. Une fois dans les marnes sénoniennes, la voie était facile à creuser.

REBAA SILIANA, REBAA OULED YAHIA.
(Pl. III, I, XIV)

Dans son ensemble, les Dj. Rebaa Siliana et Rebaa Ouled Yahia forment un vaste anticlinal un peu surbaissé, limité au S-E par le synclinal des Ouled Yahia, au N-W par la cuvette de l'O. Gafour et au S-W par le plissement transverse, dont il vient d'être question. Les deux flancs de la montagne sont assez réguliers et possèdent une pente douce (10-15°); dans tout le centre les couches sont horizontales, exception faite de quelques petits accidents locaux. Dans toute cette partie, les calcaires du Sénonien (assez peu épais ici) ont été enlevés et les marnes, mises à nu, ont été rapidement attaquées par les oueds, de telle sorte que l'axe de l'anticlinal est occupé maintenant par une large dépression. Les oueds attirent tout d'abord le regard, quand on examine la carte, et cependant je puis assurer qu'ils n'ont pas été exagérés par le topographe. Certains d'entre eux sont encaissés de plus de 100 m., comme, par exemple, l'O. Melah, qui a pour origine un inextricable chevelu de ravins, ce qui rend ce pays l'un des plus pénibles à parcourir. Ce bled est du reste fort peu habité, car il est assez stérile; aussi une très faible surface seulement est-elle cultivée; les marnes sénoniennes sont couvertes par une assez forte brousse (lentisques, oliviers sauvages, caroubiers, mêlés de pins d'Alep), laissant quelques clairières, où se sont établis des pâturages; enfin, les calcaires sont couverts de pins d'Alep, constituant la Rhaba (Rebaa).

Vers le N, cet anticlinal de la Siliana s'élargit un peu (en dehors des limites de la carte) et une légère ondulation des couches indique une tendance à la bipartition. Au S-W, il est brusquement interrompu par une série de failles transversales, évidemment en relation avec celles que j'ai signalées au Bargou et par lesquelles se manifeste l'effort de plissement transversal. J'ai marqué les trois principales, faciles à reconnaître, mais il y en a, en réalité, toute une série, ayant abaissé les couches sénoniennes et éocènes. L'érosion aidant, on a obtenu les contours un peu compliqués que montre la carte. En ce point, les strates sont presque horizontales et plongent seulement de quelques degrés d'un côté ou d'autre, suivant les points. Le plissement transversal est encore indiqué d'une part par l'alignement du Regoubet Ali ben Nasseur (voir les flèches) et l'Argoub Segjeg, — lesquels empiètent un peu sur le synclinal de l'O. el Kebir — et, d'autre part, par la fermeture, au Sud, de la cuvette de Gafour, laquelle se trouve sur le prolongement du synclinal de l'O. Massouge, mais en est entièrement séparée.

SYNCLINAL DE L'OUED EL KEBIR
(Pl. III, 1)

Le synclinal des Ouled Yahia ou de l'O. el Kebir (la grande rivière) est la suite de celui de l'O. Ousafa, mais la continuité est légèrement interrompue par le pli transversal et les failles qui limitent la Siliana au S-W. A cette extrémité existent encore, au Srasif bel Hajem, les grès de l'Éocène supérieur, appartenant au versant N-W du synclinal, le versant S-E ayant entièrement disparu. De ce côté donc le synclinal est ouvert et un peu irrégulier, tandis qu'au N, au contraire, il se ferme de la façon la plus remarquable; aussi l'O. el Kebir a-t-il dû, pour en sortir, entamer les calcaires blancs de l'Éocène inférieur, puis du Sénonien (Dj. Selbia) en une gorge tellement étroite qu'on n'a pas pu y faire passer la piste. En aval de ce défilé, l'oued prend le nom d'Oued Miliane (la rivière abondante) et se dirige lentement vers la mer. Cette cuvette de l'O. el Kebir est remplie par les marnes de l'Éocène moyen, qui donnent des terres d'une admirable fertilité, grâce à une légère proportion de phosphate de chaux, et sont particulièrement favorables à la culture des céréales ; aussi les ruines romaines y pullulent-elles, ruines non seulement d'exploitations agricoles, mais même de bourgades assez importantes, comme l'Hir es Scheli ou de forteresses, telles que l'Oppidum Furnitanum, dont une belle source (A. Fourna) assurait l'alimentation en eau.

CUVETTE SYNCLINALE DE GAFOUR
(Pl. III, III, XIV)

L'autre versant du Dj. Siliana est flanqué par la cuvette synclinale de Gafour encore plus remarquable par sa régularité, véritable vasque de calcaire sénonien et éocène, remplie par les marnes de l'Éocène moyen, tout à fait semblables à celles de l'O. el Kebir. Au N, les deux anticlinaux de la Siliana et du Massouge prolongé tendent à la coalescence et la cuvette se ferme près de Si Amara, tandis qu'au S, le plissement transversal de la Rebaa Siliana a également redressé les bords de la coupe et isolé celle-ci du synclinal du Massouge situé sur son prolongement.

XXII. — La faille-rejet de Jama.

DJEBEL MASSOUGE
(Pl. III, II, III ; Vue XXII)

Le Massouge est un anticlinal très dissymétrique, puisque le flanc S-E sensiblement rectiligne possède une inclinaison de 30° en moyenne, tandis que le flanc N-W est très surbaissé. Dans tout l'Argoub el Harch et l'Argoub el Tamra, les couches sont presque horizontales, descendant doucement vers la vallée de l'O. Tessa. Aussi le flanc S-E attire-t-il l'attention : il comporte une double rangée très régulière de Koudiats, bien visibles sur la carte, qui correspondent aux calcaires du Sénonien et de l'Éocène inférieur (celui-ci sous forme de calcaires blancs tendres ayant une tendance à s'écailler et peu différents, comme aspect, du Sénonien) ; entre ces deux alignements de collines existe une vallée longitudinale creusée aux dépens des marnes de la fin du Crétacé et du début de l'Éocène. Un fait intéressant est la présence de petites failles transversales avec rejet horizontal, dont l'effet s'est fait sentir bien plus vivement sur l'Éocène que sur le Sénonien. Ce rejet est tel que dans tous les cas, le tronçon septentrional est reporté à l'E du tronçon méridional. La photographie (Vue XXII) prise de Jama (vers l'E) donne un exemple de ces rejets ; on y voit (à gauche) les calcaires sénoniens à Inocérames, en contact avec les marnes terminales du Crétacé (à droite) ; en arrière-pointe, le banc de calcaire éocène. Sur la rive droite de l'O. Siliana, une des grandes failles se comporte tout à fait de la même manière. L'anticlinal du Massouge se continue en effet sur cette rive le long de la cuvette de Gafour, où il est d'ailleurs fortement aplati et un peu altéré par de faibles ondulations. Dans toute cette région, le Sénonien occupe de larges surfaces peu cultivées, semées de pins d'Alep, parfois assez serrés pour produire une forêt (rhaba) au-dessus de laquelle s'élève les deux collines jumelles du Dj. Lekrouet (el Arhouat, les sœurs).

Vers le S, les Dj. Madkour et ed Debabsa constituent certainement le prolongement du Massouge, dont ils sont à peine séparés par une légère expansion de la plaine du Sers, au voisinage d'es Sebaa Biar (les 7 puits).

SYNCLINAL D'ELLEZ ET DE L'OUED MASSOUGE
(Pl. II, 9 ; III, II, III, IV, V, XIV)

Le synclinal d'Ellez et de l'O. Massouge, qui borde le massif précédent, est remarquable par son élargissement vers le N-E. Un peu au S d'Ellez, une faille transversale légèrement courbe le coupe brusquement et amène l'Éocène moyen contre le Sénonien (avec intercalation de quelques bancs très redressés) ; néanmoins le synclinal peut encore être distingué plus au S-E, dans le Dj. Demaïne et jusqu'à la route de Ksour (Bled el Jaouf).

Près d'Ellez, les deux flancs du synclinal sont déjà un peu différents, comme il a été indiqué antérieurement : au flanc S-E, l'Éocène inférieur possède le facies typique des calcaires à Nummulites des Kalaats, parfois corrodés et creusés en grottes, qui ont pu servir d'abris sous roche (défilé de l'O. Zaroura), tandis qu'à l'W, près d'Ellez, il se modifie déjà sensiblement et tend vers le facies des calcaires blancs flexibles, qui règne dans tout le massif. Du reste, ce dernier facies envahit même le versant S-E à son extrémité septentrionale, par exemple au Kef el Aroussa (de la fiancée). La photographie donnée par MONCHICOURT (Pl. 36), faite précisément en cet endroit, montre d'abord la double rangée de collines correspondant l'une au Sénonien (au fond), l'autre à l'Éocène inférieur (rangée antérieure), sous forme de calcaires tendres en bancs minces, sur lesquels coule l'O. el Hammam ; celui-ci est, d'autre part, bordé au N par les marnes de l'Éocène moyen, sans cesse rongées et reculant devant l'oued. Ces marnes de teinte jaune ou un peu brune, ainsi que le rappelle le nom de Koudiat es Safra, constituent de bonnes terres de culture ; aussi sont-elles très peuplées. Les ruines nombreuses qui jonchent leur surface attestent qu'il en était déjà ainsi dans l'antiquité.

MASSIF DE KSOUR ET DES OUERTANE

(Pl. III, VII, XIV)

Dans son ensemble, ce massif de Ksour est un plateau présentant une large ondulation synclinale et quelques autres plis de moindre importance. Son bord occidental, nommé Dj. Ayata, n'est autre que la couverture éocène de l'arc crétacé du bou el Hanèche-Zrissa. Quant à son bord oriental, il est marqué par un des plissements transversaux les plus nets : la Sra Ouertane, que longe la dépression menant de Ksour à Sbiba (bled el Jaouf). Le flanc oriental de cet anticlinal a été partiellement enlevé par l'érosion ; aussi, en divers endroits, en particulier à l'E du Dj. es Semda, l'Éocène inférieur et une partie du Sénonien ont disparu ; mais un peu plus loin, au Dj. Hafera, les calcaires nummulitiques descendent régulièrement jusqu'à la vallée. Évidemment, ce plissement ne s'est pas fait sans quelques cassures, dont on voit des exemples tout près du sommet, au voisinage de Si bou Laba et au pied du Kef es Sfaya (plateau rocheux). En effet, ce calcaire nummulitique a toujours quelque peine à se plisser et, ici, il était astreint à obéir à une double ondulation, dont on peut discerner les traces.

Mais le plissement transversal (N-W — S-E) est ici prédominant ; c'est lui qui a produit la courbure principale du plateau de Ksour, créant une auge entre le Dj. ben Soltane et le Dj. Ayata et dressant l'anticlinal de la Sra Ouertane en travers du synclinal d'Ellez. A ce dernier, encore bien net entre le Dj. ben Lassen et le Dj. Zouara, doit peut-être se rattacher, comme versant septentrional, le K. es Sfaya, dont les assises plongent au S. La faille qui limite ce Kef du côté septentrional interrompt la dépression transversale de l'O. el Joua et amène les marnes de l'Éocène moyen contre le niveau phosphaté. Le relèvement du bord oriental de l'auge accuse encore le plissement transversal, dont l'effet se confond ici avec celui qui est dû au soulèvement du bou el Hanèche et du Zrissa. Mais les choses sont encore accentuées par le synclinal très net, aligné vers le N-W, compris entre le Dj. Ayata et le Dj. bou Djifa (Si Barcat).

Enfin, les eaux courantes, profitant des diverses cassures, ont découpé dans la dalle nummulitique plusieurs ravins, laissant apparaître le niveau phosphaté ou même parfois le Sénonien. De ces influences diverses résulte l'aspect actuel du massif de Ksour, vaste plateau pierreux, raboteux légèrement concave et ne pouvant nourrir quelque végétation que s'il subsiste des lambeaux d'Éocène moyen, ou si l'érosion a mis à nu le niveau phosphaté ou le Sénonien.

L'Argoub mta Guelt, suite au S de la Sra Ouertane, ne possède plus de calcaire nummulitique ; seules, les marnes inférieures de l'Éocène ou même le Crétacé s'y montrent et encore dans les très rares points où tout n'est pas enfoui sous la nappe de cailloutis pliocènes ou pleistocènes. De gros blocs sénoniens ou nummulitiques, dont le plus souvent les angles sont simplement émoussés, parfois cimentés en surface par la carapace, sont entassés sans stratification bien nette. Ils semblent en général à peu près horizontaux, sauf en un point, où ils sont plaqués en couches verticales contre le Sénonien, ce qui paraît être l'indication d'un mouvement très récent ; mais, à vrai dire, ce pourrait être seulement le résultat d'un affaissement local.

BLED JOFRE, ER ROHIA, GUERATHA

La plaine de Gueratha est couverte d'alluvions provenant de la transformation des marnes de l'Éocène moyen, encore très reconnaissables, d'où émergent çà et là quelques débris nummulitiques.

Le bled Jofre, comme toute la vallée de l'O. Sguiffa, consiste surtout en terres d'alluvions, d'ailleurs très fertiles. L'épaisseur de ces sédiments est considérable et les oueds s'y encaissent d'une façon extraordinaire, creusant un lit absolument disproportionné avec leur débit habituel, lit qui disparaît brusquement en aval (voir la carte) ; j'ai du reste déjà fait allusion à cette particularité, dans le dernier chapitre de la première partie.

Cette vallée de l'O. el Haloh est comprise entre les deux grands plis transversaux du Ras Si Ali et du Sekarna, qui la limitent nettement. Ceux-ci ont fourni matière à d'immenses éboulis et cailloutis à peine roulés, qui s'étendent souvent très loin dans la plaine, sous forme d'un vaste plan incliné bien visible sur la photographie (Vue XVIII). Naturellement, presque rien ne peut y pousser, sauf des broussailles, parfois des oliviers sauvages et quelques cactus, comme au pied du Kef er Raï.

KOUDIAT ECH CHAIR
(Fig. 37)

Le Kt. ech Chaïr (colline de l'orge) est un monticule émergeant de la plaine alluvionnaire, qu'il domine de 150 m. environ. Au premier abord, il ne sollicite en rien l'attention, et paraît n'être que l'un des innombrables dômes qui parsèment ce pays. En réalité, sa complication est extrême et je ne suis pas sûr d'avoir bien saisi la constitution de cette petite montagne. Déjà sa situation est assez singulière, au milieu d'une plaine qui interrompt brusquement les grands plissements longitudinaux et posé, d'autre part, entre le pli transversal de la Sra Ouertane et celui du Ras Si Ali, sans être sur le prolongement exact d'aucun des deux. Mais, en outre, ce dôme est sensiblement sur l'alignement du synclinal de l'O. Ousafa-Hir Meded, qui, par conséquent, a dû être dévié. Ce n'est, du reste, pas le seul cas de ce genre.

Les deux coupes ci-contre (fig. 37) aideront à concevoir la constitution de la montagne. Elles montrent les marnes dures et les calcaires dolomitiques de l'Aptien (A), auxquels font suite immédiatement des marnes à *Micraster Peini*, c'est-à-dire le Sénonien (S), sans trace des terrains intermédiaires. Ce Sénonien se termine par un banc calcaire, qui n'a pas plus de 5 m. et qui, en certains endroits, est tranformé en une brèche ; sur lui reposent en discordance les marnes de l'Éocène moyen, relativement peu épaisses et suivies de grès (Éocène supérieur), mais rien ne représente l'Éocène inférieur, quoique celui-ci existe dans la partie N, recouvrant successivement le Sénonien, puis l'Aptien, dont les couches sont coupées en biseau. Au N du signal, il supporte normalement les marnes de l'Éocène moyen, qui, de là, s'étendent dans la plaine, donnant une terre jaune un peu brune (d'où le nom de Trab Sfara). Sur l'autre rive de l'O. Slema, à l'E du Kt. et Tella, un vaste affleurement de Sénonien ne présente rien d'anormal.

Voilà assurément une disposition singulière ; je ne puis me l'expliquer que par un décollement des couches suivi d'un charriage, d'où résulte ce contact anormal ; mais

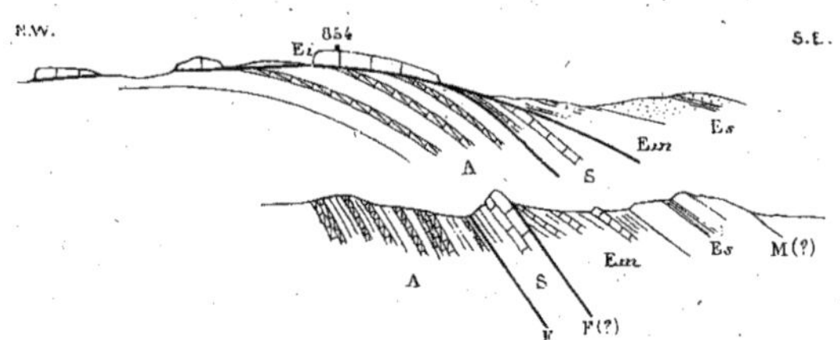

Fig. 37. — Kt. ech Chaïr, 1/20.000 (h. et l.) environ.

le phénomène est tout local. Le contact Aptien-Sénonien nécessite déjà un mouvement de ce genre, mais les choses paraissent encore plus nettes pour ce qui concerne le recouvrement de l'Aptien et du Sénonien par l'Éocène inférieur ; la figure explique clairement cette interprétation.

Ce mouvement a dû être au moins esquissé à l'Éocène inférieur et le Kt. ech Chaïr devait déjà faire une saillie au moins légère, nivelée ultérieurement, en sorte que les dépôts de l'Éocène moyen surmontent tantôt l'Éocène inférieur, tantôt le Sénonien. Enfin, un mouvement plus récent a donné à la colline son relief définitif ; puis de puissantes érosions en ont déblayé toute la partie méridionale, abandonnant çà et là d'épais cailloutis.

DJEBEL BOU NADER ET BOU SLÉAH
(Pl. III, v, xiii)

Ces deux montagnes appartiennent à un même dôme assez aplati, un peu allongé vers le N-W, fortement éventré et dont l'érosion a partiellement fait disparaître le bord oriental. Aux dépens des marnes sénoniennes s'est créée la dépression de l'O. Mreda, limitée de tous côtés, sauf au N-E, par les calcaires supérieurs, qui s'infléchissent, d'autre part, pour revêtir le Lorbeus. Telle est l'origine du Kranguet el Fress (défilé de la jument), qui mérite à peine le nom de synclinal et dont profite l'O. Tessa pour passer de la plaine des Zouarines dans celle du Sers. Les couches s'abaissent, d'autre part, au S, pour produire la dépression du Zanfour. De cette localité jusqu'à Ellez, le Sénonien est presque nivelé ; il ne subsiste que quelques mamelons, qui dépendent de l'anticlinal bordant le synclinal d'Ellez.

PLAINES DU SERS ET DES ZOUARINES
(Pl. III, XIII)

La plaine du Sers doit son origine, en partie au plissement transversal (entre le bou Nader et le Maïza), en partie à l'érosion, qui a nivelé le Massouge entre Sebaa Biar et Ellez. Il en est de même pour la plaine des Zouarines, mais, ici, subsistent quelques témoins d'érosion, comme le Dj. Ebba et le Dj. Birouag (des asphodèles). Ces deux dépressions sont occupées par des terres d'alluvions profondes et riches au centre, minces et pauvres sur les bords, où les marnes sénoniennes percent en maints endroits. Les oueds qui y circulent sont très fortement encaissés, mais ne suffisent pas à drainer les eaux ; aussi quelques parties sont-elles marécageuses. Ces plaines étant très fertiles sont habitées par de nombreux sédentaires, ce qui se traduit sur la carte par un grand nombre de maisons et une multitude de sentiers. En plus, par suite de la nature du sol, il n'y a pas de sources, et le mot *Bir* remplace le mot *Aïn*.

Ces deux plaines communiquent facilement entre elles aux deux extrémités du pli transversal du bou Nader, de même qu'avec les autres plaines voisines. Ainsi, on passe aisément du Sers dans la vallée de l'O. Massouge par la coupure de Sebaa Biar, dans le bled Rhorfa (Si bou Rouiss) par la dépression située à l'E du Maïza, dont profite également l'O. Tessa. De même, la plaine des Zouarines est en relation avec la vallée de l'O. Sarrath par le Fedj et Tmer, avec le bled el Jaouf et Sbiba par le couloir situé au S-E de Ksour. On remarquera que toutes ces voies de communication coïncident avec les points bas des plis, que l'érosion a simplement façonnés.

DJEBEL MAIZA
(Pl. III, IV, XIII)

Le Dj. Maïza (de la petite chèvre) est un dôme complètement isolé des montagnes voisines. Quelques cassures ont troublé la régularité des calcaires qui en forment le revêtement ; ainsi, au S, les couches descendent régulièrement sous une pente d'une vingtaine de degrés, lorsque tout à coup une faille, passant un peu au S du Kt. Si ben el Azereg, les ramène à l'horizontale, après intercalation d'un banc vertical. De même, au Kt. 836, les calcaires très cassés sont verticaux.

La montagne est revêtue d'un encroûtement rosé, si habituel au Sénonien, et de plus supporte une brousse serrée (le Kt. Sfa el Lenj rappelle précisément l'existence d'arbousiers). Enfin, au N et au N-E, il y a un cailloutis de pentes rougeâtre, assez développé, de sorte que les observations de détail sont assez difficiles.

L'O. Tessa a profité d'une dépression pour s'échapper de la plaine du Sers ; au défilé du Maïza, les strates plongent des deux côtés vers le lit de la rivière. D'autre part, le Kranguet el Maïdheur s'est établi aux dépens des marnes supérieures du Crétacé, notablement salées en ce point, d'où le nom d'O. el Melah ; aussi l'eau du puits de Lella el Bahira en est à peine potable.

SYNCLINAL DU KEF ARGUEB
(Pl. III, IV, XII)

Le Kt. el Bidi et le Kt. ben Charrat forment l'autre versant du synclinal où coule l'O. el Maïdheur, et qui est occupé, un peu au S-W, par les dépôts éocènes du K. el Argueb, K. Beroum et Dj. es Sid (du lion). Au voisinage du K. Argueb, le fond du synclinal se relève un peu, de façon à fermer celui-ci ; aussi les Arabes désignent-ils cette partie sous le nom d'el Gossa, la comparant au bord de ces grands plats de bois d'un usage aussi fréquent que varié parmi eux.

Le bord N du synclinal (suite du Houd) se prolonge un peu plus loin que l'autre, mais est lui-même interrompu par une faille, qui passe au pied du K. en Nouidhir. Ce synclinal semble du reste brisé dans le sens de la longueur et le flanc S-E (Dj. Sid) est bien plus redressé (35°) que l'autre (K. Beroum) (15°).

DJEBEL KEBOUCH
(Pl. III, IV)

Le Dj. Kebouch (des moutons) se comporte comme un dôme assez irrégulier, ce qui est dû à la présence du Trias. Celui-ci forme tout le Kt. el Zibs et est fort bien visible dans l'O. ez Zabbes. Quand on vient du S, après avoir cheminé quelque temps sur le Sénonien, on pénètre dans un profond et étroit ravin, creusé dans les marnes bariolées, où abondent les morceaux de gypse de toutes couleurs, recueillis par les Arabes, qui ont établi là quelques fours rudimentaires. On constate aisément, sur les deux parois du ravin, que le Trias est surmonté directement par le Sénonien, tantôt à l'état de marnes, tantôt de calcaires plus ou moins brisés, ou par une brèche à éléments sénoniens. L'eau de l'oued est fortement salée. A l'endroit où se réunissent les deux ruisseaux, origine de l'O. Zabbes, se montrent des bancs de grès gris, violets et verts, riches en mica et en oligiste avec débris végétaux, alternant avec des marnes ; ces bancs très redressés (ils plongent cependant un peu à l'E) peuvent se suivre sur plusieurs centaines de mètres et la colline leur doit précisément sa forme allongée et ses flancs escarpés.

Au contact du Trias et du Sénonien, s'est produite une minéralisation énergique, à laquelle sont dus les gisements de calamine.

D'autre part, des lambeaux d'Éocène couronnent certaines hauteurs, entre autres le K. bou Sboa (aux lions). Un autre affleurement éocène se voit au N du massif, près du pont romain, dans une légère dépression synclinale ; il est d'ailleurs très démoli.

Le Pliocène (sables ou grès jaunes, limons argileux) gêne considérablement pour l'étude des relations du Trias et du Sénonien, étude rendue encore plus difficile par le fait que la montagne est relativement boisée ; on reconnaît cependant qu'en plusieurs points (par exemple au Kt. 811) le Sénonien est très redressé au voisinage du Trias.

DJEBEL LORBEUS
(Fig. 1, 2, 38; Vue XXIII)

Le Dj. Lorbeus nous offre un des affleurements triasiques les plus étendus : c'est en outre le plus central, puisque le contrôle de Maktar est entièrement dépourvu de telles formations. Toute la partie axiale de la montagne, où aucun arbre ne pousse, est occupée par les marnes versicolores, en un désordre complet, dans lesquelles sont emballés des fragments des diverses roches triasiques : grès micacés, verts ou violets, cargneules, calcaires jaunes, calcaires en plaquettes gris bleu, et, enfin, calcaires dolomitiques en gros blocs couronnant le tout. Un point seulement accuse une stratification nette et a fourni des fossiles ; il est situé un peu au N du Kt. el Hanisch ; j'en ai parlé d'autre part. La coupe (fig. 2) montre la disposition des couches en cet endroit et la fig. 1 la constitution d'ensemble du massif. Tout le flanc S-E est revêtu par le Sénonien plongeant vers le Kr. el Fress, mais avec des pentes un peu variables ; en outre, au contact du Trias, on n'observe pas toujours les mêmes niveaux.

Au S-W, des conglomérats miocènes recouvrent le Trias, tandis que l'Argoub er Reiss est une vaste accumulation de cailloutis pliocènes et surtout d'argiles revêtues de beaux pâturages. Sur le flanc N-W, les choses sont beaucoup plus compliquées et je ne suis point assuré d'en avoir exactement saisi l'agencement. Néanmoins, je crois qu'on peut, en gros, considérer la bordure N-W du Lorbeus comme un anticlinal assez irrégulier ; les coupes ci-contre (fig. 38), faites parallèlement les unes aux autres, à quelques centaines de mètres de distance, permettent de s'en rendre compte. A l'extrémité N-E, près des Salines, le Sénonien recouvre le Trias d'une façon assez régulière sur les deux flancs de la montagne (*a*). La 2e coupe (*b*) passe à peu près par le point coté 702 et montre un anticlinal dissymétrique. Le Kt. 702 est formé par des marnes et calcaires dans la plus grande partie desquels je n'ai pu voir de fossiles, mais que je considère comme sénoniens (partie moyenne), par suite de la présence, à leur pied, de plusieurs *Micraster Peini*. Une petite butte montre les calcaires supérieurs du Sénonien, peu inclinés, appartenant à l'autre flanc de l'anticlinal. Quatre cents mètres plus loin, au

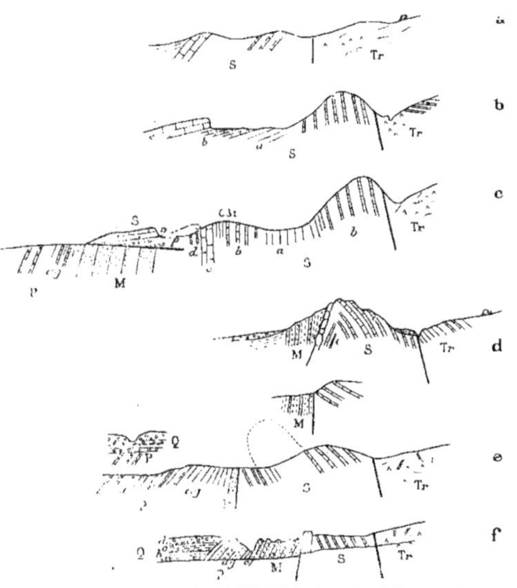

Fig. 38. — Coupes normales au flanc N-W du Dj. Lorbeus, c'est-à-dire sensiblement N-W—S-E

point coté 651, ces calcaires sont verticaux et, à quelques dizaines de mètres vers le N-W, on en remarque un paquet renversé sur les grès miocènes, fort bien visibles dans l'oued qui descend du Kt. el Genoua. Je n'ai pu observer ce renversement qu'en ce seul endroit; au N, le Miocène n'apparaît plus et, du reste, la succession des couches paraît normale ; au S, le Miocène flanque le Sénonien, mais ne supporte aucun fragment de celui-ci.

La coupe de l'O. Zoubia (*d* et fig. 1) montre en effet ces grès verticaux flanquant un anticlinal sénonien évidemment incomplet et étiré, car on voit à gauche un gros banc très cassé, qui n'a pas son analogue à droite. La photographie ci-dessous (Vue XXIII),

XXIII. — Anticlinal sénonien étiré, bordant au N-W le Dj. Lorbeus.

qui représente ce Koudiat (dont la coupe n'intéresse qu'un éperon) permet de constater la disposition des couches en chevrons, avec les petits bancs disloqués, égrenés, qui jalonnent l'axe, et laisse apercevoir à gauche le gros banc calcaire, complètement broyé. Du même point, mais sur la rive gauche de l'oued, on voit le Sénonien venant presque reposer sur le Miocène ; j'avais d'abord crû qu'il y avait là un renversement, mais c'est peut-être simplement une faille ; il est en tout cas manifeste que le Miocène ne repose pas d'une façon normale sur le Sénonien. Cette même disposition se poursuit vers le S, comme l'indique la coupe faite par l'extrémité du Kt. el Kchirida ; en un endroit, le Miocène est réduit à quelques mètres (*e*). Un peu plus loin, dans l'O. Mzid (*f*), le Sénonien se termine par deux gros bancs verticaux (les mêmes qu'à la coupe *d*), fortement cassés et injectés de calcite, imposant à l'oued une cascade de plusieurs mètres ; sur eux s'appuient, d'une part, les marnes et calcaires sénoniens, d'autre part, les grès grossiers du Miocène, puis les argiles et grès pliocènes, dont la pente est supérieure à 50°. Plus loin encore, vers le S-W, le Sénonien s'abaisse et s'étale dans tout le Kt. es Sradig.

Au bord de l'affleurement, les couches du Trias présentent des pentes très variables et telles parfois qu'elles semblent reposer sur le Sénonien. Mais, à vrai dire, la disposition de ces strates est tellement irrégulière qu'on ne peut en tenir compte.

En résumé, le Dj. Lorbeus apparaît comme un anticlinal à noyau triasique, bordé immédiatement au N-W par un anticlinal crétacé rompu, étiré et localement renversé sur le Miocène. Mais on ne peut se dissimuler que cette explication est peut-être un peu simpliste et néglige de petits accidents locaux, qui auraient besoin d'être examinés avec plus de détails. Il y aurait donc intérêt à reprendre ce problème de tectonique et à suivre pas à pas les affleurements, pour les cartographier aussi exactement que possible, travail que je n'ai pas pu faire, étant donné le temps dont je disposais et le vaste champ embrassé ; on obtiendrait sans doute des résultats importants. Peut-être me sera-t-il donné de poursuivre moi-même cette étude.

Quoi qu'il en soit, au Trias du Lorbeus s'attache un intérêt d'ordre économique ; en effet, les Arabes y recueillent le gypse pour en faire du plâtre, et, d'autre part, l'administration utilise les eaux salées qui en sortent pour en retirer le sel. Quatre sources principales alimentent les Salines, dont l'une, voisine de la route, sourd au-dessous de gros blocs dolomitiques remplis de cristaux de quartz noir. L'eau reçue dans 18 bassins est alors évaporée au soleil.

Entre le Dj. Lorbeus et le Zaafrane s'étend la longue vallée de l'O. Lorbeus, prolongement du synclinal du Houd d'une part, du Kef Argueb d'autre part ; le fragment de calcaire nummulitique d'El Houirbete appartient au bord S de ce synclinal. Celui-ci est du reste très bien dessiné par les couches pliocènes, qui ont dû jadis occuper une forte partie de la vallée et se sont déposées dans une dépression préexistante, puisque leur pente diminue lentement des bords au centre. L'oued y a ensuite creusé une vallée, qu'il a ultérieurement remblayée de ses puissantes alluvions, au milieu desquelles il s'est finalement recreusé un lit étroit et encaissé.

BLED ZAAFRANE, BLED DOGRA ET BLED ECH CHEMS
(Pl. II, 16, 17, 18 ; fig. 39)

C'est sans doute au Bled ed Dogra et au Bled ech Chems que se présente le maximum de complication qu'il m'ait été donné d'observer en Tunisie. Aussi, ai-je cru devoir ajouter ici un carton spécial au 1/50.000, car sur la carte d'ensemble je n'ai pu qu'indiquer les terrains présents. Les 3 coupes (Pl. II, fig. 16-18), presque parallèles entre elles et faites à quelques centaines de mètres d'intervalle, aideront à comprendre la constitution de ce massif. La première, la plus orientale (Pl. II, fig. 16), rencontre deux fois le Trias (*tr*) sous l'aspect de marnes bariolées, où aucune stratification n'est discernable. L'un des affleurements est limité des deux côtés par le Sénonien (S), fortement brisé. Au N, ce dernier est suivi par l'Éocène inférieur (calcaire à Nummulites du Kt. Barbela, de la mule) vertical, tandis que les termes supérieurs du Crétacé (et même un fragment d'Éocène) sont peu inclinés.

Peu au delà, on atteint l'Éocène supérieur, en sorte que l'Éocène moyen paraît absent (bien qu'il existe dans toute la région), mais peut-être est-il compris dans les couches bordant le calcaire à Nummulites, presque complètement enfouies sous les débris. Des grès jaunes, verticaux, assurément miocènes, viennent ensuite, en contact anormal avec le Trias. Celui-ci est bordé, d'autre part, par un fragment de Sénonien, que recouvre directement le Miocène.

Si nous revenons au premier îlot triasique, nous voyons le Sénonien du flanc N s'infléchir pour venir recouvrir le flanc S, non sans subir de nombreuses cassures. L'Éocène commence à décrire la même courbe, mais une faille l'interrompt bientôt et

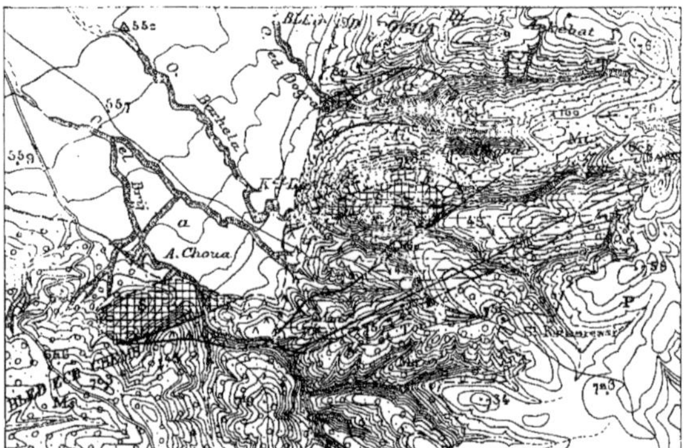

Fig. 39. — Carte géologique du Bled Dogra et Bled ech Chems. 1/50.000.

met en contact le Sénonien et le Miocène, qui plonge de 45° vers le S-E environ. Après avoir franchi toute une série de bancs alternativement tendres et durs (ces derniers naturellement en saillie, sous forme de murs), qui conservent jusqu'en haut leur pente moyenne de 45°, on atteint trois bancs gréseux, durs, verticaux et décharnés, dont la direction a déterminé la forme allongée du Kt. et Touila (la colline longue); il y a là manifestement une faille. La masse de ce Koudiat comprend une suite de conglomérats inclinés à 45° et en discordance très nette avec les précédents; mais il ne semble pas y avoir de faille entre eux. Ces conglomérats (que j'ai rapportés avec doute au Miocène supérieur) sont suivis de dépôts pliocènes, dont la pente diminue peu à peu, mais ne s'abaisse pas au-dessous de 25°.

Sur la deuxième coupe (Pl. II, fig. 17), le Sénonien a complètement disparu entre le Miocène et le Trias. Au N, ce dernier se termine par ce banc de calcaire dolomitique foncé, bréchoïde en ce point, que j'ai rencontré maintes fois et toujours au sommet de la formation, ce qui est encore le cas ici. Le Sénonien, fort incomplet, lui fait suite, séparé de l'Éocène inférieur par une petite faille, ayant produit une dénivellation de quelques mètres seulement. Au delà s'étend la plaine : impossible de savoir ce que devient le deuxième ilôt triasique, érodé et enfoui sous les alluvions.

Enfin la troisième coupe (Pl. II, fig. 18), qui passe non loin d'A. Chaoua, nous offre une disposition encore différente. Au S, le Miocène supérieur touche le Trias, sur lequel il repose peut-être normalement, tandis qu'au N, les marnes bariolées sont limitées par les calcaires supérieurs du Sénonien, dont les strates très redressées dessinent un synclinal aigu. Puis tout disparaît sous les limons et les cailloutis du Kt. es Sejera.

En somme, il me paraît y avoir là simplement deux dômes, dont les couches constituantes ont subi des étirements allant jusqu'à la suppression, séparés par un synclinal faillé, dont le flanc N-E a entièrement disparu. D'ailleurs ce bombement s'est produit en plusieurs temps. Après le Miocène inférieur et moyen se manifesta un mouvement qui a atteint toutes les couches déjà formées et engendré plusieurs failles (dont celle du Kt. et Touila). Puis se sont déposés des conglomérats (Miocène sup^{r}) ultérieurement redressés par un mouvement très récent, puisqu'il intéresse les sédiments pliocènes.

Le large dos d'âne du Dj. el Mesimech et de l'Araguib Kamra, qui lui fait suite, résulte de l'accumulation de ces conglomérats miocènes, des cailloutis, sables et limons pliocènes, qui eux-mêmes possèdent souvent une pente notable. D'immenses ravins aux parois rutilantes les entament, sans néanmoins en permettre une étude détaillée. Puis au milieu d'eux, entre le Kt. el Mounen et le Kt. el Melah, le Trias surgit par une boutonnière, redressant les assises miocènes et pliocènes qui le bordent. A ces dernières, bien souvent en couverture seulement, sont dus les faibles mamelons du Kt. el Mergueb vers l'W, du Kt. ben Arar (du genévrier) à l'E. En outre, au Kt. el Melah, une faille sépare le Miocène du Sénonien, lequel se relie à celui du Dj. el Houd.

MASSIF DU KEF

(Pl. II, 1, 2; III, v, vi; fig. 3, 4; Vues II, XXIV.)

Je groupe sous cette désignation générale l'ensemble montagneux que couronne le Dyr el Kef; les différentes parties en sont, en effet, tellement liées, qu'il serait préjudiciable de les séparer.

De la vallée de l'O. Mellègue (225 m. au pied du Kt. el Ouachouacha), le terrain s'élève peu à peu, mais d'une manière irrégulière, jusqu'au signal du Dyr (1084), d'où l'on peut embrasser la région d'un seul coup d'œil. Vers le S et le S-E, se reproduit une pente analogue, jusqu'à une grande plaine, dont la cote moyenne est de 500 m. environ. Au total, rien de frappant au premier abord, excepté le Dyr lui-même.

Le Dj. Dyr est une longue gouttière dont la ligne axiale s'abaisse de 300 m. depuis le grand signal du N-E jusqu'à l'extrémité opposée, où est bâtie la ville du Kef; en outre, les deux côtés de la gouttière ne sont pas symétriques ; le bord S-E.

un peu plus large, a une pente de 25°, le bord N-W de 15° seulement. Le raccord des deux s'opère suivant une cassure jalonnée par le grand ravin situé en-dessous de la zaouia de Sidi Mansour. Les coupes données d'autre part et la belle photographie (Vue II, p. 153) que je dois à l'obligeance de mon excellent ami le Ct Flick permettent de se rendre immédiatement compte de cette disposition. Sur tout son pourtour, sauf à l'extrémité occupée par la ville du Kef, des parois verticales hautes de 7 à 10 m. bordent le Dyr et ne peuvent être gravies qu'en quelques endroits. Ici, comme dans les cas analogues, les calcaires à Nummulites de l'Éocène inférieur se sont brisés et quelques parties se sont affaissées, tout en restant accolées au Dyr : c'est ce qui a fait croire à l'existence de deux niveaux de calcaires à Nummulites. En outre, plusieurs cassures transverses ont amené des affaissements : on en observe toute une série en montant de la ville sur la montagne par la Kasbah ; d'autre part, le petit Kt. es Sakra, situé en contre-bas, au milieu des oliviers, n'est autre chose qu'un lambeau affaissé et par suite assez fracturé. Enfin, à plusieurs kilomètres vers le S-W, le Kt. Soltane représente la suite du même synclinal.

Le Dyr nous offre donc un exemple d'un synclinal devenu le point le plus haut de la contrée ; nous verrons plusieurs autres cas de cette inversion de relief, qui est presque la règle dans cette contrée.

Dans la gouttière du Dyr, près de la zaouia de Sidi Mansour, subsiste un lambeau des marnes calcaires et grès jaunes de l'Éocène moyen, aux dépens desquels s'est produit un peu de terre permettant de vagues cultures ; mais, le plus souvent, le roc est à nu et seule une brousse de chênes verts a pu s'y installer vers l'extrémité N-E. Cette cuvette calcaire est portée par les marnes argileuses foncées, au sommet desquelles tout un cordon de sources se fait jour, marquant un niveau d'eau très constant ; c'est à cette nappe qu'on a eu recours pour l'alimentation du Kef.

De chaque côté du Dyr, une double rangée de collines jalonne les affleurements des deux masses calcaires du Sénonien, tandis que la faible dépression, où passe la route de Souk el Arba, correspond aux marnes terminales du Crétacé. Ce double alignement est particulièrement net sur le versant N-W et la carte permet aisément de le constater. Cette série de collines jumelles se poursuit ainsi jusqu'à l'O. er Remel et même un peu au delà, au Kt. ech Cheria. A l'E de celui-ci, la colline portant la haouta de Sidi Salah et entamée par une grande carrière romaine forme l'autre versant du synclinal du Kt. Soltane, prolongement du Dyr el Kef. Au pied de ces collines calcaires s'étalent les marnes bleu cendré (1) du Sénonien inférieur, déchiquetées par une infinité de ravins, presque stériles et à peine couvertes par des pins et du romarin. Si on poursuit la descente vers le S-E du Dyr, on atteint les marnes et calcaires attribués au Turonien, dessinant un anticlinal qui disparaît bientôt sous la plaine. De même, sur le flanc N-W, on observe un anticlinal symétrique du précédent et constitué par les mêmes couches (Turonien ou début du Sénonien), mais possédant alors une pente très considérable (70°). C'est le Dj. es Semch (du soleil). Les assises qui entrent dans sa constitution se

(1) D'où le nom de Kt. ez Zerga.

relient à celles, également très redressées, qui bordent d'une part le Kt. el Hamra et, d'autre part, le Kt. er Resfa. Entre celui-ci et le Dj. es Semch, existe par suite une dépression, de laquelle s'élève le Dj. en Nador, petit dôme surbaissé, où de nombreuses cassures occasionnent des plongements assez irréguliers.

Les collines avoisinant l'O. Mellègue contrastent par leur disposition avec les précédentes. Elles consistent en une série de crêtes rectilignes, aiguës, formées par les marnes et calcaires parfois un peu dolomitiques du Cénomanien et du Turonien, redressées souvent jusqu'à la verticale et auxquelles s'appliquent les noms de Kt. es Sersouf, Kt. er Resfa, Sif el Anz. L'O. Mellègue. après les avoir longées, a été obligé de les couper en une étroite gorge, voisine de Medjez el Krarrouba (gué du caroubier), où les strates verticales apparaissent par leurs tranches. Puis, brusquement, l'oued reprend une direction parallèle aux strates et perpendiculaire à celle qu'il venait d'adopter. Manifestement il suit le trajet d'une cassure, car les couches qui sont presque verticales sur la rive droite, se montrent sensiblement horizontales sur la rive gauche au Kt. el Ghorfa et Kt. ez Zarzoura (des azeroliers) ; le contraste entre les deux rives est on ne peut plus frappant. A la rigueur, cette disposition pourrait s'expliquer par une flexure brusque, mais il est plus probable qu'il y a là une fracture, à la faveur de laquelle a apparu le Trias, sous forme de marnes bariolées, tellement broyées et mêlées avec les marnes cénomaniennes, qu'il est bien difficile de dire exactement où finissent les unes et où commencent les autres : fait qui, du reste, n'est pas spécial à ce point.

Cette suite de collines (Sif el Anz, Kt. es Sersouf) jalonne manifestement la ligne axiale de l'anticlinal qui longe le Dj. Ouergha ; mais, dans cette dernière montagne, les couches sont bien moins inclinées. Du reste, on aperçoit çà et là, dans la vallée, des strates calcaires très redressées. Les Pl. V et VI des *Matériaux d'Étude topologique* (1re série) indiquent bien leur disposition et leurs contournements ; j'y reviendrai plus loin. Vers le N-E, la pente de ces strates cénomano-turoniennes du Sif el Anz (S-E) diminue d'abord lentement, puis brusquement, au voisinage du Fedj el Begueur (défilé des vaches) ; elles sont recouvertes par les calcaires sénoniens du Dj. es Seïf, plongeant vers le N-E, puis le N et se reliant à ceux de l'autre rive du Mellègue. Il est possible que le pli se termine brusquement ; mais je serais porté à croire qu'il y a là une petite faille.

Une autre faille est manifeste au pied du Dj. el Hadida, qui doit son nom au fer qui imprègne les couches. L'arrivée de celui-ci paraît en relation avec le minuscule îlot triasique, qui affleure dans le fond de l'O. el Hallouf (du sanglier), entre la montagne qui vient d'être citée et le Kt. es Sour (la muraille). Tout près de là, on observe dans l'oued une source salée et un peu chaude.

Enfin, c'est encore d'une petite cassure, à peu près perpendiculaire à la précédente, que sort la belle source nommée A. el Hammam, dont l'eau légèrement tiède alimente Nebeur (1). Cette agglomération, entourée par une remarquable plantation d'o-

(1) Il y a d'ailleurs un grand nombre de ces cassures et petites failles, que je ne puis énumérer. Encore une fois, je ne donne ici que le résultat d'une première étude ; bien des détails seront à compléter, d'autres à modifier.

liviers, est au bord d'une vaste « conque », limitée de tous côtés par le Sénonien et que remplissent en partie les cailloutis, parfois les poudingues du Pliocène et du Pleistocène. Toutefois, dans le centre de la dépression, il y a de fertiles terres d'alluvions.

Revenons maintenant vers l'W et du Kef dirigeons-nous vers l'O. Mellègue par la piste de Sidi Youssef. Après avoir longé les collines sénoniennes, nous aborderons le vaste affleurement triasique du Dj. ed Debadib. A vrai dire, les caractères extérieurs de ce dernier ne sont pas très nets ; une croûte blanchâtre masque le tout et supporte une végétation arborescente assez intense : genévriers (souvent de très grande taille), pins d'Alep, parfois lentisques et l'inévitable romarin. Néanmoins, l'aspect du sol est suffisamment caractéristique pour qui a l'œil habitué aux facies. Du reste, il suffit de chercher un oued encaissé pour atteindre les couches, sinon en place, du moins délivrées de la carapace. L'O. er Remel (du sable) entame précisément, au point coté 436, un dôme très net consistant en grès et marnes blanches et violettes alternant, très bien stratifiés, comme la photographie (Vue IX) permet de s'en rendre compte. J'ai du reste reproduit cette coupe au chapitre Trias. Mais, le plus souvent, on ne voit qu'une masse confuse semée de gros fragments de ce calcaire dolomitique bleu foncé si commun, tantôt horizontaux, comme celui qui porte l'arbre signal du Kt. el Mrira (du petit sentier), tantôt verticaux comme au Kt. voisin, dont j'ai donné le profil (fig. 4). Sur le sentier menant à ces Koudiats, j'ai rencontré une masse ophitique d'un vert sombre, qui ne doit pas être la seule, car des débris sont disséminés sur toute l'étendue de l'affleurement. En général, le bariolage est peu accentué, sauf aux endroits où des éboulis récents ont mis à nu de nouvelles couches ; alors dominent le lilas et le vert tendre, mais, comme j'ai pu le constater, quelques jours suffisent, sinon pour faire évanouir ces belles teintes, tout au moins pour en atténuer l'éclat. Ces jolies colorations s'étalaient sur la berge à pic de l'O. er Rerma, affluent de l'O. er Remel, longeant l'Argoub el Abarch, qui en outre montrait nettement le contact du Trias et du Sénonien. Entre ces deux terrains, se voyait une sorte de brèche unissant les éléments durs de l'un et de l'autre en un banc épais de 2 à 3 m., sensiblement vertical et même un peu déjeté sur les marnes et calcaires également verticaux du Sénonien (base) ou peut-être du Turonien. En effet, sur toute la limite S-E de l'affleurement, les couches crétacées sont extrêmement redressées au contact du Trias et les bancs calcaires dénudés forment d'immenses murailles, comme le montre la photographie ci-contre (Vue XXIV), prise à quelque cent mètres de là ; celles-ci se poursuivent d'ailleurs sur plusieurs kilomètres vers le N-E.

Le plus souvent, les choses ne sont pas si nettes et on ne sait où placer exactement la limite. La coupe déjà citée (fig. 3) en donne un exemple. Au confluent de l'O. er Remel et de l'O. el Fkarine, se voit un banc vertical, semblable à celui qui est représenté ici, si ce n'est le même. En descendant l'oued, on coupe 150 m. de calcaires et marnes très durcies (Sénonien ou peut-être Turonien, mais assurément Crétacé) en couches verticales. Un peu plus loin, on est dans le Trias, sans limite distincte ; on constate, au contraire, que les marnes crétacées sont gypseuses et que, plus loin, de nombreux blocs de gypse saccharoïde isolés s'entremêlent avec des marnes légèrement teintées. Évidemment, il y a eu broyage, malaxage des deux formations et ensuite remise en mouvement du gypse, ce qui explique cette zone intermédiaire.

Tout autour du Trias, les couches crétacées sont ainsi verticales, mais ce ne sont pas toujours les mêmes niveaux qui sont en bordure. Ainsi, en remontant l'O. el Fkarine, à peu près à la hauteur de Si Amor, on observe le gros banc dolomitique vertical, accompagné par les marnes et calcaires probablement turoniens, également verticaux ; mais, par contre, les marnes sénoniennes prennent brusquement une pente assez faible, comme on le voit en franchissant l'oued pour se diriger vers la

XXIV. — Couches sénoniennes verticales au voisinage du Trias (O. Berma).

Koubba. Il y a là une faille ou tout au moins une cassure, — qui se fait sentir jusqu'au voisinage du Dj. ech Semeh, — au N-W de laquelle les strates sont verticales, tandis qu'elles demeurent peu inclinées au S-E; enfin, sur son trajet, sourdent deux petites sources tièdes, légèrement sulfureuses (dans l'O. el Krouabi).

Au Kt. el Hamra (la colline rouge), c'est le Cénomanien, toujours vertical, qui flanque le Trias, lequel envoie une petite digitation, bientôt recouverte par un travertin calcaire à *Helix Constantinæ*, qui s'étend jusqu'à l'O. ez Zerga, englobant toutes sortes de débris du Trias. Près de là, le Kt. « Mourhetti » présente les calcaires cénomaniens très fortement redressés, quoique s'appuyant un peu sur le Trias du Kt. en Nemra (de la panthère). En ce point, de même qu'au Kt. ez Zebs (du gypse), les marnes triasiques sont effroyablement ravinées, littéralement déchiquetées. J'engage le lecteur à se reporter à la feuille du Kef au 1/50.000 pour en examiner le coin N-W, afin de bien se rendre compte de la topographie en pays triasique. Il verra les courbes se resserrer extrêmement et décrire les zig-zags les plus capricieux, contrastant avec l'allure plus calme et les contours plus arrondis des collines sénoniennes, même dans la partie marneuse. Assurément sur le sommet, à el Metari, règne un plateau où les courbes sont espacées ; cela est dû en partie à la croûte qui revêt la formation et aussi à ce que les oueds n'ont pas encore eu le temps de pousser leurs têtes bien loin ; mais ils auront vite fait de découper le tout et le Trias sera radicalement nivelé, comme celui du Kt. el Halfa par exemple, dans la vallée de l'O. el Hatob. Cette carte du Kef, qui rend si fidèlement l'aspect du pays, fait le plus grand honneur aux officiers qui l'ont levée.

Si on avance jusqu'à la bordure du Trias au N-E, on voit les couches crétacées très redressées, bien souvent même verticales ; il en est de même au N-W, où les petits bancs faisant saillie dans la vallée de l'O. Mellègue accusent une pente considérable. On peut donc dire que, sur tout son pourtour, le Trias est limité par des couches crétacées d'âges divers, mais qui, toutes, sont sensiblement verticales.

PLAINE DU KEF

C'est une terre d'alluvion épaisse et fertile, dont certaines parties sont un peu marécageuses, par exemple El Merja, tandis qu'au bord, soit au S, soit à l'W, le sol est un peu sableux, par suite du voisinage du Miocène et du Pliocène. Dans toute cette plaine, naturellement, il n'y a pas de sources, et la population sédentaire assez nombreuse est alimentée par des puits, dont quelques-uns datent de l'époque romaine.

Vers le N-E, la vallée se resserre et finit même par s'étrangler complètement près du pont romain ; dans cette partie, elle correspond manifestement à un synclinal, où subsiste un lambeau d'Éocène inférieur.

DJEBEL SAADINE

(Pl. II. 19, 20, 21, 22 ; fig. 5 ; Vue XXV)

Le Dj. Saadine est une montagne assez compliquée et pour en bien saisir la constitution, il faudrait une étude plus approfondie que celle à laquelle j'ai pu me livrer. Néanmoins, je crois utile de résumer mes observations, si incomplètes qu'elles soient.

La forme de la montagne est déjà bien singulière, comme la carte permet de le constater. Les flèches marquées sur celle-ci indiquent les principaux pendages des strates ; mais, je m'empresse de le dire, ceux-ci sont assez variables. Le Kt. el Azza consiste en marno-calcaires cénomaniens ou turoniens, — car il est fort difficile, dans cette région, de séparer ce qui revient à chacun de ces deux étages — contenant quelques bancs de gypse interstratifié.

Dans la plus grande partie de la colline, les strates plongent de 40-45° vers le N-W, tandis que celles de la base sont beaucoup plus inclinées. Des dépôts rougeâtres pleistocènes cachent malheureusement la suite. Le Sénonien repose peut-être normalement sur ces couches, bien qu'une faille très visible dans le Miocène voisin, au pied du Koudiat 542, puisse se prolonger jusque-là. De même l'O. el Gassaa semble suivre une faille peu importante et, d'autre part, le Sénonien paraît logé dans un ensellement E-W, dont le bord oriental est relevé. De plus, les assises, aussi bien sénoniennes que cénomaniennes (Turonien indistinct inclus), sont redressées à l'E, au contact du Trias (fig. 5). Il n'est pas douteux qu'une faille coupe la montagne de ce côté, séparant le Crétacé du Trias et du Miocène. Il est en outre remarquable qu'au N et au N-W, les strates cénomaniennes sont très relevées au voisinage du grand affleurement triasique de l'O. er Remel. Au pied de la montagne, se montrent des marnes bariolées, très encroûtées, dont les assises sont fortement démolies et traversées par deux pitons ophitiques ; cependant le gros banc de dolomie, de même que le banc de calcaire blanc, lardé de quartz vert compris dans les marnes, — et qui, à part cela, ressemble considérablement au Sénonien, — est aligné parallèlement à la faille. Des grès miocènes recouvrent ce Trias d'une manière que je ne puis préciser, car il m'a été impossible de voir un contact net. Vers le N-E, le Miocène touche le Cénomanien (sans interposition du Trias) et affecte, en ce point, une pente opposée à celle du Crétacé (c'est-à-dire vers le S-E environ). Au N, il bute également par faille contre le Sénonien et plonge vers le S-W ; c'est-à-dire que l'affleurement des couches est à 90° de ce qu'il est dans le cas précédent. Il paraît donc y avoir là un petit bassin miocène effondré. Mais, en outre, ce même Miocène a été atteint par une faille, qui a rendu ses assises verticales au pied du Kt. 542.

Le Kt. Zag et Tir nous présente encore une complication plus grande, dont les coupes (Pl. II, fig. 19-22), permettent de se rendre compte. Nous voyons au milieu un banc calcaire de l'Éocène moyen, très fracturé et sensiblement vertical, mais s'affaissant tantôt d'un côté, tantôt de l'autre. Les fossiles qu'il contient ne laissent point de doute sur cette attribution. Au N-W, une bande d'argiles bariolées, sans stratification visible, sépare cet Éocène du Sénonien, dont les couches sont fortement disloquées; aussi est-il difficile d'en préciser les niveaux. Cependant un fait est certain : les mêmes assises ne sont pas toujours au contact du Trias. Ainsi deux coupes (Pl. II, fig. 20, 21) montrent les deux masses calcaires du Sénonien supérieur bordant le Trias, tandis que, dans la première, ce sont les marnes et calcaires de la base de l'étage qui touchent les argiles bariolées. La première coupe (fig. 19), faite suivant l'O. Ras el Oglat, intéresse le petit Koudiat situé au N-W du Kt. el Behaïma (de l'ânesse). On y voit les assises sénoniennes inclinées à 40 ou 45°, puis brusquement les mêmes, verticales, flanquées par le gros banc de calcaire dolomitique bleu foncé habituel. Enfin, dans la 4e coupe, il n'y a plus de Sénonien ; le Trias est bordé par le Miocène, peu incliné en ce point, mais il est bien difficile d'en constater les relations exactes. Les argiles bariolées contournent au S le calcaire éocène et, sur l'autre flanc, s'intercalent entre celui-ci et les argiles miocènes à *O. crassissima,* avec lesquelles elles se mêlent de façon telle qu'on ne sait où placer la limite. Quand on descend le petit ravin origine de l'O. Leghbel, ou le sentier allant du Kt. Si Ounis au Kt. Zag et Tir (517), on voit ces argiles brunes, nettement miocènes, se charger peu à peu de gypse et devenir de plus en plus teintées : à 5 m. de l'Éocène moyen, on a le facies typique des marnes bariolées, qui du reste sont en continuité avec la bande triasique du N-E. Là encore, j'estime qu'il y a eu broyage des deux masses argileuses et mélange mécanique. En continuant à descendre l'oued, après avoir dépassé le banc éocène tout broyé, mais bien reconnaissable, on se retrouve de nouveau dans les argiles bariolées affleurant sur une centaine de mètres de largeur. La photographie (Vue xxx) montre bien ce bariolage, au point où se trouve le chien. Puis l'oued laisse à droite un lambeau de calcaire blanc sénonien, également broyé, mais ayant, à part cela, son aspect habituel (entre le chien et l'Arabe). Quelques mètres plus loin, on passe dans une coupure d'un gros banc (visible au flanc de la colline, à gauche) devenu très dur et brunâtre en surface, gris à l'intérieur, se raccordant avec le Sénonien typique. L'oued tourne un peu et, à 20 m. au N-W, on atteint l'autre masse des calcaires sénoniens nullement modifiés (derrière l'Arabe). Puis, tout rentre dans l'ordre.

L'apparition de ce Trias est évidemment concomittante de celle du Dj. Debabib ; seulement ici les choses sont encore plus compliquées. Il y a eu d'énergiques étirements et déhiscence des diverses couches ; le Trias, au total assez plastique, s'est infiltré dans les fissures, filant le long des masses dures (calcaires sénoniens ou éocènes), se malaxant avec les sédiments plus tendres (marnes crétacées et miocènes). En outre, il y a eu remise en mouvement du gypse, qui s'est accumulé en plus ou moins grande quantité dans les couches voisines du Trias, quel que soit leur âge, et transformation plus ou moins marquée des calcaires. Le nom d'O. el Kohl (de l'antimoine), que l'oued porte à partir de cet endroit, semble indiquer la présence de minerais que je n'ai point remarqués. Peut-être s'agit-il des paillettes d'oligiste assez communes dans les grès triasiques.

DJ. HARRABA
(Pl. III, VIII)

Le Dj. Harraba est un vaste dôme assez régulier, constitué en majeure partie par les calcaires de l'Aptien, dont l'érosion a fait disparaître une partie du côté oriental. A la même formation appartient certainement le petit Dj. Meridef, ainsi que le Dj. Lajbel, dont la triple crête est singulière ; mais, n'ayant vu ce dernier qu'à distance, je ne saurais en donner l'interprétation ; au surplus, il est déjà en Algérie. Les marnes dures albiennes, les marnes et calcaires du Cénomanien s'étendent entre ces divers massifs, formant un pays un peu ondulé, et se relient au vaste affleurement qui occupe la rive droite du Mellègue. Je ne puis donner sur ce sujet que des renseignements assez brefs, recueillis au cours d'une rapide excursion ; c'est en effet un des pays les plus tristes et les plus désolés que j'aie eu à traverser. La plaine au N-E de l'Harraba est presque nue et sa surface imprégnée de gypse demeure stérile. Cependant la dépression marécageuse du Bled Mzira était couverte d'herbe lors de mon passage. L'eau potable ne se trouve qu'aux puits des Ouled Thliel et encore n'est-ce que par une singulière exagération qu'elle peut être qualifiée de potable.

Le trait le plus remarquable de la région est certainement l'existence d'une cuvette synclinale miocène comprise entre el Djerfen et le Kt. es Senouber. Au S-E, les grès burdigaliens flanquent le Trias, tandis qu'ils font défaut sur le flanc N-W, où ce dernier touche immédiatement les argiles helvétiennes. Celles-ci sont effroyablement ravinées, comme le montre fort bien la carte. Il est étonnant que ce synclinal assez large et très bien marqué disparaisse si rapidement, limité au N par le

Trias confus, interrompu au S par la plaine de Bled Mzira et étranglé tout au moins au S de l'Harraba.

Au Kt. es Senouber, dont le nom est dû aux pins d'Alep qui le revêtent, apparaissent 3 dykes de roche ophitique dans les argiles triasiques. Le Kt. Dahla, constitué par les calcaires aptiens, très fracturés et imprégnés de calcite, s'intercale entre cet affleurement triasique et celui du bled Ben Gasseur, que recouvre une espèce de croûte gypso-calcaire continue. Grâce à l'humidité assez considérable de ce pays, les arbres y prospèrent, particulièrement les pins d'Alep et les genévriers.

Avant de quitter l'Harraba et les massifs voisins, je tiens à signaler la disposition remarquable des strates calcaires, probablement cénomaniennes, se repliant plusieurs fois pour former une série d'anticlinaux assez aigus, dont l'axe est occupé par des noyaux de Crétacé inférieur (Dj. Ouenza, Dj. Lajbel, Dj. Harraba) et séparés par d'étroits synclinaux. La carte montre nettement, à Ed Douirnis (près de la limite des teintes), la forme de cette crête dessinant une série d'A et de V, se prolongeant jusqu'au Dj. Ksikis et tout le long de l'affleurement triasique du Mellègue, en bancs isolés ; mais le fait est encore bien mieux mis en évidence sur les planches V et VI des *Matériaux d'Étude topologique* (1re Série), auxquelles je prie le lecteur de se reporter.

DJEBEL HAMAÏMA

(Pl. III, IX.; fig. 13)

Le Dj. Hamaïma et le Dj. Slata sont deux dômes aptiens bien différents d'aspect. L'un d'eux, le Hamaïma (roche aux pigeons), présente une moitié N-E très régulière, à la formation de laquelle concourent uniquement les gros bancs de calcaire foncé, plongeant régulièrement de 20 à 35° dans tous les sens, sauf à l'W. En effet, une grande cassure, presque une faille, parfaitement visible sur la carte, au S-W, a causé un petit abrupt et redressé les strates à 50°, de sorte que ce versant est bien plus réduit que l'autre. A son pied, un cône d'éboulis descend jusqu'à une vaste plaine nue, triste, déserte, piquetée çà et là de touffes de jujubiers (*sder*). Au surplus, le nom de Bir el Ateuch (de la soif) rappelle le fait qu'il n'y a guère d'eau ; aussi les habitants sont-ils rares. Au N-E, les bancs supérieurs de l'Aptien, qui ont fourni les Ammonites citées dans la première partie, dessinent une crête très nette, bien que peu élevée et forment une ceinture à la montagne. Au-delà, s'étalent les marnes grisâtres du Gault, puis des marnes avec bancs calcaires dolomitiques du Cénomanien, divisés en gros pavés. Des bossellements multiples, insuffisants pour amener l'Aptien au jour, indiquent toute une série de dômes peu importants, recouverts par des genévriers souvent de grande taille, du *klill*, un peu de *halfa*, mais peu de pins. Çà et là se voient de petits plateaux à bords à pic de 1 à 3 m. (Kt. ed Deboua, de la hyène), formés par un cailloutis fortement cimenté, qu'enrobe une carapace calcaire.

Dans cette région, toute l'eau est salée et à peine potable, à commencer par celle de l'O. Sarrath, qui lave un affleurement triasique. Mais, en outre, au pied du

Kt. Aïcha oum ech Chouareb, près du point coté 487, sortent quelques sources dont l'eau est extrêmement salée et a déposé une sorte de travertin gypso-calcaire fortement bariolé, avec teinte orange prédominante. Dans l'enfidat qui descend vers l'O. Sarrath, la végétation est absolument particulière; c'est tout à fait celle des terrains salés des environs de Kairouan.

Vers le N-E, ces marnes et calcaires s'étendent jusqu'au Kt. el Hamra, souvent très redressés et d'ailleurs absolument stériles. Le paysage est du reste peu différent aux abords du Slata, seulement un peu plus plat.

DJEBEL SLATA

(Pl. III, VIII; fig. 40 et 41.)

Le Dj. Slata a une forme bien singulière, parfaitement rendue sur la carte (fig. 41); il se réduit à trois arêtes aiguës, réunies par une cime commune inaccessible et mérite bien son nom, qui signifie flèche mince et élancée. J'ai hésité un peu sur l'explication à donner de cette forme. En somme, ce semble être un dôme brisé par deux failles (comme le montrent la carte et les coupes) (fig. 40), respec-

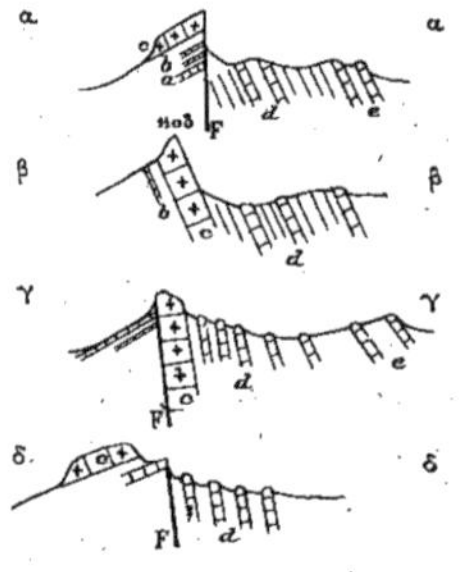

Fig. 40. — Dj. Slata.

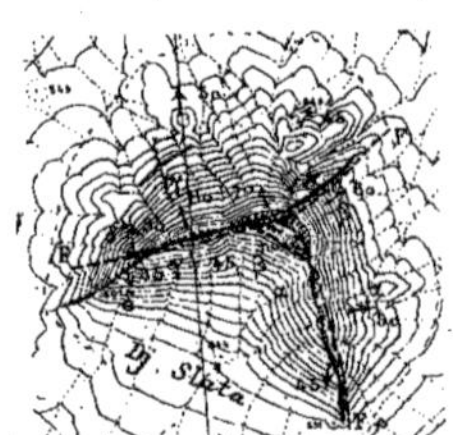

Fig. 41. — Dj. Slata 1/100.000.

tant le noyau calcaire qui constitue la cime. Une de ces failles passe par l'éperon du N-E et la petite crête annexe de l'W. Au N de celle-ci, les couches sont fortement redressées; mais la pente diminue quand on descend vers la plaine. Le sommet consiste en un calcaire massif, bleu foncé, également très redressé, suivi par des marnes et bancs calcaires. Une autre faille est presque parallèle à la crête du S et passe à peu près par le col; elle met en contact des couches différentes à plongements opposés. A cette extrémité méridionale existe encore une partie des gros bancs qui forment la cime; il en est de même à l'extrémité orientale.

Grâce à ces failles et à la circulation d'eaux thermales qu'elles ont permise, le calcaire a souvent été épigénisé; ainsi, à l'extrémité S, il y a de la barytine, du fer, du cuivre, du zinc et du plomb, lequel avait déjà été exploité dans l'antiquité; le fer est également présent à l'extrémité occidentale.

J'ajouterai enfin que d'immenses cônes d'éboulis, à angles à peine émoussés, s'appliquent sur les flancs de la montagne, où ils atteignent une grande altitude et gênent considérablement les observations.

Deux accidents intéressants se remarquent au S du Slata. C'est d'abord l'apparition du Trias sous sa forme habituelle de marnes versicolores, englobant des morceaux de bancs de toutes dimensions, comme cela est visible dans le lit de l'O. Sarrath, dont les eaux sont fortement salées. Au S, ce Trias est limité par un lambeau aptien très redressé, dont les marnes sont fortement durcies. Mais ce terrain lui-même est suivi par des cailloutis et des grès irréguliers presque verticaux, ayant tout à fait le facies des formations pliocènes. Quand on remonte l'oued, la pente de ces couches diminue, devient nulle et change de sens à 1 Km. du point de départ. Étant donné ce redressement intense, on peut être tenté d'attribuer ces dépôts au Miocène, mais il faut remarquer que les conglomérats bien horizontaux qui couronnent les petits plateaux des bords de l'O. Sarrath, un peu en aval, sont fort peu différents ; d'autre part, nous avons vu en divers endroits de Tunisie ces couches pliocènes verticales.

L'autre accident est la présence inopinée d'un témoin miocène, sous forme de grès épais de 50 m. environ, sur quelques centaines de mètres de longueur. Évidemment, il est pris entre failles. Il ne m'a du reste pas été possible d'établir de façon précise les relations des conglomérats avec ce Miocène ; mais, à vrai dire, le renseignement qu'ils auraient pu fournir aurait été incomplet, car ces grès sont burdigaliens et les cailloutis leur sont certainement postérieurs.

Le Dj. Slata jalonne un axe anticlinal, sur lequel se trouve aussi la Kt. Mezarig, comme l'indiquent les lignes d'affleurement des terrains crétacés. L'érosion a nivelé le tout ; seules les marnes schisteuses du Turonien donnent les petites crêtes du Kt. es Srasif. Dans l'ensemble, le pays est peu cultivé et assez peu habité ; la brousse et les pins couvrent en partie le Sénonien.

DJEBEL GARN HALFAYA
(Pl. II, 11; III, vii)

Bien que le Dj. Garn Halfaya soit un des points les plus élevés de la région N-W, il constitue, à n'en pas douter, un synclinal dont les bords ont disparu par érosion, disposition déjà notée en divers endroits. La rangée intérieure des grands Koudiats correspond aux calcaires supérieurs du Sénonien (Kt. Ktif), la rangée extérieure et moins élevée au niveau à *Bostrychoceras* (Kt. Cercer, Kt. el Maïzla). Enfin, la plaine qui les sépare du Kt. el Mezarig résulte du nivellement des marnes inférieures. Dans l'auge dessinée par les calcaires, inclinés à 40 ou 45°, s'élève un vaste cône de marnes surmontées par les calcaires à silex, puis par un immense bloc de calcaire à Nummulites d'une belle teinte orangée, simulant une gigantesque ruine. Les débris de ce calcaire, parfois en grandes masses, couvrent tous les environs et même, au N, empêchent de voir les couches sénoniennes, dont cependant la continuité n'est pas douteuse. Ces calcaires s'abaissent vers le N-E. vers Si Abd el Bacet, fort démolis ; le Kt. el Hameïma n'est qu'un fragment de la même strate.

Au N-W, sous le Sénonien, apparaît le Turonien un peu plus redressé, puis la partie supérieure du Cénomanien, sous l'aspect de marnes dures avec calcaires dolomitiques. Puis, brusquement, une faille interrompt ces couches et leur accole des grès miocènes, possédant sensiblement la même pente que les assises crétacées (50°). Enfin, une petite vallée longitudinale s'est creusée dans une couche tendre, séparant la crête résistante du Dj. es Sif du Kt. 611. Une végétation assez serrée, où domine le genévrier, recouvre le tout. Mais, chose singulière, ce Miocène s'arrête brusquement et les deux Kt. el Hamra consistent en calcaires aptiens massifs et peu inclinés. C'est presque la suite de la série crétacée du Garn Halfaya ; cependant plusieurs plis brusques ou failles limitent ce Kt. el Hamra, en sorte que les calcaires massifs sont recouverts tantôt par les marnes et calcaires de la fin de l'Aptien, tantôt par les marnes noires de l'Albien, tantôt par les marnes cénomaniennes également foncées, très dures et esquilleuses, alternant avec des bancs de calcaire dolomitique. Naturellement, il s'est produit une notable minéralisation au voisinage de ces failles, où le fer et la calamine sont assez abondants pour que cette dernière ait été l'objet de tentatives d'exploitation.

Entre deux de ces failles, près de l'Hir er Ressass (du plomb), apparaît enfin un minuscule lambeau de Trias. Mais, en outre, ce dernier terrain affleure largement au pied du Dj. Sif, en contact avec les premiers bancs miocènes (conglomérats) très redressés. La surface en est fort altérée et revêtue d'une végétation assez serrée (surtout *ârar*). Néanmoins, on voit, sur presque toute la longueur de l'affleurement, le gros banc de calcaire dolomitique bleu foncé, chargé de dodécaèdres de pyrite, généralement vertical ou parfois plongeant de 70 à 80° vers le N-W ; quelques autres bancs apparaissent aussi çà et là, possédant à peu près la même disposition. La surface, très encroûtée, disparaît bientôt sous les dépôts de l'O. Mellègue.

DJEBEL EL HOUD
(Pl. III, VII, XII)

Le Dj. el Houd est l'un des plus beaux types de cuvette synclinale qui se puisse voir ; aussi mérite-t-il bien son nom (le bassin). La carte en donne d'ailleurs une représentation très exacte. Les bords de la cuvette sont formés par une strate de calcaire à Nummulites de 40 m. d'épaisseur, inclinée en moyenne de 45° vers l'intérieur du bassin et offrant à l'extérieur une haute muraille. Vers le S-W, la cuvette est fermée par la barre du Kef es Slougia (de la levrette) et on n'en peut sortir que par le Kranguet es Sour (défilé de la muraille, à cause de la hauteur des parois), au milieu de vastes éboulis. Ceux-ci sont dus à plusieurs cassures transversales fort nettes, d'où est résultée une série de gradins ; la répétition du phénomène sur l'autre rive de l'O. Sarrath a interrompu le massif de la Klt. es Snam, qui, primitivement, était en continuité avec le Houd. Un des flancs (N-W) du synclinal se prolonge, du reste, jusqu'à l'O. Sarrath, sous le nom de Kt. Maïzila et Kef Massouge (1). L'érosion n'a laissé subsister aucun témoin du flanc S-E, entre le Kranguet es Sour et l'O. Sarrath; la vue citée précédemment montre même combien la plaine est unie.

A l'extrémité N-E, la cuvette demeure ouverte et la plaine pénètre dans la dépression; seul le flanc S-E se poursuit jusqu'au Kt. Saria, assez fortement redressé. Sur une partie de son trajet, au Kt. Ziddina, une faille fait paraître deux fois les mêmes couches, qui se reliaient jadis au plateau d'Ebba, maintenant isolé par l'érosion. Les marnes de l'Éocène moyen, qui occupent une bonne partie de la cuvette, sont douées d'une grande fertilité, contrastant avec la stérilité des bords, tandis que, vers El Adisi, les alluvions ont donné un sol souvent marécageux, où prospèrent les joncs (*smar*).

Au S du K. es Slougui (du lévrier) s'arrondit l'arc sénonien qui englobe le Zrissa et le bou el Hanèche, tandis qu'au N du Houd, s'alignent deux séries de collines formant un anticlinal très net avec des pentes de 50 à 70°. Puis brusquement une faille interrompt le Crétacé et dresse un banc de poudingue vertical, renfermant tous les éléments du Trias; ce banc est suivi de grès assez puissants, que j'ai rapportés au Miocène d'après leur aspect, mais qui pourraient aussi bien être pliocènes, et dont les strates sont de moins en moins inclinées, jusqu'à ce que tout à coup réapparaisse un banc de grès grossiers vertical, qui semble être le même que le premier. La disposition de ces grès est assez difficile à expliquer; c'est, sans doute, un synclinal limité de chaque côté par un pli-faille, pouvant résulter d'un affaissement en profondeur (le Trias n'est pas loin). Mais peut-être ne faut-il voir là que le résultat du comblement d'une dépression produite par l'érosion dans le Sénonien; les matériaux se seraient déposés sur une pente d'abord très forte, puis de moins en moins considérable. Un mouvement ultérieur du sol aurait accentué la pente des couches crétacées et amené jusqu'à la verticale les premiers poudingues. Le Sénonien reprend au N-W de cet accident et s'élève vers le Kt. el Mezarig, mais les cailloutis et la brousse sont si abondants en ce point, qu'il est difficile de dire exactement quels niveaux entrent dans la constitution de cette éminence. Il est manifeste, néanmoins, qu'elle jalonne un axe anticlinal (Slata), dont le versant N doit être cherché au Dj. Garn Halfaya.

DJEBEL BOU EL HANÈCHE ET DJEBEL ZRISSA
(Pl. I, 4; III, VII, XIII, XIV; Vue XXXI)

Le Dj. bou el Hanèche (des serpents) et le Dj. Zrissa sont deux dômes ou plus exactement deux demi-dômes isolés au milieu d'une vaste plaine. La Koubba de Si Abd el Kader, qui couronne le premier d'entre eux (1229), est à 600 m. au-dessus de l'O. Sarrath, au bord d'un à pic de 200 m., qu'un talus à forte pente raccorde avec le sol. Du dôme n'existe que la moitié septentrionale; l'autre est restée en profondeur. Toute la masse du bou el Hanèche doit être attribuée à l'Aptien, dont les

(1) Voir la photographie dans la Notice sur le Service des Mines, p. 51.

calcaires et dolomies très rigides ont produit ces formes trapues, que la carte met bien en évidence. Du sommet, les couches plongent de 20° vers le N, l'E et l'W, profondément entaillées par d'immenses ravins. Les dernières assises aptiennes, couronnées par un banc plus dur, décrivent en bas des pentes un demi-cercle depuis le Kt. es Saâtha jusqu'au Kt. Dzlea. Au S, les deux grandes masses calcaires apparaissent par leur tranche, formant une imposante muraille de 200 m., à peine interrompue par un léger ressaut. Dans le talus, apparaissent sous les éboulis quelques strates marneuses de l'Aptien, très redressées, tandis que, plus à l'E, le calcaire sénonien, entièrement brisé et flanqué par une véritable brèche, occupe une situation analogue, suivi par un lambeau d'Éocène inférieur beaucoup moins incliné. D'autre part, à l'W, deux demi-dômes minuscules, véritables taupinières, reproduisent la disposition du grand, c'est-à-dire ne possèdent que leur moitié septentrionale.

Le Dj. Zrissa (Pl. III, XIII) est aussi un dôme incomplet. Toute la moitié orientale est régulière, si on néglige une cassure assez longue, mais qui a peu dérangé les assises. A partir du sommet, les strates plongent de 45° vers le S, l'E et le N, mais, dans cette dernière direction, la pente est bien plus considérable quand on atteint la plaine. A l'E du signal, une faille importante, inclinée à 45° et dont la trace est alignée N-W—S-E, a coupé la montagne ; c'est sans doute à elle qu'est due la remarquable imprégnation ferrugineuse ayant transformé certains bancs du sommet en un véritable minerai, qui n'attend qu'un chemin de fer pour être exploitable. La photographie reproduite dans la Notice sur le Service des Mines (p. 30) représente une partie de cette lentille. Cette faille est accompagnée de plusieurs autres qui lui sont parallèles, en sorte que les mêmes assises reparaissent plusieurs fois, disposées en gradins et inclinées dans l'ensemble vers l'E. Cependant, à l'W de la montagne, un lambeau assez démoli affecte un plongement opposé.

En outre, le Zrissa est accompagné au S-E d'un autre petit dôme : le Zrissa es Srhira, qui n'en est que la réplique. Une faille avec rejet horizontal les sépare. Rien au surplus de bien intéressant à son sujet, sauf les gîtes de calamine qu'on y a reconnus.

Les dernières couches de l'Aptien (marnes et calcaire) entourent successivement les deux dômes, inclinées à 45° à l'E, à 60° au N-E et verticales au N-W, où elles disparaissent sous les déblais et les alluvions. De même, sur une plus grande échelle, les autres assises du Crétacé décrivent autour du Zrissa et du bou el Hanèche un grand arc présentant une légère inflexion. Les marnes noires de l'Albien et du Cénomanien, bourrées de lames de gypse et tout à fait infertiles, recouvrent ces massifs ; dans l'intervalle de ceux-ci, elles sont le plus souvent peu inclinées et présentent seulement des bossellements irréguliers. Au pied des collines environnantes s'aligne le Turonien, dont les sédiments, d'un bleu gris (d'où les noms de Kef el Azreg, O. ez Zerga, etc.), comprennent vers leur base une masse marno-calcaire se divisant en dalles ; celle-ci dessine une rangée de crêtes peu élevées, quoique bien visibles sur la carte, et occasionne de petites cascades dans les oueds, en particulier dans l'O. Oulidja. Le Sénonien l'accompagne partout. La base consistant en marnes très délitables supporte d'assez beaux herbages, tandis qu'une faible brousse recouvre seule les collines calcaires qui décrivent l'arc du Dj. Gouraïa, Kt. el Aouassi, Kt. Ejdida, Kt. es Sad et Kt. el Berda. Il faut noter que le Dj. Rouiss, situé à l'extrémité S-E de ce demi-cercle, forme à lui seul un petit dôme complet, séparé du plissement général par un léger synclinal bien visible du Kt. el Krissa. Au N-W, l'arc est interrompu par la vallée de l'O. Sarrath, mais se continue au pied de la Klt. es Snam par le Dj. Mzila et le Kt. Fretissa. Il offre d'ailleurs à son intérieur les petits dômes aptiens des Kt. el Afna.

Entre ceux-ci, le Zrissa, le bou el Hanèche, de même qu'au S de ce dernier, s'étend une plaine que l'O. Sarrath a recouverte de ses alluvions, lui apportant ainsi une remarquable fertilité, qui contraste avec la presque stérilité des sédiments crétacés environnants. Aussi la population y est-elle dense ; elle tend d'ailleurs de plus en plus à habiter des maisons en pierre.

DJEBEL BOU JABÈRE
(Pl. III, x)

Le Dj. bou Jabère est un dôme constitué par les calcaires foncés à Orbitolines, alternant avec quelques lits de marnes dures. Les strates sont très redressées, bien souvent verticales et même déjetées en quelques points ; aussi la montagne possède-t-elle un profil très aigu, quand on la considère de l'E ou du N-E. La partie algérienne est plus régulière et les plongements y sont notablement moindres. Au S, s'étend la série des couches crétacées, bientôt couvertes par les pins. Au N, un immense cône d'éboulis raccorde les parois abruptes de la montagne avec la plaine et ne laisse rien apercevoir en dessous. Aussi n'aurais-je point soupçonné la présence du Trias, si une galerie de recherches, entreprise par la Société du bou Jabère, n'avait entamé des argiles rouges, dans lesquelles j'ai, sans aucune hésitation, reconnu le Trias. La galerie traverse d'abord des éboulis considérables, — et j'ai pu m'assurer ainsi qu'ils étaient très fortement cimentés, — puis les argiles bariolées, dans lesquelles se rencontrent des fragments de grès micacés, sans aucune stratification définie ; après 100 ou 150 m., on atteint l'Aptien, et, au contact des deux terrains, se trouvait un gîte de calamine remarquable, ce qui confirme une fois de plus la relation presque constante qui existe en Tunisie entre le Trias et les minerais de zinc. D'après les mesures de M. Desportes, Ingénieur de la Société, la faille fait un angle de 67° avec l'horizontale. J'ajouterai que la calamine existe en d'autres points de la montagne, associée au plomb et à des traces de cuivre ; la calcite et la barytine abondent du reste en plusieurs endroits.

Au N du bou Jabère et jusqu'à El Meridj, s'étend une plaine peu fertile, dans laquelle apparaissent quelques îlots aptiens, qui prolongent l'axe anticlinal du bou Jabère au Slata.

MASSIF DE LA KALAAT ES SNAM
(Pl. I, 10 ; III, IX, X, XII ; Vues I, XXV, XXVI, XXVII)

Entre la plaine de l'O. Sarrath et celle des Oulad bou Rhanem, s'élève un important massif montagneux que couronne la pittoresque Kalaat es Snam (1271 m.). Là encore s'est produite une remarquable inversion de relief, puisque le point culminant correspond à un synclinal (Vue xxv). Les deux flancs dépendant du Crétacé en sont inégalement conservés, celui du N-W ayant en grande partie disparu par érosion, tandis que l'autre est très net.

Partant de l'O. Sarrath, on chemine d'abord sur les riches alluvions de l'oued, qui contrastent avec les marnes noires presque stériles de l'Albien et du Cénomanien, s'élevant en pente très douce au-dessus des îlots aptiens du Kt. el Afna el Hamra. Le Turonien forme une bande également improductive, jalonnée par de petites éminences correspondant aux calcaires supérieurs (Kt. Fertassa, Draa et Miaad : lieu de l'assemblée). Puis s'étalent les marnes du Sénonien inférieur, faiblement inclinées, supportant quelques cultures et d'assez bons pâturages. Aux deux masses calcaires correspondent deux rangées de collines, que l'on distingue aisément

XXV. — La Kalaat es Snam et le Kef er Rbib, vus de l'E, pour montrer la disposition synclinale.

au Dj. Mzita, au Dj. bou Afna (où passe la coupe), au Draa Hammadi, etc., couronnées par une belle forêt de pins d'Alep, auxquels se mêlent quelques chênes verts. Ces calcaires descendent sous une pente de 15-20° en moyenne du sommet du bou Afna jusqu'à l'O. bou Salah, où commence cette prodigieuse accumulation d'argiles marneuses, revêtues d'herbe, mais sans un arbre, qui supporte la table de la Kalaat es Snam (¹). Celle-ci a vraiment un aspect grandiose. C'est une vaste dalle s'incli-

(¹) Ce mot est généralement traduit : forteresse des idoles ; traduction peut-être un peu littérale ; le mot *Senem* (pl. *Esnam*) s'applique à toute pierre droite fichée en terre. J'ajouterai en outre que le mot *Snam* signifie bosse de chameau, ce qui pourrait bien être l'origine du nom : un peu raide la bosse, mais monumentale.

nant légèrement de l'E-S-E vers l'W-N-W, limitée de toutes parts par une muraille verticale, de 50 m. de hauteur à l'E, encore un peu plus élevée à l'W. Les trois photographies prises de l'E (xxv), du S-E (1) et du S (xxvi), permettent de constater cette forme si caractéristique ; d'autre part, la photographie publiée dans la Notice du Service des Mines (p. 50), prise de l'W, atteste que cette dernière face n'est pas sensiblement différente des autres. Un escalier creusé de main d'homme (Vue xxvii) dans la paroi septentrionale permet seul d'accéder à la surface supérieure de la Kalaat. Aussi, de tout temps, a-t-elle été une citadelle ; la porte en plein cintre sous laquelle passe l'escalier et les 40 citernes qui parsèment le sommet attestent que les Romains n'avaient rien négligé pour la rendre imprenable. La surface en est entièrement nue :

XXVI. — La Kalaat es Snam, vue du Sud.
Premier plan, les marnes sénoniennes; puis les calcaires à Inocérames du Draa A. Anek et enfin la Kalaat, se dressant au-dessus de son cône marneux.

pas un arbre, à peine quelques touffes de trèfle et de luzerne dans les fentes, çà et là quelques sedum et des orties dans les ruines de l'ancienne Decherat, maintenant bien déchue de sa splendeur. Du signal, on jouit d'une vue splendide et l'on se rend aisément compte de la disposition de ce grand synclinal, qui, outre la Kalaat, comprend le Dyr de Tebessa et le Houd. Naturellement, ce plissement ne s'est pas fait sans cassures, de sorte qu'il ne reste plus que des lambeaux de la puissante strate de calcaire à Nummulites dans laquelle a été découpée la Kalaat es Snam. Le Kef er Rbib (le beau frère) l'accompagne, placé sur le bord N-W du synclinal, coupé en sifflet vers l'W. Au même étage appartiennent aussi le Kef el Knaniche, le bou Kechria (fortement démolis) et le plateau situé au-dessus de Majouba, qui, tous, reposent sur un niveau phosphaté plus ou moins important. Il est intéressant de constater qu'en ce point, les argiles inférieures sont déjà très réduites, même aux points où il n'y a pas eu d'écrasement. Vers le N-W, les couches sénoniennes du bord du synclinal se montrent très érodées et couvertes d'immenses éboulis qui s'étalent jusque dans la plaine. Au N-E, le sol s'abaisse rapidement vers la vallée de l'O. Sarrath, ce qui est dû un peu à l'abaissement de l'axe du pli, mais aussi à de nombreuses failles en escalier, dont l'une, visible au-dessus de Majouba, fait buter l'Éocène contre le Sénonien. Ce sont ces failles qui ont amené le lambeau éocène de la Zaouia de Sidi Ahmer ben Salem dans la position qu'il occupe au niveau de l'oued. Le même fait qui s'est reproduit sur l'autre rive de l'O. Sarrath, au Kef es Slougui, est encore une manifestation de ce plissement transversal, dont nous avons déjà vu plusieurs cas.

XXVII. — L'escalier permettant de grimper sur la Kalaat es Snam.

Au S-W, l'érosion a entièrement fait disparaître les calcaires éocènes qui reliaient la Kalaat au Dyr, car la masse du Kt. Fertassa ne comprend que les marnes terminales du Crétacé ; cette éminence est tapissée d'herbe, mais ne porte aucun arbre, tandis que les pins d'Alep se pressent sur les collines calcaires du Kt. en Nehal (des abeilles) et du Kt. Tsid. Au S, les couches sénoniennes couvrent un vaste espace très étendu, par suite de leur très faible pente ; à peine distingue-t-on au milieu d'une vaste forêt de pins, au S du Dj. bou Rebaïa, notamment au Rouss el Grabis, un léger bombement, qui sépare le synclinal de Dyr de celui du Kouif.

SYNCLINAL DU KOUIF — KALAAT EL DJERDA

(Pl. III, IX, X, XI, XIV)

Ce synclinal, très net sur la carte, est moins visible sur le terrain, car, sur une grande partie de son tracé, l'Éocène a complètement disparu et les couches sénoniennes ont été fortement érodées ; comme, au surplus, la pente de celles-ci est très faible et un peu irrégulière, il en résulte un pays assez plat, doucement mamelonné, sans rien de saillant. Mais aux deux extrémités, le pli est bien visible. L'oued Haïdra y a creusé son lit. Au point où ce dernier débouche dans la plaine, il passe entre deux collines sénoniennes, dont la septentrionale est encore surmontée d'une table nummulitique fortement disloquée, qui a jonché les pentes de ses débris. Celle-ci est nue, sans végétation, comme l'indique son nom : Kalaat el Djerda (1). En dessous règne une couche phosphatée assez riche, mais très cassée. Sur l'autre colline, l'Éocène a disparu, à l'exception du Kef Souitir qui, bien que tout à fait isolé et situé sur l'autre rive, appartient au versant S du synclinal. Une faille ayant coupé les couches en biseau sépare la Kalaat el Djerda du Kt. es Sif, à la silhouette aiguë (2).

Plus loin, vers le N-E, les alluvions de l'O. Sarrath font perdre la trace de ce synclinal, dont le prolongement vient buter contre le bou el Hanèche, qu'il contourne sans doute par le N, pour aller rencontrer le Dj. Ayata un peu au-dessus du Dj. Rouiss. Par contre, au S-E, le synclinal est des plus nets, quoique très déprimé. Il renferme l'affleurement éocène qui donne lieu à l'exploitation du Dj. Kouif, en Algérie, étudié par Blayac (3). En Tunisie, les calcaires à Nummulites ont entièrement disparu; il reste seulement, près de la frontière, quelques lambeaux des calcaires à silex et du niveau phosphaté. Les assises sont d'ailleurs assez brisées et en outre irrégulièrement plissotées. C'est ainsi que, près de l'Hir Resgui, on voit très bien un bombement et un petit synclinal obliques par rapport à la direction du grand ; de même, entre Haïdra et la Klt. el Djerda, le Sénonien dessine 4-5 bombements irréguliers. La butte de Rass Rmila est formée par les marnes phosphatées du début de l'Éocène et de la fin du Crétacé, disparaissant parfois sous les grès blancs ou roses du Pliocène. Ces marnes s'étendent dans toute la vallée de l'oued Arerhli, jusqu'au bas du Draa et Tbaga, qui correspond aux calcaires supérieurs du Sénonien. L'ensemble des collines qui prolongent ce Draa portait sur l'ancienne carte un nom très significatif : Dj. Fedjouj, montagne des défilés ; et, en effet, elle consiste en une série de Koudiats séparés par de nombreux défilés.

Dans la plaine au N de Thala, se voient plusieurs mamelons arrondis ; la carte donne à tous le nom de Koudiat el Djerda. Celui du N (827) forme synclinal avec la Kalaat el Djerda et anticlinal avec le Koudiat 829 ; l'axe de cet anticlinal (marneux) a entièrement disparu et l'O. Rhida coule sur son emplacement. Plus au S, entre ce dernier Koudiat et le Kef Chirdou (889), les assises sénoniennes, un peu brisées, dessinent une ondulation synclinale. Enfin cette dernière éminence se reliait au bord du plateau de Thala, pour former avec lui un pli anticlinal. Mais, comme je l'ai déjà dit, l'érosion a nivelé presque entièrement ces plis et n'a laissé subsister que les quelques collines dont il vient d'être question, entre la plaine de l'O. Haïdra et celle de l'O. es Seka.

(1) Vue dans la Notice sur le Service des Mines, p. 46.
(2) Ibid. Vue, p. 47.
(3) J. Blayac : Description géologique des régions à phosphate de Tébessa et de Bordj bou Arreridj, *Ann. Mines*, 1895.

DJEBEL ECH CHAR

(Pl. III, IX ; fig. 34)

Sur un talus marneux, en pente assez douce, se dresse une falaise de 30 à 40 m., due aux calcaires blancs sénoniens, disposés en cuvette. Au N, une végétation abondante, où dominent les pins, couvre toutes les pentes et a même réussi à s'établir en quelques parties du plateau, grâce aux fissures que présente le calcaire ; au S, on ne voit presque pas un arbre, mais, par contre, la roche a acquis en maint endroit une belle patine orangée. Rarement le contraste entre les versants septentrional et méridional est aussi tranché qu'ici ; ce contraste est dû d'ailleurs aux conditions atmosphériques, l'humidité étant bien plus considérable sur le penchant qui regarde le N. Dans la cuvette, dont le bord méridional est le plus élevé, se dresse une butte profondément découpée par les oueds et due à l'Éocène moyen, marneux pour la plus grande partie, bien que, vers le milieu, quelques bancs calcaires s'y intercalent, dessinant un gradin très visible sur la carte. Cette formation ne couvre qu'une portion du plateau et laisse sur la périphérie une bande de calcaire sénonien, qui, en certains points, comme au Kt. ech Chegaga, est jonchée de silex. Cette bande est notablement plus large vers le N et supporte la petite bourgade de Thala, où diverses cassures altèrent la régularité des couches ; l'une d'elles donne issue à la belle source qui alimente cette agglomération et a permis l'établissement de quelques jardins sur les marnes sénoniennes. De plus, les marnes de l'Éocène moyen sont assez fertiles, d'autant que, grâce à l'altitude, la pluie et même la neige sont fréquentes. Aussi le plateau porte-t-il de belles récoltes, mais les arbres y sont rares, exception faite de quelques jardins arrosés par de petites sources.

DJEBEL BOU HABEUL

Le Dj. bou Habeul et le Dj. el Krissa sont deux petits dômes s'élevant entre la plaine de Thala ou de l'O. Sarrath et celle de Gueratha. Au flanc W du bou Habeul, une faille, du reste peu importante, a affaissé l'Éocène par rapport au Sénonien ; en outre, à leur extrémité septentrionale, les deux dômes sont un peu éventrés. Entre eux s'étend une légère cuvette synclinale, où l'Éocène moyen repose tantôt sur l'Éocène inférieur, tantôt sur le Sénonien, dont les calcaires sont le plus souvent à nu. Cette dépresssion s'oriente sensiblement vers le N-N-W et, d'autre part, elle se relie presque au synclinal qui longe au N le Dj. Zeregtoune et le Dj. Halloufa, dont le prolongement passe entre le Dj. bou Habeul et le Dj. Haberoub ; mais, en ce dernier point, l'Éocène n'existe plus ; le Sénonien seul affleure et finit par disparaître sous les alluvions et la carapace.

MASSIF DU KEF OUM DELEL ET VALLÉE DE L'OUED BOU ADJER

(Pl. III, VIII)

La cuvette synclinale du Dj. ech Char se poursuit vers l'E (le seul côté du plateau qui ne soit pas limité par un à pic) par la vallée de l'O. bou Adjer,

XXVIII. — Le Ras Si Ali ben Oum ez Zine (vu de l'Ouest)
1er abrupt, Sénonien; 2e abrupt, Calcaire nummulitique.

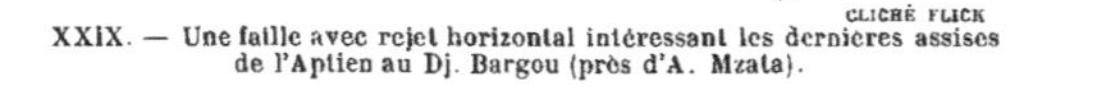

CLICHÉ FLICK

XXIX. — Une faille avec rejet horizontal intéressant les dernières assises de l'Aptien au Dj. Bargou (près d'A. Mzata).

XXX. — Contact du Trias et du Sénonien au Kt Zag et Tir

XXXI. — Le demi-dôme du bou el Hanèche (vu du S.E)

occupée par les marnes et calcaires de l'Éocène moyen, et, par suite, fertile et habitée, ce qui se traduit sur la carte par le grand nombre des sentiers. Deux anticlinaux la bordent : celui du Dj. Oust (montagne du milieu), bou Adjer (montagne des pierres) et du Kt. Si Mabrouk, au S ; celui du Kef Oum Delel, du Kef Saïd (du lion) et Dj. Halloufa (de la laie), au N. Dans l'un et l'autre cas, une vallée anticlinale s'est établie dans l'axe, aux dépens des marnes sénoniennes, bordées chacune par deux crêtes correspondant aux calcaires à Inocérames, crêtes que les oueds ont réussi à couper en quelques points. Au N, le petit Dj. bou Slema est le seul témoin qui subsiste de la voûte anticlinale. Tout ce Crétacé est revêtu par la brousse et la forêt de pins, contrastant ainsi avec l'Éocène, où les arbres cèdent la place aux cultures.

La carte montre qu'il y a interruption entre cet Éocène et celui de Thala, et en outre que cette formation contourne à l'W le Dj. ez Zaba et le Dj. Zereglоune ; il est donc manifeste que l'anticlinal auquel appartiennent ces montagnes se termine là, ou, du moins, que son axe s'abaisse considérablement. Par contre, vers l'E, le synclinal de l'O. bou Adjer se ferme lui-même et plus loin on trouve seulement çà et là des lambeaux d'Éocène moyen, reposant sur les calcaires supérieurs du Sénonien à silex blancs, disposés en *Kifan* ayant tous la même forme un peu singulière en redans. Nous en verrons bientôt la raison.

MASSIF DU RAS SI ALI BEN OUM EZ ZINE
(Pl. III, VII ; Vues XXVIII et XXXV)

L'axe des deux anticlinaux crétacés dont il vient d'être question et celui du synclinal qui les sépare se relèvent d'une façon très nette vers l'E et, de fait, ces plis sont interrompus par un troisième, de direction N-N-W, c'est-à-dire presque perpendiculaire aux précédents. Ce chaînon transversal, dont le Ras Si Ali ben Oum ez Zine marque le point culminant (1305), est l'un des traits les plus caractéristiques de la région. Il a son symétrique dans le Dj. Sekarna, de l'autre côté de la vallée de l'O. el Hatob, qui apparaît entre les deux chaînes comme un profond fossé.

Le flanc oriental du Ras Si Ali a presque entièrement disparu ; il n'en reste qu'un débris sensiblement vertical un peu au N du défilé de l'O. Djedeliane, flanqué par les grès blancs ou jaunâtres de Sbiba très peu inclinés, que j'ai considérés comme appartenant à l'Éocène supérieur. Il a été broyé lors du plissement qui a amené le sommet à 700 m. au-dessus de la plaine ; on constate même l'existence de petites failles, mais il n'y a sans doute pas de fracture importante, comme j'avais tout d'abord été porté à le croire. Ce qui peut subsister du flanc oriental du pli est enfoui sous les immenses éboulis, au milieu desquels on monte vers le signal. Ceux-ci laissent apercevoir çà et là les marnes sénoniennes surmontées par une puissante masse de calcaire sans fossiles, nettement dolomitique, qui termine le Sénonien et forme un gigantesque abrupt. Une légère marche indique la limite de l'Éocène ; elle correspond au niveau phosphaté, suivi lui-même par 40 m. de calcaires de l'Éocène inférieur. L'immense accumulation marneuse qui supporte la table de la Kalaat es

Snam est réduite ici à quelques mètres au maximum ; les deux vues XXVI et XXVIII sont au plus haut point caractéristiques des deux types.

Du sommet, on jouit d'une vue admirable et on voit les strates plonger assez rapidement vers le S-E, comme la photographie et le croquis faits de l'E (du Kef el Agab, de l'aigle) permettent de le constater. L'Éocène est du reste coupé en biseau de ce côté. Il revêt le Kef Reu Kaba et le Kef el Louz (de l'amandier), mais, en ce point, l'abrupt se subdivise et la dalle sénonienne du Dir el Maroubia descend lentement vers la plaine, profondément entamée par le pittoresque défilé de l'O. Djedeliane. Immédiatement au-dessous du Ras, au petit col, une faille amène le Sénonien contre l'Éocène moyen. Celui-ci surmonte l'Éocène inférieur d'El Guessaa el Kebira, sorte de cuvette, dont le nom rappelle les grands plats en bois d'un usage universel chez les indigènes. La puissante strate de calcaire nummulitique offre, en effet, une large ondulation que le croquis, dessiné sur une superbe photographie due à mon ami P. JORDAN, permet aisément de voir ; de ce côté, le plat est cassé, mais il est assez régulier sur les autres bords. El Guessaa es Srira (le petit plat) résulte de l'affaissement du calcaire nummulitique, supportant encore un lambeau d'Éocène moyen accolé au Sénonien. On en aperçoit l'extrémité à gauche du croquis.

Il est assez remarquable que l'ondulation synclinale d'El Guessaa el Kebira se trouve sur le prolongement de l'axe anticlinal du Kt. Oum Delel — Dj. Halloufa, fait qui peut être dû aux failles limitant la Guessaa à ses deux extrémités et ayant redressé les bords. Mais l'explication de ce fait pourrait bien être différente. En effet, ce grand plissement transversal du Reu Kaba n'a pu se faire sans influencer les autres, et il semble qu'à son voisinage, ceux-ci sont déviés vers le N. La direction du Ragoubat et Thabet, faisant suite au Dj. bou Adjer, indique quelque chose de ce genre. Dès lors, le Ras Si Ali serait sur le prolongement de l'axe anticlinal du Bireno et Dyr el Kelb, tandis que la dépression médiane d'El Guessaa serait la suite du synclinal de l'O. bou Adjer incurvé vers le N.

Et précisément, la forme particulière en redans du Kef el Agab, du Dir Kridd, du Kef Moudjour et du K. el Hammam, à laquelle je faisais allusion plus haut, ainsi que les nombreuses cassures qui se remarquent au pied de ces derniers, me paraissent indiquer très nettement l'effort de torsion, qui a dû résulter de la coexistence d'un double système de plissements.

Plus loin au S, on constate aisément l'existence de ce pli transversal ; à partir de Sbiba, mais surtout de Si Ahmor es Smati, on voit les strates s'élever par les K. ez Zorgane et el Guelaat jusqu'à la Kalaat el Fragha, où elles sont presque horizontales, puis redescendre vers le S-E. Seulement, en ce point, la grande dalle nummulitique n'existe pas et l'Éocène moyen, toujours tendre, recouvre directement le Sénonien, qui concourt seul à la constitution des sommets. Celui-ci s'abaisse doucement vers le S, formant une surface inclinée, qui correspond au synclinal du bled Zelfane, et d'autre part se relève vers le Tiouacha. Ce double ploiement ne s'est pas fait sans de nombreuses cassures, qui ont considérablement facilité à l'O. el Krarrouba (du caroubier) et à l'O. el Brek le creusement des gorges dans lesquelles ils traversent cette bande calcaire.

DJEBEL TIOUACHA
(Pl. III, VIII, XV)

Cette montagne est en somme un anticlinal dont le sommet surbaissé est presque un plateau ; les bords de celui-ci, coupés à pic, sont dus aux calcaires supérieurs du Sénonien, extrêmement durs et siliceux, et possédant du côté du soleil une belle teinte dorée ou orangée. Naturellement ces calcaires se sont brisés sous les efforts de plissements et la rangée de Koudiats alignés tout autour de la montagne n'est autre que la retombée de ces strates, sous une pente parfois considérable (K. Araïs), mais qui, dans la plupart des cas, n'excède guère 20 à 40°. A l'E, le Ras bou Raoui, le Djouf el Kelb et le K. el Korath présentent la même descente des couches (compliquée de quelques fractures sans grande importance). Il suit de là que le pli se termine ici naturellement par abaissement rapide de son axe ; il n'y a pas de faille à invoquer.

Dans cette région, le Sénonien comporte à la base quelques strates calcaires assez résistantes, qui recouvrent tout le Dj. Douleb. Les marnes à Huîtres, qui les surmontaient primitivement, ont été enlevées presque entièrement par l'O. Douleb, qui a ainsi isolé un dôme allongé de la crête du Kt. Gourine, suite des couches supérieures du Tiouacha. Ces dernières s'observent au S-E, au Djouf el Krorchef, flanquées par les grès miocènes, également très redressés et disparaissent peu après sous le Pliocène. Il pourrait fort bien y avoir eu étirement de ces assises ; le Dj. Douleb est, en effet, très dissymétrique ; son flanc S-E est beaucoup plus incliné que l'autre. Le contraste entre les deux versants est, du reste, accentué par la différence de végétation ; tout le N est assez boisé, tandis que le S est nu et sans arbres, sauf dans les parties encaissées comme le Kr. ez Zitoun (défilé de l'olivier). Ce fait est, du reste, général dans la région ; le flanc N d'un massif, exposé aux vents humides, est toujours plus couvert que le flanc S, brûlé par le soleil.

BLED ZELFANE
(Pl. III, X)

La grande cuvette du bled Zelfane et des Oulad Ouzzaz est remplie par les grès fins attribués au Pliocène, mais qui pourraient fort bien être en grande partie miocènes. C'est une plaine légèrement raboteuse, dominée par quelques élévations comme le K. Hadjer Teïr (rocher de l'oiseau) et couverte de touffes de halfa ; mais jadis elle devait nourrir une forêt d'oliviers, comme en témoignent les moulins à huile, dispersés çà et là, et notamment l'important H[ir] Trebkrana.

A son extrémité orientale, les marnes de l'Éocène moyen de Souaouine fournissent une terre plus fertile.

DJEBEL EL AJERED ET DJEBEL BIRENO
(Pl. II, 4, 5 ; III, VIII, IX, X.)

Le massif du Dj. el Ajered et du Dj. Bireno vient se terminer d'une part au Ras Si Ali, comme il a été dit, et d'autre part se relie au Dj. el Hamra. Le Dj. el

Ajered en constitue le noyau, d'ailleurs un peu excentrique. C'est la moitié d'un dôme installé sur le prolongement de l'anticlinal du Birèno ; l'autre moitié fait complètement défaut. Une faille, que suit en partie le Chabet el Henndi (ravin des cactus), a causé un abrupt assez important et mis l'Aptien en contact avec le Cénomanien et le Turonien. Au pied de l'abrupt, se voient quelques petits lits aptiens presque verticaux, tandis que les gros bancs rigides de calcaires foncés, de dolomies rousses et de quartzites violacées constituent, sur une épaisseur de 300 m. au moins, la masse de l'Ajered et plongent de 20 ou 25° périclinalement. Une brousse serrée de chênes verts couvre toutes les pentes septentrionales. L'abrupt est divisé en un certain nombre de gradins, sur la tranche desquels on constate des traces de minéralisation ; aussi des recherches pour calamine ont-elles été entreprises en divers points de la montagne, notamment un peu au-dessous du sommet et au N-E du dôme. Au S de la faille, les marnes cénomaniennes, dont se compose le Dohor el Ahmar, supportent des lambeaux de Turonien, offrant des ondulations sans grand intérêt, et forment presque l'autre moitié du dôme.

La faille de l'Ajered, quoique si importante, ne paraît pas se prolonger très loin au N-W ; elle a seulement coupé l'extrémité S du Dj. el Oubib, rejetant le Turonien de 100 ou 200 m. vers l'E, en sorte que, au Fedj el Ksob (col des roseaux), on passe directement des marnes cénomaniennes aux marnes sénoniennes très analogues et les fossiles seuls trahissent l'accident. Dans ce défilé, les couches cénomaniennes sont très redressées et écrasées ; il paraît même probable qu'une partie doit avoir disparu par pression, tant le passage est étroit entre le Turonien et l'Aptien. D'autre part, la faille se dirige vers Si bou Rhanem ; peut-être estelle en relation avec celle du Semmama, quoique je n'aie pu établir la continuité de l'une à l'autre.

Le Dj. bou Rhanem el Guedim est comme un appendice de l'Ajered (dont il est cependant séparé par une petite cassure) et le relie au Dj. el Hamra. Il est en somme assez irrégulier, comme la coupe (Pl. II, fig. 10) et les flèches marquées sur la carte permettent de s'en rendre compte, encore que j'aie dû quelque peu schématiser les choses. Ce petit massif est, en effet, découpé par 4 ou 5 failles à peu près W-S-W, qui font reparaître plusieurs fois les mêmes assises.

Le Kranguet es Slougui (défilé du lévrier) doit donc son origine à une série de fractures bien manifestes, qui ont causé en divers points (A. Settara) une certaine minéralisation (fer, calamine). Sur une bonne partie du défilé, les marnes cénomaniennes sont très rubéfiées et ressemblent quelque peu à celles du Trias, mais les nombreux fossiles empêchent toute confusion. Ce petit mouvement de terrain sépare le Bahiret el Oubira du Bahiret el Foussana, comme une tenture (Settara) divise une tente en deux parties.

Au N et à l'E de la calotte de l'Ajered, règne une large vallée couverte de *diss*, limitée par la crête aiguë du Sif el Annba (du jujubier) et les falaises également turoniennes du K. Sellaoua et du K. bou Hassine. La suite des mêmes couches se voit au K. Oum Fedra, mais fortement démolies en ce point par la faille de l'Ajered, dont l'action est également bien visible près de Si bou Rhanem, où les marnes sont très rubéfiées. Il y a en outre un pli brusque accompagné d'un glissement; car. au K. bou Hassine, les assises turoniennes sont presque horizontales, tandis qu'un peu au S, elles sont fortement inclinées, de même que le Sénonien, et cette pente considérable persiste jusqu'à la koubba de Si bou Rhanem. Il y a, en outre, au S et au S-E de la decherat, plusieurs cassures, imprimant au Sénonien des pentes très variées. Ici encore, j'ai dû schématiser les choses, vu l'échelle de la carte.

L'anticlinal du Bireno, que l'apparition du noyau résistant de l'Ajered avait élargi, se resserre rapidement vers l'E. Cet anticlinal présente, du reste, quelques plis secondaires, dont l'un est bien visible au-dessous du K. Sellaoua. Il y a ainsi deux plis accolés, comme le montre la coupe d'A. el Glaa (Pl. II. fig. 5); cette source sort, du reste, de la cassure séparant les deux plis, cassure qui, vers l'E, se transforme en faille, au point où l'O. el Melah sort de sa dépression. Le plus méridional de ces deux anticlinaux est lui-même subdivisé par une légère ondulation, assez faible il est vrai, visible au K. ed Deba (de la hyène). Dans tout cet ensemble, les calcaires du Turonien supérieur jouent un rôle prépondérant : ce sont eux qui forment toutes les crêtes. Ils sont ici très compacts, zoogènes en certains endroits et ne se prêtent que difficilement aux plissements; aussi, bien souvent ils se brisent et les pentes sont jonchées de leurs débris. Dans les points où ils ont subsisté, ils ont protégé les marnes cénomaniennes contre l'érosion. Ainsi se sont formées ces collines coniques couronnées par un rocher, d'un si curieux effet: tel le Kt. et Touila, dont j'ai donné une vue dans les *Annales de Géographie*. Par contre, partout où ils ont disparu, les eaux ont eu vite fait de creuser de profondes dépressions, dont elles s'échappent par plusieurs défilés; ainsi l'O. el Glaa s'engouffre dans le Kr. el Guerdjouma (de la gorge, du gosier). Vers le N, les eaux s'écoulent par l'O. el Melah et l'O. Kebassi, dont l'origine est le pittoresque Chabet et Tiour (ravin des oiseaux), site d'une véritable sauvagerie.

Le Sénonien recouvre les deux flancs du pli. Au N, les strates sont très peu inclinées et les marnes sénoniennes s'étendent jusqu'au pied du Char, dont la crête appartient aux calcaires supérieurs. Au S, les couches, très redressées à Si bou Rhanem, n'accusent plus que 45° au Sif Kraled, et encore moins plus à l'E. Le pli se poursuit en effet encore sur 20 ou 25 Km. vers l'E, jusqu'à la Kalaat el Fragha ; la coupe passant par le Kt. Si Mabrouk et le Kt. Barfoui (Pl. II, fig. 4) montre la disposition très régulière des couches.

Le Crétacé qui forme tout ce massif est au total assez peu fertile et les cultures y sont clairsemées ; ce sont des terres de pâturage. En effet, les marnes sont couvertes de *diss* presque à l'exclusion de la *halfa*, plante silicicole qui, au contraire, tapisse les grès voisins du bled Zelfane. Le contraste entre les deux côtés du Kt. Si Mabrouk, par exemple, est frappant ; à son pied N, marnes : *diss* ; sur le versant S, calcaires siliceux et grès : *halfa*. De plus, les pins d'Alep, très nombreux sur le Crétacé, s'arrêtent sensiblement à sa limite, qu'il est dès lors aisé de suivre à grande distance. Dans toute cette région, le sous-bois est surtout formé par le romarin et les cistes.

DJEBEL EL MOUHAD ET DJEBEL BERRINA
(Pl. III, XI)

Un simple coup d'œil sur la carte permet de constater combien l'anticlinal du Dj. el Mouhad et prolongements a une forme bizarre, que rien n'explique a priori. Dans tout cet ensemble, ainsi que dans les massifs voisins, le Turonien a un rôle orographique prépondérant. En plusieurs points, les calcaires de cet étage fournissent une belle pierre de construction et les colonnes d'Haïdra en proviennent probablement ; je n'ai pu retrouver la carrière, quoiqu'un nom assez curieux puisse s'y rattacher : Draa Rhourfet er Roumia (colline de la chambre de la chrétienne).

Près du Kranguet el Mouhad, émerge un gros banc vertical de calcaire gris foncé, qui porte le nom d'Hadjer es Souda (la pierre noire). C'est un lambeau d'Aptien, long de 10 à 15 m. et épais de 3, qui, par conséquent, n'a rien de commun avec la pierre noire de Feriana. Le Dj. el Oust forme le flanc S-E de l'anticlinal, qui, d'un côté, se raccorde sans conteste avec le banc turonien situé immédiatement derrière la douane et, vers l'autre extrémité, se prolonge par le Draa Merfeg, qui doit son nom à sa forme coudée. La suite disparaît sous la plaine, mais il est aisé de la reconnaître au Sif el Melia, muraille verticale de calcaire turonien. Tout près de là, le pli se ferme, comme l'atteste la double pente que possède le petit Draa coté 1136, près du Fedj el Behim (col de l'âne), et se fond avec le pli de l'Ajered et du Bireno.

Sur le versant N de cet anticlinal du Draa Rhourfet er Roumia et Dj. Berrina, les calcaires turoniens s'étendent assez loin au N, leur pente n'étant que d'une quinzaine de degrés ; toute la dépression du Faïd el Hallouf est creusée dans les marnes du Sénonien inférieur. Les calcaires du Sénonien supérieur ont une pente encore plus faible et s'abaissent très lentement pour former un des flancs du synclinal de Haïdra. Mais le fait intéressant est qu'ils ne suivent pas les calcaires turoniens dans leurs inflexions bizarres. Ainsi, à partir du Dj. Aneza (qui se relie à la base du plateau du Char et forme d'autre part la couverture du Sif el Annba), le Dj. Touila, le Draa el Barhla (colline de la mule), le Draa et Thaga (l'étage), le Draa A. Rhilane se rapprochent peu à peu de la crête turonienne ; puis, tandis que celle-ci tourne vers le S, la falaise sénonienne se dirige vers la base du Dj. Dyr, en sorte que les marnes sont largement étalées à son pied.

Sur le versant S de l'anticlinal turonien, les marnes sénoniennes sont à peine visibles, le plus souvent remaniées et recouvertes par de fertiles alluvions, qui constituent le Bahiret el Oubira [1], dépression fermée presque de toutes parts, mais toutefois en relation avec le Bahiret Foussana par le Kranguet es Slougui (défilé du lévrier).

(1) Diminutif de *Oubar*, fondrière d'argile. FOURNEL traduit : en forme d'entonnoir.

DJEBEL ZBISSA
(Fig. 7)

A la simple lecture de ce nom, on peut s'attendre à rencontrer le Trias dans cette montagne, et c'est en effet ce qui a lieu ; les argiles bariolées, chargées de sel et de gypse, s'y montrent avec leur aspect habituel. Chose bizarre, personne ne semble avoir cité cet affleurement, qui touche le célèbre gisement de Bekkaria et qui, de fait, est en Algérie.

Dans ce cas encore, il est aisé de voir que le Trias apparaît au centre d'un anticlinal. A part le N-W, où les dépôts pleistocènes bordent la formation, celle-ci est de tous côtés recouverte par le Crétacé (fig. 7). Il est certain, en outre, que le contact est anormal, puisqu'on trouve tantôt un terme, tantôt un autre en relation avec le Trias ; il y a donc eu un étirement plus ou moins considérable suivant les points. Le plus souvent, le décollement et le glissement se sont faits au milieu des marnes cénomaniennes ; mais ailleurs, par exemple près d'el Oubira, les calcaires turoniens à Hippurites touchent le Trias, tandis qu'au N, près de la mine du Kranguet el Mouhad, se voient des dolomies rousses et des calcaires qui appartiennent certainement à l'Aptien, comme le prouve une grande Ammonite du groupe d'*A. fissicostatus*, qui m'a été montrée. En cet endroit, on exploite la calamine accompagnée de plomb et de fer ; il existe d'ailleurs des travaux très antérieurs.

Les bancs de calcaires gris noirâtre en plaquettes, disséminés dans les argiles, attestent par leur extrême dislocation l'intensité des mouvements ; on en voit des exemples dans divers oueds. L'un d'eux, l'O. el Melah, est encaissé d'une cinquantaine de mètres et plusieurs autres sont dans le même cas. Néanmoins, l'ensemble de la formation a un aspect moins déchiqueté que d'habitude, peut-être parce qu'une forêt de pins la protège un peu. Au N, le Kef el Rhorab (des corbeaux) est jonché de débris de minerai de fer, qui donnent au sol une teinte noire.

A quelques kilomètres de ce point, vers le S, les marnes cénomaniennes se referment et tout rentre dans l'ordre ; à peine voit-on, au col de Bekkaria, quelques cassures (ayant entraîné la minéralisation des calcaires), qui semblent locales. Puis brusquement surgit le dôme du Dj. bou Roummane (des grenadiers), appartenant à l'Aptien, encerclé par les couches crétacées plus récentes, assez redressées au Dj. es Sif.

Le Dj. Zbissa est le point de contact, sinon de division, de deux plis différents, comme la carte permet de le reconnaître. Au pied S-E du Dj. Teïba, existe une fracture, de part et d'autre de laquelle les calcaires turoniens ont une pente presque opposée ; cette fracture correspond à la limite des deux plis, celui du Dj. Mouhad et son prolongement d'une part, celui des Dj. el Kecherid, es Sif et el Hamra d'autre part.

DJEBEL EL HAMRA ET DJEBEL SIF
(Pl. II, 10; III, XI; fig. 17, 18)

Ce deuxième plissement est caractérisé par la position tout à fait dissymétrique du noyau aptien, qui constitue le Dj. el Hamra. Celui-ci doit son nom à la teinte vaguement rougeâtre causée par les dolomies rousses, qui, avec des calcaires foncés, en constituent la masse. C'est une suite de dômes plus ou moins complets ; celui du S est le plus régulier, bien que le Kranguet ez Zitoun (défilé de l'olivier) suive le trajet d'une faille. Quant aux deux autres, il n'en subsiste guère que la moitié. Il y a enfin, à l'extrémité N-E, un petit fragment effondré. Les failles transversales jouent donc un rôle notable dans ce massif ; mais elles ne semblent pas se prolonger très loin et se perdent vite dans les marnes cénomaniennes. Néanmoins, elles ont une certaine importance, car elles constituent tout un système. Ce sont elles qui ont isolé le Dj. el Hamra du Dj. bou Rhanem el Guedim et ouvert le Kranguet es Slougui. Il semble en plus y avoir eu quelques étirements, car, au N-W, le Cénomanien touche directement l'Aptien, tandis qu'au S et à l'E l'Albien s'interpose entre eux, sous forme de marnes schisteuses noires. Je ne dirai rien des petites failles d'el Oubira, peu importantes, mais j'indiquerai la disposition du flanc S du pli. Au Dj. el Kecherid, les calcaires turoniens assez épais qui forment la crête sont très peu inclinés ; ils se redressent peu à peu dans le Dj. es Sif (le sabre), de même que dans les Dj. el Fellah (du cultivateur) (70°), pour atteindre la verticale dans le Dj. el Adira. Chose remarquable, les premières couches sénoniennes (marneuses) ont suivi les calcaires turoniens ; mais, un peu plus loin, s'est fait un décollement et un glissement, en sorte que, à quelques mètres en arrière, les couches sont presque horizontales. Par contre, le Cénomanien, serré entre le Dj. el Adira et le Dj. el Hamra, est très fortement redressé ; les quelques bancs calcaires durs qui le terminent forment une crête aiguë, parallèle et concentrique à celle du Turonien.

DJEBEL SEBAA DIAR, PLATEAU DE BOU DRIÈS ET DJEBEL NOGUEZA
(Fig. 17, 18, 19)

Ce plateau s'étend au S du Dj. Sif, qu'il relie au Dj. Chaâmbi. Sur une base sénonienne horizontale, s'étale une vaste nappe de grès blancs, jaunes ou rouges, assez irréguliers comme calibrage, pouvant même comprendre des poudingues et jonchée de débris végétaux, parfois de véritables troncs d'arbres silicifiés, nappe jadis continue, mais que l'érosion a subdivisée en plusieurs lambeaux, séparés par de profonds ravins. Entre les deux formations, le contraste est frappant, aussi bien au point de vue de la constitution que du paysage. Sur les marnes sénoniennes, des pins d'Alep, des genévriers, dont quelques-uns fort vieux, du romarin, assez serrés pour former une petite forêt (Rouibet el Hassana); sur les grès pliocènes, aucun arbre, pas même du *klill* (romarin) ; seulement de la *halfa*, un peu de *diss* et du *tgoufl*, sauf tout à fait sur la lisière, où les grès étant peu puissants, les racines des pins peuvent atteindre le Crétacé. De plus, autant la surface du Sénonien est découpée et accidentée, autant celle du Pliocène est plane et monotone; à peine quelques larges ondulations. C'est que l'eau n'y circule pas; elle filtre immédiatement à travers les grès et vient reparaître, au contact de ceux-ci et des marnes crétacées, en un chapelet de sources généralement peu abondantes en raison de leur grand nombre (A. ben Falia. A. es Sania, A. el Akba, etc.). De la sorte, une ligne continue joignant toutes ces sources se confond avec la limite des deux formations.

Plusieurs de ces sources ont des noms assez significatifs. Les noms d'A. ben Falia. A. es Sania et A. el Djenane rappellent que l'homme a pu, grâce à elles, créer des jardins, où viennent de beaux figuiers; celui d'A. er Rem indique que la terre est humide en ce point; celui d'A. Amara fait allusion à la teinte rouge que possèdent souvent les grès, et celui d'A. el Akba (source de la montée) à ce fait intéressant que les sources sont en haut de la côte, etc. Le Chabet el Guettar doit son nom à tous les suintements qui se produisent sur ses flancs. L'Aïn bou Driès semble être au milieu des grès, mais en réalité le Crétacé est à fleur de terre. De cette source part un oued, auquel les bancs calcaires du Sénonien font faire une série de cascades, avant qu'il puisse atteindre la plaine; de là est venu le nom d'O. Chercharа.

Le Sénonien, qui sert de base au plateau de bou Driès, de même qu'à celui du Dj. Nogueza, est sensiblement horizontal. Comme je l'ai indiqué plus haut, ce terrain n'a pas suivi le redressement imprimé au Cénomanien et au Turonien du Dj. Fellah et du Dj. Adira; d'ailleurs, la profonde coupure de l'Oued er Riah (O. du vent) permet de constater l'horizontalité des couches (2-3° S). Cependant, du côté N-E, au pied du plateau (fig. 19), on retrouve la retombée des couches sénoniennes parfois très inclinées; mais bien souvent le Pliocène la cache. En effet, au fond de l'O. er Riah, ainsi qu'au bord de la plaine, se retrouvent des grès peu différents de ceux du plateau, seulement un peu plus fins et plus durs, qui disparaissent eux-mêmes sous les alluvions. Ces grès reposent sur n'importe quel niveau du Sénonien, et cela depuis le fond de l'oued jusqu'au sommet du plateau, c'est-à-dire sur près de 200 m. Quelle que soit leur hauteur, ils sont horizontaux. D'où cette conclusion, qu'au moment où ces grès se sont déposés, la dépression de l'O. er Riah était déjà creusée et a été comblée par eux.

BAHIRET FOUSSANA

(Pl. III, XI)

La plaine de Foussana est presque entièrement couverte par les alluvions de l'O. el Hatob (O. du bois), que les grès percent cependant çà et là. Il en résulte une terre légère sur les bords, plus riche en humus et profonde vers le centre, qui est d'une admirable fertilité, comme le rappelle son nom; les récoltes y sont magnifiques chaque fois que les conditions climatériques sont satisfaisantes. Aussi existe-t-il à sa surface un certain nombre de villages bâtis, de decherats habitées par des sédentaires, dont on chercherait en vain les analogues dans la plaine située à l'E ou au S du Mrhila, par exemple.

Cette plaine doit donc son origine à l'érosion de l'O. el Hatob et de ses affluents, mais aussi aux plissements. Je viens d'indiquer en effet qu'au pied du plateau de bou Driès et de Dj. Nogueza, les couches plongeaient sous la plaine ; il en est de même à l'Hamra et au bou Rhanem. Il n'est pas douteux enfin que les grandes fractures du Chaâmbi et du Semmama aient joué un rôle important dans la formation de cette vallée. L'O. el Hatob a ensuite agi en déblayant les grès et en étalant une couche de limon, dans laquelle l'oued s'est recreusé un lit profondément encaissé. Cette plaine de Foussana est étranglée à ses deux extrémités ; néanmoins, elle communique au N-W avec le Bahiret el Oubira par le Kranguet es Slougui et au S-E avec le bled Ksarnia par la dépression de Si bou Laaba.

DJEBEL CHAAMBI

(Pl. I, 7, 8, 9 ; III, XI, XV)

C'est le point culminant de la Tunisie (1.544 m.) ; aussi la vue superbe qu'on a du sommet vous dédommage amplement de la peine qu'a pu causer l'ascension. Celle-ci, en effet, ne laisse pas que d'être un peu difficile par suite de tous les bancs dolomitiques formant autant d'abrupts.

Quand on aborde la montagne par le N ou le N-E, partant par exemple du point coté 656, près de l'O. Moussa (Pl. I, fig. 7), on rencontre des bancs de grès et de calcaires dolomitiques fortement disloqués, offrant une pente comprise entre 70 et 90°, puis des grès peu inclinés, très brisés, de même que les dolomies rousses qui les surmontent, dolomies ayant parfois le caractère franchement ruiniforme. Au-dessus de celles-ci, les marnes cénomaniennes forment deux terrasses livrées à la culture et séparées par un léger gradin ; puis on se bute à une masse de calcaire dolomitique, épaisse de près de 100 m., se présentant par la tranche et formant l'arête du Kef Moungar. En ce point, les couches plongent à 45-50°, mais, à l'extrémité orientale, elles sont presque verticales. Au S de cette crête apparaît le Turonien, qui, d'autre part, supporte le signal de Zemzoumet Aïssa. La partie supérieure de cet étage est sous forme de calcaire blanc un peu dolomitique, qu'un talus marneux assez raide relie au banc inférieur du Turonien ; un léger palier, correspondant aux marnes sableuses du Cénomanien, sépare celui-ci du Turonien.

Suivant une longue crête au milieu d'une brousse de chênes verts, on arrive au grand signal du Kef Chaâmbi, construit sur une arête de calcaire dolomitique cénomanien. De là, la vue s'étend à l'infini ; par un beau temps, on distingue aisément les principaux massifs jusqu'à 100 Km., et on embrasse d'un seul coup d'œil la constitution de la montagne.

Un peu en arrière de la crête et à un niveau à peine inférieur, le banc initial du Turonien forme une autre crête et descend vers la plaine sous une pente de 35° environ. Les marnes, qui le recouvraient, ont été facilement enlevées et la masse calcaire du Turonien supérieur n'existe plus que beaucoup plus bas, formant un gradin continu. Il est recouvert un peu avant la plaine par les marnes sénoniennes que dissimule bien souvent un manteau de Pliocène argilo-sableux rouge, manifestant une pente notable (5-6°). Celui-ci s'élève assez haut et occupe la vallée de l'O. Zerdeb, qui correspond à un léger synclinal. On constate en effet que le Dj. Zerdeb forme un pli complet, qui se soude au Chaâmbi par son extrémité occidentale.

Vers le S-W, on suit du regard les dolomies cénomaniennes, dont les bancs constituent le Dj. Tella et s'abaissent lentement vers le Dernaïa. Le Turonien ne commence qu'assez loin en arrière, et tout en bas paraît le Sénonien, presque horizontal, se reliant à celui du Djebel Nogueza.

Enfin, à ses pieds, on aperçoit la masse triasique multicolore et tourmentée du Dj. Zebbes. Les coupes (Pl. I, fig. 8-9) permettent de saisir plus aisément les relations de ce terrain avec ceux qui lui sont contigus. Tout d'abord, on constate en descendant que le contact ne se produit point de la même façon en tous les points. Le Trias touche tantôt le Cénomanien, dont les marnes sont passablement écrasées, tantôt les dolomies aptiennes ou albiennes. Les grès triasiques micacés, verts ou violets, sont presque verticaux au voisinage de la limite de la formation, mais, le plus souvent, aucune stratification n'est visible ou du moins ne peut être suivie sur quelque longueur. Vers le S-E, le Trias finit en coin, emprisonné entre les dolomies ou calcaires dolomitiques du Chaâmbi et du Dj. el Augueb (de l'aigle), très fortement redressés, causant une série d'à pic bien visibles sur la carte. Au voisinage du Trias, comme c'est le cas général en Tunisie, le calcaire a été épigénisé d'une manière très notable, ce qui a permis d'exploiter la calamine.

La masse des argiles bariolées gypsifères et salifères est, comme d'habitude, assez nue et fortement ravinée. Naturellement, nous en voyons sortir un oued Zebbes et, d'autre part, l'oued passant dans le défilé qui fait communiquer la mine avec le Bled Oum Alia porte le nom d'O. Guerdjouma el Hamra (la gorge rouge). Au N, à l'endroit où la carte marque Dj. Zebbes, des dolomies aptiennes et cénomaniennes entièrement broyées bordent l'îlot triasique, tandis que, au N-E, rien ne le limite, sa surface se confond avec les dépôts récents, de sorte qu'il est difficile de tracer une ligne certaine.

J'ajouterai enfin incidemment que le Dj. Krechem el Kelb (nez du chien), situé au S-E du Chaâmbi, en dehors des limites de la carte, est un dôme ou anticlinal assez court, dont le flanc S-E est bien plus raide que l'autre, formé par le Cénomanien et le Turonien, sortant directement de la plaine et relié d'autre part au Chaâmbi par une bande sénonienne.

BLED KSARNIA

(Vue XXVII)

La partie située en aval du Dj. Zebbes n'est pas très fertile, probablement à cause des produits de lavage du Trias. Au contraire, les terres voisines de l'O. el Hatob sont de très bonne qualité.

A Kasserine (Vue XXXII), on retrouve les grès blancs pliocènes assez solides, tout à fait analogues à ceux du Bled Zelfane ; ils s'étendent jusqu'à Feriana et leurs débris couvrent encore la plaine entre ces deux localités, fournissant à la halfa les conditions les plus favorables à son extension.

DJEBEL SEMMAMA

(Pl. I, 5 ; III, IX, X, XV ; fig. 21)

Le Dj. Semmama offre son point culminant (1316 m.) au voisinage immédiat de son extrémité méridionale. Il ne paraît pas douteux que celle-ci ait été supprimée par un important effondrement, qui a séparé le Semmama du Chaâmbi, produisant deux gigantesques abrupts en regard, et permettant la venue au jour du Trias dans la dépression de l'O. el Hatob. Tracer la position exacte de cette faille n'est point aisé, par suite des alluvions et des immenses éboulis qui revêtent le bas des pentes ; mais

XXXII. — Les grès pliocènes de Kasserine et le barrage romain.

son existence n'en est pas moins réelle. Comme retombée des couches vers le S, il n'existe que quelques fragments de Cénomanien presque verticaux vers l'extrémité occidentale. D'autre part, le Turonien est fortement démoli au débouché de l'O. Djabia et, en outre, on voit au bord de la route quelques bancs sénoniens verticaux, touchant les dolomies cénomaniennes, albiennes et aptiennes, hachées par des failles. Enfin, la source chaude (Hammam) que l'on observe près de là est évidemment en relation avec ces cassures.

D'autre part, je rappellerai que les limons rouges, grès, etc. du Pliocène, qui portent la Koubba de Si Embareck Kecherid, manifestent un pendage de 25° et que, tout près de là, au contact du Sénonien, ils sont verticaux ; d'où la conclusion que cette fracture est d'origine très récente ou tout au moins qu'elle a rejoué récemment.

Quand on part de l'O. el Hatob et Sidi bou Laba, on escalade, parfois avec peine, une série de gradins causés par les masses de dolomies rousses de l'Aptien et du Cénomanien, chacune d'elles occasionnant une terrasse; on atteint ainsi le plateau du Turonien et enfin le signal, construit sur des bancs calcaires, par lesquels débute le Sénonien. De là, on voit fort bien les couches descendre régulièrement au S-E et au N-W, entamées par de profonds ravins, tandis qu'elles s'abaissent très lentement vers le N-E suivant l'axe du pli (Pl. III, fig. xv). Ces bancs calcaires forment toute la surface de la montagne, recouverts surtout de pins d'Alep, sauf le plateau de Sidi Zerrouk, où il existe un peu de terre végétale et où alors les lentisques (*throu*) se développent largement.

Du Kef el Abiod, on constate aisément que le Semmama offre la même disposition dissymétrique que le Douleb. Le flanc N-W, qui devait être sensiblement vertical, a presque entièrement disparu ; il ne subsiste guère que le versant S-E, largement étalé et limité par une haute falaise que couronne le Kef el Abiod. Fait à noter, de même que pour l'Ousselat et le Djebil, les deux flancs, très redressés et un peu étirés, sont en regard. En outre, comme au Douleb, le versant septentrional est beaucoup plus boisé (pins d'Alep) que le versant méridional ; mais cela tient aussi à ce que les arbres ont eu plus de facilité pour pousser leurs racines dans les marnes.

A l'extrémité N-E de la montagne, les calcaires inférieurs du Sénonien, beaucoup plus inclinés sur le versant N-W que sur l'autre (fig. 21), sont couverts par des marnes, aux dépens desquelles s'est établie de chaque côté une petite vallée, tandis qu'aux calcaires supérieurs doivent être attribués le Kt. Baja, d'une part, le Kt. Rhorba et le Dj. Marfeg d'autre part. Ce dernier doit précisément son nom au coude que dessinent les strates passant d'un flanc à l'autre.

PLAINE DES MADJEUR (BLED GOUNA)

Une étroite vallée remplie par les grès du Pliocène sépare le Tiouacha du Douleb et du Semmama et permet de passer du Bled Zelfane dans la vaste plaine des Madjeur (Bled Gouna, Bled et Tella) qui s'étend entre le Mrhila, le Semmama et le Tiouacha. Çà et là, le grès miocène perce le sol très léger, qui résulte de la décomposition de ce dernier. Au total, le pays est peu habité ; c'est une terre de parcours appartenant à la tribu des Madjeur.

DJEBEL MRHILA

(Pl. I, 6 ; III, VII, VIII, XVI ; fig. 12, 14, 15, 20 ; Vues XXXIII, XXXIV, XXXVI)

Le Dj. Mrhila est bien certainement l'un des massifs les plus intéressants de la région étudiée. C'est un anticlinal régulier, présentant du N au S toute la série des terrains crétacés (Pl. III, fig. XVI). Si, partant de l'O. Lamedje au N, on fait l'ascension du sommet, on chemine d'abord sur une vaste nappe de débris offrant une pente assez douce ; puis on rencontre une petite colline grisâtre, le Kt. el Beïda, qui ferme partiellement un vaste et profond cirque. Cette colline est constituée par les marnes et calcaires cénomaniens plongeant de 40 à 50° vers l'W-S-W et reposant sur des calcaires siliceux aptiens inclinés à 70° vers le N-W. Au delà se dresse une muraille presque verticale de grès ferrugineux très dur. Evidemment il y a une faille, même assez importante, qui, vers l'W, met le Cénomanien en contact avec les différents niveaux de l'Aptien, puis du Néocomien et qui se prolonge vers l'E au milieu de l'Aptien du Djouf el Kelb, imprimant à une partie des couches cette pente de 70° N-W indiquée plus haut.

Puis, après avoir dépassé des grès argileux, on est obligé de franchir toute une série de bancs énormes d'un calcaire siliceux foncé, qui rendent l'escalade très pénible. Ceux-ci, d'abord très redressés, affectent un pendage de moins en moins considérable à mesure qu'on s'élève ; leur tranche forme les gradins du cirque, dont la pente demeure très raide. Mais, à vrai dire, il est loisible de prendre le sentier qui oblique vers Kemine el Brouague ; on atteint ainsi un tertre à pente assez douce, formé par les marnes du Néocomien supérieur. Celles-ci nourrissent une herbe assez abondante, au-dessus de laquelle se dressent de beaux chênes verts, contrastant avec la brousse, qui revêt toutes les parties du cirque où il y a quelque peu d'humidité. A la partie supérieure des marnes, au contact des grès blancs, sourd tout un ensemble de belles sources. Ces grès blancs offrent, comme toujours, des surfaces largement arrondies, parfois des grottes irrégulières, et sont couronnés par les calcaires siliceux, qui servent de support au signal du Tellet el Baaza. Celui-ci se dresse sur une plate-forme, d'où l'on jouit d'une vue splendide, ce qui permet de se rendre aisément compte de la constitution de cette montagne aux formes rigides et trapues.

Les strates, presque horizontales au signal, s'abaissent lentement vers la Guessat el Oubira (au S-S-W), suivant l'axe du pli, tandis que, suivant une direction perpendiculaire à celle-ci, la pente devient de plus en plus rapide ; les deux coupes (Pl. I, fig. 6 et Pl. III, fig. XVI) donnent du reste une idée de cette disposition. (Noter que dans la coupe en long au 1/200000 les hauteurs sont triplées et par suite les pentes exagérées.) Des calcaires siliceux ou parfois dolomitiques, possédant une teinte grise ou rousse, parsemée de taches lie de vin, forment toutes les pentes du Mrhila proprement dit et sont revêtus par une brousse assez serrée, (à laquelle prennent surtout part les genévriers, les pins d'Alep et les arbousiers), développée principalement dans les nombreux ravins qui entament les calcaires et mettent les grès à nu. Fréquemment, la pente de ces ravins est brisée par une succession de terrasses artificielles, encore ornées par quelques oliviers séculaires revenus à l'état sauvage ou quelques caroubiers.

Suivant la pente des couches, on redescend peu à peu jusqu'au cirque de l'O. er Reséf. Le Cénomanien est ici presque entièrement argilo-marneux ; aussi a-t-il été enlevé, partout où il n'était pas protégé par le Turonien, lequel joue d'ailleurs, un rôle prépondérant dans tout le massif. Ce dernier terrain est constitué, on se le rappelle, par des marnes et calcaires séparant deux masses de calcaire dur, dont la supérieure est la plus importante. Il en résulte, partout où les couches sont un peu redressées, une double ligne de crêtes séparées par une vallée longitudinale. C'est ce qui se présente à Foum el Guelta ; le dessin (Vue XXXVI), fait sur une photographie, montre cette disposition des couches. La vue, prise de la plaine, à l'E (tout près de la grande citerne), montre nettement les deux strates calcaires fortement redressées au premier plan, tandis que, vers le S (à gauche), leur pente diminue peu à peu et devient très faible au Kef Si Abd el Kader. Entre elles sont comprises les marnes bleutées, irrégulièrement découpées par de petits ravins, et par conséquent n'ayant pas précisément une pente continue, comme le dessin tendrait à le faire croire.

Pour s'échapper du cirque, l'O. er Resef a réussi à scier les deux barres calcaires, de sorte qu'en amont de la plus interne il ne subsiste plus qu'une petite mare, un petit réservoir (Guelta), dont le trop plein s'écoule facilement par l'ouverture, par la bouche (Foum); telle est l'origine de Foum el Guelta. L'eau tombe dans un autre bassin bordé de lauriers roses (Vue XXXIII), au-dessus desquels s'élève

XXXIII. — Foum el Guelta.
Les deux barres turoniennes et la coupure de la voie romaine (à droite).

un palmier. L'excès d'eau s'échappe par la coupure de la deuxième barre (que montre précisément la photographie XXXIII) et donne naissance à l'O. el Guelta, qui, plus loin, devient l'O. Telidjane.

Le panorama et la photographie laissent apercevoir sur la droite une autre entaille pratiquée par les Romains dans la barre du fond pour y faire passer une route. Il peut être intéressant de signaler que celle-ci est actuellement à 2 m. au-dessus du sol d'un côté et à une hauteur encore plus considérable de l'autre.

Cette grande barre se poursuit vers le N (avec quelques interruptions dues à des cailloutis dont j'ai fait abstraction sur la carte) et devient bientôt verticale, formant une grande muraille décharnée, parfois percée à jour, à laquelle est accolé un aqueduc.

Sur le flanc W, on retrouve cette double masse calcaire, et même on la voit deux fois, car il y a une faille longitudinale, qui redouble le Turonien, produisant ainsi les deux longues crêtes parallèles du Sif et Tella. La troisième rangée (extérieure) de mamelons est formée par le Sénonien. Cette faille se perd au S, dans le Sénonien du Dj. Fekirine.

Le Turonien revêt encore une grande partie de ce dernier. A l'extrémité septentrionale, le signal du Kef Si Abd el Kader est porté par le banc supérieur du Turonien, qui s'abaisse doucement vers le S-S-W. Mais l'érosion l'a entamé en bien des points, a enlevé les marnes et n'a même pas toujours laissé intact le banc inférieur, de sorte que le Cénomanien apparaît par quelques boutonnières. Néanmoins, ce banc

XXXIV. — L'Oued Sbeitla se terminant en cul-de-sac au milieu des calcaires du Sénonien supérieur.

inférieur du Turonien peut être considéré comme continu et constitue la couverture du Dj. Fekirine. Les niveaux plus élevés existent sur les deux flancs et aussi sur le sommet, sous l'aspect de collines tantôt coniques, tantôt allongées, couronnées par des fragments du banc supérieur du Turonien et entre lesquelles circulent de petits défilés ; c'est ce qui donne son cachet spécial à la partie de la montagne nommée Admane el Fedj (fig. 20). Le ravin médiocrement encaissé de Tebaguet es Saïd sépare précisément deux de ces longs mamelons. Mais, à partir de l'O. Gorbedj el Bidh, le Turonien disparaît et le Sénonien, principalement calcaire, contribue seul au revêtement de la montagne. Il est naturellement découpé en nombreux Koudiats, mais, dans l'ensemble, la disposition des couches est fort régulière. Toute cette moitié méridionale de la montagne porte des pins d'Alep assez nombreux, quoique ne constituant pas une forêt. Au S, au Dj. Bridje, l'anticlinal a une largeur très réduite et il disparaît bientôt sous la plaine. L'O. Sbeitla, qui passe à son extrémité, a creusé dans les calcaires sénoniens une gorge pittoresque, qui se termine en cul-de-sac par un abrupt d'une vingtaine de mètres (Vue XXXIV). Dans le lit même, à plusieurs centaines de mètres en aval, sort au milieu des débris une source importante, dont l'eau un peu tiède alimentait jadis Suffetula, où la menait le beau pont aqueduc qui subsiste encore.

Les calcaires sur lesquels coule l'oued sont susceptibles de fournir d'excellents matériaux de grand appareil et ont été utilisés pour la construction des édifices grandioses, qui font l'ornement de l'H[ir] Sbeitla. Les carrières d'où ces pierres ont été extraites sont encore très visibles au Dj. Bridje et au Dj. Sbeitla.

Sbeitla même a été construite sur un sol sableux, provenant de la décomposition des grès miocènes, où naturellement les cactus prospèrent à merveille. Ces grès miocènes forment, en effet, une ceinture au Mrhila, reposant directement et presque en concordance sur divers étages crétacés. Très faiblement inclinés près de Sbeitla, ils sont verticaux à l'extrémité N, où ils s'incurvent, pour se relier à ceux du Dj. el Abeïd. Leur épaisseur est formidable, mais le plus souvent ils sont enfouis sous une accumulation d'argiles, sables et conglomérats pliocènes. Evidemment, ces conglomérats proviennent de l'arasement de la montagne, et, en certains points, par exemple un peu au N de Foum el Guelta (près du point coté 665), on peut voir un vaste fleuve de cailloutis descendant de l'Aptien, submergeant le Cénomanien et le Turonien, pour ensuite s'étaler dans la plaine. Jadis ces dépôts formaient une nappe continue, découpée maintenant en une infinité de petites collines couronnées par un plateau, allongées perpendiculairement à la direction de la montagne, c'est-à-dire suivant les oueds : *Regoubat* (Regoubat es Seba Regoud : les sept dormants) ou *Garat* (Dj. el Garète) ; aussi une partie de cette plaine (cachée par le carton du Cherichira) porte-t-elle le nom de Bled el Gour. Ces buttes sont des témoins d'érosion, entre lesquels les sentiers serpentent indéfiniment, ce qui en rend le parcours fastidieux. Comme végétation, de la *halfa* à perte de vue, presque aucun arbre, — au point que ceux qui existent ont été utilisés comme signaux sur l'ancienne carte, — seulement dans la partie basse, où il y a un peu de terre végétale, des buissons de lentisques (*throu*) et de jujubier sauvage (*sder*), entre lesquels s'insinuent quelques cultures. Inutile d'ajouter que l'eau fait presque entièrement défaut dans ce bled ; dès qu'on quitte la montagne, il faut se contenter de l'eau de rhedir.

DJEBEL EL ABEID

Comme je l'ai dit incidemment, le Dj. el Abeïd (la montagne blanche) se relie étroitement au Dj. Mrhila. A l'extrémité N-E de ce dernier, au Djouf el Kelb, les grès miocènes verticaux flanquent l'Aptien ; bientôt ils se dévient vers le N-E, formant le Dj. ben Hachlaf (avec une pente de 70°), puis, au Kranguet Zegalas, qui fait communiquer le Bled Bechtia avec la vallée de l'Oued el Hatob, leur crête s'abaisse, sans qu'il y ait irruption. Ils s'infléchissent encore davantage vers l'E, en même temps qu'ils s'aplanissent, pour recouvrir le flanc S du Dj. el Abeïd.

Nous avons donc là un exemple remarquable et en somme rare en Tunisie de deux plis, ou portions de plis, entièrement liés l'un à l'autre et faisant sensiblement entre eux un angle droit.

Ce Dj. el Abeïd est donc un anticlinal orienté E-W, dont le noyau consiste en grès de l'Éocène supérieur et de l'Oligocène, presque horizontaux et seulement affaissés sur les bords. Au N, au contraire, les grès miocènes plongent de 70° vers l'O. el Hatob. La descente est moins rapide au S et, en outre, la pente diminue rapidement, en sorte que les grès s'étalent dans la plaine sur une large surface, couverte par une vaste plantation de cactus et d'oliviers. Toutefois, vers l'E, l'inclinaison est encore considérable (50-60°).

Un accident intéressant s'observe à cette extrémité orientale; c'est la venue du Trias. Malheureusement, l'O. el Hatob a abandonné en cet endroit des alluvions, qui gênent considérablement l'étude. On constate néanmoins qu'à l'extrémité E de l'Abeïd, les couches miocènes enveloppent normalement le noyau de l'anticlinal. Mais à quelques mètres de là apparaît le Trias, sous l'aspect bien connu des marnes argileuses, fortement chargées de gypse, assez peu bariolées ici; la stratification est fort régulière sur près d'un kilomètre de longueur. Intercalé dans les marnes, apparaît un banc de calcaire dolomitique avec de nombreux grains siliceux, suivi d'un autre banc de calcaire gris brun, dont les vacuoles sont remplies par du gypse cristallisé. Un peu au-dessus et en concordance apparente, des grès roux avec taches rouges forment le Kt. es Siouf : c'est l'Éocène supérieur; les quelques fossiles que j'y ai trouvés (*Janira arcuata*, etc.), ne laissent aucun doute à ce sujet. Toute une série de grès vient au-dessus, représentant l'Oligocène et le Miocène.

A l'E de l'îlot triasique, dans un petit ravin, on voit un gros bloc (100 m.-30 m. environ) de grès blanc paraissant appartenir au Miocène, emballé dans les marnes triasiques; peut-être est-ce un éboulis en masse, mais je ne puis l'affirmer. Puis tout disparaît sous les alluvions de l'O. el Hatob.

VALLÉE DE L'OUED EL HATOB, KOUDIAT EL HALFA (Pl. III, XV)

La vallée de l'O. el Hatob (O. du bois), suite de l'O. Sguiffa (c'est-à-dire différent de la rivière de même nom dont il a été question précédemment), résulte en partie de cassures bien manifestes au Djildjil. Cette montagne se prolonge par le Dj. Sidi ben Habbess, dont la haute falaise diminue lentement de hauteur vers l'E. Dans le fond de la dépression, près de l'oued, se remarque un affleurement triasique, au centre duquel s'élève le Kt. el Halfa. Celui-ci n'est en somme qu'un pain de sucre de 40 à 50 m. de hauteur, couronné par une table de calcaire dolomitique bleu foncé, à cristaux de quartz, épaisse de quelques mètres. C'est toujours ce même banc dont j'ai trouvé les débris dans toute la Tunisie. A son pied, s'étendent les argiles bariolées du Trias, peu faciles à reconnaître ici, car leur surface est encroûtée par une carapace sonore, sur laquelle presque rien ne pousse, ce qui peut être dû à la sécheresse du climat. A deux kilomètres au S du Kt. el Halfa se dresse un banc de dolomie brunâtre, long de 150 m., presque vertical, mais néanmoins plongeant nettement au S. Un autre banc analogue, long de 300 m., flanqué de grès micacés verdâtres, portant de nombreuses pistes, et situé à 1.500 m.

à l'E du Kt. el Halfa, accuse une pente vers l'E. Un autre banc, visible à 2 Km. au N-E. est moins incliné. Donc, fait remarquable, le plongement de ces couches est tel qu'elles se raccordent pour former un dôme, dont le Kt. el Halfa serait le sommet.

Il est intéressant d'observer que cet îlot triasique est sensiblement (mais pas exactement) dans l'axe du Mrhila, point de toute la région où le soulèvement a été le plus considérable, puisque c'est le seul où le Néocomien affleure. D'autre part, il se trouve à peu près au confluent de trois vallées : la vallée des Madjeur, comprise entre les plis normaux du Mrhila, du Semmama et du Tiouacha, — la vallée de Sbiba, résultant d'un plissement transversal N-W—S-E, — la vallée de l'O. el Hatob, bordée au S par l'extrémité du Mrhila et le pli E—W de l'Abeïd et, d'autre part, limitée au N par les cassures du Djildjil et du Si ben Habbess. C'est sans doute à cette situation particulière, — ces plissements si divers devant sans doute se résoudre en cassures, — qu'est due l'arrivée au jour du Trias. Il est fort regrettable que les amas de débris pliocènes (sables, cailloutis), qui forment une infinité de mamelons divisés en réseau par de nombreux ravins (Chebka Ouled Krelfa), empêche d'observer les relations des couches triasiques avec les terrains secondaires et tertiaires.

Naturellement, l'eau des deux oueds (O. el Hatob et O. Lamedje) est fortement salée à partir du point où elle rencontre l'îlot triasique. A vrai dire, celle de l'Oued el Hatob pourrait l'être déjà un peu plus en amont, car, au S-W du Djildjil, l'Eocène moyen renferme du gypse et un peu de sel. Cet oued est assez fortement encaissé entre deux berges rougeâtres, formées de limons sableux et de cailloutis parfois assez résistants pour le forcer à plusieurs détours (Kef el Ahmar, etc.).

DJEBEL TROZZA
(Pl. II, 15 ; III, IV, V)

Le Dj. Trozza (997 m.) est un dôme typique, dont la masse sombre domine de 500 m. la plaine voisine d'el Ala. Les calcaires siliceux, parfois dolomitiques, qui le constituent, s'élèvent rapidement sous une forte pente (50° environ), puis reprennent l'horizontalité, en sorte que tout le sommet est occupé par un plateau allongé. Le flanc S-E est très raide, infranchissable sur toute sa longueur ; les couches y apparaissent par leur tranche, causant une série d'abrupts bien visibles sur la carte. Il y a probablement là une faille, en tout cas d'importantes cassures, bien que peut-être l'érosion aît pu suffire à produire cet effet. Une immense nappe d'éboulis, s'élevant jusqu'à une très grande hauteur et s'étendant sur la plaine à plus d'un kilomètre, empêche de constater si cette faille existe réellement. En tout cas, dans tout le massif, on rencontre des cassures qui ont aidé à la minéralisation ; aussi remarque-t-on en divers points de la calamine, de la galène, de l'oxyde de fer etc., dont on a même tenté l'exploitation.

A ces cassures encore se rattachent les sources chaudes ou Hammams du Trozza. Les plus importantes et les plus connues sont situées à la base N du massif. Une montée assez raide, bien qu'elle aît été aménagée par les indigènes, amène à une grotte ; de là un boyau étroit s'enfonce de quelques mètres jusqu'à une autre chambre moins vaste, dans laquelle se dégage un jet de vapeur très légèrement sulfureuse; le débit, assez faible, semble du reste variable. Sur le sommet, entre les signaux, mon guide m'a montré un orifice, duquel s'échappe parfois une vapeur analogue ; au moment où je suis passé, il n'émettait pas de vapeur et aucune odeur n'était perceptible. Enfin, au S du massif, la carte indique une petite source thermale, que je n'ai pas vue ; mais, de même que les précédentes, ce doit être un jet de vapeur intermittent, plutôt qu'une source proprement dite.

La surface de la montagne est très dénudée et le roc s'y montre presque partout; il y a seulement çà et là une petite brousse, composée de *klill, mellia, zriga, ârar*, parfois *throu*. Dans les ravins parfois très encaissés, la végétation est bien plus abondante et consiste en genévriers (*ârar*), oliviers sauvages (*sebbouj*), auxquels se mêlent quelques arbousiers (*lendj*) et caroubiers (*krarrouba*). Enfin, sur le sommet, une assez grande surface est couverte de *halfa*, plante qui fait presque défaut dans la plaine voisine, dont cependant le terrain lui convient fort bien. A signaler enfin sur le Trozza la présence et presque l'abondance du palmier nain (*douin*).

Au N et à l'W de la montagne, le Crétacé moyen et supérieur, de même que l'Éocène, entourent cette masse aptienne d'une bande plus ou moins large, presque entièrement nivelée. Tout le Bled el Ala est couvert de sable provenant principalement de l'Éocène supérieur ; aussi l'olivier et le figuier de Barbarie, qui aiment les terres siliceuses et légères, y prospèrent-ils d'une façon remarquable.

Ce Bled el Ala est une vaste cuvette à fond plat, partiellement remplie par des dépôts récents plus ou moins rouges, en partie d'origine éolienne ; mais ceux-ci n'occupent point toute la dépression, car les grès fins de l'Oligocène, très peu inclinés, s'étalent largement, ne laissant à découvert qu'une étroite bande d'Éocène supérieur au bord de la cuvette (Kroumt el Arbi, Kroumt et Tebaga, etc.).

Au S du Trozza, se présente un accident remarquable : l'apparition du Trias, qui forme en partie le Kef el Galaa. Là, comme toujours en pareil cas, les rapports des couches semblent très anormaux ; un lambeau de Sénonien, qui, au N, bute par sa tranche contre l'Aptien, est pris entre deux masses de marnes bariolées ; mais malheureusement je n'ai pu voir ce qu'il devenait en profondeur et quelles étaient ses relations exactes avec le Trias.

Un autre fait notable, que j'ai déjà signalé, mais qu'il importe de rappeler, c'est qu'au voisinage du Trias toutes les couches sont assez redressées, même les sables et cailloutis que j'ai rapportés au Pliocène ; la pente de ces derniers peut atteindre 45° et ils se montrent inclinés de 15-20° dans tout l'Argoub situé à l'E du Bled el Ouiba.

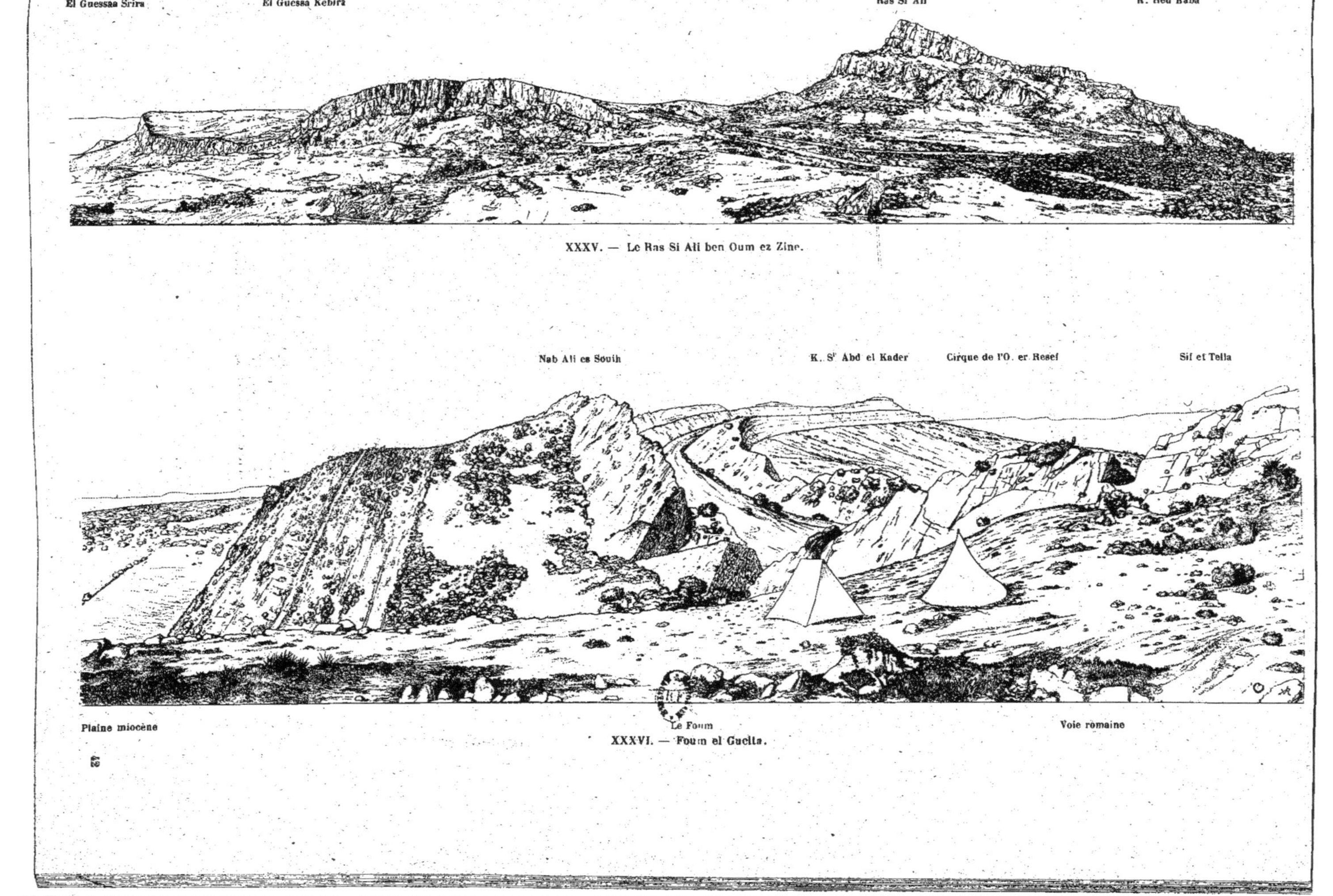

XXXV. — Le Ras Si Ali ben Oum ez Zine.

XXXVI. — Foum el Gueita.

CARACTÈRES GÉNÉRAUX DE L'OROGRAPHIE TUNISIENNE COORDINATION DES PLISSEMENTS

Cherchons maintenant à grouper les faits principaux qui se dégagent de toutes ces descriptions et à nous rendre compte de la manière dont les divers massifs se relient entre eux.

L'examen de la Planche III, sur laquelle j'ai groupé une série de coupes intéressant toute la région (1), nous fournira immédiatement un certain nombre de données. Toutes ces coupes sont à l'échelle de la carte, c'est-à-dire au 1/200.000 pour les longueurs. J'avais eu l'intention d'employer la même échelle pour les hauteurs, mais je me suis rendu compte que ce n'était pas possible ; en effet, les bavures du trait équivalaient souvent aux ondulations du sol. Dans ces conditions, j'ai dû tripler les hauteurs. Je sais tous les inconvénients de ce système consistant à employer une échelle différente pour les hauteurs et les longueurs. D'abord, l'aspect du pays est infidèlement rendu et ensuite on se bute à une série d'invraisemblances. Ainsi la même strate dessinant un pli monoclinal a une épaisseur trois fois plus forte sur le sommet (où elle est horizontale) qu'au pied du pli (où elle est verticale). On est forcément amené à relier les deux parties l'une à l'autre par deux traits se rapprochant progressivement. Dès lors, on ne voit pas immédiatement ce qui est dû à cette cause d'erreur et ce qui revient à la variation de puissance des sédiments, quoique un peu de réflexion suffise à le reconnaître. Je prie le lecteur de ne pas perdre de vue cette remarque (2). Aussi, ne me suis-je résolu que contraint par la nécessité à tripler les hauteurs, parce que plusieurs terrains n'auraient pas pu être figurés, et, même malgré cela, j'ai dû forcer légèrement les épaisseurs en quelques cas (Éocène inférieur du Bargou, Serdj, etc.). Je donne en tête de la Planche III une coupe en valeurs vraies (1/200.000 hauteurs et longueurs), qui permettra de se rendre compte de la forme véritable de certains massifs. Cette coupe (qui n'est autre que la deuxième) passe par une des montagnes les plus importantes de la Tunisie : le Dj. es Serdj ; on voit à quoi celle-ci est réduite (3). Dans la partie non montagneuse, les épaisseurs ont été exagérées de l'épaisseur du trait, et cependant les ondulations sont à peine sensibles. Dans de telles conditions, une foule de choses n'auraient pu être figurées. Aussi le lecteur excusera-t-il l'emploi de ce procédé extrêmement répandu, mais qui n'en est pas moins défectueux.

Les coupes I-XI sont faites transversalement aux plis et sont presque parallè-

(1) Les n°s des coupes ont été reportés sur le cadre de la carte, à côté d'une ligne indiquant la position et la direction de la coupe ; il est donc aisé de les retrouver.

(2) Voir par exemple la variation d'épaisseur de l'Éocène inférieur entre le Bargou et l'Ousselat.

(3) Ne pas oublier que plusieurs de ces coupes dépassent 100 Km. de longueur.

les entre elles, bien que toutefois l'une ou l'autre ait été déviée (mais non incurvée), pour la faire passer par des points remarquables. J'ai cru inutile de leur mettre des orientations, puisque les repères et les chiffres tracés autour de la carte indiquent immédiatement leur emplacement et leur direction. Les coupes XII-XV ont été faites suivant l'axe des plis, pour en montrer les oscillations; deux passent par des axes anticlinaux, deux par des axes synclinaux. J'ai donc suivi ces axes autant que possible, ce qui m'a amené à briser les coupes. Pour les deux premières (XII et XIII), il ne pouvait guère y avoir d'hésitation; mais, pour les autres, les raccords entre les deux moitiés N-E et S-W sont passablement hypothétiques, par suite de l'interruption des plis longitudinaux par la vallée de l'O. el Hatob.

Au surplus, ces coupes, très simples, se comprennent d'elles-mêmes et n'ont point besoin d'explications. Un examen attentif suppléera à de longs discours.

Le premier coup d'œil jeté sur la carte et sur les coupes ne laisse qu'une idée un peu vague et indécise. Quelques lignes directrices frappent immédiatement; mais, dans l'ensemble, règne une certaine confusion. Telle est bien l'impression ressentie, quand on parcourt le pays pour la première fois, ou qu'on le contemple de l'un des grands sommets. Cela tient à diverses causes que je vais m'efforcer de préciser.

Grand nombre de chaînons discontinus

Tout d'abord, les chaînes du Centre tunisien sont extrêmement nombreuses; la coupe V de la Planche III n'en rencontre pas moins de 10, sur une longueur de 120 Km. Sur les coupes voisines, leur nombre est légèrement différent; c'est qu'en effet la plupart de ces chaînons sont très courts, discontinus et se terminent brusquement. Çà et là quelques autres apparaissent entre eux, puis disparaissent eux-mêmes. Parfois, cependant, les chaînes s'allongent en véritables anticlinaux; mais il est aisé de voir, et les coupes longitudinales en donnent divers exemples, que l'axe subit des oscillations très manifestes; ce dernier peut même s'abaisser à tel point que la chaîne s'efface. Du reste, plusieurs d'entre elles ne sont en somme qu'un chapelet de dômes accolés.

Régime de Dômes

Un des caractères les plus saillants de la Tunisie centrale est donc ce régime de dômes, soit que ceux-ci surgissent brusquement de la plaine, soit qu'ils viennent se greffer sur un anticlinal. Le plus souvent, ces dômes sont incomplets; une moitié est restée en profondeur et l'autre est alors limitée par une faille de direction assez variable.

Incertitude dans l'orientation

Une autre cause de la confusion, qui paraît tout d'abord régner dans la topographie tunisienne, est l'incertitude dans l'orientation des chaînons. En règle générale, ils s'alignent vers le N-E; mais certaines chaînes du Sud sont dirigées W—E, et, d'autre part, à leur extrémité N-E, presque toutes tendent à s'infléchir vers le N, ce qui est très manifeste pour le Reçass et le bou Kournin, pour l'Ousselat, pour le Nasser Allah, etc. Sur les coupes générales, cette disposition se traduit par le fait que les plis se rapprochent les uns des autres, ou s'éloignent suivant le sens de l'inflexion [1].

[1] Mais il faut aussi noter que les coupes ne sont pas rigoureusement parallèles; plusieurs d'entre elles, tout en restant rectilignes, ont été inclinées par rapport aux précédentes pour les faire passer par les points remarquables; d'où nouvelle cause de rapprochement ou d'éloignement apparent des massifs.

Double système de plissements orthogonaux

Mais, en outre, un examen plus prolongé de la carte montre que certaines chaînes, la Sra Ouertane par exemple, se dirigent vers le N-W. Il existe en effet en Tunisie, ainsi que je l'ai déjà indiqué dans un article antérieur, un double système de plissements, sensiblement orthogonaux (mais non exactement), et les diverses orientations que l'on observe sont dues à la combinaison de ces deux directions. Le plissement principal, S-W—N-E, peut revendiquer la plupart des grandes montagnes, telles que le Mrhila ou le Serdj, mais l'autre, sensiblement S-E—N-W, parfois N-N-W, est encore très distinct. La loi énoncée par M. Bertrand trouve donc ici sa confirmation, d'une manière peut-être plus évidente que partout ailleurs. Les dômes (Crétacé inférieur, le plus souvent) résultent de l'interférence des deux ondes tectoniques et marquent les intersections des deux systèmes de plis. La chose est très manifeste sur la carte, mais le devient encore bien plus, quand on envisage en même temps le bord de la province de Constantine, où ce même régime se continue naturellement [1].

Alignements transversaux

On constate alors immédiatement que les Dj. Mzouzia, bel Kfif, bou Roummane forment un premier alignement transversal. Un autre alignement est jalonné par le bou Kadra, l'Hamra, le sommet du Chaâmbi et le Nouba ; le troisième, par l'Ouenza, le bou Jabère, l'Ajered et le sommet du Semmama ; un autre, par l'Harraba, le Slata, le bou el Hanèche et le noyau aptien du Mrhila, etc.

Ces plissements peuvent ainsi se poursuivre dans presque toute la Tunisie centrale ; quelques-uns frappent immédiatement les yeux, par exemple ceux du Ras Si Ali et du Sekarna (lui-même double), comprenant entre eux la vallée de l'O. Sguiffa. En cet endroit, le plissement transversal a même été si énergique, qu'il a interrompu complètement le système principal, au point que je n'ai jamais pu raccorder exactement les plis situés au N-E et au S-W de cette grande dépression de l'O. Sguiffa, qui apparaît comme l'un des caractères de premier ordre de la région. A ce système transversal est dû encore l'anticlinal de la Sra Ouertane et le synclinal éocène situé entre ce dernier et le Dj. Ayata, les dômes du bou Nader, du Maïza, etc.

Interruption des plis longitudinaux

Un résultat de ce plissement transversal est donc d'interrompre les plis longitudinaux. C'est ainsi que la Sra Ouertane se dresse en travers du synclinal d'Ellez, qu'il devient très difficile de suivre au S-W. Je l'ai raccordé d'une manière un peu hypothétique avec celui d'Haïdra ; la coupe ainsi faite intéresse le bord du bou el Hanèche. Réciproquement, la Kessera se trouve sur le prolongement du Serdj. Les coupes de la Planche III, qui s'interprètent trop aisément pour qu'il soit nécessaire d'insister, montrent plusieurs exemples de ces irrégularités, qui sont encore un des traits caractéristiques de la région.

Failles transversales

Bien souvent, ce deuxième système s'est résolu en fractures. Telle est la raison d'être de cette série de failles qui limite au S-W le Dyr de Tébessa ; telle est aussi la cause de la grande fracture de l'O. el Hatob, ayant séparé le Semmama du Chaâmbi, le Margueba du Nouba. On lui doit encore les cassures qui ont isolé la Kalaat es Snam du Houd, celles du Djildjil, celles plus ou moins importantes du Ras Si Ali et du Sekarna, celle qui interrompt si brusquement le

(1) Cf. Carte géol. de l'Algérie, 4e édition.

synclinal d'Ellez, etc. Plus au N, l'effort de torsion se manifeste par les petites failles-rejets du Massouge et du Bargou, et celles plus notables qui terminent la Rebaa Siliana au S-W.

Cuvettes synclinales

Mais, si l'intersection des axes anticlinaux a fait surgir des dômes, il a dû en même temps se produire des cuvettes synclinales ; c'est en effet ce que l'on constate, quoique bien souvent les dômes soient indépendants de toute cuvette synclinale. Dans les descriptions locales, j'ai déjà fait la remarque maintes fois que la plupart des plaines avaient une telle origine. C'est en particulier le cas pour le Bahiret el Oubira, le B. Foussana, le bled Jofre et le bled er Rohia, la plaine des Zouarines, celle du Sers, celle de la Siliana, etc. Du reste, les flèches marquées sur la carte permettent de s'en rendre compte.

Simplicité générale des plissements

Un autre caractère de l'orographie tunisienne est sa simplicité. A part quelques cas compliqués, nous n'avons eu affaire qu'à une succession d'anticlinaux et de synclinaux un peu enchevêtrés les uns dans les autres, par suite du plissement transversal, mais, dans l'ensemble, très réguliers et simples.

Nous avons là des plis rudimentaires, et c'est bien en effet ce qui doit être, si, dans notre hémisphère, les plissements se produisent toujours au S des précédents. Les chaînes tunisiennes, prolongement de l'Atlas saharien et les dernières avant les grands plateaux de l'Afrique centrale, doivent être les plus jeunes et, par suite, les plus simples. Or, la jeunesse du relief est accusée par ce fait que les poudingues pliocènes sont parfois verticaux. Quant à la simplicité générale, elle ressort du seul examen de la carte.

En quelques points cependant, cette simplicité fait place à une complexité extrême, et alors on est sûr de voir apparaître le Trias, le plus souvent dans des conditions bizarres.

Rôle du Trias

Quand on envisage dans leur ensemble les différents affleurements triasiques, on est immédiatement frappé de ce fait que ce terrain se montre au contact des formations les plus diverses. C'est le plus souvent le Sénonien, mais n'importe quel niveau de cet étage ; en outre, les autres terrains sont presque aussi souvent en relation avec lui. Au Reçass, c'est bien probablement le Lias, quoique je n'aie pas eu le loisir d'aller vérifier le fait. C'est l'Aptien au Batene, de même qu'au Bou Jabère, où une faille inclinée à 67°, fort bien visible dans une galerie de mine, sépare les argiles bariolées des calcaires du Crétacé inférieur. Au Dj. Zbissa, le Trias touche d'abord un lambeau aptien, puis, suivant les points, tantôt le Cénomanien, tantôt le Turonien. Près du Dj. Saadine, au Kt. Zag et Tir, le Trias s'intercale entre le Sénonien et l'Éocène moyen, puis entre celui-ci et le Miocène. Au Dj. el Abeïd, il est directement surmonté par l'Éocène supérieur. Dans tous ces cas, les contacts sont certainement anormaux ; néanmoins, certains dépôts miocènes reposent peut-être normalement sur le Trias. On constate en outre fréquemment des étirements considérables.

Dès lors, par suite même de cette diversité dans les contacts, on est amené à se demander s'il ne s'agirait pas ici de lambeaux d'une lame de charriage, qui eût couvert une portion plus ou moins notable de la Tunisie ; c'est en effet un caractère constant des lames de charriage, d'offrir des étirements importants d'une grande irrégularité. Cependant tel ne semble pas être le cas. Assurément, l'ampleur de la surface embrassée par la carte, les difficultés de l'étude et le temps relativement court que j'ai pu y consacrer m'imposent une extrême réserve ; mais néanmoins je ne vois rien là qui rappelle ces immenses nappes que M. Lugeon nous a montrées dans les Alpes.

Et, tout d'abord, je constaterai la différence totale des deux pays. En somme, les massifs tunisiens sont simples, sauf précisément dans les quelques points où apparaît le Trias. Ritter, — un géologue alpin — qui a étudié dans la province d'Alger le faisceau de plis qui vient s'épanouir en Tunisie, a été frappé du contraste qu'ils présentent avec les plis alpins ; il déclare que c'est une contrée où les chaînes de montagnes sont encore au stade de formation, une contrée-type pour une étude d'embryogénie tectonique (1).

En outre, on n'observe nulle part la présence d'une telle lame de charriage. Le Trias apparaît toujours au contraire comme inférieur à tous les autres terrains ; on ne le voit jamais reposer sur des sédiments plus récents, qui en constitueraient le support. A vrai dire, la coupe du Lorbeus semble indiquer que le Trias recouvre un peu le Crétacé, formant une sorte d'écaille ; mais le fait est très local. Nous avons plutôt affaire ici, je crois, à un anticlinal à noyau triasique légèrement couché sur l'anticlinal crétacé qui le borde et qui est renversé en un point ; le synclinal intermédiaire a disparu par étirement. Il ne faut pas oublier du reste que l'inclinaison des lignes de contact est un peu hypothétique ; le plus souvent elle n'est point susceptible de mesure directe.

Il est bon de faire observer en outre que le régime des affleurements triasiques est le même dans toute la Tunisie, jusque dans l'extrême Sud ; la lame de charriage devrait donc s'étendre à toute la Régence. Mais ce n'est pas tout ; les affleurements de la province de Constantine sont absolument identiques à ceux de Tunisie, comme j'ai pu m'en assurer directement ; ils se poursuivent dans la province d'Alger et enfin dans celle d'Oran. La nappe devrait donc embrasser tous les pays barbaresques.

D'autre part, tous les étages se présentant à nous dans leur ordre normal de succession, s'il existe là une nappe de charriage, nous ne connaissons que les terrains qui en dépendent et nous ignorons entièrement le support. On peut donc faire abstraction de cette nappe de charriage, dont l'existence n'est nullement démontrée.

D'ailleurs, quand on examine un certain nombre de ces affleurements, on reconnaît aisément qu'à leur limite, les couches sont redressées d'une manière énergique, de façon à former un dôme au centre duquel apparaît le Trias. La chose est particulièrement visible pour le Dj. Debadid à l'W du Kef. Les flèches tracées sur la carte indiquent que, tout autour du Trias, le Crétacé est fort redressé,

(1) E. Ritter. Le Djebel Amour et les Monts des Oulad-Nayl. *B. Serv. Carte géol. Algérie*, Alger, 1902, p. 54.

souvent vertical ; la vue XXIV permet de constater ce fait. Les coupes du bled ed Dogra (Pl. II, fig. 16-18) et la carte au 1/50.000 (fig. 39) nous montrent également deux petits dômes triasiques, partiellement recouverts par le Sénonien, le synclinal qui les sépare et qui contient l'Éocène et le Miocène étant rompu. De même encore, au Dj. Kebouch, au Zbissa, au Chaâmbi, le Trias apparaît au milieu d'un dôme crétacé ; les pentes sont plus ou moins régulières, mais toujours disposées de manière grossièrement périclinale. Il en est encore ainsi pour le Kt. el Halfa, mais, dans ce cas, les assises recouvrantes ont disparu.

En résumé, le Trias tunisien ne semble point être le support d'une ou plusieurs lames de charriage, découpées en lambeaux. Il apparaît plutôt comme le noyau d'anticlinaux ou de dômes, dont les flancs fortement étirés sont bien souvent restés en profondeur. Évidemment, sous l'influence des plissements, peut-être du double système de plissements (quoique la relation ne soit pas nette), il a dû se produire des décollements entre les strates. Celles-ci ont glissé les unes sur les autres en se laminant plus ou moins ; certaines d'entre elles ont pu atteindre la surface, tandis que d'autres étaient contraintes de demeurer sous le sol. Le Trias, profitant de toutes les fissures, a réussi à venir au jour en se plissant, se broyant, se malaxant avec les sédiments voisins, au point qu'il est parfois difficile de dire ce qui revient à chacun. Telle est, du reste, l'opinion de Marcel BERTRAND, dont l'autorité ne saurait être contestée. Voici la phrase de ce savant, au sujet de l'affleurement analogue de Constantine : « C'est suivant le mode ordinaire de ces gisements, un anticlinal plus ou moins déversé (ici vers le N-W) dont les flancs étirés sont restés en profondeur et dont le noyau triasique a seul percé au milieu de terrains bien plus récents » (1). Je crois donc préférable, jusqu'à plus ample informé, de m'en tenir à cette explication.

Coordination des plis longitudinaux

Examinons maintenant les plissements longitudinaux et voyons comment ils se relient les uns aux autres. Dans un autre travail (2), j'ai tracé une esquisse de l'orographie tunisienne ; j'y renvoie le lecteur. Je me limiterai donc ici à la partie embrassée par la carte et dirai seulement quelques mots de la manière dont se termine la chaîne principale.

Seul, l'Atlas saharien pénètre en Tunisie et vient s'y épanouir en un faisceau multiple. Les plis les plus méridionaux s'orientent vers l'E, d'autres vers l'E-N-E, le N-E, le N et même le N-N-W. Je les laisse de côté, car ils sont en dehors de mon champ d'observation ; mais il y aurait là un sujet d'étude des plus intéressants. En particulier aux Dj. Zebbeus, Sougdal et Krechem Artsouma, il y a des convergences et des divergences de plis tout à fait singulières, qui demanderaient à être examinées de près.

On peut faire commencer la région centrale avec la petite chaîne crétacée de Fériana (7) (3). Celle-ci, dirigée de l'W à l'E, se continue par le Dj. Selloum, orienté vers

(1) C. R. Excursions dans la province de Constantine, *B. S. G. F.* (3) XXIV, p. 1184.

(2) L. PERVINQUIÈRE : La Tunisie centrale. *Ann. de Géog.*

(3) Les n^{os} entre parenthèses sont reportés sur la carte schématique et permettent de retrouver aisément les divers massifs.

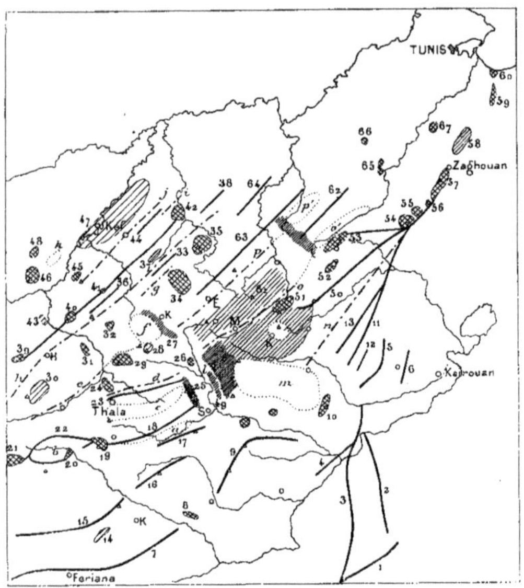

Fig. 42. — Schéma orotectonique de la Tunisie centrale.

Lignes directrices. Axes anticlinaux.

— Axes synclinaux.

Dômes et plissements transversaux.

Cuvettes synclinales.

1. Dj. Krechem Artsouma. — 2. Dj. Cheraïne et es Siouf (Nasser Allah). — 3. Dj. Si bou Gobrine. — 4. Dj. Hadjeb el Aïoun. — 5. Dj. Cherichira et Sféia. — 6. Dj. Batene. — 7. Dj. Goubeul, Dj. Selloum, Dj. Nouba. — 8. Dj. Margueba. — 9. Dj. Mrhila. — 10. Dj. Trozza. — 11. Dj. Ousselat. — 12. Dj. Khanzour. — 13. Djebil. — 14. Dj. Krechem el Kelb. — 15. — Dj. Chaâmbi. — 16. Dj. Semmama. — 17. Dj. Tiouacha. — 18. Dj. Bireno et Si Mabrouk. — 19. Dj. Ajered. — 20. Dj. el Hamra et Dj. es Sif. — 21. Dj. bou Roummane. — 22. Dj. Zbissa et Draa Rhourfet er Roumia. — 23. Dj. Oum Delel. — 24. Kt. el Djerda. — 25. Massif du Ras Si Ali. — 26. Kt. ech Chaïr. — 27. Sra Ouertane. — 28. Dj. Roniss. 29. Dj. bou el Hanèche. — 30. Dj. bou Rebaia. — 31. Kt. bou Aïna. — 32. Dj. Zrissa. — 33. Dj. Lorbeus. — 34. Dj. bou Nader. — 35. Dj. Maïza. — 36. Kt. bou Relleba. — 37. Dj. Zaafrane. — 38. Dj. bou Kebil. — 39. Dj. bou Jabère. — 40. Dj. Slata. — 41. Dj. Mezarig. — 42. Dj. Kebouch. — 43. Dj. Hamaïma. — 44. Kt. ben Kamel. — 45. Kt. el Hamra. — 46. Dj. Harraba. — 47. Massif anticlinal du Kef. — 48. Dj. Lajbel. — 49. Dj. Sekarna. — 50. Dj. es Serdj. — 51. Dj. Belouta. — 52. Dj. el Oust. — 53. Dj. Bargou. — 54. Dj. Fkirine. — 55. Dj. ben Saïdan. — 56. Dj. Kohol. — 57. Dj. Zaghouan. — 58. Dj. Zouaouine. — 59. Dj. Reçass. — 60. Dj. bou Kournin. — 61. Massif anticlinal de Maktar. — 62. Dj. Rebaa Siliana. — 63. Dj. Massouge. — 64. Dj. ech Cheib. — 65. Dj. ben Klab et Dj. Rouass. — 66. Dj. bou Kournin du Fahs. — 67. Dj. el Oust.

a. Cuvette synclinale du bled Zelfane. — *b*. Cuvette synclinale du Bahiret el Oubira. — *c*. Cuvette synclinale du Dj. Char-bou Adjer. — *d*. Synclinal de l'O. Zeregloune. — *e*. Synclinal du Kouif-Kalaat el Djerda. — *f*. Cuvette synclinale des Ouertane. — *g*. Synclinal d'Ebba. — *h*. Synclinal du Dyr de Tébessa-Kalaat es Snam-Houd-K. Argueb. — *i*. Synclinal de l'O. el Kedim (pont romain). — *j*. Synclinal du Garn Halfaya-Dyr el Kef. — *k*. Cuvette synclinale d'el Djeffen. — *l*. Synclinal transverse du Jofre-bled er Rohia (O. Sguiffa). — *m*. Cuvette synclinale du Barbrou et du bled el Ala. — *n*. Synclinal de Chendouba-bled el Gouazine. — *o*. Synclinal de l'O. Ousafa (peut-être suite de *d*). — *o'*. Cuvette synclinale de l'O. el Kebir. — *p*. Synclinal d'Ellez et de l'O. Massouge (peut-être suite de *e*). — *p'*. Cuvette synclinale du bled Gafour.

le N-E, puis par le Nouba, où elle s'arrête brusquement par suite de la fracture de l'O. el Hatob. Sur l'autre rive de l'oued se voit le petit massif du Margueba (8), allongé dans une direction transversale au pli. Malgré une interruption de quelques kilomètres, il n'est pas douteux que celui-ci doive être relié au Mrhila (9). Primitivement j'avais cherché dans le Serdj la suite de ce dernier et c'est en effet la première idée qui se présente. Je la crois cependant inexacte et suis porté maintenant à considérer l'Abeïd comme le prolongement du Mrhila, par suite de la continuité parfaite du Miocène d'un massif à l'autre. L'axe du pli se dévie donc de façon brusque de 90° environ. La raison en demeure obscure ; c'est sans doute sous l'influence de la cause qui a produit la falaise du Si ben Habbess et la vallée de l'O el Hatob. Nouvelle inflexion brusque avec le Trozza (10), qui reprend la direction normale. Puis, après une interruption, apparaît une puissante montagne, l'Ousselat (11), qu'il faut sans doute considérer comme appartenant au même pli. Mais ce dernier est double (Ousselat et Rhanzour) (12) et en outre le Djebil (13) court parallèlement à lui, sans relations précises vers le S. En plus, il dévie de la direction N-E, pour se rapprocher du N et vient s'écraser contre la dorsale tunisienne ; les calcaires blancs de l'Éocène inférieur, qui butent par faille contre le Lias du Fkirine (54) lui appartiennent ; le pli incomplet se prolonge le long du Zaghouan (57), à partir duquel la chaîne diverge de nouveau pour s'épanouir dans le Cap Bon d'une manière indéterminée.

En suivant cette ligne directrice, j'ai laissé à l'E quelques massifs dont il importe de faire mention. Le Si bou Gobrine (3) et le Nasser Allah (Cheraïne) (2) sont des chaînes (situées en dehors de la carte) orientées, la première vers le N, la deuxième vers le N-N-E, paraissant provenir de la bifurcation du Krechem Artsouma (1). A la première vient s'accoler encore le Dj. Hadjeb el Aioun (4), et de cette fusion résulte le Dj. Touila, dirigé vers le N-N-E. Puis vient le Dj. el Haouareb (N-S), prolongement du Dj. Touila ; les autres plis ont disparu ou sont enfouis sous les débris. Le Cherichira (5) se rattache facilement au massif précédent, bien que sa direction soit différente (E-N-E) ; mais l'orientation vers le N reprend avec les Dj. es Sfeia, Merabtiha et Rouissate ; elle est partagée avec plus ou moins de fidélité par les divers petits massifs qui émergent de la plaine (Dj. Batene (6), Dj. Dekrila, etc.).

Ce qui caractérise cet ensemble de plis, c'est donc la discontinuité des chaînons, leurs divergences ou convergences, et la disposition en baïonnette qu'ils affectent.

Revenons maintenant au point de départ, à Fériana. Au N de la ligne précédente, nous rencontrons d'abord dans la plaine un dôme isolé, le Krechem el Kelb (14) (nez du chien), sans aucun lien ; puis, après un léger synclinal, l'important massif du Chaâmbi (15), prolongement du bou Djellal (en Algérie) et séparé d'autre part du Semmama (16) par la cassure de l'O. el Hatob. Parallèlement à cette dernière montagne s'aligne l'anticlinal du Douleb et du Tiouacha (17), qui se termine au N-E par une descente périclinale. Après la cuvette synclinale du bled Zelfane (*a*) vient l'anticlinal du Bireno-Kalaat Fraglia (18), qui résulte lui-même de la soudure de deux plis comprenant entre eux la cuvette synclinale du Bahiret el Oubira (*b*). En effet, au bou Roummane (21) fait suite le Zbissa, puis l'anticlinal du Dj. Oust-Rhourfet er Roumia (22), qui se termine de la façon la plus évidente près du Sif el Melia, au point coté 1145 (voir les flèches). Du même Zbissa diverge un autre pli (les calcaires turoniens du Dj. Teiba indiquent cette double pente), pli dont l'axe est sensiblement W-E, tandis que son noyau aptien, le Dj. el Hamra (20), est nettement dissymétrique et aligné vers le N-E. Il se relie ainsi par le bou Rhanem el Guedim à l'Ajered (19) et au Bireno (18), qui offre les trois ondulations déjà signalées. Cet anticlinal est bordé au N par le synclinal de l'O. bou Adjer-Dj. Char (*c*), qui se ferme à ses deux extrémités.

De même, le léger synclinal, bien accusé par l'Éocène moyen de l'O. Zeregtoune (*d*), qui passe entre le Dj. Habroub et le Dj. bou Habeul, et plus loin entre le K. Chirdou et le premier Kt. el Djerda disparaît très peu à l'W. Aussi, tandis que le synclinal de Kouif-Kalaat el Djerda (*e*) limite immédiatement l'anticlinal du Draa Rhourfet er Roumia, entre ce même synclinal et le Bireno (18) on compte deux synclinaux et deux anticlinaux. Il est fort possible que le plissement transversal (bou Jabère, Ajered) soit intervenu pour les effacer. A l'autre extrémité, la chaîne dominée par le Ras Si Ali (25), qui est assurément sous la dépendance du plissement transversal, vient se superposer aux plis longitudinaux et les interrompre. De l'autre côté de la vallée de l'O. el Hatob, s'aligne le pli transversal du Sekarna (49); entre eux, un fossé presque infranchissable; impossible de faire le raccord d'un bord à l'autre; le nombre même des plis diffère. Ce synclinal transverse (*l*), dans lequel coule l'O. Sguiffa, légèrement interrompu au S de Ksour par un seuil à peine sensible, se poursuit ainsi jusqu'aux environs du Kef, effaçant sur son passage tous les plis longitudinaux et partageant la carte en deux moitiés. Aussi apparaît-il comme un des traits les plus remarquables de la région.

C'est pourquoi, avant de le franchir, nous acheminerons-nous d'abord vers la région du Kef. Dans le pays situé entre cette ville et Thala règne au plus haut point le régime des dômes, marquant le point de croisement des deux systèmes de plis. Ceci est très net pour la plupart d'entre eux, moins pour quelques-uns. Ainsi j'hésite sur la place à attribuer au bou el Hanèche (29); il se trouve sensiblement sur le prolongement du synclinal d'Ellez (*p*) et de celui d'Haïdra (*e*), que j'ai reliés d'une manière peut-être discutable. Je suppose que ce synclinal s'incurve légèrement pour passer au N du Dj. Rouiss (28) et du bou el Hanèche (29), mais on pourrait presque aussi bien prolonger le synclinal d'Ellez au S de ces deux dômes; il serait alors différent de celui d'Haïdra et coupé par la faille du bou el Hanèche. Au surplus, cette question de raccord n'a qu'une importance secondaire, mais la construction de la coupe (Pl. III, fig. VIII) m'a obligé à adopter l'une des hypothèses; j'ai choisi la première. Le soulèvement du bou el Hanèche a eu évidemment une influence perturbatrice sur ces plis, témoin l'auréole que dessinent autour de lui les terrains crétacés, lesquels présentent en outre toute une série de bossellements.

L'anticlinal assez aplati (30), qui sépare le Kouif du Dyr, est jalonné par les Kt. bou Afna (31), le Zrissa (32), le Lorbeus (33) et le Maïza (35). Il faut remarquer cependant que le Lorbeus n'est pas tout à fait sur la même ligne que les autres massifs. Une coupe rectiligne (Pl. III, fig. XIII) rencontrerait, au delà du Zrissa, un léger synclinal indiqué par le Dj. Ebba et le Dj. Birouag (des asphodèles) (*g*), passant entre le bou Nader (34) et le Lorbeus (35), pour se perdre peu après. Il est bon, en outre, de rappeler que le Trias du Lorbeus est lui-même limité par un anticlinal crétacé, avec lequel la faille du Kt. Saria est peut-être en relation. On peut néanmoins admettre que les massifs cités plus haut appartiennent à un même anticlinal, légèrement infléchi vers le N au Lorbeus.

En effet, ils sont tous limités par un synclinal des plus nets (*h*), qui est l'un des meilleurs repères. Celui-ci commence au Dyr de Tébessa, se continue par la Kalaat es Snam et le Houd, puis se termine au Kef Argueb, entre le Kef el Beroum et le Kef es Sid. Aucune ligne tectonique ne montre aussi manifestement l'influence des plissements transversaux. Au Dj. Dyr, son extrémité S-W est coupée par une série de failles, en relation avec ces plis ; plus loin, à son intersection avec la ligne bou Jabère-Ajered, l'axe du synclinal ayant été relevé, l'Éocène a disparu par érosion, ce qui a isolé le Dyr de la Kalaat es Snam ; au N-E de celle-ci, les plissements transversaux se sont traduits par des cassures, notamment près de Majouba, mais surtout au pied du Houd, où l'on en remarque toute une série. Le Zrissa présente aussi plusieurs failles de même direction et il est difficile de ne pas leur attribuer une origine commune. A toutes ces fractures est due la dépression de l'O. Sarrath. Vers le N-E, l'Éocène disparaît sous la plaine, précisément parce que l'axe synclinal s'abaisse au point où il est coupé par le synclinal transversal de l'O. Sguiffa ; il reparaît plus loin, et, à l'intersection d'un axe anticlinal transversal, son bord se relève (el Gossa) ; aussi l'érosion a supprimé la suite.

Un anticlinal très net court parallèlement au bord N-W du Houd (36). Peut-être faut-il considérer comme son prolongement le Kt. el Melah, les dômes triasiques du Zaafrane (37), le Kt. ben Charrat et le Dj. bou Kehil (38). Par contre, vers le S-W, il se perd avant même d'atteindre le Slata. Celui-ci est situé sur un autre anticlinal jalonné par une série de dômes : bou Jabère (39), Slata (40), Mezarig (41). Faut-il lui rattacher le Dj. Kebouch (42) ? la chose est indécise. En tous cas, le Dyr du Kef marque un synclinal des plus nets (*j*), occupé également par le Kt. Soltane et le Dj. Garn Halfaya.

Plus au N, les choses demeurent confuses, les divers massifs semblant avoir peu de liens entre eux ; en tous cas je ne les saisis pas clairement. En particulier, la position des synclinaux miocènes est singulière ; l'un d'eux (Garn Halfaya) est pris entre deux failles le séparant du Trias d'une part, du Cénomanien de l'autre, et bute par son extrémité contre un dôme aptien.

Le Dj. Harraba (46) et le Dj. Debadid (47) marquent évidemment un anticlinal. Un autre anticlinal, jalonné par le Lajbel (48) et sans doute l'Ouenza, vient se souder au précédent et, suivant son axe, a surgi le Trias de l'O. Mellègue (Kt. el Ghorfa.). Le Sénonien du Dj. Ouergha forme la couverture de cet anticlinal.

Mes investigations ne s'étant pas poursuivies plus loin, j'ignore ce que deviennent ces plis vers le N-E et ce qui peut leur faire suite au N-W. Revenons donc vers le Centre, à la grande dépression de l'O. Sguiffa, pour nous diriger vers le N-E.

Il y a là un hiatus, comme je l'ai déjà dit. Dans l'ensemble, j'estime que les chaînes du S de Thala doivent se continuer par celles du Serdj et du Bargou; mais quels sont les plis qui se correspondent, je n'ai pu réussir à le savoir. J'ai fait passer la coupe (xv) par le Chaâmbi, le Semmama, le Djildjil et le Serdj; le raccord est pleinement hypothétique, mais aucun autre ne s'imposait. La coupe ainsi faite — du reste plusieurs fois brisée — laisse au N-W le Barbrou, sorte de cuvette synclinale assez mal définie (*m*), formant le bord du grand dôme ou plateau de Maktar (61), qui lui-même résulte du double système de plissements. Au-delà, les choses deviennent plus nettes. Le Serdj (50) et le Bargou (53) forment deux anticlinaux, séparés par le petit dôme du Dj. Oust (52), qui se traduit entre le Serdj et le Belouta (51) par le pli très aigu de l'Argoub el Harch. Au N-E, une seule enveloppe de Crétacé supérieur entoure le Serdj et le Bargou, réunissant ces trois plis en un seul.

Le synclinal de l'O. el Kebir (*o'*), qui se ferme au N-E d'une manière si remarquable, est un peu étranglé au S du Bargou par suite du plissement transversal de la Rebaa Siliana ; il se poursuit par le synclinal de l'O. Ousafa et de Hir Meded (*o*), qui décrit une courbe assez marquée et disparaît près de cette localité ; peut-être se raccorde-t-il avec celui qui passe au S du bou Habeul (*d*). Parallèlement à lui, s'étend un anticlinal très surbaissé, sur lequel repose Maktar (61), subdivisé par une légère ondulation synclinale, où sont logées la Klt. Saddine et la Klt. el Harrat. Une inflexion d'axe très marquée interrompt la continuité de ce pli avec la Rebaa Siliana (62), mais le raccord n'est pas douteux. De même, la relation du synclinal d'Ellez et de l'O Massouge (*p*) avec la cuvette synclinale de Gafour (*p'*) ne saurait être contestée. L'anticlinal du Massouge (63) la borde, très surbaissé d'ailleurs et séparé lui-même du Maïza par une très faible dépression.

Nous voici ainsi arrivés à l'extrémité des plis figurés sur la carte. Aussi je me bornerai à quelques mots sur la manière dont ceux-ci se terminent au Nord. Au-delà du Serdj et du Bargou, cette chaîne principale est très discontinue, jalonnée par les dômes complexes du Fkirine (54), du ben Saïdan (55), du bou Aziz, du Kohol (56), du Zaghouan (57), qui ont été décrits antérieurement. Puis, après l'interruption de l'O. Bagra, reparaît le dôme (Crétacé inférieur) du Dj. Zouaouine (58), au-delà duquel la chaîne prend franchement une direction N-E avec les dômes liasiques du Reçass (59) et du bou Kournin (60), pour venir expirer au golfe de Tunis.

HYDROGRAPHIE

Une description détaillée de l'hydrographie tunisienne serait ici hors de place, — bien qu'une pareille étude n'ait jamais été faite, — mais peut-être n'est-il pas inutile d'en indiquer les principaux caractères. Je vais donc envisager rapidement les rivières et les sources, en me bornant aux faits généraux.

Rivières. — Le trait le plus saillant de l'hydrographie tunisienne est l'étroite dépendance dans laquelle se trouvent les rivières par rapport au relief, ce qui est une preuve de la jeunesse de ce dernier. Les oueds courent parallèlement aux plis, les contournent pour profiter des abaissements d'axe, mais ne les coupent que d'une manière tout à fait exceptionnelle, ce qui les oblige à des détours infinis.

Considérons par exemple les deux O. el Hatob. Celui du S commence à A. el Oubira, sur la frontière algérienne, se dirige au N-E, puis à l'E dans le Bahiret el Oubira, franchit le Kr. es Slougui (dû à des failles), s'incurve vers le S-E, passe entre le Semmama et le Chaâmbi, le Margueba et le Nouba, en profitant de la grande fracture qui a séparé ces montagnes ; il se redresse ensuite vers l'E-N-E, puis le N-N-E, et, sous les noms d'O. Gamouda et d'O. Djilma, circule entre des massifs peu importants, pour venir enfin se réunir à l'O. Zroud. Celui-ci débute au S-E de Ksour, près du Dj. Saddine, sous le nom d'O. Sguiffa, se dirige vers le S-S-E, adoptant le synclinal transversal du Bled er Rohia. A Sbiba, devenu l'O. el Hatob, il tourne brusquement à l'E, profitant de la dépression due à la terminaison du Mrhila et aux cassures du Sidi ben Habbess. Il serpente alors entre les mamelons pliocènes, rejeté çà et là, tantôt au N, tantôt au S, longe le Dj. el Abeïd puis, à l'extrémité de ce massif, après avoir adopté le nom d'O. Zroud, il s'incline vers le S-E. Sitôt après avoir reçu l'O. Djilma, il coupe le Dj. Si bou Gobrine, au point où celui-ci est le plus réduit, puis décrit une nouvelle sinuosité vers le N pour éviter le Dj. es Siouf (Nasser Allah) ; dès lors il coule librement, mais se perd bientôt dans la plaine après un trajet considérable.

Voici donc un cas où l'oued a dû couper un pli ; il en est plusieurs autres. Ainsi l'O. Mzata et l'O. Bargou qui se réunissent pour donner l'O. Dridja, franchissent les anticlinaux du Bargou et du Serdj. L'O. el Balloul (origine du Marguellil), né au N du Barbrou, a dû, pour sortir de sa cuvette, scier la masse des calcaires sénoniens du Dj. el Guerria ; naturellement, l'entaille s'est faite à l'endroit où il n'y a plus de calcaire nummulitique. Plus loin l'oued (O. el Kerd) a dû encore se creuser un profond lit à travers les grès de l'Éocène supérieur ; mais, en aval de ce point, il se contente de tourner les petits massifs qui lui font obstacle.

Le plus souvent les oueds profitent des abaissements d'axe ; c'est ainsi que l'O. Sarrath va passer entre la Kalaat es Snam et le Dj. Houd, au point où un ensemble de failles, brisant les calcaires éocènes, a séparé ces deux massifs. C'est ainsi encore, que l'O. Tessa serpente entre nombre de dômes, cherchant le point le plus bas. De même l'O. Ousafa suit d'abord un synclinal plus ou moins brisé (N-E) jusqu'à l'extrémité du Belouta, où il tourne à angle droit, profitant de la dépression transversale de la Siliana, qu'il n'a fait que façonner légèrement ; mais plus loin, il a dû couper le pli du Massouge. Du reste, tous les oueds qui coulent dans une cuvette synclinale sont contraints, pour en sortir, de scier les bords de celle-ci ; l'O. el Kebir par exemple a creusé l'étroite gorge du Dj. Selbia, au delà de laquelle il coule librement dans la plaine du Fahs, sous le nom d'O. Miliane.

La plupart de ces oueds sont franchement torrentiels sur la majeure partie de leur parcours. A sec presque toute l'année, ils peuvent, à un moment donné, rouler une quantité d'eau considérable, ce qui leur permet de produire des arrachements énormes et d'entailler dans les marnes des ravins atteignant 100 m. de profondeur. Les déblais sont ensuite entraînés et finalement viennent se déposer dans la plaine ; le nom d'O. es Saboun rappelle précisément le fait que cette rivière a une eau trouble, chargée de particules marneuses. La Medjerda est également fort limoneuse, au point que ses alluvions ont comblé le golfe d'Utique depuis l'époque romaine.

A un autre point de vue, un caractère de plusieurs rivières tunisiennes est la discontinuité de leur lit. J'en ai parlé incidemment à propos de l'O. Sguiffa, mais il n'est pas le seul dans ce cas. Dans bien des plaines, se voient des tronçons de thalweg, encaissés en amont, s'effaçant en aval, séparés par un intervalle plus ou moins considérable. Il n'y a un cours d'eau continu qu'au moment des grandes crues, c'est-à-dire d'une manière passagère. Réciproquement, la pente peut être interrompue par des cascades.

Une autre propriété des oueds tunisiens, c'est de se perdre bien fréquemment dans la plaine, sans atteindre la mer. Tant qu'ils sont en pays accidenté, ils ont un lit bien défini, quoique hors de proportion avec la quantité d'eau qu'ils roulent actuellement ; mais dès qu'ils arrivent en plaine, ce lit prend des dimensions colossales. Ainsi, près d'el Haouareb, le Marguellil a 600 m. de largeur, le Zroud 1 Km., bien que, le plus souvent, il n'y ait qu'un mince filet d'eau, pouvant même faire défaut : le sous-sol est seulement humide. En aval, les berges s'effacent progressivement, le thalweg n'est plus indiqué que par des tamarins plus nombreux et moins rabougris ou par un glaçage argileux après les crues. Le lit proprement dit a disparu ; il m'est arrivé de traverser le Marguellil sans m'en douter. Le trait continu que portent presque toutes les cartes est donc une schématisation excessive ; en réalité ces oueds n'atteignent pas la mer en temps normal. Mais, après les pluies, leur lit peut s'emplir et alors la nappe d'eau unissant le Marguellil et le Zroud progresse peu à peu, jusqu'à ce qu'elle soit absorbée par le sol ; cependant, si les pluies persistent, elle finit par atteindre la Sebkra Kelbia, à laquelle le petit O. Menfes sert de trop-plein. Plusieurs autres oueds débouchent dans cette sebkra dans ces mêmes conditions ; mais, en temps habituel, leur lit est des plus vagues.

Sources. — Dans la Tunisie centrale, les sources sont au total assez nombreuses, mais généralement de faible débit ; en outre, leur qualité varie considérablement suivant les terrains.

Naturellement, le **Trias** n'offre que des eaux non potables, par suite de l'abondance du sulfate de chaux et du chlorure de sodium ; mais, d'autre part, ce dernier donne lieu, aux Salines, à une exploitation intéressante.

Le **Jurassique**, spécialement le Lias, fournit des eaux claires et abondantes ; les sources du Zaghouan et du Djoukkar sont justement célèbres, mais par suite de la nature même de leur gisement (calcaires massifs crevassés), leur débit est très variable et n'est considérable que les années où les sommets ont été couverts de neige ; il n'y a pas de réserves.

Le **Crétacé inférieur** donne aussi naissance à de très bonnes sources. L'une d'elles, celle du Bargou, qui sourd entre de gros blocs aptiens, concourt désormais à l'alimentation de Tunis. L'A. Mzata, qui se présente dans les mêmes conditions sur le flanc W du Bargou, a également un débit important. Au N-E du Serdj, à Ksar Lemsa, l'eau arrive par une galerie romaine creusée dans les calcaires aptiens du K. Menchir, tandis qu'au S-W de la même montagne, l'A. es Soukra, sourd dans un nymphée encore bien reconnaissable. Au Mrhila, la ligne de séparation des marnes hauteriviennes et des grès qui leur sont superposés est jalonnée par une série de sources. D'autres existent sur les deux flancs à diverses hauteurs. La plupart d'entre elles furent captées par les Romains, comme en témoignent les restes d'aqueducs que j'ai pu voir, dont l'un voisin d'A. bou Rhelem se poursuit encore sur plus d'un Km.

L'Albien et le **Cénomanien** ne donnent que des eaux peu abondantes et de mauvaise qualité, parfois à peine potables (bou el Hanèche, Kt. Aïcha oum ech Chouareb).

Au contraire, le **Turonien** et le **Sénonien** fournissent des eaux excellentes et en quantité assez considérable. C'est ainsi que l'A. el Glaa sort du Turonien, tandis que le Sénonien donne issue aux sources de Maktar, de Souk el Djemâa, du Kr. Saddine, de Thala, de Sbeitla, etc.

Un niveau d'eau très constant existe en outre à la limite des marnes inférieures de l'**Eocène** et du calcaire nummulitique ; il se traduit par le chapelet de sources peu abondantes à la vérité, qui entoure la Kessera, de même que le K. Mnara, le Houd, etc. ; c'est également lui qui alimente le Kef. L'Éocène moyen ne donne pour ainsi dire pas de sources ; cependant certaines d'entre elles (A. Fourna et diverses autres de la Rebaa Siliana) paraissent sortir à la base de cet étage. En réalité, il s'agit probablement dans ces cas d'eau provenant de la nappe inférieure, traversant par des fissures les calcaires éocènes plus ou moins inclinés, et se trouvant alors arrêtée et obligée de sortir par suite de l'imperméabilité des marnes. En outre, l'Éocène moyen peut supporter une nappe aquifère, quand il est recouvert par l'Éocène supérieur gréseux. Celui-ci donne lieu à des suintements plus ou moins importants.

Il en est de même de l'**Oligocène** et du **Miocène**, bien que les eaux du Cherichira proviennent peut-être de ce dernier terrain ; lors de mon passage, les tranchées étaient fermées et je n'ai pu savoir si l'eau sortait des grès miocènes ou des cailloutis pliocènes. Ce **Pliocène** peut, quand il est gréseux, donner lieu à une quantité de sources ; c'est ainsi qu'au bord du plateau de bou Driès, toute une série de petites sources se fait jour au contact des grès pliocènes et du Sénonien marneux, imperméable.

Enfin, dans les plaines d'alluvions, les sources font défaut et le mot *Aïn* marqué parfois sur la carte est le plus souvent appliqué à tort. On est alors obligé de recourir à l'eau de puits (*bir*) ou de *rhedir*. Je ne parle ici bien entendu que des nappes superficielles, car, dans la partie S-E de la Tunisie, le Pliocène et le Pleistocène renferment des nappes profondes susceptibles de devenir jaillisantes ; mais leur étude est encore des plus rudimentaires. Comme au surplus je n'ai rien de nouveau à ajouter sur le sujet, je me borne à rappeler le fait.

Sources thermales. — Il en est de même pour les sources thermales, ou *Hammams* ; la plupart sont en dehors du champ embrassé par ma carte. Les trois Hammams du Trozza ne sont que des jets de vapeur intermittents ; quant à celui du Kef el Hammam (Oum Delel), j'ai bien vu l'orifice, mais il n'en sortait quoi que ce soit.

Les sources chaudes, ou tout au moins tièdes, ne sont pas très rares dans la Tunisie centrale. J'ai déjà cité celles du Dj. Zebbes (Chaâmbi) et de l'O. el Hallouf (N du Kef). Plusieurs d'entre elles sont notablement sulfureuses, comme par exemple deux ou trois *aiounat* avoisinant le bord du Trias du Dj. Debadib (Kt. el Hamra).

HISTOIRE GÉOLOGIQUE DE LA TUNISIE CENTRALE

La Tunisie n'a pas acquis brusquement et d'un seul coup son aspect actuel ; celui-ci résulte au contraire d'une série de transformations ; en particulier les plissements qui affectent son sol se sont faits en plusieurs temps. Voyons donc quelles conclusions nous pouvons tirer de l'étude précédente, en ce qui concerne l'histoire géologique de la Tunisie et efforçons-nous d'en esquisser les principales phases.

Nous savons tout d'abord qu'au sein de la mer triasique émergeait un continent comprenant des granulites, puisque nous trouvons les débris de celles-ci dans les grès micacés, mais l'existence de ce continent est tout ce que nous en savons : sa position et sa forme nous demeurent inconnues. Le premier plissement dont nous ayons la notion est donc d'âge paléozoïque. On peut ajouter que la mer triasique devait être très peu profonde, puisque ses dépôts ont un caractère lagunaire très net. La mer liasique, sans doute plus profonde, couvrait le Nord-Est de la Tunisie, mais il est fort possible que tout le Centre fût émergé à cette époque.

Après le dépôt des calcaires liasiques, un autre plissement s'ébaucha, faisant saillir au-dessus des eaux le Zaghouan, le ben Saïdan, le Klab, etc., montagnes dans lesquelles le Jurassique moyen paraît bien faire défaut. Puis ces mêmes massifs s'affaissèrent et les sédiments oxfordiens, bien distincts au Zaghouan et au Klab tout au moins, se déposèrent directement sur le Lias. Ensuite une nouvelle émersion se produisit dans le Nord, pendant le Rauracien et le Kiméridgien, tandis qu'à la même époque l'extrême Sud était sous les eaux. Avec le Tithonique, nouveau retour de la mer dans le Nord ; et même l'affaissement fut plus accentué que le précédent, car la transgression tithonique paraît avoir été beaucoup plus importante que la transgression oxfordienne, puisque les couches rouges de cet âge reposent le plus souvent sur le Lias sans interposition d'aucune autre assise. La mer tithonique atteignit le Dj. Mellousi dans le Centre, mais nous ignorons si elle s'est étendue à toute la Tunisie.

La transgression néocomienne, signalée par Haug dans le Nord, indique encore un progrès de la mer, mais, semble-t-il, de faible amplitude.

Dès lors, les positions de la terre et de la mer paraissent avoir été plus stables, puisque celle-ci a couvert la Tunisie pendant toute la période crétacée. Dans le Centre, en effet, la sédimentation a été continue pendant tout ce temps, les quelques discordances que j'ai observées entre le Gault et le Cénomanien étant contestables. Mais, dans cette mer, les conditions de profondeur et de sédimentation devaient être différentes suivant les points ; au total, la profondeur paraît avoir été toujours plus considérable dans le Nord que dans le Sud. Au Néocomien, par exemple, nous avons dans le Nord le facies vaseux à Ammonites, tandis que, dans le Centre, celui-ci est argilo-gréseux et calcaire. La différence est peut-être encore mieux marquée plus tard. En effet, tous les caractères de la faune nous indiquent qu'au Cénomanien et au Sénonien, la mer était très peu profonde dans le Sud de la région étudiée et devait l'être un peu plus dans le Nord, où les espèces littorales n'existent plus. A la fin du Crétacé un mouvement du sol s'est esquissé dans le Sud et, par suite, ce terrain est incomplet. Au contraire, dans les synclinaux du Centre, la sédimentation a été continue du Crétacé au Tertiaire, favorisée par un approfondissement progressif du bassin. Un léger bombement a dû cependant se produire en quelques points, comme la Kessera, où le Sénonien paraît incomplet et présente à sa partie terminale des trous d'Annélides. Il est possible d'ailleurs qu'un mouvement analogue ait eu lieu dans les diverses localités (Sekarna, Ras Si Ali), où les termes supérieurs du Crétacé et inférieurs de l'Éocène sont très réduits. Mais il se peut fort bien que le bombement n'ait pas été suffisant pour produire l'émersion ; dans ce cas, le bassin aura simplement été comblé. Il devait du reste exister, à cette époque, des bras de mer très peu profonds, des sortes de lagunes, où se sont produits les amas de phosphate. En tout cas, s'il y a eu émersion au Sekarna, au Ras Si Ali ou à la Kessera, elle a été de très courte durée, puisque les calcaires à *Nummulites Rollandi* sont présents.

Par contre, un mouvement du sol des plus nets a eu lieu vers la fin de l'Éocène inférieur, puisque, au S de Maktar, nous voyons l'Éocène moyen reposer en discordance transgressive sur le Crétacé, tandis que, près de Maktar, quelques lambeaux de calcaire à *Nummulites Rollandi* subsistent encore. L'Éocène inférieur s'est donc étendu à une notable portion du pays habité par les Ouled Ayar, mais après son dépôt il y a eu émersion suivie d'érosion, puis nouvel affaissement et retour de la mer.

Au S de l'O. el Hatob nous ne voyons plus d'Éocène. Donc, tout le Sud du pays embrassé par la carte, et même peut-être tout le Sud de la Tunisie, émergé depuis le Sénonien supérieur, demeurait alors à l'état de continent. Au Tiouacha, nous constatons cependant la présence de l'Éocène moyen au-dessous du Miocène, ce qui prouve que la mer éocène a atteint ce point, mais elle s'est arrêtée avant le Semmama et le Mrhila, où le Miocène repose directement sur le Crétacé. La mer de l'Éocène moyen, qui a recouvert une forte portion de toute la Tunisie, devait être, dans son ensemble, très peu profonde et comportait même des lagunes d'évaporation dans certaines de ses parties. La mer de l'Éocène supérieur lui a fait suite directement, sans changement bien notable. Cependant il a dû y avoir une légère oscillation, puisque, dans le Nord de la Tunisie, l'Éocène supérieur dépasse l'Éocène moyen et s'étend sur des terrains plus anciens ; mais, en somme, dans tout le Centre cette transgression n'est pas sensible, les deux points qui paraissaient l'indiquer étant douteux. La mer oligocène a ensuite occupé le même emplacement, fortement dépassé par la mer miocène. Celle-ci a en effet submergé toute la Tunisie centrale, s'étendant à des points que la mer éocène avait respectés. Ainsi, au Mrhila, le Miocène recouvre successivement tous les étages crétacés, du Sénonien à l'Aptien. Donc, au fond de la mer miocène, affleuraient ces différents termes maintenant recouverts par le Miocène, ce qui a nécessité un mouvement du sol, suivi d'une sorte de décapage. En plus, toutes les assises crétacées devaient être sensiblement horizontales au fond de cette mer miocène, puisque les grès miocènes ne présentent avec elles qu'une très faible discordance.

Mais le mouvement le plus important, celui qui donna aux montagnes leur forme actuelle (au moins dans les grands traits), est postérieur au Miocène moyen ou même supérieur, puisque les couches de cet étage sont redressées. Ce fut la grande époque des plissements, bientôt suivie d'une autre presque aussi intense.

L'érosion, secondée par un climat d'une humidité extrême, commença alors l'arasement des montagnes. Bientôt toutes les dépressions furent comblées par des apports détritiques considérables : grès ou cailloutis. Dans la plupart des endroits, les nappes ainsi étalées sont à peine dénivelées et seulement découpées en « *gour* ». En d'autres localités et particulièrement aux points où apparaît maintenant le Trias, des mouvements du sol se firent encore sentir, assez énergiques parfois pour amener jusqu'à la verticale les poudingues ou grès pliocènes. C'est à cette époque que se produisit l'effondrement de l'O. el Hatob, séparant le Semmama du Chaâmbi (puisque le Pliocène est vertical au bord de la route). En même temps, le Cherichira, le Trozza, le Lorbeus, le Zaafrane accentuèrent leur relief et acquirent leur forme définitive. Nous avons donc là les traces d'un mouvement fort important, quoique de date très récente.

Aucun mouvement postérieur à ce dernier ne peut être constaté dans le Centre ; mais les plages soulevées de Monastir, etc., indiquent que le niveau du rivage a varié par rapport à celui de la mer pendant les temps pleistocènes.

Dans le Centre, certains oueds se creusèrent ou se recreusèrent alors un lit au milieu des débris pleistocènes et abandonnèrent çà et là leurs alluvions. Mais, peu à peu, le climat devint de moins en moins humide et même finalement très sec, ce qui explique pourquoi le lit des rivières n'est plus en relation avec leur débit actuel. D'autre part, l'eau montant par capillarité et venant s'évaporer à la surface produisit cette carapace calcaire qui possède une si grande extension, non seulement en Tunisie, mais sur tout le pourtour de la Méditerranée.

Cette sécheresse, faisant suite à une humidité très forte, s'est-elle accrue depuis l'époque historique ? Évidemment, la chose n'a rien d'impossible, mais on n'en a pas de preuves. Les partisans de l'une et l'autre théorie, se basant sur l'étude des textes, ont apporté pour et contre des arguments d'égale valeur ; il n'y a donc rien à en déduire. Personnellement, il me semble, avec plusieurs bons auteurs connaissant le sujet *de visu*, que l'état de prospérité du pays à la fin de l'occupation romaine ou plutôt byzantine contrastant avec l'état actuel s'explique suffisamment par un judicieux emploi des ressources naturelles, une utilisation de toutes choses, perfectionnés pendant sept siècles, que douze siècles de domination arabe, c'est-à-dire d'incurie, ont réussi à ruiner.

Quiconque a parcouru la Tunisie pas à pas, comme je l'ai fait, a dû être frappé de la multiplicité des ruines d'installations hydrauliques ; or, cela seul n'indique-t-il pas que l'eau était peu abondante, puisqu'on entreprenait tant de travaux pour la capter et la conduire ? Ces installations sont de deux sortes : bassins et canalisations. Les bassins ou citernes sont très vastes, ce qui démontre encore que, jadis comme maintenant, on était obligé de faire des provisions d'eau. Les canalisations, par contre, n'indiquent point un débit très considérable. On se laisse facilement impressionner par des monuments tels que l'aqueduc de Zaghouan, dont les dimensions semblent colossales, ce qui n'est vrai que pour l'ensemble du monument, la partie accessoire. La section du radier est peut-être un peu grande pour le débit actuel, mais il ne faut pas perdre de vue que les Romains n'employant pas le siphon et ne faisant pas circuler l'eau sous la pression devaient être amenés à donner à leurs canalisations un diamètre tel qu'il suffît aux plus grandes crues.

Est-ce à dire cependant que le débit des sources n'aît pas changé depuis l'époque romaine? Cela pourrait être inexact ; la diminution des sources n'implique pas forcément un changement de climat, comme l'a déjà fait observer Doumet-Adanson, je crois. Elle peut tenir simplement à ce qu'une partie de l'eau se perd maintenant par infiltration, parce que les orifices sont plus ou moins bouchés ou encombrés de débris ; il suffirait de quelques travaux de captage bien conduits, pour rendre aux sources leur ancien débit. La Direction des Travaux Publics et la Direction des Antiquités sont donc entrées dans une voie qui ne peut être que féconde en excellents résultats, en entreprenant de concert une enquête sur les installations hydrauliques en Tunisie. Aussi, nous n'en doutons point, la France qui, en vingt ans, a déjà si profondément transformé ce pays, n'aura pas besoin de plusieurs siècles pour lui rendre son antique splendeur !

Addition à la Bibliographie géologique de la Tunisie

Launay (L. de) : *Les richesses minérales de l'Afrique.* — Paris, 8°, 1903, p. 1-389 (Renseignements nombreux et intéressants sur la Tunisie). — (Paru pendant l'impression de ce Mémoire).

INDEX ALPHABÉTIQUE DES LOCALITÉS[1]

(1) Cet Index ne comprend point tous les noms mentionnés dans le volume, ce qui eût entraîné à lui donner un développement excessif. J'ai soigneusement indiqué tous les noms figurant dans la première partie, mais pour la deuxième partie, j'ai cru inutile de relever une foule de noms peu importants, qui entrent dans la description des massifs. Par conséquent, chaque fois qu'on ne trouvera pas un nom, il y aura lieu de chercher celui du massif principal auquel il se rattache. La page où se trouve la description de ce massif est indiquée en **caractères gras**.

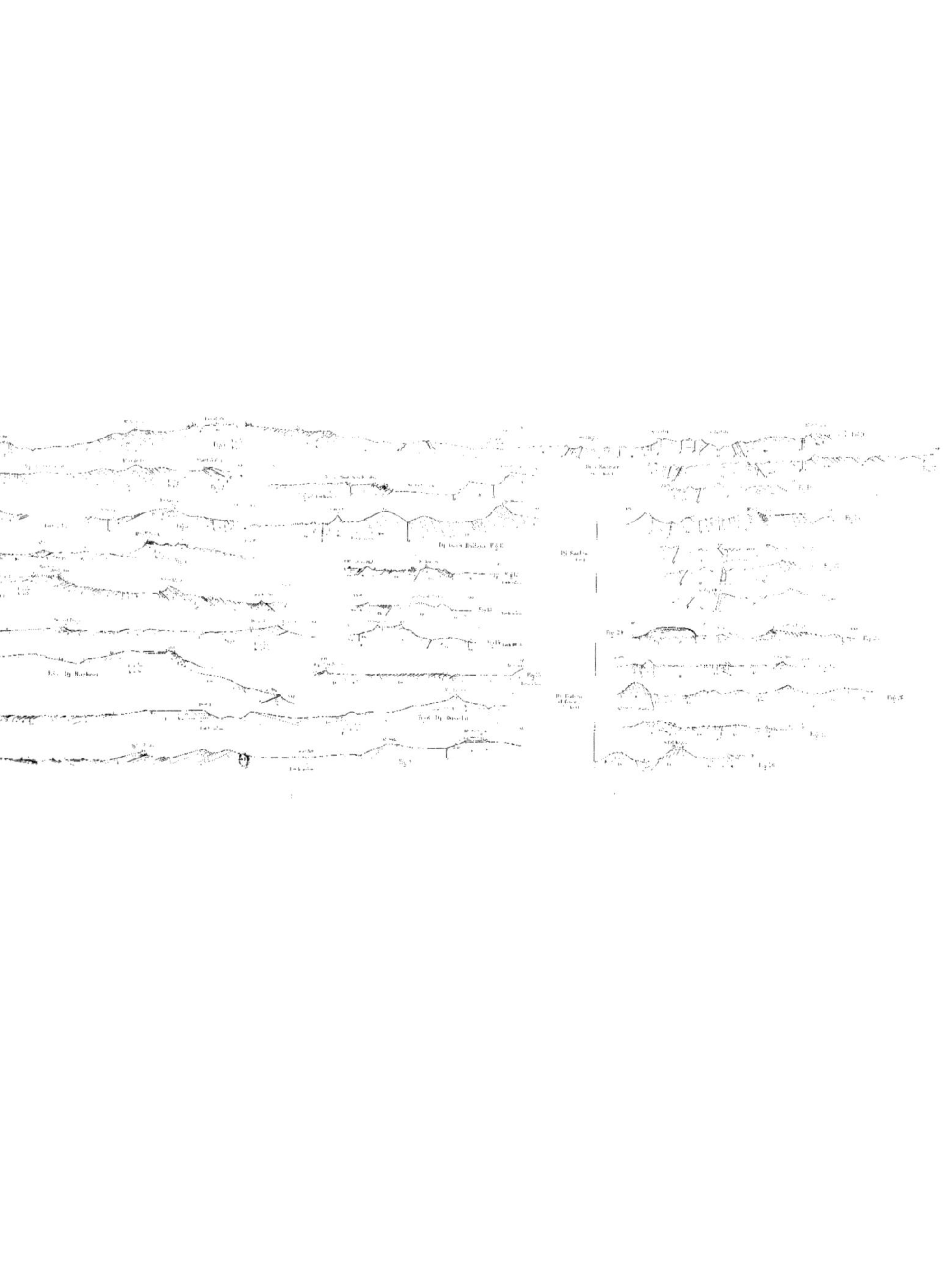

TABLE DES FIGURES ET DES CARTES INTERCALÉES DANS LE TEXTE

TABLE DES ILLUSTRATIONS PHOTOGRAPHIQUES

TABLE DES MATIÈRES

Pages

Système Néogène

DEUXIÈME PARTIE. — TECTONIQUE

CHATEAUROUX, IMP. P. LANGLOIS ET Cie

www.ingramcontent.com/pod-product-compliance
Ingram Content Group UK Ltd.
Pitfield, Milton Keynes, MK11 3LW, UK
UKHW022326190726
13856UKWH00001B/242